U0160528

边界层气象学基本原理
（第2版）

李旭辉　著

王伟　肖薇　张弥　胡凝　曹畅　译

科学出版社

北京

内 容 简 介

边界层气象学是气象学的一门分支学科，主要关注与地球表面直接接触的大气层的状态及其中发生的各种过程。本书以动量守恒方程、干空气、水汽和痕量气体的质量守恒方程、运动气块和地表的能量守恒方程以及理想气体状态方程这些基本方程组为核心来组织素材。针对不同情形，通过方程推导，解释大气边界层中的各种现象和结果。在第一版基础上，第二版更新了有关海洋边界层的内容，并增加了三章新内容：城市边界层、污染边界层和有云边界层。

本书可作为大气科学等相关专业本科生或研究生的边界层气象学和微气象学的课程教材；也可供从事边界层气象研究人员参考。

图书在版编目(CIP)数据

边界层气象学基本原理/李旭辉著；王伟等译. —2 版. —北京：科学出版社，2024.3

ISBN 978-7-03-077843-7

I. ①边… Ⅱ. ①李… ②王… Ⅲ. ①大气边界层–气象学–高等学校–教材 Ⅳ. ①P421.3

中国国家版本馆 CIP 数据核字(2024)第 021769 号

责任编辑：王腾飞 / 责任校对：郝璐璐
责任印制：张　伟 / 封面设计：许　瑞

科 学 出 版 社 出版

北京东黄城根北街 16 号
邮政编码：100717
http://www.sciencep.com

北京九州迅驰传媒文化有限公司印刷
科学出版社发行　各地新华书店经销

*

2024 年 3 月第 二 版　开本：720×1000　1/16
2024 年 3 月第一次印刷　印张：21 3/4
字数：430 000

定价：99.00 元
(如有印装质量问题，我社负责调换)

致谢 (第 2 版)

Fundamentals of Boundary-Layer Meteorology (Second Edition) 已在 Springer 出版。感谢以下专家对第 2 版中新增章节提出的宝贵审稿意见：TC Chakraborty (第 13 章)、Tim Griffis (附加阅读材料，第 2 ~ 14 章)、Ned Patton (第 14 章)、Bart van Stratum (第 14 章)、Jordi Vilà-Guerau de Arellano (第 14 章) 和 Lei Zhao (第 12 章)。

感谢刘诚提供了辐射廓线的模拟结果（第 13 章），感谢 Christian Feigenwinter 提供了 ADVEX 图（第 8 章），感谢 Tapio Schneider 允许使用大涡模拟得到的云图（第 14 章）。

李旭辉　王伟　肖薇　张弥　胡凝　曹畅

南京信息工程大学

耶鲁大学

2023 年 12 月

致谢 (第 1 版)

感谢以下专家提供的宝贵审稿意见：Brian Amiro (第 4 章)、Don Aylor (第 5 章)、Dennis Baldocchi (第 8 章)、Rob Clement (第 3 章)、Tim Griffis (第 1、2、10、11 章)、Bill Massman (第 2、9 章)、HaPe Schmid (第 7 章)、Natalie Schultz (第 1、7、10 章)、Jielun Sun (第 6 章) 和 Lei Zhao (第 10 章)。

感谢曹畅、胡诚、刘诚、张圳几位同学，谢谢他们试解本书中的习题。

李旭辉

耶鲁大学

2016 年 12 月

目　　录

第 1 章　概　　论

1.1　边界层气象学的基本概念

边界层气象学是气象学的分支学科，主要关注与地球表面直接接触的大气层的状态和其中发生的各种过程。大气边界层是自由大气与地表（如陆地、湖泊、冰盖和海洋）之间的界面，其厚度约为 1 km（图 1.1）。从大气圈角度来看，大气边界层是大尺度大气运动的下边界；从生物圈角度来看，大气边界层自上而下地影响着生态系统的各种功能。

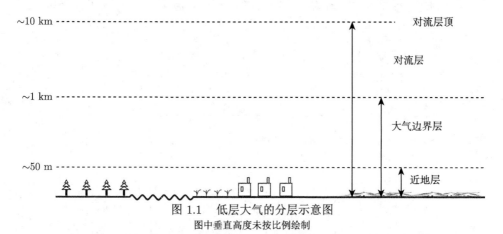

图 1.1　低层大气的分层示意图

图中垂直高度未按比例绘制

大气边界层的物理状态可以用温度、湿度、气压和风等变量来描述，其化学状态可以用痕量气体（如 CO_2 和空气污染物）的浓度高低来描述。描述边界层物理状态的变量与大气动力过程（如边界层中的湍流发展水平、物质扩散效率和大气稳定度等）紧密相关，会对大气动力过程产生重要影响。除气溶胶外，描述大气边界层化学状态的变量多为被动标量，并不直接影响大气的动力过程。边界层状态变化主要受以下两个过程控制：边界层内部的动量、能量和物质的传输，以及边界层与地表或自由大气之间的动量、能量和物质的交换，通常用通量来量化上述传输过程的速率。因此，边界层气象学的研究目标之一就是分析边界层状态变量与过程变量之间的关系。

地表与大气之间的辐射能量交换是调控大气边界层物理和化学状态的关键过程。晴朗无云时，大气边界层对于太阳短波辐射几乎是透明的，此时，辐射能量的吸收、反射和发射发生在地表。白天，地表吸收太阳短波辐射，加热大气边界层；夜晚，地表净损失长波辐射，冷却大气边界层。太阳辐射为地表蒸散提供能量来源，在蒸散中液态水吸收能量汽化变成水汽进入大气。在陆地生态系统中，蒸散主要发生在白天，会增加大气湿度；夜晚蒸散较弱甚至消失。植物光合作用和呼吸作用受昼夜变化的调控，导致大气中的 CO_2 和其他生物活性气体浓度也发生昼夜变化。综上可知，大气边界层物理和化学状态具有显著的昼夜变化特征，相反，自由大气中并不存在这样的日变化动态。

边界层的另一个重要特征是大气运动以湍流为主。陆地上，在对流边界层内（图 1.2），风切变（即风速随高度的变化）和地表加热引起的浮力会激发湍涡，部分大尺度湍涡可以进入自由大气，产生对流云。在夜晚，风切变是产生湍流的主要机制。风切变通常发生在地表，当存在低空急流时，风切变也偶见于夜间边界层顶（图 1.3）。海洋上，在有云的大气边界层内，云顶的辐射冷却引起大气不稳定，形成上下翻转的湍流运动。

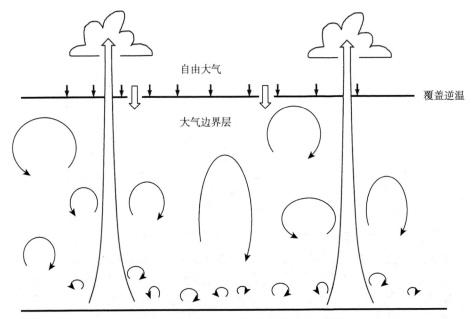

图 1.2　对流边界层中的湍流运动示意图

正是由于气流的湍流特性，能量和物质才能够在边界层内扩散并输送至上层大气，这种湍流输送效率远高于分子扩散。此外，湍流可对大尺度的气团运动产生摩擦力，摩擦力的减速作用使得边界层内的风速要比自由大气中小。如果没有地表摩擦力，大气边界层内的风速将非常大，以至于地球上的人类和其他生物都无法忍受。而边界层以上的大气不受地表摩擦力的作用，可以自由流动。

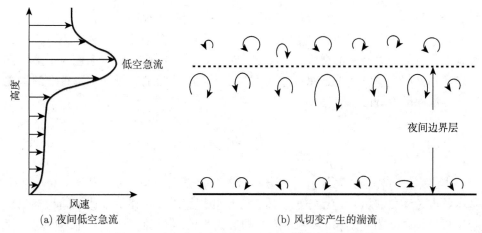

(a) 夜间低空急流   (b) 风切变产生的湍流

图 1.3   夜间低空急流和风切变产生湍流的示意图

湍流运动是杂乱无章的。读者自然会问,从大气边界层如此杂乱无章的运动中,是否能够找出任何规律?答案是肯定的。只要遵循能量、质量和动量守恒原理,就能从那些表面上看似随机的运动结构中得到有序的形式。大气湍流运动越强烈,则越易于量化大气边界层的平均状态。如何合理地应用能量、质量和动量守恒原理就成为边界层气象学研究的根本任务。

大尺度的大气状态对边界层过程的影响可以用一系列的已知参数来描述。比如,气压梯度通常被认为是已知参数,它与天气形势密切相关,边界层气象学家的任务就是基于已知的气压梯度来确定边界层中的地表摩擦力、湍流强度和风向切变等。第二个已知参数是气流辐散率,用于描述大尺度的气流运动。气流辐散会抑制大气边界层的垂直发展,与之相反,气流辐合会促进边界层垂直增长。因此,需要依据气流辐散率来预测大气边界层如何发展。第三个已知参数是进入大气边界层的太阳辐射强度。受云的影响,晴天时预测太阳辐射强度的变化要比阴天时更容易。边界层内的对流和辐射冷却形成云,这是边界层气象学的研究对象,但其他类型云的预报已超出了边界层气象学的研究范畴。实际研究中,一般用地面气象观测和天气预报模式来确定天空的阴晴变化,基于给定的天空条件,就可以计算地表各种能量分量之间的平衡关系。最后,假定自由大气中的状态变量的垂直梯度是已知的,这些状态变量的梯度会影响自由大气与边界层大气之间的动量、能量和物质交换。

大气边界层内包含了近地层,其高度为地面以上几米至几十米(图 1.1),该气层受地表对大气的影响最为强烈,并且微气象学现象多见于此层。近地层的下部有时是植被或者城市冠层,有时没有植被和其他粗糙元。大气边界层中最受关注的是风、温度、湿度和气体浓度的垂直廓线,这些廓线决定了大气与地表之间的动量、能量、水汽和痕量气体的交换效率。在大气边界层中，有一些痕量气体（如 SO_2、O_3 和可挥发性有机物等）是空气污染物，其他痕量气体多为平均寿命长并且与生物活动有关的温室气体（如 CO_2 和 CH_4）。微气象学家创立了多种方法来量化这些痕量气体的通量，这些方法都得到了广泛的运用，本书将详细阐述这些方法的理论基础。

1.2　专业术语

本书中的方程分为两类：基本方程和参数化方程。基本方程基于一个或多个基本原理（动量守恒、能量守恒、质量守恒和理想气体定律）表达不同状态变量与过程变量之间的关系。虽然基本方程的形式各异，但它们有一个共同的特点：都能从一个或多个基本原理推导得到，有时这一推导过程需要借助于简化假设。基本方程中，有一些描述的是物理量随时间的变化特征，我们称之为预报方程。其他为诊断方程，诊断方程通常描述的是在同一时间多个状态变量与过程变量之间的联系，无法预测未来变化。参数化方程描述某些变量与其他变量之间的经验关系，无法从基本原理推导得到。比如，地表能量平衡方程是基本方程，而感热通量与温度垂直梯度之间的关系是参数化方程。

本书中的变量分为两类：状态变量和过程变量。状态变量为标量，用于描述边界层的物理或化学状态，比如温度。过程变量描述的是大气边界层的动力特性，通常与物质、动量和能量的流动和传输有关，比如能量通量。

通量是指单位时间内通过单位参考平面净的物质的量或能量，如 $200~W \cdot m^{-2}$ 的辐射通量表示 $1~s$ 内通过 $1~m^2$ 表面积的辐射能是 $200~J$；$0.1~g \cdot m^{-2} \cdot s^{-1}$ 的水汽通量表示 $1~s$ 内通过 $1~m^2$ 表面积的水汽质量为 $0.1~g$。若参考平面水平，且靠近地表，则通量就等同于地表与大气之间的交换速率。

标量没有方向，仅描述物理量的大小或数量，以数值表示。矢量既有大小又有方向。主动标量的变化会改变大气边界层的动力性质，在运动方程中需要考虑这一影响。温度和湿度是典型的主动标量，它们的时空变化会引起空气密度的变化，进而改变大气稳定度。湿度变化有时还伴随着水的相态变化，蒸发和凝结过程中的潜热吸收和释放也会影响空气密度。痕量气体（如 CO_2）是被动标量，它们变化不会对大气动力特性产生影响，在运动方程中可以忽略。

符号法则值得特别注意。一些标量（如水汽混合比）始终为正值，另外一些标量可正可负。当我们说气温从夜间的 $-10~℃$ 升至下午的 $+5~℃$ 时，其实就隐含了由一个参考态（熔点）决定的符号法则。风速分量可正可负，只有参考坐标系已知，正负号才有意义。若有人说垂直风速是 $-0.05~m \cdot s^{-1}$，这个数字是没有意义的，除非我们知道用于描述风矢量的坐标系。与此类似，只有给定了符号法则，才能正确理解通量，比如感热通量为 $-20\ \mathrm{W\cdot m^{-2}}$，如果没有符号法则，无法确定 $20\ \mathrm{W\cdot m^{-2}}$ 的能量是指向地面还是远离地面。

1.3 边界层气象学的应用范例

边界层气象学是一门应用性学科，下面将举例阐述该学科的应用特性，以及它与相关学科（包括动力气象学、陆地生态学、水文学和空气污染气象学等）的联系。虽然本书讨论这些问题的深浅不同、详略各异，但所提供的素材可为读者今后的文献调研提供充足的知识储备。多学科的交叉需要我们更好地理解大气边界层中的各种现象，也为边界层气象学家提供了新的科学问题。

1.3.1 地表通量的参数化

地表辐射能量、感热、动量和水汽通量为天气预报模式和气候预测模型提供边界条件。在模型中，一般用一系列的数学公式来表征这些通量，即所谓的参数化，并用一系列的已知参数来描述通量与地表形态、光学性质和植被生态属性之间的关系。对于在线模式，这些参数化方案通常与大气模式耦合在一起，此时需要大气模式在最低的格点高度上进行逐时预报，为通量计算提供驱动变量。这些驱动变量包括入射太阳辐射、入射长波辐射、气温、湿度、风速、降水量等。在离线模式中，通量的参数化方案则由这些变量的观测值来驱动。离线计算也是实验者分析野外观测数据的一种方式。一个可靠的参数化方案必须建立在完备的大气传输原理之上，而边界层气象学研究对于此必不可少。

1.3.2 生态系统的新陈代谢

生态系统的新陈代谢过程涉及系统与环境之间的能量和物质交换。白天，植物从大气中吸收 CO_2 用于光合作用，与此同时，植物通过蒸腾作用消耗水分，不仅可以防止植物过热，还有助于植物根系从土壤中吸收营养物质；夜晚，植物通过呼吸作用向大气中释放 CO_2。上述植物生理过程动态变化很明显，会随着天气条件的波动而逐时改变（图 1.4）。CO_2 和水汽交换发生在近地层，使得该层成为观测物质交换的理想气层，而在近地层以上的大气中通过观测来获取生态系统功能信息是根本不可行的。生态系统在近地层中留下了诸多印记，这使得通过大气观测来获取生态系统的 CO_2 和水汽交换成为可能。这类微气象学方法不需要进行破坏性的植被取样，也不会破坏植被的生长环境，在实际观测中得到了广泛应用。尽管微气象学方法具有诸多优势，但仍存在一些方法论上的挑战。从本质上而言，微气象学方法的理论基础是质量守恒原理，而试验只能观测到质量守恒方程中的部分项，这就迫使研究人员不得不利用有限的观测项去估计真实的生态系统净交换。而在某些气象状况和地形条件下，这种估算方法可能会失败。因此，充分理解该估算方法成功和失败的条件，对于野外试验设计和后续数据分析都至关重要。

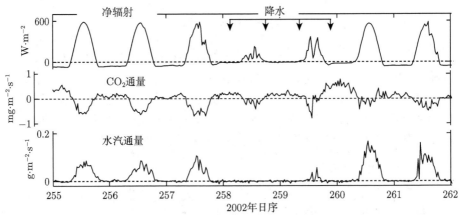

图 1.4　混交林上的净辐射、CO_2 通量和水汽通量的时间序列
图中为通量的日变化动态及其对降水事件的响应特征，观测地点为美国 Connecticut 州

1.3.3　生物颗粒的传播路径

　　大气中的生物颗粒根据尺寸大小可以分为两类。靠风媒传播的植物种子尺寸较大，介于几毫米到几厘米之间；花粉和孢子属于小尺寸类别，直径在 0.5 μm 到 100 μm 之间。这些生物颗粒的生命周期包括生成、释放、扩散和沉降等阶段，每个阶段都会受到大气边界层条件的影响，对风场和湍流结构尤为敏感。植物种子的沉降速率较大，很难逃离近地层。绝大部分种子的扩散距离都在距母本数十米的范围内，其确切的传播路径受植被高度处的风速、风向和植被冠层内的风向切变所控制。尺寸较小的花粉和孢子传播距离较远，大部分沉降在距源区数千米的范围内。一旦被卷入大尺度对流湍涡中，其中一部分颗粒物会逃离近地层，进入边界层上部甚至自由大气，进行长距离传输。孢子的长距离传输是引发植物病害大范围传播的主要机制。与此类似，花粉的长距离传输可导致基因污染，是植物育种专家非常关注的问题。基于颗粒物的形态特征、生成时间和大气边界层的湍流结构，可以确定逃离近地层的颗粒物的比例大小。

1.3.4　空气污染物扩散

　　污染源下风向的空气污染程度受污染物排放速率、污染源配置和局地气象条件共同控制。惰性污染物浓度与排放速率呈线性正相关，若排放速率翻倍，污染物浓度也将倍增。相比而言，污染物浓度随气象条件的变化特征更为复杂。比如，同样的源排放强度，在当天可能符合空气质量标准，但随着大气条件改变，次日就可能不符合空气质量标准。大气对污染物的扩散能力随着风速增大、湍流增强、静力不稳定度增加和边界层高度增加而增强。空气质量预报模型基于质量守恒原理，并考虑大气扩散条件，可以预测排放源附近污染物浓度的高低，这样就可以基于已知污染源进行空气质量预报，告知当地居民附近的空气质量如何。对于监管部门而言，空气质量预报模型可以用来判断新污染源是否会引起空气质量不达标。一般而言，空气污染物沉降速率与近地层污染物的浓度成正比，故预测近地层污染物浓度有助于评估空气污染对生态系统健康的影响。

1.3.5 预测蒸散

水分是植物生长不可或缺的资源。植物体本身的含水量可以忽略不计，植物所吸收的水分绝大部分以蒸散的形式进入大气。蒸散速率主要受可利用能量和土壤湿度控制，近地层气温、大气湿度和风速对其也有一定的影响。利用以上状态变量可以预测蒸散，这对于指导农民确定田间灌溉时间和灌溉总量大有裨益。此外，量化蒸散还有助于生态系统模型确定植物长势。地表水汽通量（蒸散速率）与能量和质量守恒密切相关，这种关联分别通过地表能量平衡方程和水量平衡方程得以体现。而对于 CO_2 通量而言，并不存在类似的约束方程。水分利用效率是指 CO_2 通量与水汽通量的比值，拥有相同光合作用机制（如 C_3 或 C_4）的植物的水分利用效率变化幅度较小，建模者可以利用水分利用效率的保守性来计算生态系统生产力。

1.3.6 城市热岛效应

城市热岛效应是指城市地区地表温度和气温高于周边郊区的现象。全球超过一半的人口生活在城市，尽管城市热岛在地表景观中属于局地热点，但它对于城市居民的生命健康有着深远的影响。城市热岛不仅会增加空调能耗，还会加剧人类健康的热胁迫。各级政府为了缓解城市热岛效应推行了不少对策，这些对策所基于的科学依据就是地表能量守恒原理。从能量平衡角度而言，以人造结构替代自然景观会在多方面扰乱地表能量平衡。其中，蒸发冷却作用减弱是导致城市变暖的一个重要因子。人为热排放作为额外的能量来源叠加在地表能量平衡中，会增加地表温度。土地利用变化引起的反照率降低也会增加太阳短波辐射的吸收。与自然植被和土壤相比，建筑物在白天可以储存更多的辐射能，这些热储量在夜间释放，引起夜间增暖。地表与边界层大气之间的对流所引起的能量再分配可增强亦可削弱城市热岛效应，其最终效果取决于城市对流效率是被抑制还是被增强。这些有关城市热岛的概念早已被人们所熟知。为了缓解城市热岛效应，需要量化城市热岛影响因子的日变化和季节变化特征，并研究其在城市街区之间及不同气候区之间的空间变化特征。

1.3.7　与大尺度大气运动的联系

　　Ekman抽吸是边界层气流与大尺度大气运动相互作用的物理机制之一（图 1.5）。因气压梯度力与 Coriolis 力二力平衡，在北半球低压系统中，边界层以上的大气呈逆时针旋转，而在高压系统中呈顺时针旋转，这些天气系统在水平方向上所跨越的尺度可达几百千米。在大气边界层中，地表摩擦使得气流在低压系统中流进，呈气流辐合；而在高压系统中流出，呈气流辐散。Ekman 抽吸是指低压系统中气流辐合所诱发的大气边界层顶的垂直上升运动，该运动可抽吸近地层水汽，垂直输送到上层大气，以维持云的存在。Ekman 抽吸中的上升气流通过邻近高压系统的辐散得以补偿，形成了叠加在逆时针和顺时针旋转流场上的二级环流。可见，要成功预报云和降水，就需要精确地描述 Ekman 抽吸机制。

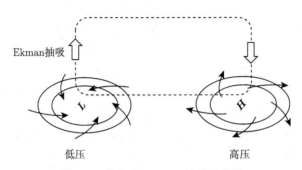

图 1.5　北半球 Ekman 抽吸示意图

1.3.8　输送现象

　　除上述所讨论的应用范例之外，研究低层大气扩散还有助于科学家优化湍流输送理论。由于在控制环境中无法再现大气边界层各种条件，已建立的湍流输送理论会在超出常规参数范围的情况下使用。比如，用于描述管道和风洞边界层流体湍流扩散的 Prandtl 理论在近地层大气中适用性较好，但在大气边界层上部和植物冠层内部应用效果不佳，这是因为后两类扩散过程主要由大尺度湍涡控制，而这些湍涡的特征尺度远大于 Prandtl 混合长度。另一个例证是大气边界层与自由大气之间的能量和物质交换，此时可以用扩散介质本身的物质运动来更准确地描述热量和水汽的输送，而并非用与温度和气体浓度梯度相关的扩散过程来描述这一过程。

1.4　本 书 框 架

　　本书以基本控制方程组为核心来组织素材。这些方程组包括动量守恒方程，干空气、水汽和痕量气体的质量守恒方程，运动气块和地表的能量守恒方程以及理想气体状态方程, 针对不同情形, 本书通过方程的逻辑推演来解释大气边界层中的各种现象和结果。

本书第 2 章将介绍基本方程组, 在第 3 章中将雷诺分解应用于这些方程组, 得到一系列控制方程组, 用于描述时间平均状态变量与通量之间的关系。

第 4~6 章是动量守恒原理的应用。在第 4 章中, 通过对平均动量方程的推导来研究大气边界层中湍流的产生与维持。第 5 章将动量守恒原理应用于植物冠层内的空气层, 此处需要利用体积平均来研究植物要素与流动气块之间的交互作用。在第 6 章中, 大气边界层被划分为多个子层, 略去动量方程中的小项, 再通过受力平衡分析, 得到平均风速的简易解析解。

第 7 章和第 8 章将介绍质量守恒原理的应用。第 7 章主要关注大气边界层中痕量物质的扩散过程。在第 8 章中, 对雷诺平均质量守恒方程使用体积平均, 从而建立植物 CO_2、水汽和热量与大气中过程变量之间的关系, 该关系是利用涡度相关技术观测地表通量的基础。

第 9 章主要研究干空气密度波动给大气边界层中温室气体通量观测带来的干扰。本章将反复使用理想气体状态方程来分析温度、湿度、痕量气体浓度和气压之间的相互依赖关系。

第 10 章将建立模拟蒸发和表面温度的数学模型, 这些模型的理论基础就是地表能量平衡, 也就是能量守恒定律在叶表、冠层和地表的具体应用。

第 11 章将基于能量和质量守恒原理来量化能量、水汽和痕量气体在整个大气边界层、地表和自由大气之间的传输过程。

第 12、13、14 章将分别介绍三种特殊的边界层: 城市边界层、污染边界层和有云边界层, 利用观测数据和之前章节介绍的分析方法进行研究。

1.5 如何使用本书

本书可以作为本科生或研究生的边界层气象学和微气象学课程的教材。在耶鲁大学, 该课程为 3 个学分, 课程持续 12 周, 每周 3 小时, 共计 36 课时, 可以讲解第 2 至 11 章的大部分内容。本书内容比 3 个学分课程需要讲解的内容要多。如果课程侧重于观测方法, 则可以跳过介绍模型模拟的章节 (第 10 章) 和第 7 章的大部分, 但建议保留有关通量贡献源区的内容。如果课程侧重于大气边界层现象的模拟, 则可以略去与观测方法有关的章节 (第 8、9 章)。第 12、13 和 14 章可作为研究型学习的补充阅读材料。

本书的读者应该具备多元微积分的知识, 流体力学和热力学的知识储备对于学习本课程有益但非必须。大气科学专业的学生会发现, 第 2 章所介绍的内容与其他大气类专业课有部分重复, 但复习这些基本原理对于学习后面的边界层专业知识大有裨益。虽然本书会在适当之处进行公式推导，但理解公式的物理含义及其简化的前提条件比纯粹的公式数学推导更为重要。

本书将重点介绍边界层气象学的基本理论和基本概念，但这并不会削弱观测研究的价值。为此，作者将本人和其他科学家发表的一些实验结果重新设计，融入到每章的课后习题中。即使你不想做这些习题，也应该花些时间来研读这些习题的题干，并且探索本书所介绍的基本原理与其他教材所提供的实验数据之间的关系。从这个角度来看，本书可以作为几本优秀的边界层气象学教材的有机补充，这些经典教材包括 Oke 编写的 *Boundary Layer Climates*《边界层气候学》，Stull 所著的 *An Introduction to Boundary Layer Meteorology*《边界层气象学导论》，Garratt 编写的 *The Atmospheric Boundary Layer*《大气边界层》，Wyngaard 撰写的 *Turbulence in the Atmosphere*《大气湍流》，Foken 编写的 *Micrometeorology*《微气象学》以及 Vilá-Guerau de Arellano、van Heerwaarden、van Stratum 和 van den Dries 共著的 *Atmospheric Boundary Layer: Integrating Air Chemistry and Land Interactions*《大气边界层：大气化学与地表交换的整合》。

对边界层气象学发展历史感兴趣的读者可以参考以上教材，也可以阅读由 Davidson、Kaneda、Moffatt 和 Sreenivasam 编写的 *A Voyage Through Turbulence*《穿行在湍流的世界》，这本书对湍流的发展史进行了全面回顾。有关边界层气象学的最新进展可以阅读 John Garratt 等发表的综述文章 *Commentaries on top-cited boundary-layer meteorology articles*《边界层气象学高被引文章评注》(2020, *Boundary-Layer Meteorology*, 177: 169-188)。

为了加深读者对各章概念的理解，每章都设置了 20 道左右难度不同的习题。星号标注的习题是依据已发表的论文所构思的小型研究性课题，难度最大，读者可以从每章所列出的参考文献中获得解答这些难题的思路。在解答问题时，需要特别注意一些细节，建立良好的"数感"，如物理量的单位和有效数字的位数等。边界层中的物理量受物理和生物过程控制，掌握它们合理的变化范围是非常重要的。这些细节常用来判断学生对某一知识的掌握程度。比如，自然地表的净辐射变化范围为 -100 W·m^{-2} 到 $+700$ W·m^{-2}，如果计算的答案是 -150 W·m^{-2}，那就得想想是不是哪儿出错了。

读者可以从作者个人网页上（https://xleelab.sites.yale.edu/publications）获取本书所有的插图，这些图片可用于学术报告和课堂教学。授课教师可以与作者联系，下载课后习题的参考答案。

第 2 章　基 本 方 程

2.1　坐　标　系

通常利用右手笛卡儿坐标系来研究矢量，如通量、速度和标量浓度梯度。在讨论动量、质量和能量守恒时，该坐标系的原点是固定的，三条坐标轴的方向也相应固定。在水平面上，x 轴可能指向北方，y 轴指向西方，z 轴指向重力的反方向。瞬时速度矢量表示为 $\boldsymbol{v} = \{u, v, w\}$，标量 a 的梯度表示为 $\nabla a = \{\partial a/\partial x, \partial a/\partial y, \partial a/\partial z\}$。

微气象学坐标系是一种特殊的笛卡儿坐标系，它根据近地层内观测到的风矢量来确定水平坐标轴的方向（图 2.1）。同样利用右手法则，微气象学坐标系的 x 轴方向与平均水平风矢量一致，y 轴为侧风方向或者横风方向，z 轴垂直于地面。在地形平坦地区，z 轴与重力方向相反。平均速度矢量 $\overline{\boldsymbol{v}} = \{\overline{u}, \overline{v}, \overline{w}\}$，上划线表示时间平均，平均时段通常采用 30 min。如果风向每隔 30 min 发生改变，则坐标系的 x 轴和 y 轴也要相应地变化。根据定义可知，近地层中侧风速度的平均值 $\overline{v}$ 始终为零。尽管长期平均的 $\overline{w}$ 应该非常接近于零，但在个别情况下仍然能观测到平均垂直速度 $\overline{w}$ 不为零。在近地层以上，由于风向随高度而变化，$\overline{v}$ 可能不等于零。

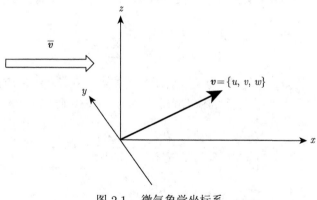

图 2.1　微气象学坐标系

风矢量是在仪器坐标系内观测得到的，为了合理地解释观测数据，就需要利用坐标旋转将仪器坐标系转换为微气象学坐标系，得到微气象学坐标系内的风速统计量和通量数值。旋转 x-y 坐标平面使其与局地地形保持一致，并强迫 $\overline{v}$ 为零，则计算表面动量通量时仅需要考虑 u 和 w 两个速度分量。更重要的是，坐标旋转会消除由于仪器倾斜所造成的误差。在所有观测量中，垂直速度对于倾斜仪器误差最为敏感。如果风速传感器倾斜角度为 α，则仪器测量的平均垂直速度 $\overline{w}_1$ 由两部分组成：

$$\overline{w}_1 = \overline{w}\cos\alpha + \overline{u}\sin\alpha$$

$$\simeq \overline{w} + \overline{u}\sin\alpha \tag{2.1}$$

假设倾斜角度 $\alpha = 1°$，水平平均速度 $\overline{u} = 3\ \mathrm{m\cdot s^{-1}}$，根据公式 (2.1) 右边的第二项，计算得到由于仪器倾斜造成的误差为 $0.05\ \mathrm{m\cdot s^{-1}}$，而实际近地层中的平均垂直速度量级约为 $0.01\ \mathrm{m\cdot s^{-1}}$ 或者更小。通量对于仪器倾斜所造成的误差也很敏感。在消除倾斜误差之后，得到的垂直通量位于正确的参考平面上，该平面与局地地形表面平行。读者可以查阅本章末尾所列的参考文献（Kaimal and Finnigan, 1994; Wilczak et al., 2001），了解如何进行坐标旋转。

在研究整个大气边界层内的流场时，则需要使用另一种坐标系。在该坐标系中，地转风矢量是一个已知参数，x 轴与地转风矢量方向一致。横风方向上的平均速度 $\overline{v}$ 在边界层顶为零，但在近地层内并不为零（参见第 4 章）。

2.2　动量守恒原理

动量守恒是由牛顿第二运动定律直接推导得到的结果，它表述为：一空气块动量的时间变化率等于该空气块所受的所有力的总和。动量守恒方程的一般表达式为

$$\frac{\mathrm{d}\boldsymbol{v}}{\mathrm{d}t} = \frac{1}{m}\sum\boldsymbol{F} = \sum\boldsymbol{f} \tag{2.2}$$

式中，m 是空气块的质量；$\boldsymbol{F}$ 为空气块所受到的力；$\boldsymbol{f}$ 表示单位质量气块所受到的力（$\mathrm{m\cdot s^{-2}}$）。用三个方向上的偏微分形式表示，公式 (2.2) 变为

$$\frac{\partial u}{\partial t} + u\frac{\partial u}{\partial x} + v\frac{\partial u}{\partial y} + w\frac{\partial u}{\partial z} = -\frac{1}{\rho}\frac{\partial p}{\partial x} + fv + \nu\nabla^2 u \tag{2.3}$$

$$\frac{\partial v}{\partial t} + u\frac{\partial v}{\partial x} + v\frac{\partial v}{\partial y} + w\frac{\partial v}{\partial z} = -\frac{1}{\rho}\frac{\partial p}{\partial y} - fu + \nu\nabla^2 v \tag{2.4}$$

$$\frac{\partial w}{\partial t} + u\frac{\partial w}{\partial x} + v\frac{\partial w}{\partial y} + w\frac{\partial w}{\partial z} = -\frac{1}{\rho}\frac{\partial p}{\partial z} - g + \nu\nabla^2 w \tag{2.5}$$

式中，ρ 是空气密度；p 是气压；f 是 Coriolis 参数；ν 是运动黏滞系数；g 是重力加速度；∇^2 为 Laplace 算子：

$$\nabla^2 = \frac{\partial^2}{\partial x^2} + \frac{\partial^2}{\partial y^2} + \frac{\partial^2}{\partial z^2} \tag{2.6}$$

且全导数和局地导数之间的关系为

$$\frac{\mathrm{d}}{\mathrm{d}t} = \frac{\partial}{\partial t} + u\frac{\partial}{\partial x} + v\frac{\partial}{\partial y} + w\frac{\partial}{\partial z} \tag{2.7}$$

在公式 (2.3) ～ 式 (2.5) 中，单位质量的空气块受到四种外力的作用，分别是气压梯度力、Coriolis 力、重力和摩擦力，它们的量纲均与加速度的量纲一致。

气压梯度力是体积力，可表示为

$$-\frac{1}{\rho}\nabla p = -\frac{1}{\rho}\left\{\frac{\partial p}{\partial x}, \frac{\partial p}{\partial y}, \frac{\partial p}{\partial z}\right\} \tag{2.8}$$

气压梯度力作用于空气块内部和边界的每一部分，是空气块产生运动的根本原因。中纬度高压系统的水平气压梯度约为每百千米 1 hPa，相应的水平气压梯度力的量级约为 1×10^{-3} m·s^{-2}。中尺度环流对应的气压梯度力的量级会更大，例如，海陆风形成时的气压梯度力的量级有可能比前者大数倍。

在动力气象学中，气压 p 可通过求解运动方程获得，而在边界层气象学中，气压 p 并不是直接求解的，不是预报变量。大多数情况下，边界层气象学将气压梯度力作为已知的外部参数，但至少有两种情况例外。防风林、森林边缘和其他孤立障碍物处的气压梯度力比天气尺度下的气压梯度力大几个数量级，在这种情况下，气压梯度力很大程度上取决于风速以及这些障碍物的几何形态。此时，流体控制方程组必须将气压梯度力作为未知量。此外，在植被冠层中，植被元素（如树叶）上风向的气压 p 值大于下风向的气压 p 值。这种微尺度上的不连续气压场主要是由障碍物对流体的阻滞作用引起的，这种影响必须在动量方程中加以考虑（参见第 5 章）。

由于参考坐标系在随地球自转，空气块会受到 Coriolis 力的影响。Coriolis 力也是一种体积力，矢量形式为 $\{fv, -fu, 0\}$。在大气边界层中，该力可以改变空气块动量在 x-y 水平面上的分布。Coriolis 参数 f 取决于纬度 ϕ：

$$f = 2\Omega\sin\phi \tag{2.9}$$

式中，$\Omega(= 7.27 \times 10^{-5}$ s$^{-1})$ 是地球自转角速度。根据公式 (2.9) 可知，Coriolis 力在赤道处近似为零，并随着纬度的增加而增大。北半球中纬度的 Coriolis 参数

f 的量级约为 1×10^{-4} s^{-1}，南半球 Coriolis 参数 f 为负值。Coriolis 力随着水平运动速度的增加而线性增加。当空气水平速度为 10 m·s^{-1} 时，Coriolis 力的量级约为 1×10^{-3} m·s^{-2}，与气压梯度力相当。与重力相比，Coriolis 力对垂直运动的作用可以忽略，其垂直分量近似为零。

公式 (2.5) 右侧第二项是重力项，是作用于空气块上的第三个体积力。该力仅出现在垂直动量方程中。正如其负号所示，重力的方向始终垂直向下。单位质量空气块所受到的重力等于重力加速度 g，在海平面取值为 9.8 m·s^{-2}，数值远大于水平气压梯度力和 Coriolis 力。在平均大气状态下，重力与垂直气压梯度力 $-(1/\rho)\partial p/\partial z$ 大小相等、方向相反，这种平衡状态称为流体静力平衡。

黏滞力 $\{\nu\nabla^2 u, \nu\nabla^2 v, \nu\nabla^2 w\}$ 是由于分子摩擦作用产生的内摩擦力。这种力是局地的，仅存在于空气块的边界，使得空气块的动量减小。除了在非常接近地表的很薄的界面层外，该力通常远小于气压梯度力（参见习题 2.3）。

2.3　质量守恒原理

CO_2 在大气中的浓度可以用质量密度来表示，定义为单位体积空气内的 CO_2 质量，记为 ρ_c。或用质量混合比来表示，定义为相同体积空气内的 CO_2 质量与干空气质量的比值，记为 s_c。这两者之间的关系为

$$s_c = \frac{\rho_c}{\rho_d} \tag{2.10}$$

式中，ρ_d 是干空气的质量密度。干空气质量守恒原理可用 ρ_d 来表达。CO_2 质量守恒原理可用 ρ_c 或 s_c 来表示。为 CO_2 建立的质量守恒原理同样适用于大气中其他的痕量气体。

图 2.2(a) 是干空气质量守恒原理的简单示意图。图中，流体仅在 x 轴方向上运动。假设在笛卡儿坐标系中，有一个在 x、y 和 z 方向上边长分别为 δx、δy 和 δz 的小长方体。在宏观尺度上，它小到可以看作空间中的一个点；而在微观尺度上，该长方体的流体块包含着无数分子。连续性假设认为，流体块的性质（如温度、湿度和 CO_2 混合比）在空间上的变化是连续的。在这个长方体内，干空气既不会产生，也不会被消耗。若空气从左侧以速度 u_1 进入柱体，且干空气密度为 $\rho_{d,1}$；在右侧以速度 u_2 流出，且干空气密度为 $\rho_{d,2}$，则净质量通量为 $-\delta y\delta z(u_2\rho_{d,2} - u_1\rho_{d,1})$，并且与柱体内干空气质量随时间的变化相平衡：

$$\delta x\delta y\delta z\frac{\delta\rho_d}{\delta t} = -\delta y\delta z(u_2\rho_{d,2} - u_1\rho_{d,1}) \tag{2.11}$$

或

$$\frac{\delta\rho_d}{\delta t} + \frac{\delta u\rho_d}{\delta x} = 0 \tag{2.12}$$

式中, 符号 δ 表示有限差分。若将长方体的尺寸缩至无穷小, 公式 (2.12) 可推导为

$$\frac{\partial\rho_d}{\partial t} + \frac{\partial u\rho_d}{\partial x} = 0 \tag{2.13}$$

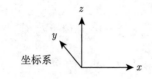

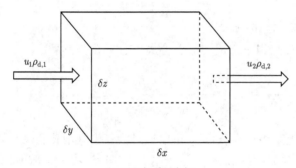

(a) 干空气质量守恒

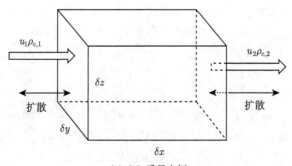

(b) CO$_2$质量守恒

图 2.2 一维流体中的干空气和 CO$_2$ 的质量守恒示意图

公式 (2.13) 可以很容易地向三维方向扩展, 得到

$$\frac{\partial\rho_d}{\partial t} + \frac{\partial u\rho_d}{\partial x} + \frac{\partial v\rho_d}{\partial y} + \frac{\partial w\rho_d}{\partial z} = 0 \tag{2.14}$$

公式 (2.14) 是连续方程的一般形式。结合公式 (2.7)，公式 (2.14) 可以改写为

$$
\frac{\mathrm{d}\rho_{\mathrm{d}}}{\mathrm{d}t} + \rho_{\mathrm{d}}\left(\frac{\partial u}{\partial x} + \frac{\partial v}{\partial y} + \frac{\partial w}{\partial z}\right) = 0 \tag{2.15}
$$

CO_2 的质量密度 ρ_{c} 的守恒方程可以通过类似的方式推导得到，但推导过程中需考虑另外两个因素。第一，在图 2.2(b) 所示的简化情形中，CO_2 除了通过质量流 $u\rho_{\mathrm{c}}$ 的交换形式之外，还将以分子扩散 $\kappa_{\mathrm{c}}\partial\rho_{\mathrm{c}}/\partial x$ 的方式出入长方体，其中 κ_{c} 为大气中 CO_2 的分子扩散系数。第二，CO_2 也可由柱体内的源产生。考虑以上两个附加因素后，ρ_{c} 完整的质量守恒方程可写为

$$
\frac{\partial\rho_{\mathrm{c}}}{\partial t} + \frac{\partial u\rho_{\mathrm{c}}}{\partial x} + \frac{\partial v\rho_{\mathrm{c}}}{\partial y} + \frac{\partial w\rho_{\mathrm{c}}}{\partial z} = S_{\mathrm{c}} + \kappa_{\mathrm{c}}\nabla^2\rho_{\mathrm{c}} \tag{2.16}
$$

式中，S_{c} 为 CO_2 的源汇项。

公式 (2.16) 还可以重组成类似于公式 (2.15) 的形式：

$$
\frac{\mathrm{d}\rho_{\mathrm{c}}}{\mathrm{d}t} + \rho_{\mathrm{c}}\left(\frac{\partial u}{\partial x} + \frac{\partial v}{\partial y} + \frac{\partial w}{\partial z}\right) = S_{\mathrm{c}} + \kappa_{\mathrm{c}}\nabla^2\rho_{\mathrm{c}} \tag{2.17}
$$

从严格意义上来讲，由于 CO_2 可以通过大气中其他化合物（如 CH_4 和 CO）的氧化而产生，其源汇项 S_{c} 不为零。然而，与传输项和扩散项相比，CO_2 的产生速率小得多，可以忽略不计。另外，还有一些非空气元素（如植物的叶片）也能成为 CO_2 的源或汇，但这些元素不允许在图 2.2 所描绘的无穷小柱体中出现。在第 8 章中，通过体积平均运算将植物源汇项加入到 CO_2 质量守恒方程中，对该质量守恒方程作进一步的修正。

大气模式计算中通常不使用公式 (2.16) 或公式 (2.17)，主要原因在于 ρ_{c} 不是守恒量。即使在分子扩散项和源汇项为零的情况下，时间变化率 $\mathrm{d}\rho_{\mathrm{c}}/\mathrm{d}t$ 在跟随流体块运动的坐标系中也不为零。只有引入不可压缩性作为附加条件时，ρ_{c} 才是守恒量。大气模式通常是建立在质量混合比 s_{c} 守恒的基础之上。从公式 (2.10)、公式 (2.15) 和公式 (2.17) 中可以得到 s_{c} 的守恒方程：

$$
\frac{\mathrm{d}s_{\mathrm{c}}}{\mathrm{d}t} = \frac{S_{\mathrm{c}}}{\rho_{\mathrm{d}}} + \kappa_{\mathrm{c}}\nabla^2 s_{\mathrm{c}} \tag{2.18}
$$

（参见习题 2.4；Lee and Massman, 2011）。基于质量混合比守恒方程得到的涡度通量的表达式与大气模式的原理一致，但基于质量密度得到的结果就与大气模式相矛盾（参见第 9 章）。

水汽是大气中重要的气体，它的质量密度 ρ_v 和质量混合比 s_v 的守恒方程如下：

$$\frac{\partial \rho_v}{\partial t} + \frac{\partial u\rho_v}{\partial x} + \frac{\partial v\rho_v}{\partial y} + \frac{\partial w\rho_v}{\partial z} = S_v + \kappa_v \nabla^2 \rho_v \tag{2.19}$$

和

$$\frac{\mathrm{d}s_v}{\mathrm{d}t} = \frac{S_v}{\rho_d} + \kappa_v \nabla^2 s_v \tag{2.20}$$

式中，κ_v 是大气中水汽的分子扩散系数；S_v 是水汽源汇项。如果边界层内有云，源汇项就应该保留在守恒方程中，用来表示水的相变，如云滴的蒸发或水汽凝结。在无云边界层中，S_v 可以省略。

在一些研究中，水汽守恒方程中采用比湿。比湿 q_v 是指水汽质量与湿空气质量之比。由于 $\rho = \rho_d + \rho_v$，比湿和水汽混合比的关系为

$$q_v = \frac{\rho_v}{\rho_d + \rho_v} = \frac{s_v}{1 + s_v} \tag{2.21}$$

q_v 守恒方程在形式上与公式 (2.20) 相同，但是公式右侧的源汇项是除以湿空气密度 ρ 而非干空气密度 ρ_d。

在中尺度和天气尺度系统中，大气运动的垂直尺度远小于其水平尺度。连续方程可以简化为

$$\frac{\partial u}{\partial x} + \frac{\partial v}{\partial y} + \frac{\partial w}{\partial z} = 0 \tag{2.22}$$

这是不可压缩条件下的连续方程。在本书中，公式 (2.22) 被称为强不可压缩条件，以区别于湍流尺度的弱不可压缩条件。在公式 (2.22) 条件下，ρ_d 为守恒量，ρ_c 在无源汇、无分子扩散的情况下也是守恒量。需谨慎使用公式 (2.22)，本章习题 2.7、习题 2.8 和习题 2.12 是不满足不可压缩条件的三个例子。

2.4　能量守恒原理

在前一小节中，通过建立一个假想的长方体来构建质量守恒方程。该柱体处于欧拉坐标中，大小和形状固定不变，观察者在固定位置记录流体，建立质量传输、扩散通量和局地时间变化率之间的质量平衡。由于该长方体是刚性的，不适用于构建热量守恒方程。采用拉格朗日坐标能够较方便地解决这一问题，该坐标随着假想空气块的移动而移动，并与其保持同样的速度。在拉格朗日坐标系中，时间变化率可以用全导数 $\mathrm{d}/\mathrm{d}t$ 来表示。

由热力学第一定律可知，空气块内能的时间变化率取决于三个过程：气体内部和外部热源增加能量、通过分子扩散向周围释放能量和气体体积膨胀对环境做

功。Bird、Stewart 和 Lightfoot 的经典著作 *Transport Phenomena*《传输现象》中阐述了能量守恒的原理 (Bird et al., 2006):

$$\rho c_p \frac{dT}{dt} = \frac{dp}{dt} + \rho c_p S_T + \rho c_p \kappa_T \nabla^2 T \tag{2.23}$$

式中，c_p 为空气的定压比热容；T 为温度；S_T 为热量源汇项；κ_T 为大气中分子热扩散系数。公式 (2.23) 左侧表示拉格朗日框架下流体块的内能随时间的变化率。公式右侧第一项表示气体体积膨胀所做的功，第二项表示能量源汇项，第三项表示通过分子扩散与周围环境的净能量交换。

空气比热容的表达式为 $c_p = (1 + 0.85\, s_v) c_{p,d}$，可看作干空气和水汽贡献的加权平均，其中 $c_{p,d}$ 是干空气定压比热容（Emanuel, 1994）。通常 c_p 为 1015 J·kg^{-1}·K^{-1} 左右。

大气热量的增加有时来自于内源，例如云滴凝结的潜热释放，有时来自于外源，例如对太阳辐射能的吸收。湍流动能的耗散和化学反应也可能在气块内部产生少量的热量。热量源汇项是有云边界层和污染边界层能量平衡的重要组成部分，但在无云或洁净大气状况时常被忽略。

根据理想气体状态方程和连续方程 [公式 (2.15)] 之间的关系，从公式 (2.23) 可以得到能量平衡的另一种表达方式:

$$\rho c_V \frac{dT}{dt} = -p \left(\frac{\partial u}{\partial x} + \frac{\partial v}{\partial y} + \frac{\partial w}{\partial z} \right) + \rho c_p S_T + \rho c_p \kappa_T \nabla^2 T \tag{2.24}$$

式中，c_V 为空气的定容比热容。与公式 (2.24) 相比，我们对公式 (2.23) 更熟悉。本书将针对各种不可压缩条件讨论公式 (2.24)。

公式 (2.23) 难以应用，这是因为它包含了两个未知变量 T 和 p。为此，引进位温这一复合变量:

$$\theta = T \left(\frac{p}{p_0} \right)^{-R_d/c_{p,d}} \tag{2.25}$$

式中，p_0 是海平面气压，标准值为 1013 hPa；R_d 是干空气的理想气体常数；θ 与 T 的单位相同，均为 K。

位温是指干空气块以绝热过程移动到海平面高度时所具有的温度（图 2.3）。绝热过程是一个理想化的过程，假设空气块在下降过程中，没有以分子扩散的形式向外界释放热量，没有分子逃离气块，气块内没有热源，空气块仅仅依靠体积收缩做功来改变其温度。虽然做了这一系列的简化，但 θ 仍是一个十分有用的描述大气热力特性的变量。联立公式 (2.23) 和 (2.25)，可得位温 θ 的守恒方程:

$$\frac{d\theta}{dt} = S_\theta + \kappa_T \nabla^2 \theta \tag{2.26}$$

式中

$$S_\theta = S_T \left(\frac{p}{p_0} \right)^{-R_\mathrm{d}/c_{p,\mathrm{d}}} \tag{2.27}$$

在一些研究中, 源汇项被表示成 $S_\theta = S_T$。这一简化形式隐含了薄边界层近似, 即 $(p/p_0)^{-R_\mathrm{d}/c_{p,\mathrm{d}}} \simeq 1$。

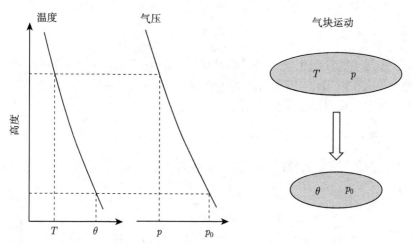

图 2.3　绝热下降过程中, 随着高度降低, 环境气压增加, 导致空气块收缩, 气块温度增加

与气温 T 相比, 使用位温 θ 的优势非常明显, 除了可以将 p 从能量守恒方程中消除之外, θ 还在绝热过程中守恒。

2.5　地表能量平衡

2.4 节讨论了大气中的能量守恒过程, 主要关注大气内能的变化。在地表, 能量收支也必须保持平衡。地表有四种能量收支或传输形式: ① 通过电磁波传输能量 (辐射通量); ② 地表蒸发损失热量或者水汽凝结释放热量 (潜热通量); ③ 空气流动造成的热量传输 (感热通量); ④ 进入或流出地表的分子热扩散 (热传导通量)。

假设在一片广阔且平坦的裸地上, $K_\downarrow$ 表示该裸地地表接收到的太阳辐射总量, 太阳辐射能量集中在波长范围约为 $0.3 \sim 3$ μm 的短波波段内。一部分 $K_\downarrow$ 被地表面反射, 为

$$K_\uparrow = \alpha K_\downarrow \tag{2.28}$$

式中，α 为反照率。其余的辐射能被土壤表层吸收。除短波辐射外，地表还接收大气发射的长波辐射 $L_\downarrow$，长波辐射的波长大于 3 μm。第四个辐射分量是从地表向大气的长波辐射 $L_\uparrow$，包括地表反射的 $L_\downarrow$ 和地表发射的长波辐射：

$$L_\uparrow = (1 - \epsilon)L_\downarrow + \epsilon\sigma T_{\rm s}^4 \tag{2.29}$$

式中，ϵ 是发射率，又称比辐射率；$\sigma\ (= 5.67 \times 10^{-8}\ {\rm W\cdot m^{-2}\cdot K^{-4}})$ 是 Stefan-Boltzmann 常数；$T_{\rm s}$ 是地面温度。地表净辐射 $R_{\rm n,0}$ 为四个辐射分量的矢量和：

$$R_{\rm n,0} = K_\downarrow - K_\uparrow + L_\downarrow - L_\uparrow \tag{2.30}$$

由于辐射不能穿透土壤，可以假设吸收太阳辐射的地表层无限薄，没有质量或内能，在这种理想化的表面上各种能量通量将达到平衡 [图 2.4(a)]。同时假设在水平方向上，没有净能量流入或流出，地表面能量平衡的过程可以表述为

$$R_{\rm n,0} = H_0 + \lambda E_0 + G_0 \tag{2.31}$$

式中，H_0 是地表感热通量；λE_0 是地表潜热通量；G_0 是由传导产生的热通量。

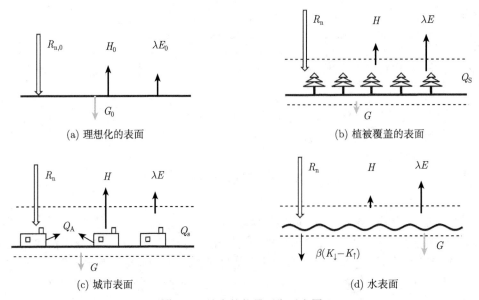

(a) 理想化的表面　　　　　　　　　(b) 植被覆盖的表面

(c) 城市表面　　　　　　　　　　(d) 水表面

图 2.4　地表的能量平衡示意图

公式 (2.31) 遵循微气象学符号法则：如果地表吸收辐射能量，则 $R_{\rm n,0}$ 为正，如果地表损失辐射能量，则 $R_{\rm n,0}$ 为负；如果通量指向远离地表的方向，则 H_0、λE_0 和 G_0 皆为正，如果通量指向地表，则都为负。E_0 是地表蒸发速率或水汽通量。地表潜热通量由 E_0 和汽化潜热 λ 共同决定，当温度为 15 ℃ 时，$\lambda = 2466\ {\rm J\cdot g^{-1}}$。

公式 (2.31) 和图 2.4(a) 所描述的是理想条件下的地表能量平衡过程，此时所有的能量通量的观测和计算均发生在地表，在陆面模型中通常如此。如图 2.4(b) 所示，在野外试验中，常在地表以上某一高度测量净辐射、感热通量和潜热通量，在地表以下的浅层测量土壤热通量。在这种情况下，一些能量有可能会转化为内能，储存在生物质或上层土壤中，引起它们温度的变化。故更恰当的能量平衡方程为

$$R_n = H + \lambda E + G + Q_s \tag{2.32}$$

式中，Q_s 是热储量，如果系统（表层土壤和生物质）获得内能，则符号为正，反之为负。能量通量项中去除了下标 "0"，表明测量并没有发生在地表。

城市中存在人为热 Q_A，它是额外的能量来源。城市能量平衡方程为

$$R_n + Q_A = H + \lambda E + G + Q_s \tag{2.33}$$

式中，人为热通量 Q_A 总是正的。

水表面能量平衡方程与陆地稍有不同。太阳辐射，尤其是可见光波段（波长 $0.4 \sim 0.7 \ \mu m$），能穿透很厚的水层。此时不能再假设短波辐射的吸收只发生在无限薄的水面表层。水体"表面"能量平衡是在有限厚度水层中发生的 [图 2.4(d)]，需要对能量平衡方程进行修改。水体表面的能量平衡方程为

$$R_n = H + \lambda E + G + Q_s + \beta(K_\downarrow - K_\uparrow) \tag{2.34}$$

式中，β 是穿透表面水层的净短波辐射份数。几乎所有近红外波段（波长 $0.7 \sim 3 \ \mu m$）的太阳辐射能量都被表层 0.6 m 的水层所吸收，因此在陆面模型中通常设置表面水层厚度为 0.6 m。

上述讨论忽略了自然环境中次要的能量源和汇，例如雨滴落到地面释放的动能、通过光合作用进入生物质的化学能、微生物和植物通过呼吸作用释放的热量，以及湍流动能黏滞耗散产生的热量等。

能量平衡的困境

能量闭合问题困扰了实验科学家们数十年。在陆地野外试验中，能量平衡中各分量都是独立观测得到的。用涡度相关方法测量感热通量（H）和潜热通量（λE），用净辐射计测量净辐射（R_n），用热通量板测量传导产生的热通量（G），用埋在土壤表层和植物体中的温度传感器观测得到的数据计算热储量（Q_s）。理论上，能量平衡要求两项涡度通量之和 $H + \lambda E$ 等于可利用能量 $R_n - Q_s - G$。然而在现实中，前者几乎总是低于后者。图 2.5 是能量不

闭合的个例。在这个例子中，$H + \lambda E$ 占 $R_\mathrm{n} - Q_\mathrm{s} - G$ 的 80%。有很多假设解释这一系统误差（Mauder et al., 2020），但是目前还未达成共识。

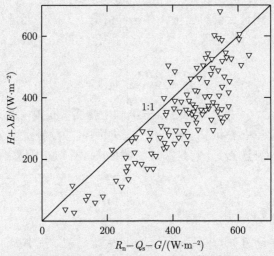

图 2.5　森林站点感热和潜热通量之和（$H + \lambda E$）与可利用能量（$R_\mathrm{n} - Q_\mathrm{s} - G$）的对比
数据来源：Lee 和 Black（1993）

　　由于观测的能量不闭合，模型研究面临着进退两难的困境。一方面，在模型中能量必须平衡，不然模型就会出错。另一方面，好的模型必须能够复制观测结果。如果强制模拟与观测的 H 和 λE 一致，就会违背能量平衡原理。但如果遵循能量平衡原理，模拟的 H 和 λE 中的一个或二者都会系统性地偏离观测值。也就是传统意义上模型没有通过实验验证，模型不合格。

　　解决这个困境的方法之一就是认为尽管观测的 H 和 λE 有误差并且误差来源不明确，但是二者比值即 $H / \lambda E$ 是准确的。这两个通量可以成比例地进行调整从而保证二者之和与可利用能量完全相等。用调整后的通量来衡量模型模拟的效果。尽管这一方法还没有得到广泛的认同，但是一些观测研究提供了支持该方法的证据（Twine et al., 2000）。调整的效果在平均时长超过 24 h 较好。在小时尺度上，调整结果对于 Q_s 和 G 的观测误差过于敏感。若平均时段超过 24 h，Q_s 和 G 白天和夜间的误差会相互抵消，它们的量级比 R_n 小很多。

2.6　理想气体定律

　　理想气体定律有多种表达形式。最常见的一种形式是将态函数气压与另外两个态函数（密度和温度）联系起来。干空气状态方程：

$$p_d = \rho_d R_d T \tag{2.35}$$

水汽状态方程：

$$p_v = \rho_v R_v T \tag{2.36}$$

CO_2 气体状态方程：

$$p_c = \rho_c R_c T \tag{2.37}$$

式中，p_d、p_v 和 p_c 分别为干空气、水汽和 CO_2 的分压。干空气理想气体常数为

$$R_d = \frac{R}{M_d} \tag{2.38}$$

水汽理想气体常数为

$$R_v = \frac{R}{M_v} \tag{2.39}$$

CO_2 理想气体常数为

$$R_c = \frac{R}{M_c} \tag{2.40}$$

式中，R $(= 8.314 \text{ J·mol}^{-1}\text{·K}^{-1})$ 为普适气体常数；M_d $(= 0.029 \text{ kg·mol}^{-1})$、$M_v$ $(= 0.018 \text{ kg·mol}^{-1})$ 和 M_c $(= 0.044 \text{ kg·mol}^{-1})$ 分别为干空气、水汽和 CO_2 的分子量。

结合热力学第一定律和干空气的状态方程 [公式 (2.35)]，可以得到以下关系：

$$c_{p,d} - c_{V,d} = R_d \tag{2.41}$$

可以从气体分压得到质量混合比，比如 CO_2 的质量混合比：

$$s_c = \frac{M_c}{M_d}\frac{p_c}{p_d} \tag{2.42}$$

以及水汽的质量混合比：

$$s_v = \frac{M_v}{M_d}\frac{p_v}{p_d} \tag{2.43}$$

一般来说，s_c 的单位为 $\mu\text{g·g}^{-1}$ 或 mg·kg^{-1}，而 s_v 的单位为 g·kg^{-1}。

CO_2 的摩尔混合比定义为相同体积内 CO_2 的分子数与干空气的分子数之比，与分压的关系为

$$\chi_c = \frac{p_c}{p_d} \tag{2.44}$$

水汽的摩尔混合比为

$$\chi_v = \frac{p_v}{p_d} \tag{2.45}$$

χ_c 的单位为 $\mu mol \cdot mol^{-1}$ 或 ppm，χ_v 的单位为 $mmol \cdot mol^{-1}$。

Dalton 分压定律为

$$p = p_d + p_v + p_c + ... \simeq p_d + p_v \tag{2.46}$$

式中，p 为总的大气压力，约等于 p_d 和 p_v 的总和。CO_2 和其他痕量气体对 p 的贡献可以忽略不计。

湿空气的质量密度为 ρ，它的理想气体常数为 R_m，可得出湿空气的理想气体状态方程：

$$p = \rho R_m T \tag{2.47}$$

公式 (2.47) 不常用，因为式中的理想气体"常数" R_m 不再是一个定值，而与湿度有关。引入新的复合变量——虚温，公式 (2.47) 变为

$$p = \rho R_d T_v \tag{2.48}$$

虚温定义为

$$T_v = T(1 + 0.61q_v) \tag{2.49}$$

在相同温度和气压下，湿空气比干空气轻。

习　题

2.1* 超声风速计朝北安装，在水平方向上向下倾斜了 1°(图 2.6)。仪器测量速度的参考坐标系选择用 $\{x_1, y_1, z_1\}$ 表示的右手笛卡儿坐标系。假设真实的空气速度是 $5.00 \ m \cdot s^{-1}$，且速度矢量与水平面完全平行。请确定 z_1 方向上的垂直速度 w_1 的数值（即仪器观测的垂直风速）及其与风向的关系。其中，定义从正北吹来的风向为 0°，从正东吹来的风向为 90°，以此类推。

2.2 证明公式 (2.3) $\sim$ 式 (2.5) 中的黏滞项与加速度的量纲一致。

2.3 在中性层结条件下，地表的平均风速廓线可以用对数函数来描述：

$$\overline{u} = \frac{u_*}{k} \ln\left(\frac{z}{z_0}\right) \tag{2.50}$$

式中，$k \ (= 0.4)$ 是 von Karman 常数；u_* 是摩擦风速；z 是观测高度；z_0 是动量粗糙度。假设平均侧风和垂直风速均为零，且 $u_* = 0.52 \ m \cdot s^{-1}$。计

算 $z = 0.05$ m 和 10 m 两个观测高度上的黏滞力。计算时取气温 15 ℃ 时的运动黏滞系数的数值 $\nu = 1.48 \times 10^{-5}$ m^2·s^{-1}。

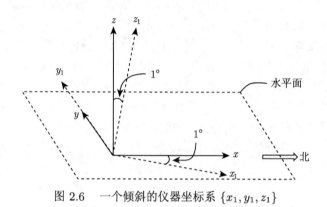

图 2.6　一个倾斜的仪器坐标系 $\{x_1, y_1, z_1\}$

2.4 利用公式 (2.15) 和式 (2.17) 推导出 CO_2 质量混合比的守恒方程 [公式 (2.18)]。

2.5 利用理想气体方程和连续方程，由公式 (2.23) 推导能量守恒方程 [公式 (2.24)]。

2.6 利用能量守恒公式 (2.23) 推导位温守恒公式 (2.26)。

2.7 下列描述空气团的物理量中，哪些在图 2.3 所示的干绝热过程中是守恒量：气压、干空气密度、空气温度、位温、水汽密度、水汽分压、水汽混合比、CO_2 密度、CO_2 分压和 CO_2 混合比? 干绝热过程满足不可压缩条件吗? (注：水在干绝热过程时不发生相态变化。)

2.8 一空气团从湖面平移到较热的水泥停车场上 (图 2.7)，该过程为非绝热过程，原因是该气团的底部可以通过与地表面接触进行物质和能量的交换。在这一过程中，习题 2.7 所列的几种物理量哪些是守恒量? 该过程满足不可压缩条件吗?

气块的水平运动

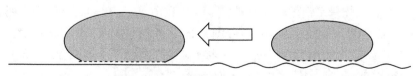

图 2.7　空气团从温度低的湖泊移动到温度高的水泥停车场

2.9 请证明能量守恒方程的扩散项 [公式 (2.23) 右侧第三项] 与内能变化项

（公式左侧）和体积膨胀项（右侧第一项）的量纲一致。其中源汇项 S_T 的量纲应该是什么？

2.10 已知大气压强是 1000.2 hPa，水汽摩尔混合比是 19.27 mmol·mol^{-1}，CO_2 摩尔混合比是 400.4 μmol·mol^{-1}。求干空气、水汽和 CO_2 的分压强。当空气温度为 15 ℃ 时，干空气、水汽和 CO_2 的质量密度分别为多少？

2.11 CO_2 在低层大气中是充分混合的气体，这意味着长期的平均混合比不随高度变化。2013 年，全球平均 CO_2 摩尔混合比为 396.5 μmol·mol^{-1}。估算标准大气边界层中 CO_2 质量密度的垂直梯度。（提示：在标准大气中，海平面处的气压和气温分别为 1013.2 hPa 和 15.0 ℃，海拔 1000 m 处的气压和气温分别为 898.7 hPa 和 8.5 ℃。假定两个高度处的水汽混合比均为 15 g·kg^{-1}。）

2.12 一空气团从海平面处绝热抬升，它的初始温度为 20.0 ℃，水汽压为 6.22 hPa，CO_2 质量密度为 800.0 mg·m^{-3}。当气团上升至 700 hPa 时，气团温度和 CO_2 质量密度是多少？

2.13 一片森林的年平均 CO_2 通量为 -0.037 mg CO_2·m^{-2}·s^{-1}。若通量单位为 μmol·m^{-2}·s^{-1}、g C m^{-2}·a^{-1}、g CO_2 m^{-2}·a^{-1} 或 t C hm^{-2}·a^{-1}，CO_2 通量分别是多少？

2.14 在暖季，中纬度地区湿地的 CH_4 通量典型值为 200 nmol·m^{-2}·s^{-1}。若通量单位为 μg CH_4·m^{-2}·s^{-1} 或 mg CH_4·m^{-2}·d^{-1}，CH_4 通量分别为多少？

2.15 水汽通量日均值为 0.074 g·m^{-2}·s^{-1}，一天中通过蒸发可消耗多少水（以 mm 为单位）？

2.16 全球表面接受的平均太阳辐射为 175 W·m^{-2}，全球平均地表反照率为 0.126，平均向下和向上长波辐射分别为 344 W·m^{-2} 和 396 W·m^{-2}（Zhao et al., 2013）。全球表面平均净辐射为多少？全球平均年降水量为 1030 mm，如果降水量与表面蒸发速率正好平衡，全球表面平均潜热和感热通量分别是多少？

2.17 Bowen 比 β 是表面感热通量与潜热通量的比值。Bowen 比观测系统通过测量近地层的气温和湿度的垂直梯度来计算 β。测量 β 的同时，同步进行可利用能量（净辐射 $R_{n,0}$ 和土壤热通量 G_0），从而计算表面潜热通量 λE_0。以能量平衡原理为基础，推导出用 β、$R_{n,0}$ 和 G_0 计算 λE_0 的公式。

2.18 在某个夏日的午后，亚热带湖泊向下的短波辐射和长波辐射分别为 750 W·m^{-2} 和 419 W·m^{-2}，湖表面温度为 25.3 ℃，反照率为 0.06。假设湖表面是一个黑体，计算湖表面净辐射。

2.19 若水汽压为 12.2 hPa，大气压强为 984.5 hPa，气温为 17.6 ℃，CO_2 的摩尔混合比为 409.7 μmol·mol^{-1}。求单位为 mg·m^{-3} 的 CO_2 质量密度。

2.20 假设空气温度为 15.9 ℃，大气压强为 998.3 hPa，水汽质量密度为 23.6 g·m^{-3}。求水汽的质量混合比和摩尔混合比。

2.21 甲烷和氧化亚氮的摩尔混合比分别为 2.89 ppm[①] 和 401.2 ppb[②]，求它们的质量混合比。

参 考 文 献

Bird R B, Stewart W E, Lightfoot E N. 2006. Transport Phenomena. 2nd ed. New York: John Wiley & Sons, Inc: 905.

Emanuel K A. 1994. Atmospheric Convection. New York: Oxford University Press: 580.

Kaimal J C, Finnigan J J. 1994. Atmospheric Boundary Layer Flows: Their Structure and Measurement. New York: Oxford University Press: 289.

Lee X, Black T A. 1993. Atmospheric turbulence within and above a Douglas-Fir stand. Part II: eddy fluxes of sensible heat and water vapour. Boundary-Layer Meteorology, 64(4): 369-389.

Lee X, Massman W. 2011. A perspective on thirty years of the Webb, Pearman and Leuning density corrections. Boundary-Layer Meteorology, 139(1): 37-59.

Mauder M, Foken T, Cuxart J. 2020. Surface energy balance closure over Land: a Review. Boundary-Layer Meteorology, 177(2): 395-426.

Twine T E, Kustas W P, Norman J M, et al. 2000. Correcting eddy-covariance flux underestimates over a grassland. Agricultural and Forest Meteorology, 103(3): 279-300.

Wilczak J M, Oncley S P, Stage S A. 2001. Sonic anemometer tilt correction algorithms. Boundary-Layer Meteorology, 99(1): 127-150.

Zhao L, Lee X, Liu S. 2013. Correcting surface solar radiation of two data assimilation systems against FLUXNET observations in North America. Journal of Geophysical Research: Atmospheres, 118(17): 9552-9564.

① 1 ppm = 1×10^{-6}

② 1 ppb = 1×10^{-9}

第 3 章　平均量的控制方程

3.1　雷 诺 分 解

边界层中的大气运动以湍流为主。观察烟囱释放的烟流时，可以发现湍流运动非常明显。由于湍流的不规则运动，排放到大气中的烟流会随之运动，呈现出不规则的形态，有时旋转，有时侧向弯曲，有时上下环绕。如果用快速响应的风速计测量，会发现速度看似随机地随着时间波动。空气温度、湿度以及其他标量也存在类似的随时间不规则波动的特征。由于运动的随机性，几乎不可能预测气流的瞬时特征，无法确定某个烟团运动的实际路径，也无法预测速度的瞬时变化规律。边界层气象学的目的是描述和量化大气的平均状态，而不是预测瞬时场的时空变化。

以图 3.1 所示的连续时间序列为例，利用雷诺分解法则，瞬时值 a 被分解为平均值（$\bar{a}$）和脉动值（a'）：

$$a = \bar{a} + a' \tag{3.1}$$

此处，平均值用下式表示:

$$\bar{a} = \frac{1}{T} \int_{t}^{T+t} a \, \mathrm{d}t' \tag{3.2}$$

式中，T 为平均时长；上划线表示时间平均。在公式 (3.2) 中，平均时长是固定的，但是积分的下限不是固定的。$\bar{a}$ 是时间的函数。这种平均方法称之为块平均。雷诺平均值和脉动值遵循以下三个法则，

$$\bar{\bar{a}} = \bar{a} \tag{3.3}$$

$$\overline{a'} = 0 \tag{3.4}$$

和

$$\overline{\bar{b}a'} = 0 \tag{3.5}$$

式中，$\bar{b}$ 是变量 b 的雷诺平均值。公式 (3.5) 也可理解为：常数和变量脉动值乘积的雷诺平均值为零。

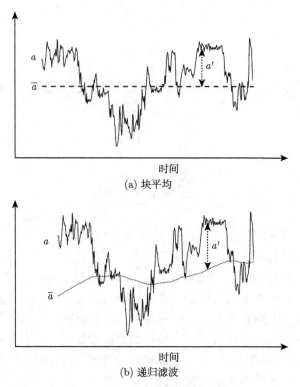

(a) 块平均

(b) 递归滤波

图 3.1 块平均和递归滤波的示意图

如果 a 是时间和空间的连续函数, 则 a 偏导数的平均和其平均值的偏导数是等同的:

$$\overline{\frac{\partial a}{\partial t}} = \frac{\partial \overline{a}}{\partial t}, \quad \overline{\frac{\partial a}{\partial x}} = \frac{\partial \overline{a}}{\partial x}, \quad \overline{\frac{\partial a}{\partial y}} = \frac{\partial \overline{a}}{\partial y}, \quad \overline{\frac{\partial a}{\partial z}} = \frac{\partial \overline{a}}{\partial z} \tag{3.6}$$

公式 (3.6) 为雷诺平均的第四法则。然而, 时间平均与对时间求全导数的操作顺序是不可互换的 (参见习题 3.5)。

在雷诺法则中, a 的方差是 $\overline{a'^2}$, a 和 b 协方差是 $\overline{a'b'}$, 其中 b' 是变量 b 的脉动值。

野外观测或模型模拟所得的时间序列存在采样间隔 t_{f}。该间隔 t_{f} 在野外观测中通常恒定, 但在模型研究中可以变动。对于间隔 t_{f} 恒定的时间序列, 其雷诺分解后的平均值可以用下式计算:

$$\overline{a} = \frac{1}{n} \sum_{1}^{n} a_i \tag{3.7}$$

式中, n 是给定观测时段中的样本数, 等于 T/t_{f}; 下标 i 表示在时间步长 i 时的

观测量。此处，$i = 1$ 指第一时间点观测的数据。雷诺分解后的脉动量表示为

$$a_i' = a_i - \overline{a} \tag{3.8}$$

此时，雷诺法则 [公式 (3.3)、式 (3.4) 和式 (3.5)] 仍然成立。方差和协方差的计算如下：

$$\overline{a'^2} = \frac{1}{n} \sum_1^n a_i'^2 \tag{3.9}$$

$$\overline{a'b'} = \frac{1}{n} \sum_1^n a_i' b_i' \tag{3.10}$$

通常使用的平均时长是 30 min，采样间隔为 0.1 s。

平均时长和采样间隔可以根据温度和垂直速度之间的协方差 $\overline{w'T'}$ 的累积频率曲线来选取（Berger et al., 2001）。在大气边界层中，温度 T 和垂直速度 w 的脉动是由大小不一的湍涡造成的。湍涡对两者协方差的贡献可通过从时间域到频率域的 Fourier 变换来确定。在频率域中，与大湍涡相关的信号以低频率被记录。这就要求平均时长足够长，使观测到的湍涡贡献率超过协方差的某个预设阈值（如 99%）。在实际操作中，可以从高频谱段开始寻找累积频率贡献的渐近线的位置 [图 3.2(a)]。当累积频率曲线开始变得平滑时，所对应的频率值的倒数就是平均时长 T 的最优解。与之类似，最佳采样间隔应当足够短，使得频率大于 $1/t_f$ 的小尺度湍涡对协方差的贡献可以忽略不计。同样可以通过累积频率曲线的渐近线来确定最佳采样间隔，但不同的是需要从低频谱段开始求和 [图 3.2(b)]。

递归滤波（recursive filtering）是进行时间平均计算的另一种方式。在这种情况下，使用前一时间步长的测量值来计算当前时间步长的缓慢变化趋势，波动值为总信号与该趋势的偏差（图 3.1）。最常见的递归滤波可以模拟简单 R-C 电子线路的效果，数学表达式为

$$\tilde{a}_i = \left(1 - \frac{t_f}{\tau} \right) \tilde{a}_{i-1} + \frac{t_f}{\tau} a_i \tag{3.11}$$

和

$$a_i' = a_i - \tilde{a}_i \tag{3.12}$$

式中，τ 是滤波器的时间常数或"平均长度"。根据公式 (3.9) 和式 (3.10)，用公式 (3.12) 得到的波动值来计算方差和协方差。递归滤波的雷诺统计量可以在线计算，且不需要存储高频的原始数据，因此这种方法早在初级计算机时代很常用。该方法的缺点是不满足雷诺法则 [公式 (3.3)、式 (3.4) 和式 (3.5)]，原因在于滤波的部

分 $\tilde{a}_i$ 由平均分量和缓慢变化的趋势分量组成，会在平均时段内随时间变化。然而，用于解释流体和相关扩散过程的理论基础的平均控制方程都是由雷诺法则导出的，因此，由递归滤波得到的统计量与这些方程并不一致，很容易产生误解。

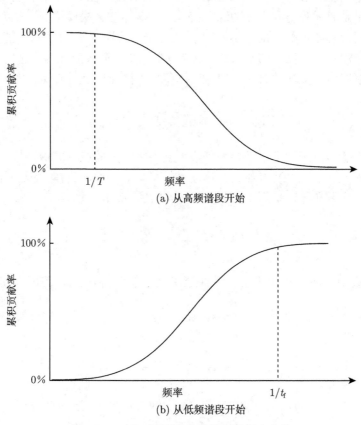

图 3.2   两种不同谱段求和的累积频率曲线

野外试验时，时间平均是单点测量唯一可行的平均方法。在模型研究中，时间平均和空间平均可使用。对 x-y 平面内的数据进行空间平均运算，得到的空间平均量和脉动量分别如下：

$$\langle a \rangle = \frac{1}{A} \iint_{D_A} a \, \mathrm{d}x \mathrm{d}y \tag{3.13}$$

$$a'' = a - \langle a \rangle \tag{3.14}$$

式中，A 是 x-y 平面上的平均域 D_A 的面积。方差和协方差的算法与公式 (3.9) 和式 (3.10) 相似。这种平均会过滤掉水平变化，生成仅在垂直方向上随时间变化

的光滑廓线 $\langle a \rangle$。空间平均运算也满足公式 (3.3) ~ 式 (3.6) 所定义的雷诺法则，只需要将时间平均替换为空间平均、时间脉动替换为空间脉动即可。

　　以下几种情况需要用其他的平均方法才能得到流体的平均属性。在飞机上进行湍流测量时需要使用线平均方法，其中每个平均路径与飞机的飞行路径一致，此时脉动量是时间和空间变化的综合信号。在流体的大涡模拟中，模型的未知变量为网格间距的体积平均量，由小于网格尺寸的湍涡产生的脉动量不能直接求解，而是需要采用次网格尺度的参数化方案来进行计算。第 5 章在讨论植物冠层流时，还将引入冠层体积平均的概念，用冠层体积平均推导出冠层流体阻力的表达式。

3.2　流体的不可压缩性

　　下面将基于雷诺法则来推导大气边界层中平均量的控制方程。从简单的不可压缩性方程 [公式 (2.22)] 开始，来阐述推导平均量方程的具体过程。首先，将速度分解成平均量和脉动量两个部分，公式 (2.22) 可写为

$$\frac{\partial(\overline{u} + u')}{\partial x} + \frac{\partial(\overline{v} + v')}{\partial y} + \frac{\partial(\overline{w} + w')}{\partial z} = 0 \tag{3.15}$$

运用雷诺法则对上式求块平均，并注意平均运算和加法运算是可以互换的，从而得到

$$\frac{\partial \overline{u}}{\partial x} + \frac{\partial \overline{v}}{\partial y} + \frac{\partial \overline{w}}{\partial z} = 0 \tag{3.16}$$

这是平均速度的不可压缩方程。将公式 (3.15) 与公式 (3.16) 相减，得到速度脉动量的不可压缩方程

$$\frac{\partial u'}{\partial x} + \frac{\partial v'}{\partial y} + \frac{\partial w'}{\partial z} = 0 \tag{3.17}$$

　　根据公式 (3.16)，流体水平辐散必须由平均垂直运动来补偿。如果流场不是水平均匀的，则存在气流的辐散。平均垂直速度 $\overline{w}$ 与水平气流辐散 $\partial \overline{u}/\partial x + \partial \overline{v}/\partial y$ 的关系为

$$\overline{w}(z) = \int_0^z -\left(\frac{\partial \overline{u}}{\partial x} + \frac{\partial \overline{v}}{\partial y}\right) \mathrm{d}z' \tag{3.18}$$

式中，$\overline{w}$ 在地表数值为零。

　　强不可压条件 [公式 (2.22)] 常用于研究大气动力过程。第 2 章介绍了三个动量方程，包含四个未知量（u、v、w 和 p），加上公式 (2.22)，方程的数量与未知数的数量相同，从数学角度来讲，该系统是闭合的，系统闭合是方程求解的必要条件。同理，公式 (3.16) 用于求解平均动量方程。

当分析大气边界层中的热量和气体传输时，应当谨慎使用不可压缩性条件，否则可能出现错误的结论。如果接受强不可压条件，则不允许气块对周边环境做功。根据公式 (2.22) 和式 (2.24)，热量守恒方程可以简化为

$$\rho c_V \frac{\mathrm{d}T}{\mathrm{d}t} = \rho c_p S_T + \rho c_p \kappa_T \nabla^2 T \tag{3.19}$$

若对公式 (3.19) 进行雷诺平均，则可以得到湍流热通量项 $\rho c_V \overline{w'T'}$，但这个感热通量的表达式是错误的。

对于气体传输过程，如果运用公式 (2.22)，可以由公式 (2.17) 得到如下的质量守恒方程：

$$\frac{\mathrm{d}\rho_c}{\mathrm{d}t} = S_c + \kappa_c \nabla^2 \rho_c \tag{3.20}$$

此方程与质量混合比 s_c 的守恒方程 [公式 (2.18)] 的形式完全相同。由于 S_c 可以忽略不计，由公式 (3.20) 得出一个错误的结论：在绝热过程中，ρ_c 和位温一样，都是守恒量。如第 9 章所述，用公式 (3.20) 会得到另一错误的结论：在稳态和水平均匀的条件下，湍流通量 $\overline{w'\rho_c'}$ 等同于地表与大气之间真实的 CO_2 交换量。换而言之，CO_2 通量的密度效应会在不可压缩假设下完全消失。

在平均控制方程的推导中，应该尽量避免使用公式 (2.22)，但需要用公式 (3.17) 来获得雷诺协方差项。公式 (3.17) 是弱不可压缩性条件。虽然它可以由公式 (2.22) 推导得到，但是使用公式 (3.17) 并不意味着瞬时速度满足公式 (2.22)。目前，还没有方法能量化公式 (3.17) 在边界层气象学的观测和模型研究中所带来的不确定性。

3.3 速度、混合比和位温的平均方程

平均速度的控制方程的推导比较简单。将雷诺分解应用到动量方程中 [公式 (2.3) ∼ 式 (2.5)]，然后求块平均，并使用雷诺法则 [公式 (3.3) ∼ 式 (3.6)]，可以得到

$$\frac{\partial \overline{u}}{\partial t} + \overline{u}\frac{\partial \overline{u}}{\partial x} + \overline{v}\frac{\partial \overline{u}}{\partial y} + \overline{w}\frac{\partial \overline{u}}{\partial z} =$$

$$- \frac{1}{\overline{\rho}}\frac{\partial \overline{p}}{\partial x} + f\overline{v} + \nu\nabla^2\overline{u} + \left(-\frac{\partial \overline{u'^2}}{\partial x} - \frac{\partial \overline{u'v'}}{\partial y} - \frac{\partial \overline{u'w'}}{\partial z}\right) \tag{3.21}$$

$$\frac{\partial \overline{v}}{\partial t} + \overline{u}\frac{\partial \overline{v}}{\partial x} + \overline{v}\frac{\partial \overline{v}}{\partial y} + \overline{w}\frac{\partial \overline{v}}{\partial z} =$$

$$-\frac{1}{\bar{\rho}}\frac{\partial \bar{p}}{\partial y} - f\bar{u} + \nu\nabla^2\bar{v} + \left(-\frac{\partial \overline{u'v'}}{\partial x} - \frac{\partial \overline{v'^2}}{\partial y} - \frac{\partial \overline{v'w'}}{\partial z}\right) \tag{3.22}$$

和

$$\frac{\partial \bar{w}}{\partial t} + \bar{u}\frac{\partial \bar{w}}{\partial x} + \bar{v}\frac{\partial \bar{w}}{\partial y} + \bar{w}\frac{\partial \bar{w}}{\partial z} =$$

$$-\frac{1}{\bar{\rho}}\frac{\partial \bar{p}}{\partial z} - g + \nu\nabla^2\bar{w} + \left(-\frac{\partial \overline{u'w'}}{\partial x} - \frac{\partial \overline{v'w'}}{\partial y} - \frac{\partial \overline{w'^2}}{\partial z}\right) \tag{3.23}$$

其中,使用了弱不可压缩条件 [公式 (3.17)] 来获得雷诺协方差项。例如从公式 (2.3) 导出公式 (3.21) 时，使用了

$$u'\frac{\partial u'}{\partial x} + v'\frac{\partial u'}{\partial y} + w'\frac{\partial u'}{\partial z} = \frac{\partial u'^2}{\partial x} + \frac{\partial u'v'}{\partial y} + \frac{\partial u'w'}{\partial z} - u'\left(\frac{\partial u'}{\partial x} + \frac{\partial v'}{\partial y} + \frac{\partial w'}{\partial z}\right)$$

$$= \frac{\partial u'^2}{\partial x} + \frac{\partial u'v'}{\partial y} + \frac{\partial u'w'}{\partial z} \tag{3.24}$$

这些大气平均动量方程与瞬时速度的动量方程 [公式 (2.3)、式 (2.4) 和式 (2.5)] 非常相似。公式 (3.21)、式 (3.22) 和式 (3.23) 左侧项表示平均加速度，公式右侧第 1~3 项依次为平均气压梯度力、Coriolis 力和分子摩擦力。括号中的附加项由雷诺方差（如 $\overline{u'^2}$）和协方差（如 $\overline{u'w'}$）的空间导数组成，这些项与分子摩擦力类似，表示对大气平均运动的阻滞力。因此，湍流脉动加强就意味着大气平均运动会减缓。雷诺速度的协方差是由原始方程中的非线性项的平均（如 $u(\partial w/\partial z)$）产生的，可以把它们理解为湍流动量通量或通过湍涡传递的动量。

CO_2 密度（$\bar{\rho}_c$）、混合比（$\bar{s}_c$）和位温（$\bar{\theta}$）的平均量的控制方程可类似地从公式 (2.16)、式 (2.18) 和式 (2.26) 中导出：

$$\frac{\partial \bar{\rho}_c}{\partial t} + \frac{\partial \bar{u}\bar{\rho}_c}{\partial x} + \frac{\partial \bar{v}\bar{\rho}_c}{\partial y} + \frac{\partial \bar{w}\bar{\rho}_c}{\partial z} =$$

$$\kappa_c\nabla^2\bar{\rho}_c - \left(\frac{\partial \overline{u'\rho'_c}}{\partial x} + \frac{\partial \overline{v'\rho'_c}}{\partial y} + \frac{\partial \overline{w'\rho'_c}}{\partial z}\right) \tag{3.25}$$

$$\frac{\partial \bar{s}_c}{\partial t} + \bar{u}\frac{\partial \bar{s}_c}{\partial x} + \bar{v}\frac{\partial \bar{s}_c}{\partial y} + \bar{w}\frac{\partial \bar{s}_c}{\partial z} =$$

$$\kappa_c\nabla^2\bar{s}_c - \left(\frac{\partial \overline{u's'_c}}{\partial x} + \frac{\partial \overline{v's'_c}}{\partial y} + \frac{\partial \overline{w's'_c}}{\partial z}\right) \tag{3.26}$$

和

$$\frac{\partial \overline{\theta}}{\partial t} + \overline{u}\frac{\partial \overline{\theta}}{\partial x} + \overline{v}\frac{\partial \overline{\theta}}{\partial y} + \overline{w}\frac{\partial \overline{\theta}}{\partial z} =$$

$$\kappa_T \nabla^2 \overline{\theta} - \left(\frac{\partial \overline{u'\theta'}}{\partial x} + \frac{\partial \overline{v'\theta'}}{\partial y} + \frac{\partial \overline{w'\theta'}}{\partial z} \right) + \frac{1}{\rho c_p}\frac{\partial R_n}{\partial z} - \frac{\lambda}{\rho c_p}E_c \qquad (3.27)$$

与动量方程类似，由雷诺平均运算产生了速度和这些标量协方差的空间导数项（方程右侧括号中三项）。与分子扩散类似，这些协方差可以理解为 CO_2 和感热的湍流输送。换言之，标量和速度的脉动会导致能量和物质在大气中扩散传输。湍流扩散输送是引起平均量局地时间变化率 [公式 (3.25) ～ 式 (3.27) 左侧的第一项] 的一个因素。时间变化率的其他贡献项包括水平平流项（左侧第二和第三项）、垂直平流项（左侧第四项）和分子扩散项（右侧第一项）。

由于在自由大气中化学反应产生 CO_2 的速率可以忽略不计，源汇项被从公式 (3.25) 和公式 (3.26) 中删除。

在公式 (3.27) 中有两个源汇项。公式右边第三项表示垂直方向上辐射通量散度导致的加热，第四项表示云滴蒸发的潜热。这两个源汇项用了薄边界层近似。云滴蒸发速率以 E_c 表示，单位为 $kg \cdot m^{-3} \cdot s^{-1}$。如果水汽凝结为液态水滴则该速率为负值。如果边界层有云存在或者被气溶胶污染，辐射通量散度是热量的重要来源。

平均水汽混合比 $\overline{s}_v$ 的控制方程与公式 (3.26) 的形式相同，不过多出与水相变有关的源汇项（参见习题 3.8）。

$$\frac{\partial \overline{s}_v}{\partial t} + \overline{u}\frac{\partial \overline{s}_v}{\partial x} + \overline{v}\frac{\partial \overline{s}_v}{\partial y} + \overline{w}\frac{\partial \overline{s}_v}{\partial z} =$$

$$\kappa_v \nabla^2 \overline{s}_v - \left(\frac{\partial \overline{u's'_v}}{\partial x} + \frac{\partial \overline{v's'_v}}{\partial y} + \frac{\partial \overline{w's'_v}}{\partial z} \right) + \frac{E_c}{\rho_d} \qquad (3.28)$$

在该方程中，速度与水汽混合比的协方差表示大气中水汽的湍流扩散通量。

公式 (3.16)、式 (3.21)、式 (3.22)、式 (3.23)、式 (3.26)、式 (3.27) 和式 (3.28) 是量化大气边界层中各种现象的理论框架。模式开发者基于这组方程建立预测大气边界层中的流体运动和扩散传输的数值预报模式。实验研究者则把它们作为设计野外试验和解释观测数据的理论框架。

多长的平均时段才算足够长？

选择 30 min 作为平均时长 T 看似有些随意。大湍涡比较少见，但是它们对湍流统计量的贡献很大，大的程度不成比例。如果担心错失这些大湍涡，为什么不将 T 设置得比 30 min 长得多呢？300 min（即 5 h）不是更好的选择吗？答案是否定的。如果选择这么长的平均时段，会出现更严重的问题。更恰当的提问方式为（Lenschow et al.，1994）：当观测通量以及其他湍流统计量时，究竟用多长的平均时段才足够长？

要获得对该问题的定量答案，大气湍流需要满足两个条件。第一个条件为定常性（stationarity）。定常性是指湍流的统计量不随时间变化。它包含两个特性。首先，受大湍涡的影响，湍流的时间序列会出现野点即跳跃性变化，但只要采用足够长的时间窗口，就无法判别出时间趋势。其次，起始时间对时间平均没有影响。在方程 (3.2) 中，起始时间为 t。如果起始时间改成 $2t$ 或者其他时间，雷诺平均 $\bar{a}$ 不会改变。其他雷诺统计量（方差、协方差、自相关系数、相关性系数和高阶项）也与起始时间无关。

第二个条件为遍历性（ergodicity）。根据遍历性假设，基于无限时长的观测数据的雷诺平均等同于集合平均，即前者是后者的无偏估计值。集合平均是指在同样实验场景下多次重复实验观测的平均，被认为是真值。如果湍流符合定常条件，则认为遍历性假设成立。在真实大气中，我们无法进行多次的相同实验，但是基于遍历性假设，当 T 越接近于无穷大，雷诺平均就越接近于真值。在 T 较小时，雷诺平均会偏离这超长时间平均值，这个偏差便是实验误差。

令 f 为垂直速度和某一特征量的雷诺协方差，T 为有限的平均时长，F 为用无限平均时长计算得到的协方差。在定常性和遍历性条件下，系统误差即为 $(f-F)/F$，随机误差为 $(f-F)$ 的标准差。这两类误差都是 T 和欧拉湍流积分时间尺度 T_E 的函数。对于 $T \gg T_E$，它们可以表示为（Lenschow et al.，1994）

$$系统误差 \simeq -\frac{2T_E}{T} \tag{3.29}$$

$$随机误差 \simeq |f|\left(\frac{2T_E}{T}\right)^{1/2} \tag{3.30}$$

公式 (3.29) 中的负号表示偏低。公式 (3.30) 表明，随机误差与通量成正比，这一比例关系已被实验证实（Richardson et al.，2006）。

对流边界层的积分时间尺度的典型值为 2 s（Lenschow et al.，1994）。若 T 为 30 min，T/T_E 比值为 900，雷诺平均会低估雷诺协方差的量级，系统误差为 0.2% [公式 (3.29)；图 3.3]。这个量级误差是可以接受的。这一平均时长也得到通过温度和速度时间序列的累积频率分析的支持（Berger et al.，2001）。

如果 T 过长，时间序列会受到日变化趋势的影响，从而导致定常性和遍

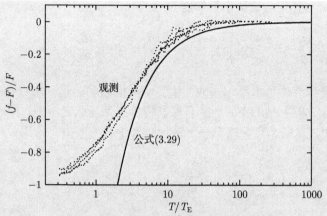

图 3.3 对流边界层内感热通量的系统误差
数据来源: Lenschow 等 (1994)

历性假设不成立。在这种情况下, 由于真实通量未知, 将无法估算雷诺平均的误差。若有天气扰动事件, 如有云的阴影过境, 或在清晨和傍晚过渡时段, 定常假设也不成立。

关于如何处理非定常状况有两种学说。一种观点认为将不符合定常标准的时间序列数据剔除 (Mahrt, 1998; Mauder et al., 2013)。平均时段越长, 被剔除掉的数据就越多。另一种观点则认为可以继续使用这些协方差数据, 因为即便它们的误差未知, 但是它们仍然包含生物和大气的信号。

因此, 30 min 的平均时段是一个 "最佳击点": 对于大多数情况而言, 该时段足够长, 相关的误差是可以容忍的; 但是又不过长, 以至于掩盖日变化趋势或者增大非定常的风险。

除了平均时长外, 研究大气边界层湍流还要考虑很多其他重要的问题。仿照 Lenschow 等 (1994) 的提问方法, Horst 和 Weil (1994)、Kristensen 等 (1997) 和 de Roode 等 (2004) 问: "微气象通量观测的风浪区标准: 风浪区多远才算足够远" "用分体仪器观测涡度通量: 仪器的距离多近才算足够近" 和 "大涡模拟: 多大才算足够大"。

3.4 简化的一维方程

地表边界条件对于大气边界层内的风速、温度和气体浓度的垂直分布有重要的影响。这些物理量的垂直梯度通常远大于它们的水平梯度。为了强调地表的影响, 引入两个近似: ① 风速的水平梯度为 0,

$$\frac{\partial \overline{u}}{\partial x} = \frac{\partial \overline{v}}{\partial x} = \frac{\partial \overline{u}}{\partial y} = \frac{\partial \overline{v}}{\partial y} = 0 \tag{3.31}$$

② 温度和气体混合比的水平梯度为 0,

$$\frac{\partial \overline{s}_v}{\partial x} = \frac{\partial \overline{s}_v}{\partial y} = 0, \quad \frac{\partial \overline{s}_c}{\partial x} = \frac{\partial \overline{s}_c}{\partial y} = 0, \quad \frac{\partial \overline{\theta}}{\partial x} = \frac{\partial \overline{\theta}}{\partial y} = 0 \qquad (3.32)$$

第一个近似表示流体是水平均一的, 第二个近似表明热量、水汽和 CO_2 的表面源强度在 x-y 方向上是不变的。并且假设边界层无云、无污染。同时, 由于分子扩散远小于湍流扩散, 可忽略分子扩散项。基于以上近似, 平均方程可以简化为一维形式:

$$\frac{\partial \overline{u}}{\partial t} = -\frac{1}{\overline{\rho}}\frac{\partial \overline{p}}{\partial x} + f\overline{v} - \frac{\partial \overline{u'w'}}{\partial z} \qquad (3.33)$$

$$\frac{\partial \overline{v}}{\partial t} = -\frac{1}{\overline{\rho}}\frac{\partial \overline{p}}{\partial y} - f\overline{u} - \frac{\partial \overline{v'w'}}{\partial z} \qquad (3.34)$$

$$\frac{\partial \overline{\theta}}{\partial t} = -\frac{\partial \overline{w'\theta'}}{\partial z} \qquad (3.35)$$

$$\frac{\partial \overline{s}_v}{\partial t} = -\frac{\partial \overline{w's'_v}}{\partial z} \qquad (3.36)$$

$$\frac{\partial \overline{s}_c}{\partial t} = -\frac{\partial \overline{w's'_c}}{\partial z} \qquad (3.37)$$

流体的水平均一意味着流体的散度为零, 故研究区域内任何地方的平均垂直速度均为零 [公式 (3.18)], 此时, 不需要考虑垂直动量方程。除气压外, 出现在一维方程中的物理量只是 t 和 z 的函数, 在 x-y 平面内均匀不变。

乍一看, 流体水平均一的假设似乎是自相矛盾的: 空气由于存在气压梯度力而运动, 但由于气流与地表间发生摩擦作用, 会产生水平气流的辐散。严格来说, 只要有风存在, 速度的空间导数 $\partial \overline{u}/\partial x$ 和 $\partial \overline{v}/\partial y$ 就不为零。但是, 当不存在流体局部扰动的情况下, 气流辐散的影响比 Coriolis 力和气压梯度力小得多, 因此在动量方程中可以忽略。在第 2 章中, 这两个力的数量级约为 1×10^{-3} m·s^{-2}。而通常用于天气系统尺度分析的气流辐散速率的数量级约为 1×10^{-5} s^{-1}。假设所有散度都发生在 x 方向上, 那么对应的数量级则为 $\partial \overline{u}/\partial x = 1 \times 10^{-5}$ s^{-1}, 且常见的 $\overline{u}$ 是 10 m·s^{-1}, 则水平平流项 $\overline{u}(\partial \overline{u}/\partial x)$ 的数量级大约为 1×10^{-4} m·s^{-2}。

建立了完整的一维大气边界层方程组后, 可以根据实际研究的需要选择合适的方程。当研究中性边界层气流运动时, 只需选择两个动量方程 [公式 (3.33) 和式 (3.34)] 即可。在中性条件下, 湍流由垂直风切变生成, 浮力不起作用。如果大气存在热力层结, 或者需要研究热量和水汽传输, 还需要用公式 (3.35) 和式 (3.36) 来解释浮力的产生和湍流的消耗, 并量化湍流热量和水汽扩散。而研究 CO_2 的扩散和传输则需要全部五个方程，运用公式 (3.33) ~ 式 (3.36) 来确定气流的特征，用公式 (3.37) 来确定 CO_2 的湍流输送。

近地层大气受地表的影响很大。图 3.4 给出了白天植被冠层上方典型的平均风速、气温、CO_2 浓度和湿度的廓线，由这些廓线形状可以判别相应的湍流协方差的正负号。在湍流流场中，有向上运动的湍涡，也有向下运动的湍涡，向上运动的湍涡会产生正的垂直速度脉动（$w' > 0$）。受初始状态的影响，观测到的向上运动湍涡的特征是：水平速度较小、温度和湿度较大、CO_2 浓度较低。受这个向上运动的湍涡的扰动，观测仪器记录的脉动量一般是：$u' < 0$、$T' > 0$、$s_v' > 0$ 和 $s_c' < 0$。与之相反，由向下运动的湍涡扰动（$w' < 0$）产生的脉动量一般是：$u' > 0$、$T' < 0$、$s_v' < 0$ 和 $s_c' > 0$。对大量的湍涡求平均，可得到 $\overline{u'w'} < 0$、$\overline{w'T'} > 0$、$\overline{w's_v'} > 0$ 和 $\overline{w's_c'} < 0$。

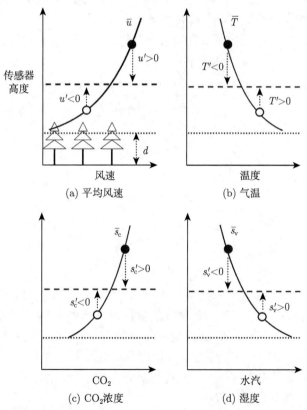

图 3.4 白天植被冠层上方大气近地层平均量的垂直廓线图和雷诺脉动量的示意图

u 为水平速度；T 为温度；s_v 为水汽混合比；s_c 为 CO_2 混合比；d 为零平面位移。其中空心和实心符号分别表示向上和向下移动的湍涡，箭头指示移动方向

　　也可以从图中判断出与垂直速度无关的协方差项的正负号。在图 3.4 的例子中，$u - T$ 的协方差为负。一般而言，在大气近地层中，$u - T$ 的协方差与 $w - T$ 的协方差符号相反。

3.5　闭 合 问 题

　　湍流研究最大的难点在于未知项的数量超过了平均方程的数量。基于雷诺法则推导出平均量方程时，在非线性项中产生了方差及协方差项，从而出现了方程不闭合问题。在之前给出的一维方程组中，有十个变量（$\bar{u}$、$\bar{v}$、$\bar{\theta}$、$\bar{s}_v$、$\bar{s}_c$、$\overline{u'w'}$、$\overline{v'w'}$、$\overline{w'\theta'}$、$\overline{w's'_v}$ 和 $\overline{w's'_c}$）是未知的，但与之相关的方程仅有五个，要想对所有的变量进行求解，还需要建立额外的五个方程。这五个附加的方程并不是由热力学和物理学定律导出的，而是基于大气边界层中雷诺协方差的经验表达式得到的，这些经验方程被称为湍流闭合参数化方案。

　　最常见的参数化方案是将雷诺协方差与平均量的空间梯度相联系，公式 (3.33) ～式 (3.37) 中的五个协方差表达如下：

$$\overline{u'w'} = -K_m \frac{\partial \bar{u}}{\partial z} \tag{3.38}$$

$$\overline{v'w'} = -K_m \frac{\partial \bar{v}}{\partial z} \tag{3.39}$$

$$\overline{w'\theta'} = -K_h \frac{\partial \bar{\theta}}{\partial z} \tag{3.40}$$

$$\overline{w's'_v} = -K_v \frac{\partial \bar{s}_v}{\partial z} \tag{3.41}$$

$$\overline{w's'_c} = -K_c \frac{\partial \bar{s}_c}{\partial z} \tag{3.42}$$

在上述方程中，参数 K_m、K_h、K_v 和 K_c 被称为湍流扩散系数，单位均为 $m^2 \cdot s^{-1}$。下标 m、h、v 和 c 分别表示动量、感热、水汽和 CO_2 的湍流扩散。将参数化方程 [公式 (3.38) ～ 式 (3.42)] 与控制方程 [公式 (3.33) ～ 式 (3.37)] 结合，使得方程的数量与未知量的数量相一致，从而可进行方程组的求解。第 6 章将以 Ekman 风廓线为例给出求解方程的范例。

　　根据公式 (3.38) ～ 式 (3.42) 可知，湍流扩散的强度与相应物理量平均态的空间梯度成正比。方程中的负号表示扩散通量的方向是由动量、温度和气体浓度的高值指向低值。该通量梯度关系与之前所定义的雷诺协方差的符号是一致的（图 3.4）。若地表无源汇项，湍流扩散将最终破坏已有的垂直梯度。在这些方面，湍流扩散和分子扩散相似。在分子传输过程中，扩散是通过分子的布朗运动实现的，分子扩散的速率与分子平均自由程和平均振动速度的乘积成比例。在湍流输送过程中，扩散是通过湍涡运动实现的，湍流扩散系数可以用类似于分子扩散的方法来表达，该表达式用到湍涡的特征速度和平均"行进路径"的特征长度，详见下文。

湍流扩散和分子扩散存在两个方面的差异。首先，分子扩散是流体本身的物理属性，而湍流扩散是流体的流动属性。在等温流体中，分子扩散率不随空间位置变化，而湍流扩散系数则依赖于局地速度和离地距离，存在较强的时空变化。第二个区别在于分子扩散率取决于分子质量，比如大气中水汽的分子扩散率比 CO_2 大 60%，而湍流扩散却不受分子质量的影响。湍涡对热量、CO_2、水汽和其他标量的传输效率相同。因此，可以假设:

$$K_h = K_v = K_c \tag{3.43}$$

接下来，我们仅介绍 K_h 的公式，其他标量的湍流扩散系数与此相同。

实验结果表明，由风切变产生的湍涡对动量和标量的输送能力相同，故在中性和稳定层结条件下有

$$K_m = K_h \tag{3.44}$$

公式 (3.44) 在不稳定条件下不成立，主要是因为浮力产生的湍涡对标量的输送能力大于其对动量的输送能力，所以 K_m 小于 K_h。即湍流 Prandtl 数（动量湍流扩散系数与热量湍流扩散系数的比值）和湍流 Schmidt 数（动量湍流扩散系数与质量湍流扩散系数的比值）在中性和稳定条件下等于 1，在不稳定条件下小于 1。

在中性条件下，光滑表面上的湍流扩散系数的参数化表达为

$$K_m = K_h = kzu_* \tag{3.45}$$

式中，比例系数 k 是 von Karman 常数；u_* 是摩擦速度；z 为观测高度（图 3.5）。大量的风洞研究和微气象观测结果表明，k 的最佳取值为 0.4。这里 u_* 是湍涡的特征速度，且

$$l = kz \tag{3.46}$$

l 是湍涡的长度尺度，称为 Prandtl 混合长度。在微气象学坐标系中（图 2.1），u_* 的定义为:

$$u_* = (-\overline{u'w'})^{1/2} \tag{3.47}$$

在笛卡儿坐标系中定义为

$$u_* = [(\overline{u'w'})^2 + (\overline{v'w'})^2]^{1/4} \tag{3.48}$$

此处，u_* 由近地层测量的速度协方差确定。

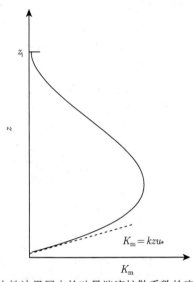

图 3.5　中性边界层中的动量湍流扩散系数的廓线示意图

u_* 是摩擦速度；z_i 是边界层高度；实线代表参数化公式 (3.54) 的计算结果；虚线代表其在近地层的渐近线

如果观测点上风向的下垫面足够大且非常均匀，近地层湍流通量随高度近似不变。应用常通量假设，基于公式 (3.38)、式 (3.45) 和式 (3.47) 可导出 $\bar{u}$ 的解为

$$\bar{u} = \frac{u_*}{k} \ln \frac{z}{z_o} \tag{3.49}$$

式中，z_o 是动量粗糙度。公式 (3.49) 描述的是经典的风速对数廓线。其他平均量在近地层也遵循类似的对数关系。例如，平均位温由下式给出：

$$\bar{\theta} - \bar{\theta}_o = \frac{\theta_*}{k} \ln \frac{z}{z_{o,h}} \tag{3.50}$$

式中，$z_{o,h}$ 为热量粗糙度；$\bar{\theta}_o$ 为 $z_{o,h}$ 高度上的位温；θ_* 是位温尺度，由下式计算：

$$\theta_* = -\frac{\overline{w'\theta'}}{u_*} \tag{3.51}$$

在此需要指出，$\bar{u}$ 和 $\bar{\theta}$ 的对数解只需采用湍流参数化方案即可获得，无需使用控制方程 [公式 (3.33) 和式 (3.35)]。然而在边界层的中上部，当湍流通量随高度出现显著变化时，则需要用控制方程来求解平均量的垂直分布。

由公式 (3.45) 得到的湍流扩散系数的参数化方案仅在下列条件下有效：稳定度为中性、地表没有粗糙元、z 很小（约小于 50 m）。在其他条件下，参数化方案需要进行修正。与中性条件相比，湍流扩散在不稳定条件下更强，在稳定条件下更弱，上述参数化方案需要进行稳定度修正，修正后的公式为

$$K_{\mathrm{m}} = \frac{kzu_*}{\phi_{\mathrm{m}}}, \quad K_{\mathrm{h}} = \frac{kzu_*}{\phi_{\mathrm{h}}} \tag{3.52}$$

式中，ϕ_{m} 和 ϕ_{h} 为稳定度函数，在不稳定条件下小于 1，在稳定条件下大于 1（参见第 4 章）。

在边界层的中部和上部，湍流长度尺度的观测值比 Prandtl 混合长度模式的模拟值小。为了使模式计算的上部边界层和自由大气中的风廓线与观测值更为吻合，需对公式 (3.46) 进行修正。常用的适用于中性条件下的参数化方案为

$$l = kz \left(1 - \frac{z}{z_{\mathrm{i}}}\right)^2 \tag{3.53}$$

式中，z_{i} 是边界层高度。动量湍流扩散系数（图 3.5）由下式给出：

$$K_{\mathrm{m}} = kz \left(1 - \frac{z}{z_{\mathrm{i}}}\right)^2 u_* \tag{3.54}$$

在植被冠层之上，湍流长度尺度为 $k(z - d)$，湍流扩散系数的表达式可以改写为

$$K_{\mathrm{m}} = \frac{k(z - d)u_*}{\phi_{\mathrm{m}}}, \quad K_{\mathrm{h}} = \frac{k(z - d)u_*}{\phi_{\mathrm{h}}} \tag{3.55}$$

式中，d 为零平面位移的高度。此时，近地层内平均量的垂直分布仍然呈对数形式，但向上偏移一段距离，这个偏移的距离为零平面位移高度 d（图 3.4）。

雷诺方差和协方差（如 $\overline{u'^2}$ 和 $\overline{u'w'}$）均为二阶矩，而平均量（如 $\overline{u}$）是一阶矩。在上述通量梯度关系中，二阶矩由一阶矩的局地梯度计算得到。这种参数化方案称为局地一阶闭合方案。这类方案已获得广泛认可，因为它是我们所熟知的分子扩散表达式的一种自然延伸，计算简单，在近地层中准确合理。然而，当湍流扩散的尺度大于局地梯度尺度时，湍流通量则与局地梯度不再完全相关。对流边界层中，由热对流驱动所产生的湍涡能够穿透整个边界层，并且充分混合，位温的垂直梯度在边界层中部完全消失。但是此处仍然存在大量向上的热通量，而根据公式 (3.40) 可知，这是不可能发生的。

在植物冠层中也有类似的情况发生。冠层顶部强烈的风切变产生的湍涡很大，足以影响整个冠层，导致冠层中的通量梯度关系不再准确。在极端情况下，通量有可能朝着逆梯度的方向输送。然而一阶闭合的参数化方案无法计算逆梯度通量，除非湍流扩散系数取负值，但这不符合它的物理意义。

为此，需要引入非局地一阶参数化方案，它能够考虑大湍涡的影响。在这一闭合方案中，总通量由小尺度湍涡引起的局地梯度通量和大尺度湍涡引起的非局地湍流通量组成。动量通量的 x 分量由下式计算：

$$\overline{u'w'} = -K_\mathrm{m}\left(\frac{\partial \overline{u}}{\partial z} - \gamma_\mathrm{m}\right) \tag{3.56}$$

式中，γ_m 表示大尺度湍涡对动量通量的贡献（Hong and Pan, 1996）。热量、水汽和痕量气体的通量计算也可以采用类似的方案（Holtslag and Boville, 1993）。

在另一种非局地一阶参数化方案中，非局地传输项由一个理想化的向上运动的大湍涡（又称上升气团）表示。标量 ϕ 的通量表示为（Soares et al., 2004）

$$\overline{w'\phi'} = -K_\phi \frac{\partial \overline{\phi}}{\partial z} + M(\phi_\mathrm{u} - \overline{\phi}) \tag{3.57}$$

式中，K_ϕ 是 ϕ 的湍流扩散系数；ϕ_u 是上升气团中的 ϕ 值；M 是上升气团中的空气物质通量。还需额外的方程预测 ϕ_u、M，以及气团在上升过程中的尺度和垂直速度。当边界层湿度较高时，上升气团可能会达到饱和从而转变成积云。

二阶闭合是替代局地一阶闭合的另外一种方法。与一阶方案中直接对雷诺协方差进行参数化的方法不同，二阶方案直接从瞬时方程推导出二阶矩的收支方程。第 4 章中将会详细讨论具体的方法。在二阶矩的控制方程中，三阶矩（如 $\overline{u'v'w'}$）将不可避免地出现在雷诺平均过程中，因此需要对三阶矩进行参数化。例如，$\overline{u'v'w'}$ 被参数化为（Mellor, 1973）

$$\overline{u'v'w'} = -l_1 \overline{e}^{1/2}\left(\frac{\partial \overline{u'v'}}{\partial z} + \frac{\partial \overline{u'w'}}{\partial y} + \frac{\partial \overline{v'w'}}{\partial x}\right) \tag{3.58}$$

式中，l_1 是湍流长度尺度；$\overline{e}$ 是湍流动能。三阶的闭合参数方案提高了计算一阶平均状态量的真实性，在一定程度上可以模拟非局地湍流的输送过程。

与一阶闭合方案相比，二阶闭合方案的明显的一个弊端在于它包含了更多的自由系数，这些系数中有些是无法用实验来验证的。由于这些原因，二阶闭合方案不适用于近地层湍流通量的观测研究。

3.6   量化湍流通量的方法

前一节讨论了平均量方程求解过程中由雷诺协方差项带来的湍流闭合问题。为此，读者可能会认为，雷诺协方差是惹人烦恼的"拦路虎"。在本节中，读者会发现，这些协方差项实际上为地气相互作用的实验研究提供了一种有效的手段。本节还将阐述如何利用闭合参数化方案建立边界层平均流场模型的下边界条件。

3.6.1 实验研究

在微气象学文献中，雷诺协方差与湍流通量是同义词。四个最常用的湍流通量是

$$动量通量 : F_m = -\overline{u'w'}(= u_*^2) \tag{3.59}$$

$$感热通量 : F_h = \overline{\rho} c_p \overline{w'\theta'} \tag{3.60}$$

$$水汽通量 : F_v = \overline{\rho}_d (\overline{w's_v'}) \tag{3.61}$$

$$CO_2 通量 : F_c = \overline{\rho}_d (\overline{w's_c'}) \tag{3.62}$$

需要注意的是，上述通量方程中的所有协方差项都是在微气象学坐标系中定义的。公式 (3.60) 包含了平均空气密度 $\overline{\rho}$ 和定压比热容 c_p，以确保 F_h 具有能量通量的单位 $W \cdot m^{-2}$。类似地，公式 (3.61) 和式 (3.62) 中也包括了平均干空气密度 $\overline{\rho}_d$，以确保水汽通量的单位为 $g \cdot m^{-2} \cdot s^{-1}$，$CO_2$ 通量的单位为 $mg \cdot m^{-2} \cdot s^{-1}$。

由于涡度相关仪器测量的是温度 T 而不是位温 θ，也可以用下式来定义感热通量：

$$F_h = \overline{\rho} c_p (\overline{w'T'}) \tag{3.63}$$

公式 (3.60) 是公式 (3.35) 表面通量的边界条件，而公式 (3.63) 显示了利用涡度相关法如何测量地表–大气间的感热交换。

在无平流且大气状态不随时间变化的条件下，公式 (3.61)、式 (3.62) 和式 (3.63) 相当于水汽、CO_2 和感热的地表源汇强度（参见第 8 章）。因此必须建立微气象方法量化这些量的湍流通量。测量湍流通量最直接的方法是涡度相关法，该方法需要装配可以测量风速各分量、气体浓度和温度的快速响应的仪器。首先，由高频的 w、s_v 和 T 的时间序列计算 $\overline{w's_v'}$、$\overline{w's_c'}$ 和 $\overline{w'T'}$，然后由协方差项计算湍流通量。关于涡度相关方法的详细讨论参见第 8 章。

如果没有快速响应的观测仪器，可以使用一阶闭合假设和对地表上两个高度的平均状态变量的观测值来计算湍流通量，即通量梯度法，该方法使用通量梯度关系来计算通量 [公式 (3.38) ~ 式 (3.42)]。以有限差分形式表示平均量的垂直梯度，得到以下公式：

$$F_m = K_m \frac{\overline{u}_2 - \overline{u}_1}{z_2 - z_1} \tag{3.64}$$

$$F_h = -\overline{\rho} c_p K_h \frac{\overline{T}_2 - \overline{T}_1}{z_2 - z_1} \tag{3.65}$$

$$F_v = -\overline{\rho}_d K_v \frac{\overline{s}_{v,2} - \overline{s}_{v,1}}{z_2 - z_1} \tag{3.66}$$

$$F_c = -\overline{\rho}_d K_c \frac{\overline{s}_{c,2} - \overline{s}_{c,1}}{z_2 - z_1} \tag{3.67}$$

式中，下标 1 和 2 分别表示在 z_1 和 z_2 高度上的观测值。湍流扩散系数由下式确定：

$$K_m = \frac{kz_g u_*}{\phi_m}, \quad K_h = K_v = K_c = \frac{kz_g u_*}{\phi_h} \tag{3.68}$$

式中，z_g 是两个测量高度的几何平均值，为

$$z_g = [(z_2 - d)(z_1 - d)]^{1/2} \tag{3.69}$$

稳定度函数 ϕ_m 和 ϕ_h 也在高度 z_g 上进行计算。使用几何平均高度而非算术平均高度可以提高有限差分近似的准确度。

细心的读者可能会注意到，公式 (3.64) ~ 式 (3.68) 有逻辑循环的问题。这是由于 ϕ_m 和 ϕ_h 是 u_* 和 F_h 的函数（参见第 4 章），计算 K_m 和 K_h 需要先知道 F_m 和 F_h 的值。这个难题可以用迭代算法来解决（参见习题 4.18）。首先，u_* 和 K_h 的初始值可以由下式计算：

$$u_* = kz_g \frac{\overline{u}_2 - \overline{u}_1}{z_2 - z_1} \qquad K_h = kz_g u_* \tag{3.70}$$

上式是在中性条件（$\phi_m = 1$，$\phi_h = 1$）假设下得到的。其次，使用公式 (3.65) 计算 F_h 的初始值。再次，用 u_* 和 F_h 的初始值更新计算 ϕ_m、ϕ_h、K_m 和 K_h。最后，用更新的 K_m 和 K_h 代入公式 (3.64) 和公式 (3.65) 获得新的 F_m 和 F_h。接下来，重复这些步骤直到满足收敛标准。

在一些野外试验中，会同时使用通量梯度法和涡度相关法。涡度相关法用于观测 F_m 和 F_h，通量梯度法用于观测气体通量。在两种方法的组合试验中，用涡度相关法的资料计算气体湍流扩散系数，这就避免了迭代计算过程。

Bowen 比方法是通量梯度法的另一种形式，被广泛用于计算水汽通量。Bowen 比为地表感热通量与潜热通量的比值。将公式 (3.65) 除以公式 (3.66)，并假定热量和水汽的湍流扩散系数相等，可获得如下公式：

$$\beta = \gamma \frac{\overline{T}_2 - \overline{T}_1}{\overline{e}_{v,2} - \overline{e}_{v,1}} \tag{3.71}$$

式中，$\gamma = \overline{p}c_p/(0.621\lambda)$，是干湿表常数（$\simeq 0.66$ hPa·K^{-1}）；$e_{v,2}$ 和 $e_{v,1}$ 是在两个高度处测量的水汽压。在稳态条件下，$H = F_h$ 和 $E = F_v$。将这些关系与能量平衡方程 [公式 (2.32)] 和公式 (3.71) 结合，可得到如下公式：

$$F_v = E = \frac{1}{\lambda} \frac{R_n - G - Q_s}{1 + \beta} \tag{3.72}$$

除了两个高度上的空气温度和湿度外，Bowen 比方法需要测量可利用能量。该方法避免了湍流扩散系数的计算，可用于没有准确的湍流扩散参数化方案的情况（例如在森林内部）；只要假定热量和水汽的湍流扩散系数相同，就可以使用这个方法。

修正 Bowen 比法是通量梯度法的另一种扩展方法，可以用于确定痕量气体的湍流通量（Businger, 1986; Meyers et al., 1996）。下面以 CO_2 为例介绍该方法的原理。假定实验中的 CO_2 分析仪并不是高频响应的仪器，不能用于涡度相关方法，但该仪器可以精确测量两个高度上的 CO_2 平均浓度（图 3.6，$\bar{s}_{c,2}$ 和 $\bar{s}_{c,1}$），同时还可以测量这两个高度上的水汽浓度（$\bar{s}_{v,2}$ 和 $\bar{s}_{v,1}$）。如果另外利用涡度相关法测量水汽通量（F_v）。那么利用公式 (3.66) 和公式 (3.67) 得到

$$F_c = \frac{\bar{s}_{c,2} - \bar{s}_{c,1}}{\bar{s}_{v,2} - \bar{s}_{v,1}} F_v \tag{3.73}$$

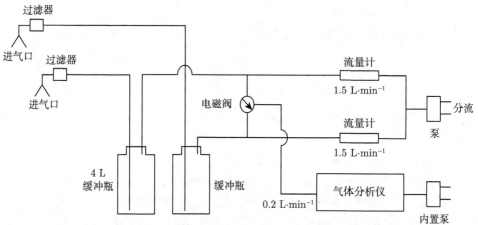

图 3.6   利用修正 Bowen 比装置测量 CO_2 和 CH_4 通量的示意图

从地面上方两个高度处的进气口抽取空气，闭路式分析仪依次对两股气流进行采样，同时测量水汽、CH_4 和 CO_2 浓度。利用单独的涡度相关系统测量水汽的湍流通量。缓冲瓶的作用是平滑湍流脉动，获得具有代表性的样品。在该装置中，切换间隔为 60 s，缓冲时间约等于 3 个切换时间间隔

修正 Bowen 比法假设湍流对于水汽和 CO_2 的输送效率相同，因此可以消除湍流扩散系数。这种拓展的修正 Bowen 比方法可用于计算痕量气体通量，其原理与传统的 Bowen 比方法并无区别。

3.6.2   模型研究

之前的内容阐述了基于有限差分形式的通量梯度关系建立的三种量化湍流通量的实验方法。这些通量梯度关系还可以以积分形式应用于建模研究中。

雷诺协方差或湍流通量在近地层中不随高度变化，这是建立积分表达式的关键。将公式 (3.38) 除以 K_m，并且对 z 进行积分，可获得下式：

$$\overline{u'w'} \int_{z_\mathrm{o}}^{z} \frac{1}{K_\mathrm{m}} \mathrm{d}z' = -\overline{u} \tag{3.74}$$

将其变换形式后得到

$$F_\mathrm{m} = -\overline{u'w'} = \frac{\overline{u}}{r_\mathrm{a,m}} \tag{3.75}$$

其中

$$r_\mathrm{a,m} = \int_{z_\mathrm{o}}^{z} \frac{1}{K_\mathrm{m}} \mathrm{d}z' \tag{3.76}$$

是动量传输的空气动力学阻力。热通量的积分形式是

$$\frac{F_\mathrm{h}}{\overline{\rho} c_p} = \frac{\overline{\theta}_\mathrm{o} - \overline{\theta}}{r_\mathrm{a,h}} \tag{3.77}$$

热通量的空气动力学阻力 $r_\mathrm{a,h}$ 的表达式为

$$r_\mathrm{a,h} = \int_{z_\mathrm{o,h}}^{z} \frac{1}{K_\mathrm{h}} \mathrm{d}z' \tag{3.78}$$

式中，$\overline{\theta}_\mathrm{o}$ 是高度 $z_\mathrm{o,h}$ 处的平均位温。水汽和 CO_2 的梯度关系也可以被转换成类似的积分形式。

可基于 Ohm 定律来理解以上阻力的概念。在 Ohm 定律中，电流与负载的电阻成反比，并与负载的电压差成正比。在边界层气象学中，湍流对于物质的输送也遵循类似的规律。热量传递过程中，热通量等效于电流，地气温差等效于电压差。图 3.7 为简单的示意图，采用 "单个电阻电路" 来描述近地层的扩散过程。有些情况下需要使用多个 "电阻"（参见第 10 章）。例如植物蒸腾的路径包括气孔、叶片边界层和大气近地层，如果用 Ohm 定律来描述，该水汽扩散过程会遇到三个串联的 "电阻"，分别为气孔阻力、叶片边界层阻力和空气动力学阻力。一些多层的蒸散和光合作用模型是由具有并联和串联节点的电阻网络所形成的。电路分析和湍流传输过程之间的一个重要区别在于电阻是恒定的，而扩散阻力是随时随地变化的。作为湍流扩散系数的倒数，空气动力学阻力可用于表征扩散效率：如果扩散层厚，则空气动力学阻力大；如果近地面风速、粗糙度或空气不稳定度增加，空气动力学阻力则随之减小。

上述积分表达式是用陆面模型计算地表通量的常用方法。陆面模型的主要功能是用地面上某一高度的大气强迫变量来计算地表通量。在与大气模型全耦合或

在线计算中，大气强迫变量 [如公式 (3.75) 和式 (3.77) 中的 $\bar{u}$ 和 $\bar{\theta}$] 由大气模式的第一层数据提供，所计算的通量在大气模型中可作为地表的边界条件使用。

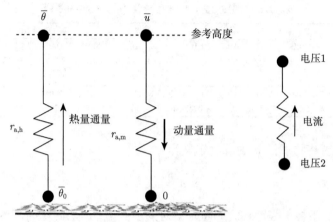

图 3.7　单一电阻电路中的电流和在近地层中与之类似的动量和热量传递过程

在海洋大气边界层的相关文献中，表面通量通常用物质传输方程表示：

$$F_{\mathrm{m}} = C_{\mathrm{D}} \bar{u}^2 \tag{3.79}$$

$$\frac{F_{\mathrm{h}}}{\bar{\rho} c_{\mathrm{p}}} = C_{\mathrm{H}} \bar{u} (\bar{\theta}_o - \bar{\theta}) \tag{3.80}$$

$$\frac{F_{\mathrm{v}}}{\bar{\rho}_{\mathrm{d}}} = C_{\mathrm{E}} \bar{u} (\bar{s}_{\mathrm{v},o} - \bar{s}_{\mathrm{v}}) \tag{3.81}$$

式中，$\bar{\theta}_o$ 为水面温度；$\bar{s}_{\mathrm{v},o}$ 为水表面的水汽混合比，可由 $\bar{\theta}_o$ 所对应的饱和水汽压计算得到。在这些公式中，C_{D}、C_{H} 和 C_{E} 分别为动量、感热和水汽的传输系数，这三个无量纲参数又被分别称为拖曳系数、Dalton 数和 Stanton 数，与空气动力学阻力的关系为

$$C_{\mathrm{D}} = \frac{1}{\bar{u} r_{\mathrm{a,m}}}, \ C_{\mathrm{H}} = \frac{1}{\bar{u} r_{\mathrm{a,h}}}, \ C_{\mathrm{E}} = \frac{1}{\bar{u} r_{\mathrm{a,v}}} \tag{3.82}$$

式中，$r_{\mathrm{a,v}}$ 为水汽传输的空气动力学阻力。这些无量纲参数与风速有关。在 $5\,\mathrm{m \cdot s^{-1}}$ 风速情况下，其典型值为 1×10^{-3}（Garratt, 1992）。

习　　题

3.1 证明雷诺法则的前三条 [公式 (3.3) ~ 式 (3.5)]。

3.2 利用表 3.1 的时间序列数据，计算温度 (T) 和垂直速度 (w) 的方差以及 $T - w$ 的协方差。

表 3.1　温度 (T) 和垂直速度 (w) 的时间序列

t/s	1	2	3	4	5	6	7	8	9	10	11	12
$T/°C$	20.0	20.2	19.7	19.8	20.1	20.3	20.3	20.2	20.2	19.7	20.0	20.0
$w/(\mathrm{m \cdot s^{-1}})$	−0.52	−0.02	−0.09	0.07	−0.01	−0.13	−0.41	−0.60	−0.72	−0.35	−0.26	−0.45
t/s	13	14	15	16	17	18	19	20	21	22	23	24
$T/°C$	20.1	22.3	20.1	19.9	20.0	20.0	20.0	20.1	20.6	20.7	20.5	20.8
$w/(\mathrm{m \cdot s^{-1}})$	0.32	0.00	−0.10	0.43	−0.42	0.25	0.41	0.74	1.29	1.31	1.60	1.36

3.3* 有学者将物理量 a 的脉动定义为

$$a'_i = a_i - \hat{a}_i \tag{3.83}$$

式中，下标 i 表明在时间步长 i 时的观测值；$\hat{a}$ 是 a 随时间的线性回归的值（图 3.8）。这个算法称为线性去趋势，可用下式表达：

$$\hat{a}_i = \overline{a} + b \left(t_i - \frac{1}{n} \sum_{1}^{n} t_i \right) \tag{3.84}$$

式中，n 为观测次数；t 是时间；$b = b_1/b_2$，而 b_1 和 b_2 由以下两式给出（Gash and Culf, 1996）：

$$b_1 = \sum_{1}^{n} a_i t_i - \frac{1}{n} \sum_{1}^{n} a_i \sum_{1}^{n} t_i$$

$$b_2 = \sum_{1}^{n} t_i t_i - \frac{1}{n} \sum_{1}^{n} t_i \sum_{1}^{n} t_i$$

利用去趋势后的脉动值与公式 (3.9) 和公式 (3.10) 计算方差和协方差。证明：① $\overline{a'_i} = 0$；② 去趋势的方差和协方差在量级上要比利用块平均计算的方差和协方差小。用表 3.1 的资料证实这两个结论。

3.4 单位质量空气的总动能表达式如下：

$$E_{\mathrm{T}} = \frac{1}{2}(u^2 + v^2 + w^2)$$

使用雷诺法则，证明平均总动能 $\overline{E_{\mathrm{T}}}$ 是平均气流动能 $\overline{E}$ 和湍流动能 $\overline{e}$ 之和：

$$\overline{E_{\mathrm{T}}} = \overline{E} + \overline{e}$$

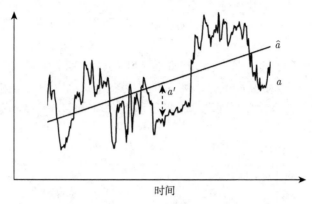

图 3.8　某一时间序列的线性趋势

其中

$$\overline{E}_T = \frac{1}{2}\overline{(u^2 + v^2 + w^2)}$$

$$\overline{E} = \frac{1}{2}(\overline{u}^2 + \overline{v}^2 + \overline{w}^2)$$

$$\overline{e} = \frac{1}{2}(\overline{u'^2} + \overline{v'^2} + \overline{w'^2})$$

3.5 证明时间平均和对时间的全微分运算的顺序是不可颠倒的, 即

$$\overline{\frac{\mathrm{d}f}{\mathrm{d}t}} \neq \frac{\mathrm{d}\overline{f}}{\mathrm{d}t} \tag{3.85}$$

3.6 某一个中纬度反气旋的水平速度散度 ($\partial\overline{u}/\partial x + \partial\overline{v}/\partial y$) 为 $-2\times10^{-6}\ \mathrm{s}^{-1}$。请估算距离地表 20 m 高度处的平均垂直速度。

3.7 在以风切变为主导的边界层中, 其底部和顶部的动量通量 $\overline{u'w'}$ 分别为 $-0.36\ \mathrm{m}^{-2}\cdot\mathrm{s}^{-2}$ 和 0, 边界层厚度为 1000 m。求湍流动量通量的垂直散度 $\partial\overline{u'w'}/\partial z$。通量散度在量级上要比分子项 $\nu\nabla^2\overline{u}$ 大很多吗?（利用习题 2.3 的计算结果回答本题。）

3.8 使用雷诺法则和弱不可压缩性约束条件 [公式 (3.17)], 利用公式 (2.20) 推导平均水汽混合比的控制方程 [公式 (3.28)]。

3.9 从公式 (2.16) 推导平均质量密度 $\overline{\rho}_c$ 的控制方程 [公式 (3.25)]。该推导过程需要用到弱不可压缩性的约束条件 [公式 (3.17)] 吗?

3.10 证明感热湍流通量 F_h 的单位是 $\mathrm{W}\cdot\mathrm{m}^{-2}$, 水汽湍流通量 F_v 的单位是 $\mathrm{g}\cdot\mathrm{m}^{-2}\cdot\mathrm{s}^{-1}$。

3.11 按图 3.4 所示情形，$T - s_v$ 的协方差是正还是负？$u - s_c$ 的协方差是正还是负？

3.12 图 3.9 表明摩擦速度（u_*）和水平速度（$\bar{u}$）的相关关系，下垫面为浅水湖泊和小麦田，观测高度分别为水面以上 8.50 m 和零平面位移以上 2.55 m。利用回归斜率计算表面动量粗糙度和表面动量传输系数。哪一数据集代表湖泊试验？

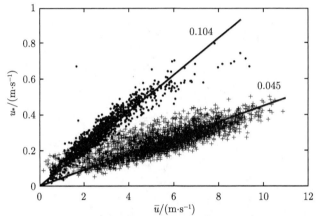

图 3.9　湖泊和小麦田上方的摩擦风速（u_*）和水平速度（$\bar{u}$）的相关关系
实线表示对数据的回归拟合，实线旁边的数字表示回归拟合的斜率

3.13 在一些气候模式中，一个网格单元中可以包括多种次网格下垫面类型。次网格下垫面之间互不干扰，并同时受第一层网格高度上的气象要素所驱动。这一高度通常被称为掺混高度，在该高度大气水平充分混合，即在该高度上没有次网格的变化。假设一个网格单元内由一个光滑表面（动量粗糙度 $z_0 = 0.001$ m）和一个粗糙表面（$z_0 = 0.50$ m）组成，大气稳定度为中性，掺混高度为 50 m，掺混高度上的风速为 5.00 m·s⁻¹。计算这两种表面上的摩擦速度以及高度为 2 m 处的风速。

3.14 在一片草地零平面位移以上的 2 m 和 4 m 的高度处安装两个温度传感器，该草地的动量粗糙度为 0.02 m，温度传感器的仪器精度为 0.05 ℃。上层高度观测的风速为 4.00 m·s⁻¹，表面感热通量为 35 W·m⁻²。假设大气稳定度为中性，两个观测高度间的温度差是多少？传感器的观测精度可以分辨该差异吗？以动量粗糙度为 1.0 m 的森林为例重复该计算，该传感器的观测精度可以辨别出两个高度的温度差异吗？

3.15 在距离土壤表面 1.0 m 和 2.3 m 两个高度处的气温分别为 22.3 ℃ 和 21.9 ℃，水汽压分别为 18.1 hPa 和 17.4 hPa。求 Bowen 比的大小。

3.16 一个湖泊生态系统的 CO_2 通量的量级为 $0.01\ \mathrm{mg\cdot m^{-2}\cdot s^{-1}}$。假设一个宽波段 CO_2 气体分析仪的观测精度为 $0.2\ \mathrm{ppm}$（摩尔混合比），该仪器是否可以用于通量梯度法的通量观测？假设该 CO_2 的浓度梯度观测高度为距离湖泊表面 $1.0\ \mathrm{m}$ 和 $3.0\ \mathrm{m}$，摩擦速度为 $0.15\ \mathrm{m\cdot s^{-1}}$，大气稳定度为中性。

3.17* 图 3.10 表示的是利用气体分析仪在湖泊表面大气层观测的三种气体的瞬时浓度，仪器配置如图 3.6 所示。数据的阶梯变化表示分析仪从一个进气口切换到另一个进气口。在图 3.10 所示的时间段，利用涡度相关方法观测的湖表水汽通量为 $0.082\ \mathrm{g\cdot m^{-2}\cdot s^{-1}}$。利用图 3.10 中的数据和修正 Bowen 比方法，计算湖表 CH_4 通量和 CO_2 通量，单位分别是 $\mathrm{\mu g\cdot m^{-2}\cdot s^{-1}}$ 和 $\mathrm{mg\cdot m^{-2}\cdot s^{-1}}$。

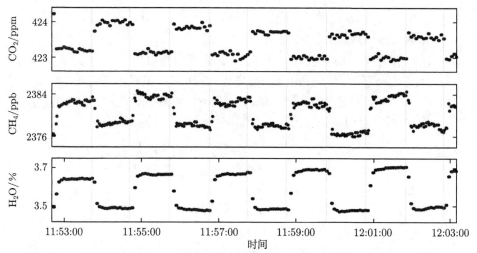

图 3.10　利用修正 Bowen 比系统观测的 CO_2、甲烷和水汽摩尔混合比的时间序列

数据来源于 Xiao 等 (2014)

3.18 证明在中性条件下，动量和热量传输的空气动力学阻力的表达式如下所示：

$$r_{\mathrm{a,m}} = \frac{1}{k^2\overline{u}}\left(\ln\frac{z-d}{z_\mathrm{o}}\right)^2 \tag{3.86}$$

和

$$r_{\mathrm{a,h}} = \frac{1}{k^2\overline{u}}\ln\frac{z-d}{z_\mathrm{o}}\ln\frac{z-d}{z_\mathrm{o,h}} \tag{3.87}$$

假设风速观测的高度在距零平面位移 $10\ \mathrm{m}$ 处，粗糙度比 $z_\mathrm{o,h}/z_\mathrm{o}$ 为 0.14。分别绘制草地下垫面（动量粗糙度 $z_\mathrm{o} = 0.10\ \mathrm{m}$）和森林下垫面（$z_\mathrm{o} =$

1.00 m）以风速为函数的空气动力学阻力，并讨论风速和表面粗糙度是如何影响空气动力学阻力的。

3.19 在中性稳定度条件下，虽然大气近地层热量湍流扩散系数和动量湍流扩散系数相等 [公式 (3.45)]，但热量传输的空气动力学阻力 $r_{a,h}$ 要比动量传输的空气动力学阻力 $r_{a,m}$ 大。两项之差 $(r_e = r_{a,h} - r_{a,m})$ 称为过量阻力。过量阻力存在的原因是在与地表面直接接触的薄层中，动量传输要比热量传输更加高效：前者通过与气压不连续性有关的拖曳实现传输，而后者通过分子扩散实现传输。请证明热量传输的过量阻力的表达式如下所示：

$$r_e = \frac{1}{ku_*} \ln \frac{z_o}{z_{o,h}}$$

利用习题 3.18 提供的信息，若风速范围在 $1\ \mathrm{m \cdot s^{-1}}$ 到 $5\ \mathrm{m \cdot s^{-1}}$ 时，比较草地表面和森林表面的 r_e 和 $r_{a,h}$。

3.20 湖泊和海洋传输系数 C_H 和 C_E 的典型值是 1×10^{-3}。湖表面温度为 18.0 ℃，湖面上 10 m 处的温度为 17.0 ℃，相对湿度为 65%，风速为 4.0 $\mathrm{m \cdot s^{-1}}$，该湖泊位于平均海平面高度。计算湖表面的感热和潜热通量。饱和水汽压计算公式（Licor, 2001）如下：

$$e_v^* = 6.1365 \exp\left(\frac{17.502T}{240.97 + T}\right) \tag{3.88}$$

式中，e_v^* 的单位是 hPa，T 的单位是 ℃。

参 考 文 献

Berger B W, Davis K J, Yi C, et al. 2001. Long-term carbon dioxide fluxes from a very tall tower in a northern forest: flux measurement methodology. Journal of Atmospheric and Oceanic Technology, 18(4): 529-542.

Businger J A. 1986. Evaluation of the accuracy with which dry deposition can be measured with current micrometeorological techniques. Journal of Climate and Applied Meteorology, 25(8): 1100-1124.

de Roode S R, Duynkerke P G, Jonker H J J. 2004. Large-eddy simulation: how large is large enough? Journal of the Atmospheric Sciences, 61(4): 403-421.

Garratt J R. 1992. The Atmospheric Boundary Layer. New York: Cambridge University Press: 316.

Gash J H C, Culf A D. 1996. Applying a linear detrend to eddy correlation data in realtime. Boundary-layer Meteorology, 79(3): 301-306.

Holtslag A A M, Boville B A. 1993. Local versus nonlocal boundary layer diffusion in a global climate model. Journal of Climate, 6(10): 1825-1842.

Hong S Y, Pan H L. 1996. Nonlocal boundary layer vertical diffusion in a medium-range forecast model. Monthly Weather Review, 124(10): 2322-2339.

Horst T W, Weil J C.1994. How far is far enough?: The fetch requirements for microm-eteorological measurement of surface fluxes. Journal of Atmospheric and Oceanic Technology, 11(4): 1018-1025.

Kristensen L, Mann J, Oncley S P, et al. 1997. How close is close enough when measuring scalar fluxes with displaced sensors? Journal of Atmospheric and Oceanic Technology, 14(4): 814-821.

Licor. 2001. LI-610 Portable Dew Point Generator Instruction Manual. Nebraska: LICOR, Inc, Lincoln.

Mahrt L. 1998. Flux sampling errors for aircraft and towers. Journal of Atmospheric and Oceanic Technology, 15(2): 416-429.

Mauder M, Cuntz M, Drüe C, et al. 2013. A strategy for quality and uncertainty assessment of long-term eddy-covariance measurements. Agricultural and Forest Meteorology, 169: 122-135.

Mellor G L. 1973. Analytic prediction of the properties of stratified planetary surface layers. Journal of the Atmospheric Sciences, 30(6): 1061-1069.

Meyers T P, Hall M E, Lindberg S E, et al. 1996. Use of the modified Bowen-ratio technique to measure fluxes of trace gases. Atmospheric Environment, 30(19): 3321-3329.

Richardson A D, Hollinger D Y, Burba G G, et al. 2006. A multi-site analysis of random error in tower-based measurements of carbon and energy fluxes. Agricultural and Forest Meteorology, 136(1/2): 1-18.

Soares P M M, Miranda P M A, Siebesma A P, et al. 2004. An eddy-diffusivity/mass-flux parametrization for dry and shallow cumulus convection. Quarterly Journal of the Royal Meteorological Society, 130: 3365-3383.

Xiao W, Liu S, H Li H, et al. 2014. A flux-gradient system for simultaneous measurement of the CH_4, CO_2 and H_2O fluxes at a lake-air interface. Environmental Science & Technology, 48(24): 14490-14498.

第 4 章 大气湍流的产生与维持

4.1 能量库与能量传输

本章将介绍湍涡发展和消散的动能机制。湍涡所包含的动能是衡量大气湍流活力的指标。由于黏滞力的作用，湍流动能被不断地转化为大气的内能，这个过程是不可逆的。因此，除非有新的动能加入，否则湍流运动将被层流运动所取代，大气边界层就会失去扩散能力。本书的第 2 章和第 3 章介绍了雷诺分解和动量守恒原理，本章将依据这些原理来推导平均动能和湍流动能的收支方程，并利用这些方程来描述大气能量的传输机制。

动能是运动的能量。对于质量为 m、运动速度为 V 的气块来说，它的动能是 $\frac{1}{2}m|V|^2$。为了方便起见，接下来将省略 m，只研究单位质量空气所包含的动能。

在第 2 章中，介绍了速度矢量 V 的坐标系。动能是一个标量，理论上它是独立于坐标系的，但实际应用时，动能会在某个特定方向上产生或传输。因此，正确选择坐标系可以更深入地阐明动能的传输过程。本章将利用气压梯度力来帮助确定坐标轴的方向。如图 4.1 所示，在这个右手笛卡儿坐标系中，x 轴垂直于气压梯度力方向，与等压线相切，y 轴与气压梯度力方向一致，z 轴向上。单位质量气块的总动能是这三个正交方向上动能分量的总和：

$$E_{\mathrm{T}} = \frac{1}{2}(u^2 + v^2 + w^2) \tag{4.1}$$

根据雷诺平均原理，总动能可以分解为平均动能（MKE）$\overline{E}$ 和湍流动能（TKE）$\overline{e}$（参见习题 3.4 和习题 4.1），

$$\overline{E}_{\mathrm{T}} = \overline{E} + \overline{e} \tag{4.2}$$

其中

$$\overline{E}_{\mathrm{T}} = \frac{1}{2}\overline{(u^2 + v^2 + w^2)} \tag{4.3}$$

$$\overline{E} = \frac{1}{2}(\overline{u}^2 + \overline{v}^2 + \overline{w}^2) \tag{4.4}$$

$$\overline{e} = \frac{1}{2}(\overline{u'^2} + \overline{v'^2} + \overline{w'^2}) \tag{4.5}$$

大气动能的单位是 $m^2 \cdot s^{-2}$，乘以空气密度 ρ ($kg \cdot m^{-3}$) 后就可以得到动能密度，它的单位是大家所熟知的能量的国际单位 $J \cdot m^{-3}$。

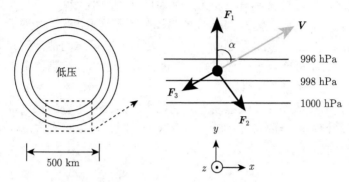

(a) 北半球低压系统的鸟瞰图   (b) 该低压系统的局部放大图

图 4.1　动能方程的笛卡儿坐标系

实线是等压线，在等压线上压强是相等的。V 是水平速度；F_1 是气压梯度力；F_2 是 Coriolis 力；F_3 是摩擦力

大气能量可以分成四个部分：内能、有效势能、MKE 和 TKE (图 4.2)。内能 (热能) 是分子运动的动能。有效势能是指大气中可以转化为动能的那部分势能。有效势能的 "有效" 是相对于某个参考状态而言的，在该状态下，大气既不是静力稳定也不是不稳定，不存在水平气压梯度。由于太阳辐射加热的不均匀，产生了水平气压梯度和静力不稳定，从而形成了有效势能库。全球绝大部分的太阳

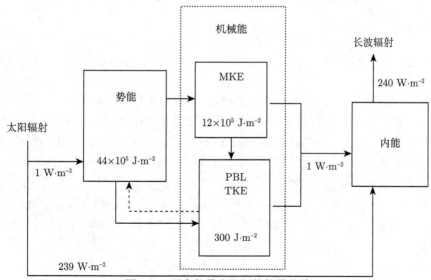

图 4.2　四个能量库之间的能量传输

TKE 数据来源于 Mellor 和 Yamada (1982)；其他数据来源于 Peixoto 和 Oort (1992)，均为全球平均值

辐射能量 (239 W·m^{-2}) 要么被大气直接吸收转化为内能，要么通过地表的潜热和感热交换再分配给大气，只有很少的一部分太阳辐射能量 (大约 1 W·m^{-2}) 在转化为内能之前经过机械能库。无论是大尺度还是小尺度的大气运动，都是由这部分太阳辐射能量所支撑的。TKE 能量库是所有能量库中量级最小的一个。大气边界层内的 TKE 总量约为 300 J·m^{-2}。尽管没有可靠的估计值，但是边界层以上大气的 TKE 可能仅为边界层内 TKE 的几分之一。正是这个小小的能量库造就了边界层与众不同的特性。

　　大气中，平均运动和湍流运动发生在两个没有相互重叠的尺度范围内，它们被一个较大的谱隙所分隔 (图 4.3)。基于这个谱隙，可以将大气动能分解为平均动能和湍流动能。

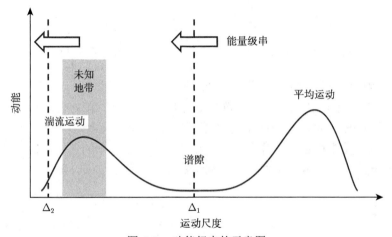

图 4.3　　动能级串的示意图

Δ_1 是雷诺平均模型的网格距，Δ_2 是大涡模拟的网格距。基于 Wyngaard (2004) 的研究结果

　　MKE 能量库和 TKE 能量库之间的关系是能量级串最简单的一种形式。能量级串是指动能从较大尺度运动向较小尺度运动传递的过程。平均流首先将能量传递给最大的湍涡。这些大湍涡变形和破裂后，它们的能量再传递给小一级的湍涡。这个过程将沿着湍涡尺度持续下去，就像瀑布从山坡上倾泻而下，直到动能全部转化为分子动能或内能。在湍流运动中，即使是最小尺度的湍涡，分子也是成团移动的。但是分子运动是完全没有规律的，每个分子都相互独立地随机运动。

　　大气稳定度是与机械能传输有关的另一个重要概念。湍涡可以从两个途径获得能量，一是来自于平均流，二是来自于势能库。湍涡和势能库之间的能量流动是双向的，这意味着湍涡不仅能从势能库中获得能量，也能将自身的动能转化为势能。大气稳定度就是衡量湍涡从这两个途径获得能量的相对强度的指标。

4.2 平均流的动能收支

对于一维大气来说，雷诺平均量仅在垂直方向上变化，在水平方向不变。公式 (3.33) 两边同时乘以 $\overline{u}$，就可以得到 x 方向上的平均动能收支方程：

$$\frac{1}{2}\frac{\partial \overline{u}^2}{\partial t} = f\overline{u}\,\overline{v} + \overline{u'w'}\frac{\partial \overline{u}}{\partial z} - \frac{\partial \overline{u'w'}\,\overline{u}}{\partial z} + \nu\overline{u}\nabla^2\overline{u} \tag{4.6}$$

这个推导过程应用了微分链式法则：

$$\overline{u}\frac{\partial \overline{u'w'}}{\partial z} = \frac{\partial \overline{u'w'}\,\overline{u}}{\partial z} - \overline{u'w'}\frac{\partial \overline{u}}{\partial z}$$

出于完整性的考虑，黏滞项被放回原处。由于 x 轴垂直于气压梯度力，这个公式中没有气压梯度项 (图 4.1)。

用类似的方法，也可以推导出 y 方向上的平均动能收支方程：

$$\frac{1}{2}\frac{\partial \overline{v}^2}{\partial t} = -\frac{\overline{v}}{\overline{\rho}}\frac{\partial \overline{p}}{\partial y} - f\overline{u}\,\overline{v} + \overline{v'w'}\frac{\partial \overline{v}}{\partial z} - \frac{\partial \overline{v'w'}\,\overline{v}}{\partial z} + \nu\overline{v}\nabla^2\overline{v} \tag{4.7}$$

对于一维流体，z 方向上没有平均动能。所以，将公式 (4.6) 和公式 (4.7) 相加，就可以得到完整的 MKE 收支方程：

$$\frac{\partial \overline{E}}{\partial t} = -\frac{\overline{v}}{\overline{\rho}}\frac{\partial \overline{p}}{\partial y} + \left(\overline{u'w'}\frac{\partial \overline{u}}{\partial z} + \overline{v'w'}\frac{\partial \overline{v}}{\partial z}\right)$$
$$-\left(\frac{\partial \overline{u'w'}\,\overline{u}}{\partial z} + \frac{\partial \overline{v'w'}\,\overline{v}}{\partial z}\right) + \left(\nu\overline{u}\nabla^2\overline{u} + \nu\overline{v}\nabla^2\overline{v}\right) \tag{4.8}$$

图 4.4 的上半部分汇总了几种 MKE 的传输机制。边界层 MKE 的时间变化率取决于四个分项的净收支。公式 (4.8) 右边的第一项是平均动能产生项，它通常为正，是由气压梯度力作用于移动的气块做功产生的。如上所述，不均匀的气压场意味着有效势能的存在。通过气压梯度力和流体之间的相互作用，有效势能被转化为动能。

在数学上，MKE 产生项是水平速度矢量 $\boldsymbol{V}$ 和气压梯度力矢量 $\boldsymbol{F}_1$ 的内积 (图 4.1)。

$$-\frac{\overline{v}}{\overline{\rho}}\frac{\partial \overline{p}}{\partial y} = \boldsymbol{V}\cdot\left(\frac{-\nabla_{\mathrm{H}}\overline{p}}{\overline{\rho}}\right)$$
$$= \frac{1}{\overline{\rho}}|\boldsymbol{V}|\,|-\nabla_{\mathrm{H}}\overline{p}|\cos\alpha$$

式中，α 是 $\boldsymbol{V}$ 与 $\boldsymbol{F}_1$ 的夹角；$\nabla_{\mathrm{H}} = \{\partial/\partial x, \partial/\partial y\}$ 是水平梯度算子。只有当 α 小于 90° 时，平均流才能从有效势能库中获得能量。当 $\alpha = 0°$ 或者气团移动方向正好与气压梯度力方向相同时，MKE 的产生效率最高。相反，如果气团移动方向垂直于气压梯度力方向，就不产生 MKE。

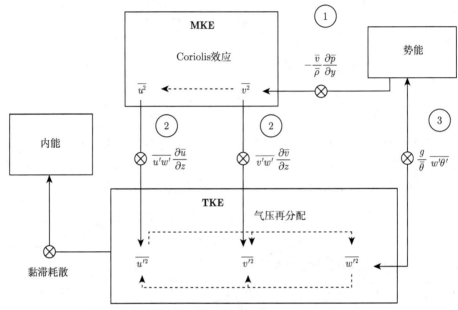

图 4.4　大气边界层的动能传输机制 [基于 Shaw (1987)]
途径 ①：由气压梯度力产生平均动能 (MKE)；途径 ②：切变作用导致 MKE 转化为湍流动能 (TKE)；
途径 ③：浮力作用导致 TKE 的产生和消耗

Coriolis 力与气压梯度力不同，它本身不会产生动能。Coriolis 力在以下两个分项中的作用正好相反：公式 (4.7) 右边第二项是 Coriolis 力项，它为负值，代表能量的消耗；这一项同时也出现在公式 (4.6) 右边的第一项，但为正值，代表能量的产生。因此，在完整的 MKE 收支方程 [公式 (4.8)] 中，Coriolis 力的作用被相互抵消了。换句话说，Coriolis 力只在动能再分配中起作用：它将能量从 y 方向转向到 x 方向。由于 y 轴与气压梯度力方向一致，x 轴与等压线相切，所以在 y 方向上最先产生 MKE。在典型的大气边界层内，这种能量再分配的效应非常强，以至于在 x 方向上的动能大于 y 方向的动能：

$$\frac{1}{2}\overline{u}^2 > \frac{1}{2}\overline{v}^2$$

该不等式意味着图 4.1 中角度 α 大于 45°。

公式 (4.8) 右边的第二项是平均动能的切变破坏项。由于动量通量 ($\overline{u'w'}$ 和 $\overline{v'w'}$) 和速度梯度 ($\partial\overline{u}/\partial z$ 和 $\partial\overline{v}/\partial z$) 的符号相反 [公式 (3.38) 和式 (3.39)]，因此这一项为负值。但在 TKE 收支方程中，切变项却为正值 (4.3 节)。由此可见，垂直风切扮演了两个角色：一方面维持着向下传输的动量通量 [图 3.4；公式 (3.38)]，另一方面将动能从平均运动向湍流运动传递。

公式 (4.8) 右边的第三项是 MKE 能量再分配项。将该项对 z 从地表到边界层顶 (z_i) 进行积分，可得

$$\int_0^{z_i} \left(\frac{\partial\overline{u'w'}\,\overline{u}}{\partial z} + \frac{\partial\overline{v'w'}\,\overline{v}}{\partial z} \right) \mathrm{d}z = \left. (\overline{u'w'}\,\overline{u} + \overline{v'w'}\,\overline{v}) \right|_{z_i} - \left. (\overline{u'w'}\,\overline{u} + \overline{v'w'}\,\overline{v}) \right|_0 \quad (4.9)$$

由于地表的水平风速为 0，且边界层顶的雷诺协方差也消失了，所以这个积分等于 0。因此，这一项仅是平均动能在垂直方向不同高度上的传输，它既不会消耗动能也不会产生动能。

最后一项是黏滞耗散项，平均动能被黏滞力耗散为内能。在一维流体内，这一项可以简化为

$$\nu\overline{u}\nabla^2\overline{u} + \nu\overline{v}\nabla^2\overline{v} = \nu \left(\overline{u}\frac{\partial^2\overline{u}}{\partial z^2} + \overline{v}\frac{\partial^2\overline{v}}{\partial z^2} \right) \quad (4.10)$$

通常，这一项比 MKE 收支方程中的其他项和 TKE 收支方程中的黏滞耗散项要小得多 (参见习题 4.2)。

图 4.5 显示的是大涡模型模拟的切变作用驱动和浮力作用驱动的边界层内 MKE 和 TKE 库的大小和能量传输的强度。在这个研究中，建立了两个相似的案

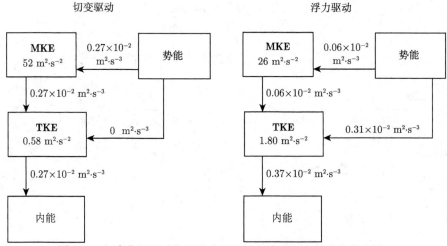

图 4.5 切变作用驱动和浮力作用驱动的边界层内的动能收支情况
数值代表地表到边界层顶之间的柱平均值。数据来源于 Moeng 和 Sullivan (1994)

例, 它们的区别仅在于地表感热通量不同。第一个案例中, 感热通量为 $0~\mathrm{W \cdot m^{-2}}$, 所有的湍流都由切变作用产生。另一个案例中, 感热通量设为 $240~\mathrm{W \cdot m^{-2}}$, 属于中等水平, 湍流主要是由于浮力作用产生。大涡模拟结果显示, 这两个案例的 MKE 切变作用项相差 4.5 倍。由 MKE 收支方程可以推断, 在浮力驱动的边界层内水平速度矢量 V 和气压梯度力 F_1 之间的夹角 α 要大于切变作用驱动的边界层 (图 4.1) 的情况, 这是因为在浮力驱动的边界层内, 只需要产生一个很小 MKE 就可以平衡风切变项消耗的 MKE。换句话说, 较大的地表感热通量使得边界层中的气流运动更趋向于地转方向。

4.3 湍流的动能收支

TKE 的分量 $\frac{1}{2}\overline{u'^2}$、$\frac{1}{2}\overline{v'^2}$ 和 $\frac{1}{2}\overline{w'^2}$ 都是二阶矩, 推导它们的收支方程是非常烦琐的。因此, 本节仅以 $\frac{1}{2}\overline{u'^2}$ 为例, 列出基本推导步骤。$\frac{1}{2}\overline{v'^2}$、$\frac{1}{2}\overline{w'^2}$ 和第 2 章中瞬时方程里的其他二阶距 (比如雷诺应力 $(\overline{u'w'})$ 和温度方差 $(\overline{\theta'^2})$) 的收支方程, 都可以用相同的步骤来推导。首先, 用雷诺分解方法将动量瞬时方程 [公式 (2.3)] 中的每一个量分解为平均量和脉动量:

$$\frac{\partial(\overline{u}+u')}{\partial t} + (\overline{u}+u')\frac{\partial(\overline{u}+u')}{\partial x} + \dots = -\frac{1}{\overline{\rho}+\rho'}\frac{\partial(\overline{p}+p')}{\partial x} + \dots \tag{4.11}$$

然后, 将公式 (4.11) 减去平均动量方程 (3.21), 得到 u' 的控制方程

$$\frac{\partial u'}{\partial t} + \overline{u}\frac{\partial u'}{\partial x} + u'\frac{\partial \overline{u}}{\partial x} + u'\frac{\partial u'}{\partial x}\dots = -\frac{1}{\overline{\rho}}\frac{\partial p'}{\partial x} + \frac{\rho'}{\overline{\rho}^2}\frac{\partial \overline{p}}{\partial x} + \dots \tag{4.12}$$

接下来, 将公式 (4.12) 乘以 u' 后进行雷诺平均, 得到完整的 $\frac{1}{2}\overline{u'^2}$ 控制方程

$$\frac{1}{2}\frac{\partial \overline{u'^2}}{\partial t} + \frac{1}{2}\overline{u}\frac{\partial \overline{u'^2}}{\partial x} + \overline{u'^2}\frac{\partial \overline{u}}{\partial x} + \overline{u'^2\frac{\partial u'}{\partial x}} + \dots = -\frac{1}{\overline{\rho}}\frac{\partial \overline{u'p'}}{\partial x} + \frac{1}{\overline{\rho}}\overline{p'\frac{\partial u'}{\partial x}} + \dots \tag{4.13}$$

这里已经忽略了小项:

$$\frac{\overline{u'\rho'}}{\overline{\rho}^2}\frac{\partial \overline{p}}{\partial x}$$

同时也应用了微分的链式法则:

$$\frac{1}{\overline{\rho}}\overline{u'\frac{\partial p'}{\partial x}} = \frac{1}{\overline{\rho}}\frac{\partial \overline{u'p'}}{\partial x} - \frac{1}{\overline{\rho}}\overline{p'\frac{\partial u'}{\partial x}}$$

在一维边界层内，公式 (4.13) 中所有雷诺平均量的水平方向变化项都可以被忽略。最终可以得到

$$\frac{1}{2}\frac{\partial \overline{u'^2}}{\partial t} = -\overline{u'w'}\frac{\partial \overline{u}}{\partial z} - \frac{1}{2}\frac{\partial \overline{u'^2 w'}}{\partial z} + \frac{1}{\rho}\overline{p'\frac{\partial u'}{\partial x}} + f\overline{u'v'} + \nu\overline{u'\nabla^2 u'} \qquad (4.14)$$

相同的步骤也可以应用到动量方程 (2.4) 和方程 (2.5) 中，得到 $\frac{1}{2}\overline{v'^2}$ 和 $\frac{1}{2}\overline{w'^2}$ 的收支方程：

$$\frac{1}{2}\frac{\partial \overline{v'^2}}{\partial t} = -\overline{v'w'}\frac{\partial \overline{v}}{\partial z} - \frac{1}{2}\frac{\partial \overline{v'^2 w'}}{\partial z} + \frac{1}{\rho}\overline{p'\frac{\partial v'}{\partial y}} - f\overline{u'v'} + \nu\overline{v'\nabla^2 v'} \qquad (4.15)$$

$$\frac{1}{2}\frac{\partial \overline{w'^2}}{\partial t} = \frac{g}{\overline{\theta}}\overline{w'\theta'} - \frac{1}{2}\frac{\partial \overline{w'^3}}{\partial z} - \frac{1}{\rho}\frac{\partial \overline{w'p'}}{\partial z} + \frac{1}{\rho}\overline{p'\frac{\partial w'}{\partial z}} + \nu\overline{w'\nabla^2 w'} \qquad (4.16)$$

公式 (4.16) 右边的第一项来自于流体静力平衡方程

$$\frac{1}{\rho}\frac{\partial \overline{p}}{\partial z} = -g$$

和理想气体状态方程的演变形式

$$\frac{\rho'}{\rho} = -\frac{\theta'}{\overline{\theta}}$$

将公式 (4.14)、式 (4.15) 和式 (4.16) 相加，就可以得到完整的 TKE 收支方程：

$$\frac{\partial \overline{e}}{\partial t} = \left(-\overline{u'w'}\frac{\partial \overline{u}}{\partial z} - \overline{v'w'}\frac{\partial \overline{v}}{\partial z}\right) + \frac{g}{\overline{\theta}}\overline{w'\theta'} - \frac{\partial \overline{ew'}}{\partial z} - \frac{1}{\rho}\frac{\partial \overline{w'p'}}{\partial z} - \epsilon \qquad (4.17)$$

此处有

$$\epsilon = -\nu\overline{u'\nabla^2 u'} - \nu\overline{v'\nabla^2 v'} - \nu\overline{w'\nabla^2 w'} \qquad (4.18)$$

和

$$e = \frac{1}{2}(u'^2 + v'^2 + w'^2) \qquad (4.19)$$

公式 (3.17) 的弱不可压缩性约束条件已被用于消除压力脉动项，即

$$\overline{p'\frac{\partial u'}{\partial x}} + \overline{p'\frac{\partial v'}{\partial y}} + \overline{p'\frac{\partial w'}{\partial z}} = \overline{p'\left(\frac{\partial u'}{\partial x} + \frac{\partial v'}{\partial y} + \frac{\partial w'}{\partial z}\right)} = 0 \qquad (4.20)$$

在近地层，通常用微气象学坐标系来表示雷诺统计量 (第 2 章)。因为 x 轴平行于平均风矢量，所以 y 方向的平均风速 $(\overline{v})$ 等于 0。TKE 的收支方程可以简化为

$$\frac{\partial \overline{e}}{\partial t} = -\overline{u'w'}\frac{\partial \overline{u}}{\partial z} + \frac{g}{\theta}\overline{w'\theta'} - \frac{\partial \overline{ew'}}{\partial z} - \frac{1}{\overline{\rho}}\frac{\partial \overline{w'p'}}{\partial z} - \epsilon \tag{4.21}$$

接下来用公式 (4.17) 来解释大气边界层的 TKE 收支情况。公式 (4.17) 右边的第一项是湍流动能的切变项，通常为正值，正好等于 MKE 的切变项 (图 4.4)。正是这部分能量维持着水平方向的速度脉动 [公式 (4.14) 和式 (4.15)]。在切变作用驱动的边界层内，x 方向的切变项大于 y 方向的切变项，因此 x 方向的湍流动能比 y 方向大，即 $\frac{1}{2}\overline{u'^2} > \frac{1}{2}\overline{v'^2}$。

公式 (4.17) 右边的第二项是湍流动能的浮力产生及消散项。这一项只出现在垂直分量方程里 [公式 (4.16)]。因此，这个传输被限制在垂直方向，它不会直接影响水平方向的动能。在不稳定的条件下，协方差 $\overline{w'\theta'}$ 是正值，湍涡由浮力作用从势能库中获得动能。这是因为在不稳定条件下，给气团一个微弱的向上扰动后，它就会产生一个持续上升的趋势。由于正的浮力作用，热气团被向上抬升，之后周围冷空气就会向下运动来填补它的位置。结果，整个气柱的重力中心被轻微下移，导致势能减小。在稳定条件下，情况正好相反，$\overline{w'\theta'}$ 是负值，动能被浮力作用转化成势能。在 24 小时周期内，由于陆地上 $\overline{w'\theta'}$ 的平均值为正，因此浮力项通常是 TKE 的净源。

公式 (4.17) 右边的第三、四项分别是湍流和气压的动能传输项。与 MKE 收支方程 [公式 (4.8)] 中的传输项类似，这两项既不产生能量也不消耗能量，只是将能量在不同高度位置上转移。

公式 (4.17) 右边的最后一项是湍流动能的黏滞耗散项，黏滞耗散项将动能转化成内能，即分子运动的动能。湍流运动和分子运动之间的一个重要的区别是：湍流速度 u'、v' 和 w' 是宏观意义上的摩尔性质，用来描述分子群体运动；而分子运动是微观运动，具有随机性的特点。公式 (4.18) 中的 ϵ 总是为正。这一点可以由微分链式法则来证明：

$$-\nu\overline{u'\nabla^2 u'} \equiv -\nu\,\overline{u'\left(\frac{\partial^2 u'}{\partial x^2} + \frac{\partial^2 u'}{\partial y^2} + \frac{\partial^2 u'}{\partial z^2}\right)}$$

$$= -\nu\left[\frac{\partial}{\partial x}\overline{\left(u'\frac{\partial u'}{\partial x}\right)} + \frac{\partial}{\partial y}\overline{\left(u'\frac{\partial u'}{\partial y}\right)} + \frac{\partial}{\partial z}\overline{\left(u'\frac{\partial u'}{\partial z}\right)}\right]$$

$$+ \nu\left[\overline{\left(\frac{\partial u'}{\partial x}\right)^2} + \overline{\left(\frac{\partial u'}{\partial y}\right)^2} + \overline{\left(\frac{\partial u'}{\partial z}\right)^2}\right]$$

$$\approx \nu \left[\overline{\left(\frac{\partial u'}{\partial x}\right)^2} + \overline{\left(\frac{\partial u'}{\partial y}\right)^2} + \overline{\left(\frac{\partial u'}{\partial z}\right)^2} \right] > 0 \tag{4.22}$$

类似地，公式 (4.18) 右边另外两项的结果也为正。

根据公式 (4.22)，ϵ 取决于速度脉动量的空间梯度。但是，文献中的 ϵ 大多是由公式 (4.17) 中其他项的差值间接计算得到的。

审视分量公式 (4.14)、式 (4.15) 和式 (4.16) 会有额外的发现。如上所述，只有水平方向的风切变和垂直方向的浮力作用才能产生 TKE。理论上，中性层结的 $\overline{w'\theta'}$ 为 0，即没有浮力作用产生 TKE，公式 (4.16) 的两个传输项 (右边第二项和第三项) 也都不产生 TKE，那么在垂直方向上不产生动能或者说垂直速度方差 $\overline{w'^2}$ 应该接近于 0。但实际上，中性层结的垂直速度脉动非常旺盛。这里垂直方向上的动能是由气压再分布提供的。垂直分量方程 [公式 (4.16)] 右边第四项是气压脉动量和 w 梯度脉动量的协方差，它一定为正值。受连续性约束条件的限制，压力脉动量的净效应应该为 0 [公式 (4.20)]，公式 (4.16) 中垂直速度的正协方差 $\overline{p'(\partial w'/\partial z)}$ 必须与公式 (4.14) 和式 (4.15) 中的水平速度的负协方差 $\overline{p'(\partial u'/\partial x)} + \overline{p'(\partial v'/\partial y)}$ 相平衡。换句话说，压力脉动量起到动能再分布的作用，它将水平方向上由风切变产生的动能重新分配到垂直方向上。压力再分布机制也称为各向同性回归。在各向同性的湍流里，速度脉动量的强度在三个正交方向上是相等的。

气压再分布也可以把能量从垂直方向分配到水平方向。在浮力作用驱动的边界层内，浮力作用所产生的 TKE 远大于切变作用的结果 (图 4.5)。一些大涡模拟显示，尽管切变作用产生的动能很小，但是水平方向上的动能 ($\frac{1}{2}\overline{u'^2}$ 和 $\frac{1}{2}\overline{v'^2}$) 与垂直方向上的动能 $\left(\frac{1}{2}\overline{w'^2}\right)$ 近似，这意味着垂直方向上一部分由浮力作用产生的动能被气压脉动重新分配到了水平方向上 (图 4.4)。

与 MKE 类似，Coriolis 力也出现在 TKE 水平分量方程 [公式 (4.14) 和式 (4.15)] 中 (右边第四项)，但它的效应在完整的 TKE 方程中被相互抵消了。森林生态系统的观测表明，水平速度的协方差 $\overline{u'v'}$ 是一个非常小的量，平均值仅有 0.05 $\mathrm{m}^2 \cdot \mathrm{s}^{-2}$。所以，$f\overline{u'v'}$ 的量级为 5×10^{-6} $\mathrm{m}^2 \cdot \mathrm{s}^{-3}$，比 TKE 收支方程中其他项要小得多 (图 4.5)，完全可以忽略。

未知地带 (又称无人之境)

未知地带是指边界层中高能涡旋的尺度范围 (图 4.3; Wyngaard, 2004)。这个范围大致在 $0.1z_i$ 到 $2z_i$ 之间，其中 z_i 为边界层高度。该尺度范围被称为

湍流灰色地带 (Honnert et al., 2020)。平均运动模型，即雷诺平均模型，要求明确地分离平均运动与湍流运动。模型的策略是选择这两种运动尺度间隙一致的网格距 Δ_1。MKE 和 TKE 两个能量库之间的能量传输和湍流对平均运动的作用由湍流闭合方案来体现。模型的预测结果描述的是中尺度运动，但并不提供湍流运动的细节。大涡模拟 (LES) 与雷诺平均模型不同。LES 的网格距，即图 4.3 中的 Δ_2，比尺度间隙要小得多，因此可以直接求解大涡。只有小于惯性子区的湍涡才被参数化。但是，无论是雷诺的闭合方案还是 LES 的次网格参数化都不适用于未知地带。目前还没有公认的替代两者的最佳方案。

这些特点使我们想起"无人之境"的说法。根据《剑桥词典》，无人之境是指："没有规则的状态或领域，或者是没有人能理解或控制的情况，因为这种状态、领域或情况不属于此类，也不属于彼类"。如此说来，上述困难是一个无人之境的难题。

在雷诺闭合方案中隐含了一个假设，即湍流扩散是一维的，混合只发生在垂直方向上，水平湍流通量可以忽略不计。这一假设适用于数值天气预报模式常用的水平网格距，通常约为 4 km。在当今的计算能力下，使用的网格距越来越小。然而，过小的网格距会违背能量的尺度分离原则。在这种小尺度上，流体不是水平均匀的，水平通量不能再被忽略不计。若网格距设在未知地带，雷诺模型采用非局地一阶闭合方案求解的 TKE 太弱，而采用局部二阶闭合求解的 TKE 又太强 (Doubrawa and Muñoz-Esparza, 2020; Honnert et al., 2011)。这类模型可在对流边界层中产生卷状和细胞状结构 (Ching et al., 2014)。这些结构似乎自相矛盾：尽管它们看上去很像真实大气中的有序湍流结构，但它们的存在违背了流场的水平均匀假设。

LES 适用于惯性子区的网格尺度。这个尺度范围的一端是黏性湍涡，另一端是含能湍涡。动能在这个范围内级串过程中没有耗散损失。湍流是各向同性的。扩散过程发生在所有三个维度上，三个维度的扩散可以用一个尺度进行参数化。在模拟对流边界层时，典型的 LES 网格距为 5~50 m。LES 的参数化不适用于未知地带，因为该区域的湍流具有高度的各向异性。如果在未知地带使用 LES 模型，湍流扩散可能会太强 (Honnert et al., 2020)。

未知地带的湍流是边界层气象学的一个活跃的研究领域。一些紧迫的社会问题，比如风能选址、城市热胁迫的应对和强风暴预报，需要亚千米分辨率的天气信息，因此迫切需要替代现有的雷诺闭合和 LES 参数化方案 (Stoll et al., 2020; Honnert et al., 2020; Edwards et al., 2020)。在一种替代方案中，两能量库的框架被三库方案所取代：动能被分为一个 MKE 能量库和两个 TKE 能量库，其中一个 TKE 能量库代表直接计算的湍流，另一个代表间接计算的次网格湍流。MKE 和第一个能量库的 TKE 分别用相应的控制方程进行预测。

第二种替代策略是开发一种自我调控和尺度感知方案。在白天对流条件向夜间稳定条件过渡期间，含能湍涡会逐渐变小，在这种情况下，该方案会感知这种变化，进行自我调整，要么减小网格距，要么将更多 TKE 分配给次网格。反之，如果含能湍涡变得比网格距大得多，那么该方案将表现得像标准的 LES 方案，可用于描述各向同性湍流。

还有一种策略更有发展前景，就是在大的雷诺平均流场区域中嵌套小的 LES 区域。雷诺平均模型为 LES 模型提供侧向边界条件，而 LES 目标区域的精细分辨率有助于解决一些实际问题。该策略目前存在三大挑战。首先，因为进入 LES 区域的气流没有湍流，因此要等气流穿越很长的距离才会出现湍涡，这个过渡带可长达 20 km (Muñoz-Esparza et al., 2014)。为了缩短过渡距离，通常的做法是扰动进入 LES 区域上边界的气流。数值扰动所产生的湍流与真实湍流不完全一样，其真实感还有待提高 (Muñoz-Esparza et al., 2014; Rai et al., 2019)。其次，LES 模型继续使用 Monin-Obukhov 相似关系作为地表通量的边界条件。这些关系是针对平均流建立的，目前尚不清楚它们是否适用于大涡产生的地表通量 (Edwards et al., 2020)。最后，LES 模型对计算量的要求很高，离业务应用还有一段差距。

4.4 大气稳定度

大气稳定度是指给气团一个小扰动后它的垂直运动趋势。气团的垂直运动可以假设是绝热的，即气团既没有热量通过分子扩散方式向四周散失，也没有物质损耗，气团内部没有热源，而且内部气压与周围环境气压相等。当气团向上运动后，由于体积膨胀，气团内部的温度会降低。根据流体静力平衡原理，在没有冷凝和蒸发发生时，热力学第一定律可以预测得到气团温度的递减率 (即干绝热温度直减率) 应该等于 $9.8\ \text{K·km}^{-1}$。图 4.6(a) 描绘的是环境温度的递减率大于干绝热温度直减率时的情形。假设气团由于外部的扰动从高度 z_1 抬升到高度 z_2。当到达高度 z_2 时，气团内部温度略低于 z_1 高度的环境温度，但高于 z_2 高度的环境温度。由于向上的浮力作用，气团就会像热气球一样产生一个持续向上的运动趋势。如果气团向下运动，其密度会大于周围空气，就会持续下沉。这种状况就是静力不稳定。

由于浮力作用，小的垂直扰动被放大，形成湍流，这是浮力产生湍流的作用机制 [图 4.7(a)]。在这个虚拟试验里，高度 z_2 的上升气团，本质上是一个湍涡，因此可以观测到时间序列的脉动。

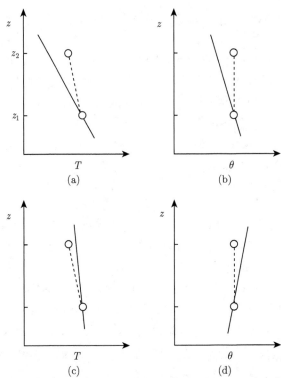

图 4.6　由气温廓线 [(a) 和 (c)] 和位温廓线 [(b) 和 (d)] 确定大气稳定度
实线是环境温度廓线；虚线是气团从高度 z_1 垂直运动到高度 z_2 的温度廓线

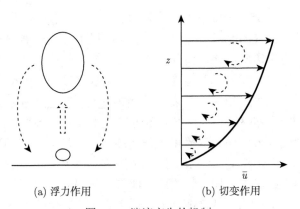

图 4.7　湍流产生的机制

随着高度上升，如果环境温度降低的速度比干绝热递减率小，大气就是静力稳定的 [图 4.6(c)]。气团从高度 z_1 移动到 z_2 后，它要比周围空气冷。因此，浮力作用将迫使气团向下运动，即任何一点微小的扰动都将被浮力作用所抑制。抑制垂直扰动是稳定层结的普遍特征，这也解释了为何稳定条件下湍流较弱。逆温层内，气温随高度上升而增加，大气特别稳定，因此逆温层是阻止湍流输送的障碍。

如果环境温度随高度的递减率与干绝热过程相同，这种大气层结状况为中性层结。在这种情况下，湍流是由风切变的机械作用产生的 [图 4.7(b)]。由于风切变和黏滞力的存在，流体动力不稳定，以至于一个非常小的初始扰动都将被放大，使得气团翻转运动。切变会在不稳定大气中产生湍流，也可以在梯度 Richardson 数小于 0.25 的稳定大气中产生湍流，梯度 Richardson 数的定义见公式 (4.27)。

大气稳定度经常用位温廓线来诊断 [图 4.6(b)、(d)]。在干绝热过程中，气团的位温是恒定的，因此大气稳定度的判据如下所示：

$$\frac{\partial \overline{\theta}}{\partial z} \begin{cases} < 0 & \text{不稳定层结} \\ = 0 & \text{中性层结} \\ > 0 & \text{稳定层结} \end{cases} \tag{4.23}$$

式中，$\overline{\theta}$ 是大气位温。

在以上的讨论中，大气稳定度的描述都是定性的。如果 $\partial \overline{\theta}/\partial z$ 是负值，大气层结就是不稳定的，但是无法说明不稳定到何种程度。在弱风条件下，一个很小的负位温梯度就可以产生很强的富有穿透力的湍涡，大气层结是非常不稳定的。当强风时，即使位温梯度很大，也不太可能形成旺盛的湍流。定量表达大气稳定度的参数需要捕捉风和热力分层的综合效应。

根据 TKE 收支方程 [公式 (4.17)]，可以用通量 Richardson 数，对比浮力作用和切变作用产生湍流的相对强度，来反映这个综合效应：

$$R_\mathrm{f} = \frac{\text{浮力项}}{\text{切变项}} = \frac{\frac{g}{\overline{\theta}}\overline{w'\theta'}}{\overline{u'w'}\dfrac{\partial \overline{u}}{\partial z} + \overline{v'w'}\dfrac{\partial \overline{v}}{\partial z}} \tag{4.24}$$

由于历史原因，通常省略切变项的负号。在近地层，公式 (4.24) 在微气象坐标系中可以简化为

$$R_\mathrm{f} = \frac{\frac{g}{\overline{\theta}}\overline{w'\theta'}}{\overline{u'w'}\dfrac{\partial \overline{u}}{\partial z}} \tag{4.25}$$

由于公式 (4.24) 的分母是负值，R_f 与湍流感热通量的符号正好相反。大气稳定度的判据为

$$R_{\mathrm{f}} = \begin{cases} < 0 & \text{不稳定层结} \\ = 0 & \text{中性层结} \\ > 0 & \text{稳定层结} \end{cases} \tag{4.26}$$

在强迫对流运动中，风切变产生的湍流占主导作用，此时 R_{f} 趋向于 0。对于浮力和风切变共同作用产生的湍流，R_{f} 为负值；R_{f} 为正值时，浮力作用就会破坏湍流发展。R_{f} 的值等于 -1 时，浮力作用与切变作用产生的湍流处在同一水平上，此时大气强烈不稳定。数值上，R_{f} 没有下限。在自由对流的极限条件下，切变作用完全消失，R_{f} 趋向于负无穷。但是，R_{f} 的理论上限值为 1，超过 1 意味着浮力对湍流的抑制作用超过切变对湍流的促进作用，此时湍流不可能存在。试验数据显示，R_{f} 的实际上限约为 0.21，这是因为除了浮力对湍流的抑制作用以外，黏滞耗散也是 TKE 的汇。

通量 Richardson 数强烈依赖于高度。在典型的对流边界层内，浮力项随高度的上升线性递减；但是切变项有所不同，在地表附近风切变最为剧烈，此处的切变项最大，随着高度的上升迅速减小 (图 4.8)。因此，在地表附近 R_{f} 接近 0，而在边界层顶趋向于负无穷。

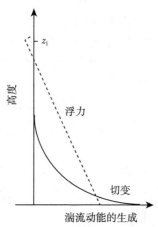

图 4.8　对流边界层中湍流切变项和浮力项的垂直廓线图

除了通量 Richardson 数以外，也可用平均温度和风速的垂直梯度来确定大气稳定度，这是因为温度和风速比热通量和动量通量更容易观测，特别是在边界层顶。梯度 Richardson 数 R_{i} 的表达式为

$$R_{\mathrm{i}} = \dfrac{\dfrac{g}{\overline{\theta}}\dfrac{\partial \overline{\theta}}{\partial z}}{\left(\dfrac{\partial \overline{u}}{\partial z}\right)^2 + \left(\dfrac{\partial \overline{v}}{\partial z}\right)^2} \tag{4.27}$$

或在微气象坐标系中简化为

$$R_i = \frac{\dfrac{g}{\overline{\overline{\theta}}}\dfrac{\partial \overline{\theta}}{\partial z}}{\left(\dfrac{\partial \overline{u}}{\partial z}\right)^2} \tag{4.28}$$

根据第 3 章介绍的一阶闭合参数化方案 [公式 (3.38)、式 (3.39) 和式 (3.40)], 梯度 Richardson 数与通量 Richardson 数的关系可以表示为

$$R_i = \frac{K_m}{K_h} R_f \tag{4.29}$$

式中, K_m 和 K_h 分别是动量和热量的湍流扩散系数。因此, 大气稳定度的判据可表示为

$$R_i \begin{cases} < 0 & \text{不稳定层结} \\ = 0 & \text{中性层结} \\ > 0 & \text{稳定层结} \end{cases} \tag{4.30}$$

与公式 (4.23) 一样, 公式 (4.30) 也显示了稳定度类别 (不稳定、稳定和中性), 它只需要位温垂直梯度即可。野外观测结果显示, 在中性和稳定层结条件下, $R_i \simeq R_f$。在不稳定条件下, 对流湍涡对动量的传输效率低于热量, 湍流 Prandtl 数 K_m/K_h 小于 1, 因此 R_i 在量级上小于 R_f。

尽管大气稳定度是高度的函数, 但是 R_f 和 R_i 都没直接显示与高度的关系式。这个缺陷可以由 Monin-Obukhov 稳定度参数 ζ 来规避。与梯度 Richardson 数不同, ζ 的计算公式用通量来确定大气稳定度, 从而避免了使用梯度。这个参数适用于近地层大气, 因为在这个气层内观测通量相对容易。即使没有直接测量的通量, 也可以用迭代程序和通量-梯度关系来求解 ζ (参见习题 4.18)。Monin-Obukhov 稳定度参数实质上就是通量 Richardson 数的近似。公式 (3.49) 对 z 进行微分, 同时忽略大气稳定度的影响, 就能得到 $\partial \overline{u}/\partial z$ 的近似值:

$$\frac{\partial \overline{u}}{\partial z} \simeq \frac{u_*}{kz} \tag{4.31}$$

利用公式 (4.31) 可以消去公式 (4.25) 中的 $\partial \overline{u}/\partial z$ 。利用 $\overline{u'w'} = -u_*^2$, 可以得到 R_f 的近似值:

$$R_f \simeq \zeta \left(\equiv \frac{z}{L} \right) \tag{4.32}$$

式中，L 是 Obukhov 长度，

$$L = -\frac{u_*^3}{k\left(\dfrac{g}{\overline{\theta}}\right)\overline{w'\theta'}}$$

公式 (4.32) 表明，大气稳定或不稳定程度是随着高度线性增加的。这是因为 L 只取决于地表摩擦速度和感热通量，与高度无关。L 的符号决定了大气稳定度类型：L 为负值时，大气不稳定；L 为正值时，大气稳定。在湍流形成过程中，垂直方向上切变作用的地位决定了 L 的量级大小。在不稳定条件下，切变作用和浮力作用在高度 $z = -L$ 上近似相等，在高度 $z = -L$ 以下，切变作用超过浮力作用，占主导地位；在高度 $z = -L$ 以上正好相反。L 趋向无穷大时，大气层结是中性的，在这种情况下，切变作用在整个边界层都占主导地位。

也可以根据 Monin-Obukhov 相似理论推导得到这个无量纲化的 Monin-Obukhov 稳定度参数。相似理论认为，在水平均匀的下垫面上，湍流强度取决于四个基本变量：z、u_*、$\overline{w'\theta'}$ 和 $g/\overline{\theta}$。量纲分析表明，ζ 是这四个基本变量最简单的无量纲化组合，许多雷诺量将其中一个或几个基本变量进行标准化处理后都是 ζ 的函数。比如，标准化的速度梯度就是关于 ζ 的函数，可以用 ϕ_{m} 表示：

$$\phi_{\mathrm{m}}(\zeta) = \frac{kz}{u_*}\frac{\partial \overline{u}}{\partial z} \tag{4.33}$$

将公式 (4.33) 代入通量梯度公式 (3.38) 得到公式 (3.52)，表明 ϕ_{m} 是动量扩散系数的稳定度修正函数。同理，标准化后的位温梯度为

$$\phi_{\mathrm{h}}(\zeta) = \frac{kz}{\theta_*}\frac{\partial \overline{\theta}}{\partial z} \tag{4.34}$$

它是热量扩散系数的稳定度修正函数。在中性层结时，ϕ_{m} 和 ϕ_{h} 都等于 1；不稳定时小于 1；稳定条件下大于 1。野外试验已经确定了它们的表达式 (图 4.9; Kaimal and Finnigan, 1994)，当 $-5 \leqslant \zeta < 0$ 时，

$$\phi_{\mathrm{m}} = (1 - 16\,\zeta)^{-1/4} \tag{4.35}$$

$$\phi_{\mathrm{h}} = (1 - 16\,\zeta)^{-1/2} \tag{4.36}$$

当 $0 \leqslant \zeta < 1$ 时，

$$\phi_{\mathrm{m}} = \phi_{\mathrm{h}} = 1 + 5\,\zeta \tag{4.37}$$

这里，von Karman 常数 k 取值为 0.4。

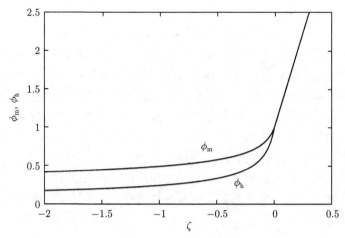

图 4.9　Monin-Obukhov 稳定度函数

公式 (4.32) 适用于光滑下垫面。如果下垫面是植被或建筑物，测量高度就要考虑零平面位移的高度，即

$$\zeta = \frac{z - d}{L} \tag{4.38}$$

习　　题

4.1 制作一个包含三个瞬时速度分量的时间序列数据集。计算总动能、平均动能和湍流动能，证明你的结果与公式 (4.2) 相吻合。

4.2 假设摩擦速度为 $0.32\ \mathrm{m \cdot s^{-1}}$，大气稳定度为中性。计算近地层 10 m 和 0.5 m 高度处：① MKE 的切变项和黏滞耗散项，② TKE 黏滞耗散项。假设 TKE 传输项可以忽略，大气层结稳定，平均风速廓线符合对数形式，动量粗糙度为 0.1 m [公式 (2.50)]。TKE 的黏滞耗散项比 MKE 的黏滞耗散项大多少？

4.3 在近地层内，标准化的 TKE 耗散项可以定义为

$$\phi_\epsilon = \frac{kz\epsilon}{u_*^3}$$

假设大气处于稳态，即 TKE 等变量不随时间变化，传输项可以忽略，由近地层的 TKE 收支方程 [公式 (4.21)] 推导出 ϕ_ϵ 和 Monin-Obukhov 稳定度参数 ζ 的表达式。绘制 $-1.0 < \zeta < 0.2$ 范围内 ϕ_ϵ 与 ζ 的关系图。有的实验研究表明，在中性层结条件下，$\phi_\epsilon = 1.24$。如果这些值是准确的，那么传输项是向近地层输入还是输出 TKE？

4.4 若水平气压梯度为 -0.02 hPa·km^{-1}，水平风速为 10.0 m·s^{-1}，水平风矢量与气压梯度力之间的夹角为 $60°$。计算 MKE 的压力产生项。

4.5 假设边界层厚度为 1000 m，空气密度为 1.20 kg·m^{-3}。分别计算对流边界层内 (图 4.5) 切变作用和浮力作用产生 TKE 的速率，单位为 W·m^{-2}。

4.6 经常可以观察到，傍晚地表不再产生正感热通量后，对流边界层很快就会消散。其消散时间可以用黏滞耗散掉所有的 TKE 所需时间来近似。请用图 4.5(b) (浮力作用驱动的边界层) 中的数据来推算边界层的消散时间。计算过程中，假设黏滞耗散的速率保持在 0.37×10^{-2} m^2·s^{-3}，不考虑地表感热通量消失后切变作用和浮力作用产生的 TKE。

4.7* 用以下的时间参数化方案改进黏滞耗散项，重新计算习题 4.6 中的边界层消散时间，

$$\epsilon = \frac{\bar{e}^{3/2}}{\Lambda} \tag{4.39}$$

式中，Λ 是长度尺度，与湍流混合长度 [公式 (3.54)；图 3.5] 有关，

$$\Lambda = Bl$$

式中，$B = 5.0$。

4.8 定义一个无量纲参数 TKE，它的表达式为

$$\phi_e = \frac{\bar{e}}{u_*^2}$$

假设大气处于稳态，忽略传输项。由黏滞耗散项的参数化方程 [公式 (4.39)] 和近地层 TKE 收支方程 [公式 (4.21)]，推导出依赖于 Monin-Obukhov 稳定度参数 ζ 的 ϕ_e 表达式。用这个表达式来计算以下情形的 $\bar{e}$：① $u_* = 0.28$ m·s^{-1}，$\zeta = -0.5$；② $u_* = 0.28$ m·s^{-1}，$\zeta = 0$；③ $u_* = 0.15$ m·s^{-1}，$\zeta = 0$；④ $u_* = 0.15$ m·s^{-1}，$\zeta = 0.2$。并讨论摩擦速度和大气稳定度是如何影响近地层的 TKE。

4.9 在切变作用驱动的边界层内，距离地面 300 m 和 600 m 高度上，垂直 TKE 通量 $\overline{ew'}$ 分别为 0.825 m^3·s^{-3} 和 0.044 m^3·s^{-3}。请计算垂直湍流输送项。对于 $300\sim600$ m 的大气层，该传输项是 TKE 的输入项还是输出项？

4.10 确定图 4.10 中每层大气是不稳定的、中性的，还是稳定的。

4.11 证明通量 Richardson 数和梯度 Richardson 数都是无量纲化的，而 Obukhov 长度的量纲是长度。

4.12 利用表 4.1 中的数据，计算 Monin-Obukhov 稳定度参数 (ζ)、动量湍流扩散系数 (K_m) 和热量湍流扩散系数 (K_h)。

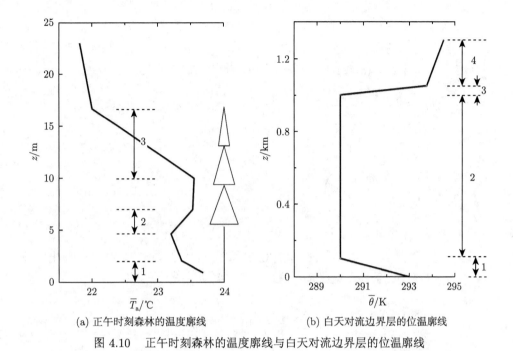

(a) 正午时刻森林的温度廓线　(b) 白天对流边界层的位温廓线

图 4.10　正午时刻森林的温度廓线与白天对流边界层的位温廓线

表 4.1　在浅湖上方 **3.5 m** 高度处和森林零平面位移以上 **15.2 m** 高度处观测到的摩擦速度 u_* 和感热通量 F_h

时间	湖泊					森林				
	$u_*/(\mathrm{m \cdot s^{-1}})$	$F_h/(\mathrm{W \cdot m^{-2}})$	ζ	K_m	K_h	$u_*/(\mathrm{m \cdot s^{-1}})$	$F_h/(\mathrm{W \cdot m^{-2}})$	ζ	K_m	K_h
00:10	0.09	0.1				0.14	21.6			
12:40	0.24	33.4				0.32	436.8			

4.13* 公式 (4.33) 和公式 (4.34) 对 z 进行积分可得

$$\frac{\overline{u}(z)}{u_*} = \frac{1}{k}\left[\ln\frac{z}{z_o} - \Psi_m(\zeta)\right] \tag{4.40}$$

$$\frac{\overline{\theta}(z) - \theta_o}{\theta_*} = \frac{1}{k}\left[\ln\frac{z}{z_{o,h}} - \Psi_h(\zeta)\right] \tag{4.41}$$

此处,

$$\Psi_m = \int_{z_o/L}^{\zeta}[1 - \phi_m(\xi)]\frac{\mathrm{d}\xi}{\xi} \simeq \int_0^{\zeta}[1 - \phi_m(\xi)]\frac{\mathrm{d}\xi}{\xi}$$

$$\Psi_h = \int_{z_{o,h}/L}^{\zeta}[1 - \phi_h(\xi)]\frac{\mathrm{d}\xi}{\xi} \simeq \int_0^{\zeta}[1 - \phi_h(\xi)]\frac{\mathrm{d}\xi}{\xi}$$

称为积分相似函数或者稳定度函数的积分形式 (Paulson, 1970)。由于大气稳定度的影响，平均风速和位温会偏离对数廓线。由风速和位温的对数关系式 [公式 (3.49) 和公式 (3.50)]，推导出以下表达式：

$$\Psi_{\mathrm{m}} = \Psi_{\mathrm{h}} = -5\zeta, \qquad\qquad\qquad\qquad\qquad \zeta \geqslant 0$$

$$\Psi_{\mathrm{m}} = \ln\left[\left(\frac{1+x^2}{2}\right)\left(\frac{1+x}{2}\right)^2\right] - 2\arctan x + \frac{\pi}{2}, \quad \zeta < 0 \qquad (4.42)$$

$$\Psi_{\mathrm{h}} = 2\ln\left(\frac{1+x^2}{2}\right), \qquad\qquad\qquad\qquad \zeta < 0$$

式中，$x = (1 - 16\zeta)^{1/4}$。

4.14 由公式 (3.75)、式 (3.77)、式 (3.82) 和式 (4.40) ～ 式 (4.42)，推导出以下非中性层结条件下空气动力学阻力与传输系数的表达式：

$$r_{\mathrm{a,m}} = \frac{1}{k^2\overline{u}}\left[\ln\frac{z}{z_{\mathrm{o}}} - \Psi_{\mathrm{m}}(\zeta)\right]^2 \qquad\qquad\qquad (4.43)$$

$$r_{\mathrm{a,h}} = \frac{1}{k^2\overline{u}}\left[\ln\frac{z}{z_{\mathrm{o}}} - \Psi_{\mathrm{m}}(\zeta)\right]\left[\ln\frac{z}{z_{\mathrm{o,h}}} - \Psi_{\mathrm{h}}(\zeta)\right] \qquad (4.44)$$

$$C_{\mathrm{D}} = k^2\left[\ln\frac{z}{z_{\mathrm{o}}} - \Psi_{\mathrm{m}}(\zeta)\right]^{-2} \qquad\qquad\qquad (4.45)$$

$$C_{\mathrm{H}} = k^2\left[\ln\frac{z}{z_{\mathrm{o}}} - \Psi_{\mathrm{m}}(\zeta)\right]^{-1}\left[\ln\frac{z}{z_{\mathrm{o,h}}} - \Psi_{\mathrm{h}}(\zeta)\right]^{-1} \qquad (4.46)$$

假设风速为 $3.0\ \mathrm{m\cdot s^{-1}}$，热量与动量粗糙度比值 $(z_{\mathrm{o,h}}/z_{\mathrm{o}})$ 为 0.14，参考高度 (z) 为 5.0 m，分别计算 $\zeta = -0.5$、0 和 0.2 时，草地 (动量粗糙度 z_{o} = 0.02 m) 和裸地 (z_{o} = 0.002 m) 的空气动力学阻力和传输系数。大气稳定度对哪种下垫面的影响更大？

4.15 利用表 4.2 的数据，分别计算高度 0～100 m 和 100～200 m 之间的梯度 Richardson 数。

表 4.2　大气边界层内不同高度 z 上观测到的水平速度 ($\overline{u}$ 和 $\overline{v}$) 和位温 ($\overline{\theta}$)

z/m	$\overline{u}/(\mathrm{m\cdot s^{-1}})$	$\overline{v}/(\mathrm{m\cdot s^{-1}})$	$\overline{\theta}$/K
0	0	0	287.0
100	6.9	0.8	285.2
200	7.3	1.0	284.6

4.16 证明近地层的梯度 Richardson 数与 Monin-Obukhov 稳定度参数的关系为

$$R_i = \zeta \phi_h / \phi_m^2 \tag{4.47}$$

当稳定度参数为 $-2 < \zeta < 0.5$ 时，绘制二者的关系图。

4.17 湍流 Prandtl 数是湍流的动量扩散系数 (K_m) 与热量扩散系数 (K_h) 之比，绘制 Prandtl 数与 Monin-Obukhov 稳定度参数 $(-2 < \zeta < 0.5)$ 的关系图。

4.18* 在一个土豆农场中，1.57 m 和 2.91 m 高度上观测到的气温和风速分别为 19.86 ℃、1.46 m·s^{-1} 和 19.39 ℃、1.85 m·s^{-1}。零平面位移高度为 0.70 m。① 根据通量—梯度公式 (3.64) 和公式 (3.65)，用迭代法计算 Monin-Obukhov 稳定度参数 (ζ)、动量通量 (F_m) 和感热通量 (F_h)。其中，ζ 用几何平均高度来计算 [公式 (3.69)]。② 计算梯度 Richardson 数，并且与公式 (4.47) 的计算结果进行对比。

4.19 在近地层，感热通量 $\rho c_p \overline{w'\theta'} = 350.2$ W·m^{-2}，动量通量 $-\overline{u'w'} = 0.12$ m^{-2}·s^{-2}，风速垂直梯度 $\partial \overline{u}/\partial z = 0.03$ s^{-1}，位温 $\overline{\theta} = 298.1$ K。计算：① 浮力作用和切变作用产生的 TKE，② 通量 Richardson 数。

4.20 ① 若摩擦速度 u_* 为 0.25 m·s^{-1}，Monin-Obukhov 稳定度参数 ζ 为 -0.3，计算 3.5 m 高度上动量和热量的湍流扩散系数。② 若 $\zeta = 0.3$，但其他条件相同，动量和热量的湍流扩散系数各为多少？大气层结如何影响湍流扩散？

参 考 文 献

Ching J, Rotunno R, LeMone M, et al. 2014. Convectively induced secondary circulations in fine-grid mesoscale numerical weather prediction models. Monthly Weather Review, 142(9): 3284-3302.

Doubrawa P, Muñoz-Esparza D. 2020. Simulating real atmospheric boundary layers at gray-zone resolutions: how do currently available turbulence parameterizations perform? Atmosphere, 11(4): 345.

Edwards J M, Beljaars A C M, Holtslag A A M, et al. 2020. Representation of boundary-Layer processes in numerical weather prediction and climate models. Boundary-Layer Meteorology, 177(2): 511-539.

Honnert R, Efstathiou G A, Beare R J, et al. 2020. The atmospheric boundary layer and the "gray zone" of turbulence: a critical review. Journal of Geophysical Research: Atmospheres, 125(13): e2019JD030317.

Honnert R, Masson V, Couvreux F. 2011. A diagnostic for evaluating the representation of turbulence in atmospheric models at the kilometric scale. Journal of the Atmospheric Sciences, 68(12): 3112-3131.

Kaimal J C, Finnigan J J. 1994. Atmospheric Boundary Layer Flows: Their Structure and Measurement. New York: Oxford University Press: 289.

Mellor G L, Yamada T. 1982. Development of a turbulence closure model for geophysical fluid problems. Reviews of Geophysics, 20(4): 851-875.

Moeng C H, Sullivan P P. 1994. A comparison of shear- and buoyancy-driven planetary boundary layer flows. Journal of the Atmospheric Sciences, 51(7): 999-1022.

Muñoz-Esparza D, Kosović B, Mirocha J, et al. 2014. Bridging the transition from mesoscale to microscale turbulence in numerical weather prediction models. Boundary-layer Meteorology, 153(3): 409-440.

Paulson C A. 1970. The mathematical representation of wind speed and temperature profiles in the unstable atmospheric surface layer. Journal of Applied Meteorology, 9(6): 857-861.

Peixoto J P, Oort A H. 1992. Physics of Climate. New York: American Institute of Physics: 520.

Rai R K, Berg L K, Kosović B, et al. 2019. Evaluation of the impact of horizontal grid spacing in terra incognita on coupled mesoscale–microscale simulations using the WRF framework. Monthly Weather Review, 147(3): 1007-1027.

Shaw R. 1987. Lecture Notes on Boundary-Layer Meteorology. Davis: University of California at Davis, California.

Stoll R, Gibbs J A, Salesky S T, et al. 2020. Large-eddy simulation of the atmospheric boundary layer. Boundary-layer Meteorology, 177(2): 541-581.

Wyngaard J C. 2004. Toward numerical modeling in the "Terra Incognita". Journal of the Atmospheric Sciences, 61(14): 1816-1826.

第 5 章　植被冠层内的流场

5.1　冠层形态

植被生境占据地球上大部分陆地，其面积相当于所有光滑表面（冰川、沙漠和湖泊）的总和。植被要素所形成的多孔介质称为冠层，它们会通过以下几个重要方式改变气流。首先，植被吸收动量，减缓空气运动，生成小湍涡，增加湍流强度；其次，植被通过蒸腾作用提高大气湿度；最后，植被与大气之间进行着辐射和感热的交换，也是众多痕量气体的源或汇。本章主要讨论冠层流体的动力机制，能量和气体的交换过程将在第 8 章讨论。

冠层形态可以用三个参数来描述，即冠层高度 h、植被面积指数 L 和植被面积密度 a。其中，a 是指单位空间体积内单面的植被表面积，L 是单位土地面积上总植被表面积。两者的关系表示为

$$L = \int_0^h a \, \mathrm{d}z \tag{5.1}$$

在生长季，L 与叶面积指数近似相等。

本章将不考虑其他植被形态属性对冠层流场的影响。在地表和高度 h 之间的冠层内，植被要素所占的空间非常小，比例通常不足 0.05%，可以忽略不计。即使在实际的植被冠层中，叶片往往聚集在茎干和枝条附近，依然可以假设平均体积足够大，这种叶片的聚集效应就不足以影响体积平均气流。另外，本章还假设植被要素和平均流之间的相互作用与植被要素的方位和形状无关。

5.2　冠层体积平均

在植被要素之间的空隙中，第 3 章中推导出的雷诺平均方程仍然有效，但是要直接求解方程是非常困难的。这不仅需要解决相邻植被要素之间压力和速度的变化，还需要确定每一个植被要素表面的边界条件，这几乎是不可能的。即使能克服这些难题，如此小尺度流体的细节特征也没有多大实际价值。

更为可行的求解方法就是在雷诺平均的基础上再进行一个额外的平均处理，称为冠层体积平均（Raupach and Shaw, 1982）。假定 $\overline{\Phi}$ 是雷诺平均量，它可以

分解成体积平均量 $[\overline{\Phi}]$ 和体积脉动量 $\overline{\Phi}''$，

$$\overline{\Phi} = [\overline{\Phi}] + \overline{\Phi}'' \tag{5.2}$$

$$[\overline{\Phi}] = \frac{1}{Q} \iiint_Q \overline{\Phi} \, \mathrm{d}Q \tag{5.3}$$

如图 5.1 所示，可以将平均体积 Q 想象成一个薄的矩形棱镜，它足够小，可以保留流体的宏观特性，同时又足够大，可以消除单个植被要素引起的微观变化 (Finnigan，2000)。平均体积的垂直尺度远小于其水平尺度，这样便于获得流体的垂直变化。如果冠层内的植物分布是有规律的，比如行栽作物，它的水平尺度可以拓展到几行植物。在自然生态系统中，平均体积的水平尺度是植物之间平均间距的数倍。

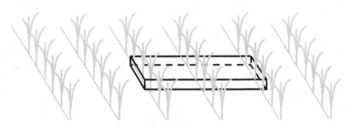

图 5.1　冠层空间的平均体积

与雷诺法则 [公式 (3.3) ∼ 式 (3.5)] 类似，冠层体积平均具有以下特征：

$$[[\overline{\Phi}]] = [\overline{\Phi}] \tag{5.4}$$

$$[\overline{\Phi}''] = 0 \tag{5.5}$$

$$[[\overline{\Psi}]\overline{\Phi}''] = 0 \tag{5.6}$$

式中，$\overline{\Psi}$ 是 Ψ 的雷诺平均量。雷诺平均量是时间的连续函数，因此它对时间的偏微分和体积平均是可以互易的，

$$\left[\frac{\partial \overline{\Phi}}{\partial t}\right] = \frac{\partial [\overline{\Phi}]}{\partial t} \tag{5.7}$$

但是，体积平均和对空间的偏微分不一定能互易，即以下规则 [公式 (5.8)] 不一定成立：

$$\left[\frac{\partial \overline{\Phi}}{\partial x}\right] = \frac{\partial [\overline{\Phi}]}{\partial x}, \quad \left[\frac{\partial \overline{\Phi}}{\partial y}\right] = \frac{\partial [\overline{\Phi}]}{\partial y}, \quad \left[\frac{\partial \overline{\Phi}}{\partial z}\right] = \frac{\partial [\overline{\Phi}]}{\partial z} \tag{5.8}$$

不能互易的原因是这些雷诺平均量在冠层空间内是不连续的。

不能互易的最典型例子就是气压力不连续。在图 5.2 所示的假想冠层内，植被要素就像薄的垂直平板，在 x 方向按一定间隔有序排列。在第一个植被要素的背风面，雷诺平均气压 $\bar{p}$ 很低，随着 x 的增加，气压逐渐增加，直到下一个植被要素的迎风面。如此重复，气压不连续性发生在每一个植被要素上。在两个相邻植被要素之间，$\partial\bar{p}''/\partial x$ 为正。因此，

$$\left[\frac{\partial\bar{p}}{\partial x}\right] = \left[\frac{\partial([\bar{p}]+\bar{p}'')}{\partial x}\right] = \left[\frac{\partial[\bar{p}]}{\partial x}\right] + \left[\frac{\partial\bar{p}''}{\partial x}\right] = \left[\frac{\partial\bar{p}''}{\partial x}\right] > 0$$

但是，如果直接采用公式 (5.8)，可以推导得到

$$\left[\frac{\partial\bar{p}}{\partial x}\right] = \left[\frac{\partial([\bar{p}]+\bar{p}'')}{\partial x}\right] = \frac{\partial[[\bar{p}]+\bar{p}'']}{\partial x} = \frac{\partial[[\bar{p}]]}{\partial x} + \frac{\partial[\bar{p}'']}{\partial x} = 0$$

这个结果显然是错误的。

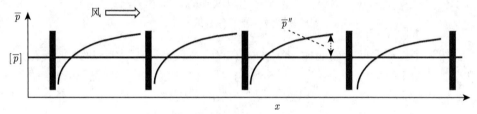

图 5.2　假想冠层内的气压变化示意图
改编自 Raupach 和 Shaw(1982)

另外三个叶片表面变量不连续的例子如图 5.3 和图 5.4 所示。由于无滑移条件，水平叶片两个表面的平均风速 $\bar{u}$ 都为 0。但是，叶片表面平均风速的垂直导数 $\partial\bar{u}/\partial z$ 是不连续的。可见，互易特性 [公式 (5.8)] 适用于 $\bar{u}$ 但不适用于 $\partial\bar{u}/\partial z$，即

$$\left[\frac{\partial\bar{u}}{\partial z}\right] = \frac{\partial[\bar{u}]}{\partial z} \tag{5.9}$$

$$\left[\frac{\partial^2\bar{u}}{\partial z^2}\right] \neq \frac{\partial}{\partial z}\left[\frac{\partial\bar{u}}{\partial z}\right] \tag{5.10}$$

公式 (5.10) 的结果意味着 $\bar{u}$ 和 $\bar{u}''$ 的 Laplace 算子和体积平均都不能互易。与此相同，若假设叶片是热的良好导体，那么互易特性适用于平均温度 $\bar{T}$，但是不适用于它的垂直导数。

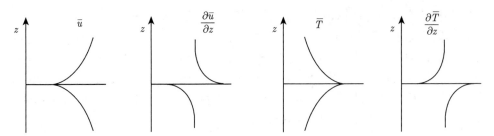

图 5.3　水平叶片上下侧风速和温度的雷诺平均量及其垂直导数的廓线图

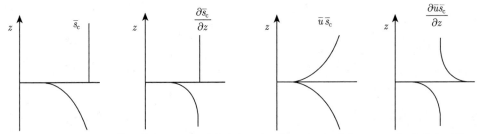

图 5.4　正在进行光合作用的气孔下生型叶片上下表面的 CO_2 混合比、CO_2 混合比与平均风速的乘积及其垂直导数的廓线图

　　第三个例子是叶片表面的 CO_2 分布, 假设植物是气孔下生型的, 即气孔只出现在叶片向下一侧, 且正在进行光合作用。那么, CO_2 质量混合比和速度的乘积 $\bar{s}_c \bar{u}$ 满足无滑移条件, 垂直导数和体积平均可以互易。但是平均质量混合比、它的垂直导数以及 $\bar{s}_c \bar{u}$ 的垂直导数和体积平均都是不能互易的。

　　以上例子中, 由于假想的植被要素是无限薄的, 判断一个变量是否具有互易特性的依据是该变量是否具有连续性。对于真实的冠层来说, 植被要素的厚度和体积都不为零, 那么以下判据将更具有普适性: 如果某个变量在每个植被要素表面上保持常值, 那么它的体积平均和空间微分是可以互易的, 否则不能互易。这是 Slattery 平均法则在多孔介质内流体运动中的运用 (Whitaker, 2002; Li et al., 1990), 对于冠层内的流体来说, 该理论的表达式为

$$\left[\frac{\partial \overline{\Phi}}{\partial x} \right] = \frac{\partial [\overline{\Phi}]}{\partial x} - \frac{1}{Q} \sum \iint_{A_i} \overline{\Phi} \, n_x \, \mathrm{d}A \tag{5.11}$$

式中, A_i 是植被要素 i 的表面积; Q 是平均体积 (图 5.1); $\sum$ 表示该平均体积内所有植被要素的总和; n_x 是从植被要素表面指向冠层空间的单位法向量在 x 方向上的分量。y 和 z 方向上的微分量也以类似的公式表达。公式 (5.11) 右边第二项是曲面积分项, 它是根据冠层体积平均理论推导出的新属性。根据微积分的散度定理, 如果 $\overline{\Phi}$ 在曲面 A_i 上为常数, 那么曲面积分项为 0。

在 5.3 节和第 8 章中，非零曲面积分项描述的是冠层对于体积平均流的作用。在动量守恒方面，$\overline{p}''$ 和 $\overline{u}''$ 的空间导数的曲面积分相当于冠层的动量汇。与此类似，$\overline{T}$ 和 $\overline{s}_c$ 的空间导数的曲面积分分别表示冠层的热源和 CO_2 源。

5.3　平均动量方程

按惯例，本节的动量方程将采用微气象学坐标系（图 2.1），这里的 x 轴与冠层上方的平均风方向一致。这个坐标系和第 4 章笛卡儿坐标系不同，后者是依据气压梯度力确定的 (图 4.1)。

互易特性 [公式 (5.8)] 适用于雷诺平均速度，因此可将冠层体积平均应用到公式 (3.16) 中，得到体积平均流的不可压缩方程

$$\frac{\partial[\overline{u}]}{\partial x} + \frac{\partial[\overline{v}]}{\partial y} + \frac{\partial[\overline{w}]}{\partial z} = 0 \tag{5.12}$$

公式 (3.16) 减去公式 (5.12) 得到雷诺平均速度空间脉动量的控制方程

$$\frac{\partial \overline{u}''}{\partial x} + \frac{\partial \overline{v}''}{\partial y} + \frac{\partial \overline{w}''}{\partial z} = 0 \tag{5.13}$$

应用冠层体积平均方法，雷诺平均动量方程 [公式 (3.21)] 变成

$$\frac{\partial[\overline{u}]}{\partial t} + [\overline{u}]\frac{\partial[\overline{u}]}{\partial x} + [\overline{v}]\frac{\partial[\overline{u}]}{\partial y} + [\overline{w}]\frac{\partial[\overline{u}]}{\partial z} =$$

$$-\frac{1}{[\overline{\rho}]}\frac{\partial[\overline{p}]}{\partial x} + \nu\nabla^2[\overline{u}] + \left(-\frac{\partial[\overline{u'^2}]}{\partial x} - \frac{\partial[\overline{u'v'}]}{\partial y} - \frac{\partial[\overline{u'w'}]}{\partial z}\right)$$

$$-\frac{1}{[\overline{\rho}]}\left[\frac{\partial\overline{p}''}{\partial x}\right] + \nu[\nabla^2\overline{u}''] + \left(-\frac{\partial[\overline{u''u''}]}{\partial x} - \frac{\partial[\overline{u''v''}]}{\partial y} - \frac{\partial[\overline{u''w''}]}{\partial z}\right) \tag{5.14}$$

上述推导过程中，使用了新的不可压缩公式 (5.13)，同时忽略了 Coriolis 力。公式 (5.14) 中所有雷诺平均量都满足之前讨论的四个冠层体积平均特性 [公式 (5.4) ~ 式 (5.7)]，除了压力项和黏滞项以外，其他雷诺平均量还符合第五个冠层体积平均特性 [公式 (5.8)]。应用相同的方法，也可以获得 y 和 z 方向上的动量守恒方程。

与原始的雷诺方程 (3.21) 相比，公式 (5.14) 多了三项。第一个额外项，即公式右边的最后一项，是由 $[\overline{u''u''}]$、$[\overline{u''v''}]$ 和 $[\overline{u''w''}]$ 的空间导数组成，这些空间协方差源于雷诺平均量空间变异的相关性，被称为弥散通量。在一些风洞试验研究中，冠层中的植被呈规律分布，可以观测到在植物间隙有很小的弥散通量，其

量级不到雷诺通量的 10%。但是在自然冠层内，弥散通量很小，在后续讨论中将忽略不计。

第二个额外项为 $-1/[\bar{\rho}][\partial\bar{p}''/\partial x]$，代表形状曳力，它源于压力的不连续性，等同于植被要素所形成的动量汇。对于图 5.2 中的假想冠层，根据公式 (5.11) 可以得到

$$-\left[\frac{\partial\bar{p}''}{\partial x}\right] = \frac{1}{Q}\sum\iint_{A_i}\bar{p}''\,n_x\,\mathrm{d}A = -\frac{\sum A_i}{Q}(\bar{p}''_+ - \bar{p}''_-) \tag{5.15}$$

式中，$\bar{p}''_+$ 和 $\bar{p}''_-$ 分别是某个植被要素迎风面和背风面的脉动气压，A_i 是某个植被要素的单侧表面积。压力差正比于流体的动能，即

$$\bar{p}''_+ - \bar{p}''_- = C_\mathrm{d}[\bar{\rho}][\bar{u}]V \tag{5.16}$$

式中，C_d 是冠层拖曳系数；$V = ([\bar{u}]^2 + [\bar{v}]^2 + [\bar{w}]^2)^{1/2}$。根据植被表面积密度的定义，$a = \sum A_i/Q$，由公式 (5.15) 和式 (5.16) 就可以推导得到

$$-\frac{1}{[\bar{\rho}]}\left[\frac{\partial\bar{p}''}{\partial x}\right] = -C_\mathrm{d}a[\bar{u}]V \tag{5.17}$$

公式 (5.17) 是由假想冠层推导出来的。对于真实冠层，公式 (5.17) 仍是标准的形状曳力参数化方案。C_d 通常取值为 0.2。

第三个额外项为 $\nu[\nabla^2\bar{u}'']$，是植被要素作用于流体产生的黏滞曳力，远小于形状曳力。$\nu[\nabla^2\bar{u}'']$ 和 $\nu\nabla^2[\bar{u}]$ 通常都忽略不计。或者将冠层拖曳系数略微上调，使公式 (5.17) 包含黏滞力的贡献。

在冠层空间内，体积平均量的垂直变化远大于其水平变化。假设流体在水平方向上是均匀的。为了方便起见，以下公式去掉了体积平均算子 [ ]，但是所有的雷诺平均量都已经进行了冠层体积平均。那么，x 方向上的动量守恒方程为

$$\frac{\partial\bar{u}}{\partial t} = -\frac{1}{\bar{\rho}}\frac{\partial\bar{p}}{\partial x} - \frac{\partial\overline{u'w'}}{\partial z} - C_\mathrm{d}a\bar{u}V + \nu(\nabla^2\bar{u} + [\nabla^2\bar{u}'']) \tag{5.18}$$

根据公式 (5.18)，单位质量动量的时间变化率等于气压梯度力 (公式右边第一项)、动量通量的垂直梯度 (第二项)、冠层曳力 (第三项) 和黏滞曳力 (第四项) 之和。

同样地，动量守恒方程的 y 分量为

$$\frac{\partial\bar{v}}{\partial t} = -\frac{1}{\bar{\rho}}\frac{\partial\bar{p}}{\partial y} - \frac{\partial\overline{v'w'}}{\partial z} - C_\mathrm{d}a\bar{v}V + \nu(\nabla^2\bar{v} + [\nabla^2\bar{v}'']) \tag{5.19}$$

5.4 冠层内风廓线的解析解

为了获得上述方程的解析解，需要引入两个新的假设：① 气压梯度力可以忽略；② 风向不随高度变化，故平均侧风速度 $\overline{v}$ 等于 0。尽管这些假设在森林开阔的树干层中是无效的 (6.2 节)，但是在叶片层却是合理的。在这些假设条件下，定常状态或稳态时，不需要考虑公式 (5.19)，公式 (5.18) 可以简化为动量通量散度与冠层曳力的相互平衡，即

$$-\frac{\partial \overline{u'w'}}{\partial z} = C_{\mathrm{d}} a \overline{u}^2 \tag{5.20}$$

此处已忽略黏滞力。公式 (5.20) 表明，冠层内的动量通量等于累积冠层曳力，即

$$-\overline{u'w'} = \int_0^z C_{\mathrm{d}} a \overline{u}^2 \mathrm{d}z' \tag{5.21}$$

摩擦速度的平方等于总的冠层曳力，即

$$u_*^2 \left(= -\overline{u'w'}\big|_{z=h}\right) = \int_0^h C_{\mathrm{d}} a \overline{u}^2 \mathrm{d}z' \tag{5.22}$$

利用一阶闭合方案求解冠层风廓线，将公式 (3.38) 代入公式 (5.20) 可以得到

$$K_{\mathrm{m}}\frac{\partial^2 \overline{u}}{\partial z} + \frac{\partial K_{\mathrm{m}}}{\partial z}\frac{\partial \overline{u}}{\partial z} = C_{\mathrm{d}} a \overline{u}^2 \tag{5.23}$$

公式 (5.23) 有两个经典的求解方案，两者都假定 a 为常数 (Raupach and Thom, 1981)。第一种解析解为指数形式：

$$\frac{\overline{u}(z)}{\overline{u}(h)} = \exp\left[\alpha_1\left(\frac{z}{h} - 1\right)\right] \tag{5.24}$$

式中，a_1 是常数。在推导公式 (5.24) 时，K_{m} 由混合长 l 计算获得

$$K_{\mathrm{m}} = l^2 \frac{\partial \overline{u}}{\partial z} \tag{5.25}$$

公式 (5.24) 适于描述冠层中上部的风速，但不适用于近地面的情况。

基于 K_{m} 与风速 u 成正比的假设，

$$K_{\mathrm{m}} \propto \overline{u} \tag{5.26}$$

风廓线的第二种解析解为

$$\frac{\overline{u}(z)}{\overline{u}(h)} = \left[\frac{\sinh(\alpha_2 z/h)}{\sinh \alpha_2}\right]^{1/2} \tag{5.27}$$

式中，α_2 是常数。因为地表风速为零，即满足无滑移条件，所以公式 (5.27) 在地表附近比公式 (5.24) 更接近实际情况 (图 5.5)。

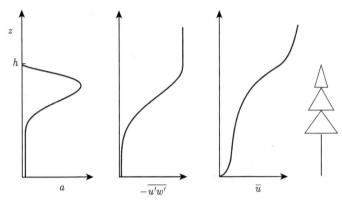

图 5.5　植被面积密度（a）、动量通量（$-\overline{u'w'}$）和风速（$\overline{u}$）的垂直廓线

推导公式 (5.24) 和公式 (5.27) 时用到的假设在实际应用中很难满足。实际应用时，将 α_1 和 α_2 作为经验系数，这样就可以用这些公式来拟合实测风廓线。

斜坡的挑战

平坦地形上的冠层流场是一个难题。而斜坡上的冠层流场更具挑战性。就冠层动力效应而言，本章提出的理论是比较健全的，但对于处理植被冠层效应、地形效应和热力层结的相互作用而言则不够完整。

图 5.6 中的风廓线暴露了冠层理论的弱点。该例中的针叶林位于斜坡上，观测是在夜间 8 个不同高度上进行的，边界层处于稳定状态。该风廓线与图 5.5 所描述的理论廓线没有相似之处。风速并没有随着高度的降低而平稳下降，而是出现了两个局部最大值，一个在冠层顶部，另一个位于平均树高约 1/4 的树干区，后者强于前者。这些是泄流的特征。泄流常发生在夜间背景风弱、热力层结作用强的空旷斜坡上。由于坡面长波辐射能量的损失，与坡面接触的空气通常比背景空气更冷。冷空气密度更大，在重力作用下，地表空气会沿着坡面由高到低溃流。典型的泄流只有一个风的最大值 (Kondo and Sato, 1988)。在图 5.6 的例子中，风廓线是两个泄流层的叠加，一个是

由地表的辐射冷却引起的，另一个是由冠层叶片的冷却引起的。

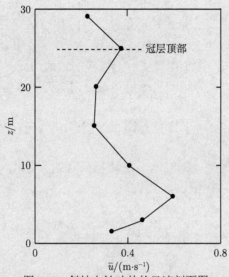

图 5.6 斜坡上针叶林的风速剖面图
观测期为当地时间 12 月某日 20:00～05:00，数据来源: Pypker 等 (2007)

热力效应和地形效应可以用一个简单的二维斜坡来说明，斜坡的倾斜角为 α。设 u 和 w 分别为平行于斜坡和垂直于斜坡的速度分量。在稳态中，动量守恒规则可表达为

$$-\frac{\partial \overline{u'w'}}{\partial z} - \frac{\overline{\theta} - \overline{\theta}_0}{\overline{\theta}_0} g \sin \alpha = C_{\mathrm{d}} a \overline{u}^2, \tag{5.28}$$

式中，$\overline{\theta}_0$ 为背景位温，$\overline{\theta}$ $(< \overline{\theta}_0)$ 为泄流的位温，z 垂直于地表方向 (Yi et al., 2005)。与标准的动量方程 [公式 (5.20)] 相比，该公式多出一项，即左边的第二项。这一项表示平行于斜坡的重力分量，它通过坡度 α 捕获了地形效应，通过温度亏空 $(\overline{\theta} - \overline{\theta}_0)$ 捕获了热力效应。这个方程看似简单，但使用起来却十分困难。首先，无法用冠层形态、冠层-大气辐射交换和流体力学原理来预测温度亏空。其次，泄流本身极不稳定。温度亏空必须很大，才能维持强烈的泄流。如果流速变得过大，就会引发湍流运动，湍流运动会将动量从泄流向上输送到上层的背景大气中，并向下把热量输送到泄流。这些湍流通量将降低泄流的流速并破坏温度亏空。由于这种流速和热力层结之间的相互作用，溃流层是断断续续的，有时为强风和强层结，有时是弱风和弱层结 (Soler et al., 2002)。标准传输方程的参数化方案不再适用于这种间歇性

湍流。

在相对平坦的地形上，茂密的针叶林内也可以形成泄流 (Froelich and Schmid, 2006)。在白天背景风较弱条件下，叶片层的空气比地面附近的空气要温暖得多。由于这种强烈的逆温，冠层下方的气层和上方的气层被相互隔离。冷空气会在地表小沟壑中聚集，形成浅的地面沟流。地面沟流是三维的，空间变异性极强。本章介绍的一维流体理论无法处理这类微观流场结构。

5.5　平均流和湍流的动能收支

假设冠层内的大气是一维流体，且风向不随高度变化，此时平均流的动能收支方程可以由公式 (5.18) 乘以 $\overline{u}$ 得到

$$\frac{\partial \overline{E}}{\partial t} = -\frac{\overline{u}}{\rho}\frac{\partial \overline{p}}{\partial x} + \overline{u'w'}\frac{\partial \overline{u}}{\partial z} - C_{\mathrm{d}}a\overline{u}^3 - \frac{\partial \overline{u'w'}\,\overline{u}}{\partial z} + \nu\overline{u}(\nabla^2\overline{u} + [\nabla^2\overline{u''}]) \tag{5.29}$$

可以采用类似边界层 MKE 方程 [公式 (4.8)] 的方法来理解这个公式。公式右边第一项是由气压梯度力产生的 MKE，第二项和第三项分别是由剪切作用和冠层曳力 (尾流) 消耗的 MKE，第四项为传输项，第五项是黏滞耗散项。传输项通常为正，整个冠层传输的 MKE 可以由该项在 z 方向上的积分得到

$$\int_0^h -\frac{\partial \overline{u'w'}\,\overline{u}}{\partial z}\mathrm{d}z = u_*^2\,\overline{u}(h) \tag{5.30}$$

如图 5.7 所示，冠层内的 MKE 主要来自于冠层上方。冠层内，不同的 MKE 收支项之间相差几个数量级。其中，气压项的量级为 1×10^{-3} m$^2\cdot$s^{-3}，剪切项、尾流项和传输项的量级为 0.1 m$^2\cdot$s^{-3}（参见习题 5.15），黏滞耗散项非常小，可以忽略不计。因此在稳态条件下，MKE 守恒就是传输项收入的 MKE 与剪切项和尾流项消耗的 MKE 相互平衡：

$$-\frac{\partial \overline{u'w'}\,\overline{u}}{\partial z} = -\overline{u'w'}\frac{\partial \overline{u}}{\partial z} + C_{\mathrm{d}}a\overline{u}^3 \tag{5.31}$$

当然，公式 (5.31) 也可以由简化的动量守恒方程 (5.20) 推导得到。

TKE 收支方程是由雷诺平均 TKE 方程和冠层体积平均推导得到的。在一维流体中，

$$\frac{\partial \overline{e}}{\partial t} = -\overline{u'w'}\frac{\partial \overline{u}}{\partial z} + C_{\mathrm{d}}a\overline{u}^3 + \frac{g}{\overline{\theta}}\,\overline{w'\theta'} - \frac{\partial \overline{ew'}}{\partial z} - \frac{1}{\rho}\frac{\partial \overline{w'p'}}{\partial z} - \epsilon \tag{5.32}$$

这个公式除了右边第二项以外，其他项与近地层的 TKE 收支方程 [公式 (4.21)] 一致。右边第二项称为湍流动能的尾流项，它是克服冠层的形状曳力做功形成的。尽管尾流项与剪切项 (右边第一项) 的量级一样 (参见习题 5.14)，但是它们所产生的湍涡的空间尺度却是不同的：由剪切作用产生的湍涡的水平尺度是冠层高度的数倍；而植被要素尾流中的湍涡非常小，它们的尺度不会超过植被要素本身。图 5.7 是完整的冠层 MKE 和 TKE 的收支示意图。

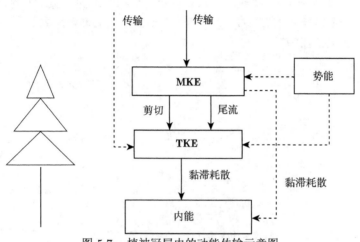

图 5.7　植被冠层内的动能传输示意图
实线和虚线分别是主要和次要的动能传输途径

如果已知冠层拖曳系数（C_d），就可以用风廓线计算尾流项 (参见习题 5.14)。但通常情况下，C_d 是一个未知的经验系数。如果可以在冠层内不同高度上测量动量通量，那么由公式 (5.20) 可知，尾流项也就近似等于

$$C_d a \overline{u}^3 = -\overline{u} \frac{\overline{\partial u'w'}}{\partial z} \tag{5.33}$$

5.6　剪切不稳定和湍流的产生

讨论 TKE 收支的前提是流体已经存在湍流，否则雷诺分解将毫无意义。无论 TKE 收支方程还是雷诺动量方程都无法回答湍流到底是怎样被激发的。这个问题的答案可以从流体不稳定理论得到。这里有两个经典的流体不稳定机制：对流不稳定和剪切不稳定。对流不稳定的产生是非常直观的，它发生在大气静力不稳定时（图 4.6），只要 $\partial \overline{\theta}/\partial z$ 持续为负，背景状态的微小变化或不规则表面边界所产生的微弱扰动就会逐渐增强，最终发展成为可以被探测到的湍涡运动。但是，判断剪切不稳定的依据不太直观。剪切作用如何将层流过渡到湍流是本节的

重点。

接下来，就将判断在什么情况下微弱的扰动可能维持并发展成为湍涡，并分析这些湍涡所具有的特征。假设流场处于静力平衡状态，位温 θ_0、水平速度的 x 分量 u_0 和大气压 p_0 都只是高度 z 的函数。背景的垂直风速 w_0 等于 0。微弱的扰动记作 $\tilde{\theta}$、$\tilde{u}$、$\tilde{p}$ 和 $\tilde{w}$，它们叠加在背景变量 θ_0、u_0、p_0 和 w_0 之上，可以看作是 x-z 平面的二维波或者在 x 方向上传播的平面波 (图 5.8)。流体是非黏性的，在 Boussinesq 近似和不可压缩的假设条件下，忽略高阶项，动量方程 [公式 (2.3) 和式 (2.5)]、连续方程 [公式 (2.22)] 和能量守恒方程 [公式 (2.26)] 可以简化为一组线性方程 (Lee, 1997)，

$$\frac{\partial \tilde{u}}{\partial t} + u_0 \frac{\partial \tilde{u}}{\partial x} + \tilde{w}\frac{\partial u_0}{\partial z} = -\frac{1}{\rho_0}\frac{\partial \tilde{p}}{\partial x} - C_{\mathrm{d}}a\tilde{u}u_0 \tag{5.34}$$

$$\frac{\partial \tilde{w}}{\partial t} + u_0 \frac{\partial \tilde{w}}{\partial x} = -\frac{1}{\rho_0}\frac{\partial \tilde{p}}{\partial z} + g\frac{\tilde{\theta}}{\theta_0} - C_{\mathrm{d}}a\tilde{w}u_0 \tag{5.35}$$

$$\frac{\partial \tilde{u}}{\partial x} + \frac{\partial \tilde{w}}{\partial z} = 0 \tag{5.36}$$

$$\frac{\partial \tilde{\theta}}{\partial t} + u_0 \frac{\partial \tilde{\theta}}{\partial x} + \tilde{w}\frac{\partial \theta_0}{\partial z} = -C_{\mathrm{h}}a\tilde{\theta}u_0 \tag{5.37}$$

式中，C_{h} 是冠层的热量交换系数。公式 (5.34) 和式 (5.35) 右边最后一项是冠层拖曳对波动的阻尼效应。由于大气与植被之间的热量交换会形成对温度扰动的阻尼效应，公式 (5.37) 右边项是对这一效应的参数化。由于大气是静力稳定的，可以排除对流不稳定的情况，这个条件至少在波发展的早期阶段是成立的。公式 (5.34)~式 (5.37) 是线性不稳定分析的基础。

为了应用变量分离方法求解方程，假设

$$(\tilde{w}, \tilde{\theta}, \tilde{u}, \tilde{p}) = (\hat{w}, \hat{\theta}, \hat{u}, \hat{p})(z)\,\exp[\mathrm{i}(kx - \tilde{\sigma}t)] \tag{5.38}$$

式中，k 是波数；$\sigma\,(=\sigma_{\mathrm{r}} + \mathrm{i}\sigma_{\mathrm{i}})$ 是波的角频率，为复数；$(\hat{w}, \hat{\theta}, \hat{u}, \hat{p})$ 仅依赖于 z。出于数学表达的方便，将这些量 $(\tilde{w}, \tilde{\theta}, \tilde{u}, \tilde{p})$ 都表示为复数函数，但只有它们的实部才是公式 (5.34) ~ 式 (5.37) 的真解。以 $\tilde{w}$ 为例。$\tilde{w}$ 可以表示成如下指数形式：

$$\tilde{w} = |\hat{w}(z)|\exp[\mathrm{i}\phi_w(z)] \tag{5.39}$$

式中，$|\hat{w}(z)|$ 是振幅；$\phi_w(z)$ 是 $\hat{w}$ 的相位。取 $\tilde{w}$ 的实部作为所求的真解，即

$$\mathrm{Re}\{\tilde{w}\} = |\hat{w}(z)|\,\mathrm{e}^{\sigma_{\mathrm{i}}t}\cos[kx - \sigma_{\mathrm{r}}t + \phi_w(z)] \tag{5.40}$$

$\tilde{\theta}$、$\tilde{u}$ 和 $\tilde{p}$ 的解也可以采用类似的表达式, 它们有同样的波数和角频率, 但振幅和相位不同。波速 (c_r)、波周期 (T) 和波长 (λ) 与 k 和 σ_r 的关系为

$$c_r = \frac{\sigma_r}{k} \quad T = \frac{2\pi}{\sigma_r} \quad \lambda = \frac{2\pi}{k} \tag{5.41}$$

垂直速度波动的相位 $\phi_w(z)$ 是 z 的函数, 振幅 $|\hat{w}(z)|\,e^{\sigma_i t}$ 是 z 和 t 的函数。

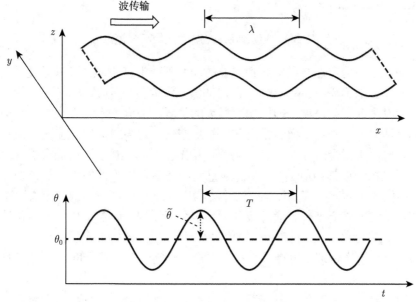

图 5.8   一个波长为 λ、周期为 T 的平面波在三维空间内的形态和在固定点观测到的位温的时间序列图

波的增长率 σ_i 是控制波行为的关键参数。剪切不稳定条件可以表示为

$$
\begin{array}{ll}
> 0 & \text{不稳定} \\[4pt]
\sigma_i = 0 & \text{中性} \\[4pt]
< 0 & \text{稳定}
\end{array}
\tag{5.42}
$$

如果 σ_i 为正, 由于波的振幅随时间呈指数增长 (图 5.9), 所以它是不稳定的, 会导致波破碎, 最终产生湍流。在这种不稳定状态下, 背景层流就可以过渡到湍流运动。与此相反, 如果 σ_i 是负值, 波处于稳定状态下, 一般初始扰动都会随时间逐渐消亡, 最终没有湍流生成。如果 $\sigma_i = 0$, 则为中性状态。

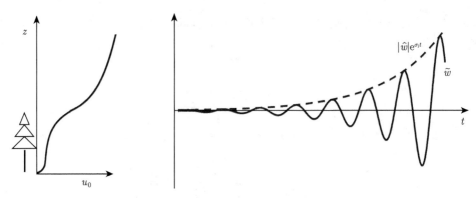

图 5.9 冠层风廓线拐点引发的不稳定波

波的一个不稳定态与风廓线拐点处的动力不稳定有关，这可以通过平面混合层的概念模型来解释 (Raupach et al., 1996)。数学上，拐点是风速对 z 的二阶导数的符号发生改变的高度，即风切变最大的位置。假设一个水平光滑的平面把空气分割为两层，在到达平面边缘之前，每层空气都有各自固定的流速，但在平面的下游两层空气就会混合，形成一个平面混合层 (图 5.10)。平面混合层的速度廓线与冠层风廓线极其相似 (图 5.9)，最重要的是混合层中部的拐点是风切变最大的位置。根据 Rayleigh 定理，对于平行剪切流来说，在背景风廓线上有一个拐点是剪切不稳定的必要条件。通过线性不稳定分析发现，发展最快的不稳定波的波长与混合层深度成正比，前者是后者的 3~5 倍。冠层流的混合层深度正比于冠层高度 h，拐点不稳定理论解释了为什么在冠层流内的湍涡群尺度与 h 成正比。

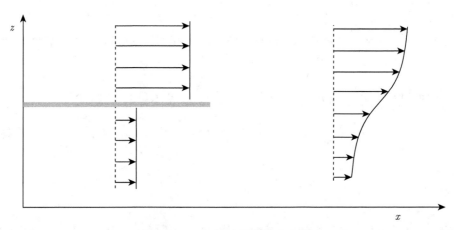

图 5.10 平面混合层的速度廓线

Miles 定理指出，在没有植被要素的大气层中产生剪切不稳定的另一个必要条件是最小梯度 Richardson 数小于 0.25。换句话说，如果梯度 Richardson 数大于这个临界值, 则不可能形成波动。公式 (5.34) ～ 式 (5.37) 的线性不稳定性分析表明, 由于冠层阻力的影响, 冠层流的临界 Richardson 数约为 0.20, 小于理论值 0.25 (Lee, 1997)。在临界值以上, 不存在不稳定状态。在夜间大气稳定层结时, 波状运动在植物冠层中很常见, 这种波动被称为冠层波。这意味着, 在拐点附近的风切变往往强到足以使梯度 Richardson 数降至临界值以下。

在落叶林的观测研究表明, 冠层波的波长大约是冠层高度的 4 倍 (Lee and Barr, 1998)。这些波沿平均风方向传播, 速度比冠层顶部的平均风速快 30％ 左右。图 5.11 显示的是在该研究中观察到的一次冠层波事件, 在一个果园的落叶林上方获得的水平激光雷达图像为这些形态特征提供了直观证据 (Mayor, 2017)。

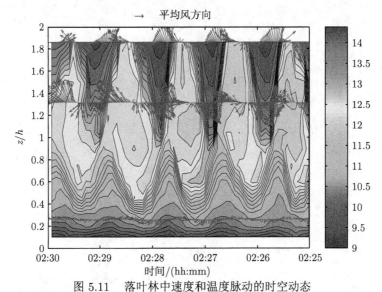

图 5.11   落叶林中速度和温度脉动的时空动态

层结为稳定, 速度脉动矢量的最大值为 1.29 m·s^{-1}, 等温线间隔为 0.2 ℃, 温标单位为 ℃, 平均树高为 21 m。摘自 Hu 等 (2002)

在中性和不稳定的条件下, 不会产生冠层波, 但会观察到有组织的涡旋。这些湍涡是有组织的, 不是完全随机的, 这是因为在生成的时间序列中, 可以发现有序的、在时间上几乎可以重复的特点, 比如温度斜坡 (temperature ramps; 图 5.12)。这种湍涡源于剪切不稳定, 保留了线性波的基本特征: 它们的水平尺度、时间尺度与发展最快的波的波长和波周期相当, 同时它们沿平均风方向传播, 传播速度比冠层顶部的风速略快 (Gao et al., 1989)。

有组织的涡旋活力满满。它们比光滑表面附近产生的湍涡能更有效地传播动量、热量和气体。在粗糙子层, 即从冠层顶部到大约两个冠层高度的大气层 (图 6.2), 湍流扩散系数比第 3 章和第 4 章中提出的基于光滑表面的参数化结果要高 60% 至 80%(Simpson et al., 1998)。若忽略这个粗糙子层扩散增强效应,通量梯度法会低估冠层上方的标量通量。

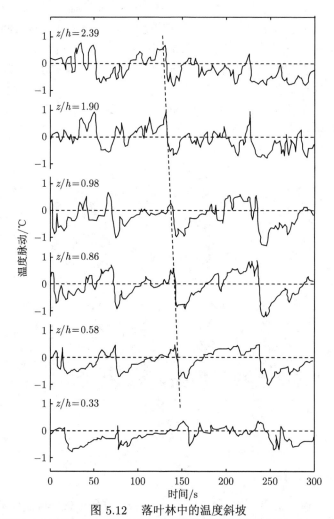

图 5.12　落叶林中的温度斜坡

层结为不稳定。观测高度按冠层高度归一化。斜线表示一个微尺度锋面,它是席卷运动 (sweeping) 和喷射运动 (ejecting) 的分界线。平均树高为 18 m。数据来源为 Gao 等 (1989)

拐点不稳定的另一个后果是冠层内部的逆梯度通量现象 (Kaimal and Finnigan, 1994)。在逆梯度情况下,标量的通量与梯度方向相反,由浓度较低的点传向浓度较高的点。一些有组织的涡旋可以将冠层上方的空气席卷进入冠层深处,所传输的通量与标量的局地平均浓度梯度无关。图 5.12 中的斜线标注的是一个“席卷运动 (sweeping)”事件。

习　题

5.1 用图 5.13 所示的植被面积密度垂直分布推算植被面积指数。

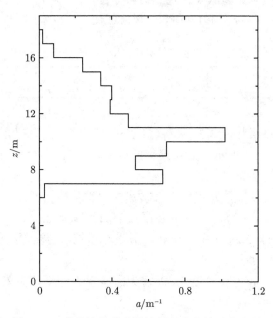

图 5.13　某花旗松林内植被面积密度的垂直分布

5.2 在植被冠层内，雷诺协方差（如 $\overline{u'w'}$ 和 $\overline{w'T'}$）的空间微分和体积平均可以互易吗？为什么？

5.3 请解释为什么平均 CO_2 混合比 $\bar{s}_c$ 的空间微分和体积平均不能互易，但速度和混合比的乘积 $\overline{u}\,\bar{s}_c$ 却可以。

5.4 由公式 (3.16) 推导出空间脉动速度的连续方程 [公式 (5.13)]。

5.5 根据冠层体积平均方法，证明总动能由三个部分组成：

$$[\overline{E}_T] = MKE + DKE + TKE$$

其中，

$$MKE = \frac{1}{2}([\overline{u}]^2 + [\overline{v}]^2 + [\overline{w}]^2)$$

$$DKE = \frac{1}{2}([\overline{u''\overline{u}''}] + [\overline{v''\overline{v}''}] + [\overline{w''\overline{w}''}])$$

$$TKE = \frac{1}{2}([\overline{u'^2}] + [\overline{v'^2}] + [\overline{w'^2}])$$

其中，DKE 是动能弥散项。

5.6* 在公式 (5.25) 或公式 (5.26) 的假设条件下，分别证明公式 (5.24) 和式 (5.27) 是方程 (5.23) 的解。

5.7 利用冠层风洞试验的风速观测结果（表 5.1），对比公式 (5.24) 与式 (5.27)（$\alpha_1 = 2.0$ 和 $\alpha_2 = 4.0$）预测的风廓线图。

表 5.1　冠层风洞试验的风廓线（Raupach and Thom, 1981）

z/h	1.0	0.93	0.81	0.70	0.55	0.35	0.20	0.15	0.05	0.02
$\overline{u}(z)/\overline{u}(h)$	1.0	0.89	0.70	0.61	0.45	0.23	0.18	0.17	0.15	0.11

5.8 若冠层拖曳系数为 0.2，风廓线用公式 (5.27)（$\alpha_2 = 4.4$）计算，植被面积密度如图 5.13 所示，冠层顶部的风速为 1.82 m·s^{-1}。请计算 $z/h = 0.5$ 高度处的冠层曳力。

5.9* 玉米花粉粒从冠层顶部脱落，被风向下游传输，并以 0.31 m·s^{-1} 的速度沉降。冠层高度为 2.2 m，冠层顶部的风速为 2.3 m·s^{-1}，冠层内部的风速服从公式 (5.24)（$\alpha_1 = 3.0$）。假设花粉粒不会被冠层截留，那么它将飘多远才落到地上？

5.10* 有人将零平面位移高度 d 理解为冠层曳力的平均有效高度（Shaw and Pereira, 1982），即

$$d = \int_0^h z C_d a \overline{u}^2 \, \mathrm{d}z \Big/ \int_0^h C_d a \overline{u}^2 \, \mathrm{d}z \tag{5.43}$$

请利用公式 (5.43)，用数值分析方法量化 d 与植被面积指数的关系。植被面积密度为

$$ah = \frac{L}{0.125\sqrt{2\pi}} \exp[-(z/h - 0.65)^2/(2 \times 0.125^2)] \tag{5.44}$$

式中，a 的单位是 $\text{m}^2\text{·m}^{-3}$，风廓线用公式 (5.24) 计算，其中，风的衰减系数与 L（$0.5 < L < 7$）有关，即 $\alpha_1 = -0.0296L^2 + 0.6565L + 0.7010$。

5.11 从地面到冠层顶之间，森林的植被面积均匀分布，植被面积指数为 4.0。冠层顶的平均风速为 1.82 m·s^{-1}，摩擦速度为 0.42 m·s^{-1}。假设冠层内部的风速服从公式 (5.24)（$\alpha_1 = 2.4$）。冠层的拖曳系数是多少？

5.12 森林里单个树木的风压负载为

$$风压负载 = \rho C_d A \overline{u}_m^2$$

式中，ρ 是空气密度，A 是树的总植被面积，$\bar{u}_m$ 是冠层中间点的风速，平均风廓线如公式 (5.24) 所示（$\alpha_1 = 2.2$）。若 A 为 80 m^2，C_d 为 0.2，ρ 为 1.20 $\mathrm{kg \cdot m^{-3}}$，$\bar{u}(h)$ 为 2.6 $\mathrm{m \cdot s^{-1}}$，假定植被面积均匀分布在高度 $z = 0.5h$ 和 $z = 1h$ 之间，计算树木所承受的风压负载。

5.13 若 $\partial \bar{p}/\partial x = -0.01$ $\mathrm{hPa \cdot km^{-1}}$、$\bar{u} = 1.0$ $\mathrm{m \cdot s^{-1}}$、$a = 0.4$ $\mathrm{m^{-1}}$、$C_d = 0.2$，计算气压梯度力产生的 MKE 和由冠层拖曳作用消耗的 MKE。

5.14 植被面积密度如公式 (5.44) 所示，植被面积指数为 3.0，冠层拖曳系数为 0.2，风廓线见公式 (5.27)（$\alpha_2 = 4.0$），冠层顶部的风速为 2.5 $\mathrm{m \cdot s^{-1}}$。① 用公式 (5.21) 计算地面到冠层顶的动量通量廓线；② 计算 TKE 收支方程的剪切项和尾流项；③ 把结果绘制成廓线图。

5.15 利用习题 5.14 提供的信息和公式 (5.31)，① 估算 MKE 收支方程的传输项、剪切项和尾流项；② 绘制廓线图，对比这三项的大小。

5.16 在森林里观测到的波的波数和角频率分别为 0.102 $\mathrm{rad \cdot m^{-1}}$ 和 0.126 $\mathrm{rad \cdot s^{-1}}$。请计算该波的波速、波长和周期。

5.17 由公式 (5.38) 和公式 (5.39) 推导出公式 (5.40)。

5.18 估计 2 m 高的玉米冠层产生的波的波长和周期的数量级。

5.19 图 5.11 所显示的冠层波的周期是多少？如果波速为 2.5 $\mathrm{m \cdot s^{-1}}$，波长是多少？

5.20 森林里有一个波的增长率为 0.0012 $\mathrm{rad \cdot s^{-1}}$。经过多久它的振幅将分别增加 2 倍、10 倍和 100 倍？

参 考 文 献

Finnigan J. 2000. Turbulence in plant canopies. Annual Review of Fluid Mechanics, 32: 519-571.

Froelich N J, Schmid H P. 2006. Flow divergence and density flows above and below a deciduous forest Part II. Below-canopy thermotopographic flows. Agricultural and Forest Meteorology, 138: 29-43.

Gao W, Shaw R H, Paw U K T. 1989. Observation of organized structure in turbulent flow within and above a forest canopy. Boundary-Layer Meteorology, 47(1): 349-377.

Hu X, Lee X, Stevens D E, et al. 2002. A numerical study of nocturnal wavelike motion in forests. Boundary-layer Meteorology, 102(2): 199-223.

Kaimal J C, Finnigan J J. 1994. Atmospheric Boundary Layer Flows: Their Structure and Measurement. New York: Oxford University Press: 289.

Kondo J, Sato T. 1988. A simple model of drainage flow on a slope. Boundary-Layer Meteorology, 43(1): 103-123.

Lee X. 1997. Gravity waves in a forest: a linear analysis. Journal of the Atmospheric Sciences, 54(21): 2574-2585.

Lee X, Barr A G. 1998. Climatology of gravity waves in a forest. Quarterly Journal of the Royal Meteorological Society, 124(549): 1403-1419.

Li Z, Lin J D, Miller D R. 1990. Air flow over and through a forest edge: a steady-state numerical simulation. Boundary-Layer Meteorology, 51(1): 179-197.

Mayor S D. 2017. Observations of microscale internal gravity waves in very stable atmospheric boundary layers over an orchard canopy. Agricultural and Forest Meteorology, 244/245: 136-150.

Pypker T G, Unsworth M H, Mix A C, et al. 2007. Using nocturnal cold air drainage flow to monitor ecosystem processes in complex terrain. Ecological Applications, 17(3): 702-714.

Raupach M R, Shaw R H. 1982. Averaging procedures for flow within vegetation canopies. Boundary-Layer Meteorology, 22(1): 79-90.

Raupach M R, Thom A S. 1981. Turbulence in and above plant canopies. Annual Review of Fluid Mechanics, 13: 97-129.

Raupach M R, Finnigan J J, Brunei Y. 1996. Coherent eddies and turbulence in vegetation canopies: the mixing-layer analogy. Boundary-Layer Meteorology, 78(3): 351-382.

Shaw R H, Pereira A R. 1982. Aerodynamic roughness of a plant canopy: a numerical experiment. Agricultural Meteorology, 26(1): 51-65.

Simpson I J, Thurtell G W, Neumann H H, et al. 1998. The validity of similarity theory in the roughness sublayer above forests. Boundary-Layer Meteorology, 87(1): 69-99.

Soler M R, Infante C, Buenestado P, et al. 2002. Observations of nocturnal drainage flow in a shallow gully. Boundary-Layer Meteorology, 105(2): 253-273.

Whitaker S. 2002. Advances in theory of fluid motion in porous media. Industrial & Engineering Chemistry, 61(12): 14-28.

Yi C, Monson R K, Zhai Z, et al. 2005. Modeling and measuring the nocturnal drainage flow in a high-elevation, subalpine forest with complex terrain. Journal of Geophysical Research: Atmospheres, 110: D22303.

第 6 章　大气边界层中的受力平衡

6.1　引　　言

本章将根据湍流混合程度和湍流生成机制的不同，把低层大气划分为多个层次。第 3 章介绍了一组平均量的一维控制方程，本章将基于这些控制方程来描述低层大气的各个层次。由于控制每个层次中气流运动的作用力不同，因此，本章将考虑主要的力，通过近似法获取气流速度与外部驱动参数之间的简化关系。

对于某个气层的起始和终止高度，可通过位温、风速、湿度和痕量气体浓度的垂直廓线进行诊断分析。对于陆地边界层，还可以通过观测这些变量的日变化特征来确定边界层的垂直结构。

6.2　陆地边界层的垂直结构

由于地表与大气之间存在强烈的动量、能量和物质交换，陆地上的大气边界层会呈现显著的垂直结构特征。这些特征在天气晴朗、地形平坦的条件下很容易分辨。但如果地表覆盖不均一、地形起伏，或者气流受到中尺度环流（如湖陆风）和天气系统（如冷锋过境）扰动，低层大气的垂直分层可能难以判断。

6.2.1　对流边界层

图 6.1 展示了陆地上白天对流边界层的典型垂直结构。图中最上层为自由大气，此处大气较为清洁，且无湍流运动。由于热源和水汽源通常位于地表，故自由大气中的温度和湿度没有日变化动态，其他变量（如风速和 CO_2 浓度等）也不具有明显的日变化特征。在自由大气中，位温随高度线性递增，平均增速约为 $3.3\ \mathrm{K\cdot km^{-1}}$，与标准大气中对流层的温度直减率（$6.5\ \mathrm{K\cdot km^{-1}}$）相当。自由大气中的气流运动遵循地转平衡法则，当水平气压梯度没有垂直变化时，垂直风切变太弱，无法产生湍流动能。

覆盖逆温层是分离自由大气与对流边界层的中间薄层，其高度通常为 1 km，厚度约为 50 m。覆盖逆温层中的位温梯度远大于自由大气中的梯度。强劲的对流湍涡将位温较低的气流推入位温较高的自由大气中，求时间平均后，对流边界层与自由大气界面上的位温数值会低于用自由大气位温廓线线性外推的结果，从而造成了覆盖逆温层中较大的位温梯度。在一些大涡模拟研究中，对于午后充分发展的对流边界层，通常将相应的覆盖逆温层强度设为 $75\ \mathrm{K\cdot km^{-1}}$。

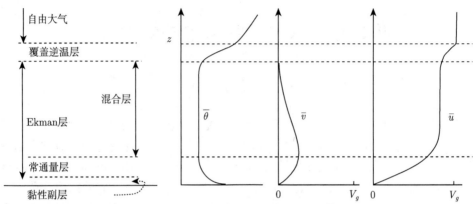

图 6.1　对流条件下陆地大气边界层的垂直结构及相应的位温（$\bar{\theta}$）、水平风速分量（$\bar{u}$ 和 $\bar{v}$）的垂直廓线

各层厚度未按比例绘制

　　覆盖逆温层会阻碍污染物的扩散，导致自由大气远比边界层大气洁净，在城市区域尤其如此。这种对比特征在晴朗无云的霾天尤其显著，此时的覆盖逆温层位置与霾层高度大致相同。换而言之，逆温层的高度决定了污染物扩散的垂直空间，通常覆盖逆温层接近地面时空气质量较差。

　　覆盖逆温层中的能量和物质传输速率虽然很慢，但并不为零，从这一点来看，覆盖逆温层类似于有漏洞的屏障。自由大气中的气团混合进入边界层的过程即为夹卷，产生夹卷的贡献者之一是热泡。热泡是一种有组织的湍涡结构，这些湍涡在本质上是脱离了地表的尺寸较大的热气团。热泡具有较大的浮力，可以上升至覆盖逆温层，促使逆温层界面隆起，然后折叠，使得自由大气中位温较高的空气被卷至边界层内位温较低的空气之下。在发生折叠的位置，大气呈静力不稳定，可以促使小湍涡形成，有助于从自由大气来的空气与边界层空气之间的混合（Sullivan et al., 1998）。上述过程间歇地重复着，最终使得逆温层高度随着时间推移而逐渐上升。

　　在覆盖逆温层之下为 Ekman 层，这是为了纪念瑞典海洋学家 V. W. Ekman 而命名的。边界层风廓线的解析解是建立在他的工作基础上的。Ekman 层中气流运动以湍流为主，湍涡由风切变和浮力生成。永不停歇的湍流运动将地表与 Ekman 层紧密地耦合在一起，地表能迅速地改变 Ekman 层中大气的物理性质和化学组成，同样地，Ekman 层的特性也能很快地调节地表过程。Ekman 层在不稳定、中性和稳定的大气层结下均可存在。受太阳辐射日变化的驱动，地表感热、潜热和 CO_2 通量均存在 24 小时的动态变化；相应地，Ekman 层中的温度、湿度和

CO_2 浓度也呈现显著的日变化。

　　Ekman 层的上部为混合层，它因大气的物理和化学性质在垂直方向上充分混合而得名。诊断混合层的最佳指标是不随高度变化的位温廓线（图 6.1），混合层内 CO_2 浓度的垂直变化很小，通常小于 1 ppm。这种充分混合的状态在对流条件下能被观测到，而在稳定层结的 Ekman 层中则不存在。

　　Ekman 层的下部为近地层，也叫常通量层，其高度约为几米到几十米，该层中动量、热量和气体通量随高度近似不变。受地表直接影响，近地层中状态变量（温度、湿度、风速和痕量气体浓度）的日变化显著，其日变化幅度比大气中任何一层都要明显。该层中位温垂直梯度为负值，即大气层结不稳定。

　　与光滑表面直接接触的薄层中，气流运动受黏滞效应支配，故称之为黏性副层。室内水槽和管道流体实验研究发现，黏性副层的厚度为

$$\delta_1 = 5\nu/u_* \tag{6.1}$$

由公式 (6.1) 可知，δ_1 的数量级为 1 mm（参见习题 6.3）。在黏性副层中，气流流动以层流为主。在 $z = 6\delta_1$ 高度以上，气流流动几乎全为湍流，黏滞效应变得微乎其微。在自然界中，泥滩和冰原是典型的光滑表面，很容易分辨其黏性副层。

　　在植被景观中，黏滞效应仅限于围绕在单个植物要素周边的薄边界层内，在整个冠层尺度上不存在黏性副层，此时，最低的气层为植被冠层（图 6.2）。植被冠层的上方是粗糙子层，其厚度约为 1 个冠层高度。粗糙子层的湍流以有组织的湍涡为主，这种湍涡是由风廓线拐点的动力不稳定产生的（参见第 5 章），有组织的湍涡对动量和标量的输送效率要高于光滑表面层中的湍涡。湍流扩散参数化方案的相似函数通常是根据光滑表面层的观测而建立的，正因为如此，这些参数化方案 [公式 (3.55)] 会低估粗糙子层内的真实扩散效率。

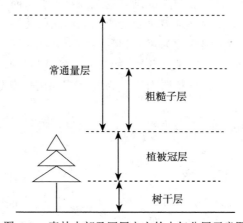

图 6.2　森林内部及冠层上方的大气分层示意图

6.2.2　稳定边界层

图 6.3 描绘了凌晨大气边界层的垂直结构。日出前，地面通过长波辐射冷却，在地表形成了近地面逆温层，其厚度为 100~300 m。此时，湍流混合由风切变产生，还要克服下沉浮力的作用。此时的湍流扩散太弱，无法在垂直方向上使位温和其他标量均匀混合。

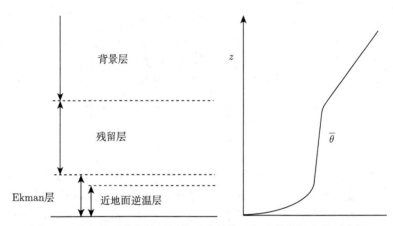

图 6.3　夜间陆地大气边界层的垂直结构及相应的位温廓线示意图

Ekman 层比近地面逆温层略厚，但不会厚太多。这是因为 Ekman 层内的流场还是以湍流形式存在，若 Ekman 层太厚，湍流扩散会将热量从较高处传输至地表，最终使得近地面逆温层进一步向上抬升。

残留层在近地面逆温层之上，该层内的位温垂直梯度不明显，因此会给人留下其空气充分混合的错觉。但事实上，残留层内保留了前一日白天混合层的特性，与大家的印象正好相反，该层中几乎没有湍流混合。随着时间推移，前一日下午残留下来的充分混合结构会逐渐被风切变产生的湍涡所侵蚀，直到凌晨发展成为弱逆温层，该逆温层内位温梯度为正，其数值小于近地面逆温层位温梯度和自由大气中位温梯度的背景值。这种从残留层发展成弱逆温层的现象在风切变稍强时就会发生。在稳态条件下，残留层内气流为准地转；在非稳态条件下，其风速会超过地转风速。

自由大气的背景层位于残留层之上，该层内气流运动是地转风，其位温垂直梯度数值约为 3.3 K·km^{-1}。

6.2.3　大气边界层的昼夜演变

图 6.1 和图 6.3 分别展示了下午和午夜时段大气边界层的垂直特征，图 6.4 展示了中纬度夏季大气边界层完整的昼夜演变特征。日出后不久，近地面逆温层

开始消散，在当地时间上午 9:00 左右，浅薄的混合层基本形成。混合层随着时间
推进而逐渐发展，在 16:00 左右达到最大高度，约为 1.5 km。此后，浮力产生的
湍流动能开始减弱。因 TKE 生成无法抵消其黏滞耗散，混合层在 18:00 前后迅
速衰竭。此时，因地表温度较高，地表长波辐射依然强烈，但入射短波辐射近乎
为零，导致净辐射和感热通量皆为负值。地表感热通量的方向逆转就指示着近地
面逆温层开始建立。近地面逆温层随着时间的推进而发展，直至夜晚，在午夜厚
度可达 300 m，但其发展速度明显慢于白天混合层的发展速度。残留层具有上下
基本不变的位温廓线特征，其厚度在混合层刚开始衰亡时很大，之后与上方自由
大气的背景气流和下方表层气流混合而缓慢收缩。以上所描述的大气边界层昼夜
演变特征会日复一日地重复。

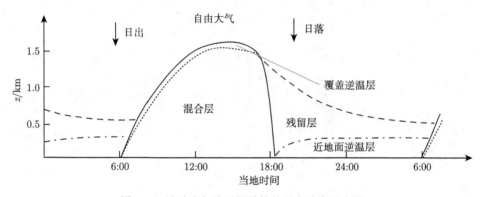

图 6.4　陆地大气边界层结构的昼夜演变示意图

　　图 6.4 中所展示的是理想化的日变化特征，可以认为是根据多日观测资料得
到的平均状况，滤去了日与日之间气象条件波动所带来的影响。

　　图 6.5 为大气边界层内气象要素日变化的观测实例。该图展示了夏季地表以
上 10~200 m 的 6 个高度上观测的位温和风速的日变化特征，观测地点为荷兰的
Cabauw 高塔气象站。当地时间 20:00~07:00，所有高度都受强烈逆温的影响。从
09:00 至 18:00，大气不稳定，但位温垂直梯度的量级明显小于夜晚。具体而言，
12:00 时，位温梯度为 -0.5×10^{-2} K·m^{-1}；23:50 时，梯度为 1.6×10^{-2} K·m^{-1}。

　　以上描述的边界层结构及其时间变化特征是一种理想情况，没有考虑大尺度
水平平流的热量输送。在极端热浪事件中，从水平平流获得的热量可以整夜维持
深厚的残留层，次日，残留层与其下方发展起来的混合层融为一体。热平流持续
数日之后，上下均一的位温廓线可延伸至 4 km 之高，从而形成了超级深厚的"混
合层"（参见习题 6.2）。在青藏高原地区也能观测到这种过渡性的深厚"混合层"
(Chen et al., 2003)。这种位温上下一致的深厚气层是否可以称之为大气边界层

尚有争议，因为从严格的流体力学角度而言，边界层特指流体边界上的薄层。迄今为止，尚无实验证实 Ekman 层（即地表对大气层的影响）可延伸至 4 km 的高空。

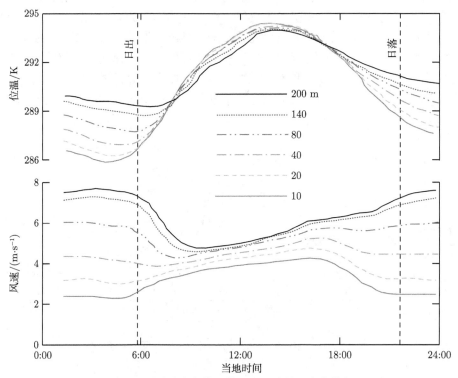

图 6.5　夏季晴空条件下位温和风速的日变化特征

观测地点为荷兰 Cabauw 高塔站，观测高度的参考点为地面。数据来源：He 等 (2013)

6.3　海洋边界层的垂直结构

海洋边界层通常被云覆盖，云的类型与 Hardley 环流密切相关 (Randall, 1980)。Hardley 环流是发生在热带和亚热带地区的大尺度双支气流，一支在北半球，另一支在南半球。在北半球，Hardley 环流在近地层由北指向赤道，在对流层上部向北流动，近地层的流场即为信风。环流的上升支很窄，位于热带辐合带 (ITCZ)。环流的下沉支很宽，位于 30°N 附近。高耸的积云是 ITCZ 的典型特征。在下沉气流区，以浅薄、宽广的层积云为主。在上升和下沉气流之间为信风区和过渡区，前者以分散的浅积云为主，后者既有破碎的层积云也有浅积云。

图 6.6(a) 展示了被宽广的层积云完全覆盖的海洋大气边界层的垂直结构。这

类边界层向上延伸至 500~1000 m 高度处，由一个浅薄的逆温层将其与自由大气分离 (Wood, 2012)。它包括云层和云下层。湍流来源于地表附近的风切变和云顶长波辐射冷却引起的对流翻转。由于云的存在，位温不再是保守量，它在云下层不随高度变化，但由于凝结释放潜热，它在云层内随高度增加而上升。惰性气体浓度和总比湿等保守量在整个边界层内上下一致，表明大气是充分混合的 (Stevens et al., 2003; Faloona et al., 2005)。大气边界层内的气流运动受气压梯度力、Coriolis 力和地表摩擦力的共同控制。边界层以上的自由大气运动呈准地转。

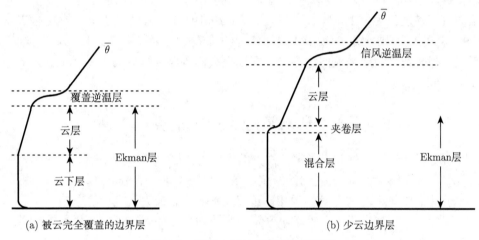

图 6.6　海洋大气边界层的垂直结构

图 6.6(b) 展示的是另外一种海洋大气边界层，该边界层通常出现在信风区。此处，混合层处于零散的浅积云之下，两者之间为夹卷层。混合层的典型厚度为 500 m，云层的典型厚度为 1000 m (Johnson et al., 2001)。云层之上为信风逆温层。云量越低，这种垂直分层就越容易分辨。混合层中的气流受气压梯度力、Coriolis 力和地表摩擦力的共同作用，呈非地转运动。在信风逆温层以上，地表摩擦力可以忽略不计，此处气流运动呈准地转。地表摩擦力影响的垂直高度即 Ekman 层的厚度比较模糊。在第 14 章的平板模型中隐含了一个假设，即 Ekman 层被局限在夹卷层之下。大涡模拟研究显示，云层下部会发生一些湍流动量传输 (Siebesma et al., 2003)，表明 Ekman 层可以延伸至夹卷层之上。

　　海洋边界层与陆地边界层主要存在两点不同。首先，海洋边界层的日变化很弱甚至没有。例如，在美国加利福尼亚州附近海域，被层积云覆盖的海洋边界层厚度只有微弱的日变化，清晨和午后分别为 600 m 和 450 m (Hignett, 1991)。此外，海洋边界层厚度的昼夜对比与陆地相反。白天，太阳辐射加热会部分抵消云顶处的长波辐射冷却，削弱云顶处的对流翻转，使得边界层厚度低于夜晚。24 小时平均的陆地边界层厚度要小于海洋边界层 (Medeiros et al., 2005)。

西太平洋暖池（warm pool）的边界层在分类上属于信风区边界层。此处白天海面温度能比夜晚高 2~3 K。观测表明，当地时间 04:00 时的混合层厚度为 500 m，随着水面向上的热量通量增强，边界层厚度在 16:00 增至 570 m (Johnson et al., 2001)。

其次，在陆地上，稳定和不稳定边界层出现的时长约各占一半。而在开阔海域，中性和弱不稳定边界层比稳定边界层更为常见。当大气层结稳定时，位温的垂直梯度较弱。比如，在东太平洋冷舌（cold tongue）区域的稳定边界层中，位温的垂直梯度仅为 0.1×10^{-2} K·m^{-1} (Bond, 1992)，这比 Cabauw 的夜晚结果 (图 6.5) 小一个数量级。美国缅因州沿海是个例外，此处的海水受 Labrador 洋流影响，当暖空气由陆地流向海洋时，海面上会出现高度稳定的边界层 (Angevine et al., 2006)。

6.4　中性和对流边界层内的受力平衡

现将目光转向中性和不稳定条件下的大气边界层。设水平气压梯度 $\partial \overline{p}/\partial x$ 和 $\partial \overline{p}/\partial y$ 是不随高度和时间变化的给定参数，在平均动量方程 [公式 (3.33) 和式 (3.34)] 中，局地变化项与其他项相比可以忽略不计，故大气是准稳态的。

因为自由大气中不存在雷诺协方差项，故动量方程可简化为地转关系，即气压梯度力与 Coriolis 力二力平衡：

$$0 = -\frac{1}{\overline{\rho}}\frac{\partial \overline{p}}{\partial x} + f\overline{v} \tag{6.2}$$

和

$$0 = -\frac{1}{\overline{\rho}}\frac{\partial \overline{p}}{\partial y} - f\overline{u} \tag{6.3}$$

风速的两个分量可写成

$$\overline{u} = u_{\text{g}}, \quad \overline{v} = v_{\text{g}} \tag{6.4}$$

式中，u_{g} 和 v_{g} 是地转风 $\boldsymbol{v}_{\text{g}} = \{u_{\text{g}}, v_{\text{g}}\}$ 的两个分量，可通过下式计算

$$u_{\text{g}} = -\frac{1}{f}\frac{1}{\overline{\rho}}\frac{\partial \overline{p}}{\partial y}, \quad v_{\text{g}} = \frac{1}{f}\frac{1}{\overline{\rho}}\frac{\partial \overline{p}}{\partial x} \tag{6.5}$$

在 Ekman 层中，雷诺协方差项是不可忽略的。借助于参数化方程 (3.38) 和方程 (3.39)，根据公式 (3.33) 和式 (3.34) 可以得到

$$f(\overline{v} - v_{\mathrm{g}}) + \frac{\partial}{\partial z}\left(K_{\mathrm{m}}\frac{\partial \overline{u}}{\partial z}\right) = 0 \tag{6.6}$$

$$-f(\overline{u} - u_{\mathrm{g}}) + \frac{\partial}{\partial z}\left(K_{\mathrm{m}}\frac{\partial \overline{v}}{\partial z}\right) = 0 \tag{6.7}$$

上述方程展示了气压梯度力、Coriolis 力和动量通量散度三者之间的平衡关系。动量通量散度反映了由水平和垂直风速协方差所产生的摩擦力，而摩擦力的根本来源是地表。

若假设动量湍流交换系数 K_{m} 不随高度变化，即可得到著名的 Ekman 螺线的解析解：

$$\overline{u} = V_{\mathrm{g}}(1 - \mathrm{e}^{-\gamma z}\cos\gamma z), \quad \overline{v} = V_{\mathrm{g}}\,\mathrm{e}^{-\gamma z}\sin\gamma z \tag{6.8}$$

式中，$\gamma = (f/2K_{\mathrm{m}})^{1/2}$，$V_{\mathrm{g}} = (u_{\mathrm{g}}^2 + v_{\mathrm{g}}^2)^{1/2}$。上述解用的是图 4.1 所示的坐标系，在该坐标系中，$v_{\mathrm{g}} = 0$，$u_{\mathrm{g}} = V_{\mathrm{g}}$。

在如下高度处

$$z_{\mathrm{i}} = \pi/\gamma \tag{6.9}$$

$\overline{v}_{\mathrm{g}} = 0$，且 $\overline{u}$ 近似等于 V_{g}，z_{i} 被认为是大气边界层顶的高度。由公式 (6.9) 可知，z_{i} 随着 K_{m} 增大而增加，意味着边界层高度在白天会大于夜晚。Ekman 螺线解满足在地表处的无滑移条件：

$$当 \quad z \to 0 \quad 时 \quad \overline{u} \to 0, \quad \overline{v} \to 0$$

在北半球 z_{i} 高度以下，风矢量会向地转风的左侧偏转，其偏转的角度可通过下式计算：

$$\beta = \arctan\frac{\overline{v}}{\overline{u}}$$

当 $z \to 0$ 时，$\beta \to 45°$，该角度是地面风向与边界层以上风向之间的夹角。Ekman 螺线解析解得到的风矢量端迹如图 6.7 所示，图中箭头代表 z_{i} 高度以下的风矢量，矢量箭头前端相连就形成了一个螺旋形的轨迹线，即 Ekman 螺线。

定性分析来看，Ekman 螺线与野外观测试验和数值模拟结果相符。据其预测，大气边界层会随着 K_{m} 增大而加深，这一结论已被试验所证实。而且，Ekman 解析解也与中性条件下边界层的风速廓线十分逼近。

Ekman 螺线预测的风向偏转也与低层大气中所观测到的气流形态一致。在北半球低压系统中，自由大气中的风向呈逆时针旋转，并与等压线相切，风向在近地层向中心偏转，形成气流辐合 [图 6.8(a)]。在高压系统中，地面风向外偏转，在边界层内形成气流辐散 [图 6.8(b)]。

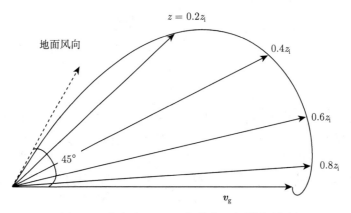

图 6.7　北半球 Ekman 螺线的风矢量端迹图

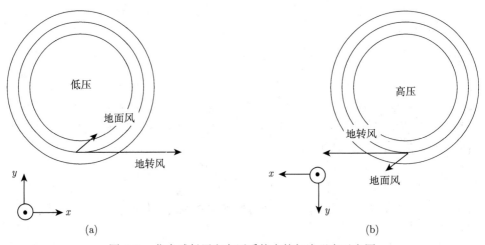

图 6.8　北半球低压和高压系统中的气流形态示意图

　　穿越等压线的动量和质量输送是大气边界层影响大尺度气流运动的重要机制。低压系统中的气流辐合引起边界层顶的上升运动，形成 Ekman 抽吸。其上升气流通过邻近高压系统中的下沉气流得以补充，从而形成一个二级环流，该二级环流与北半球逆时针旋转的低压系统和顺时针旋转的高压系统发生相互作用（图 1.5）。

　　Ekman 解析解在近地层中需谨慎使用，它与实际情况主要存在以下两点差异。首先，Ekman 解析解所预测的风向切变过强。在中性和稳定大气条件下，近地层中风向偏转角 β 的典型值约为 $30°$，其数值在大气不稳定时更小。观测和数值模拟皆表明，该角度随着地表粗糙度降低而减小（参见习题 6.9）。其次，Ekman 解析解所预测的风廓线为正弦型而非对数型 [公式 (3.49)]。它与近地层风廓线模型的差别在于：前者假定动量湍流交换系数 K_m 为常值；而后者假定动量通量为常值，可以更准确地描述近地层的气流运动。

此外，标准的 Ekman 解析解也不适用于植被冠层。植被冠层处的风速极小，Coriolis 力可以忽略不计，气压梯度力比冠层曳力和动量通量散度小一个数量级，同样可以略去。在稳态条件下，冠层曳力与动量通量散度二者平衡，即可近似得到动量守恒方程 [公式 (5.20)]。此时，风速是高度的指数函数 [如公式 (5.24)]。

由于有效的森林管理（如修剪低层树枝以促进树木生长）或弱光环境抑制了林下植被生长，某些森林冠层和地表之间有一个比较开阔的树干层。空气在该层内的运动要比在冠层中更为自由。此处，动量通量散度可以忽略不计，则动量方程 (5.18) 和方程 (5.19) 可简化为

$$0 = -\frac{1}{\overline{\rho}}\frac{\partial \overline{p}}{\partial x} - C_d a \overline{u} V \qquad (6.10)$$

$$0 = -\frac{1}{\overline{\rho}}\frac{\partial \overline{p}}{\partial y} - C_d a \overline{v} V \qquad (6.11)$$

该结果就是梯度风的解析解，梯度风的风向平行于气压梯度力，其风速大小可通过下式计算（Lee et al., 1994）

$$V = \frac{1}{(\overline{\rho}\,C_d a)^{1/2}} |\nabla_H \overline{p}|^{1/2} \qquad (6.12)$$

图 6.9 展示了北半球 Ekman 螺线延伸至树干层的情景。若气压梯度力指向正北，森林树干层内风向将由南指向北，而自由大气中风向由西指向东，总风向的偏转角度为 90°。

据 Ekman 模型预测，大气边界层内的风始终由高压指向低压（图 6.8），然而观测研究却发现，气流在近地层中可以逆向运动（Sun et al., 2013），这种与直觉相悖的现象一般出现在以下两种情形。第一，Ekman 模型仅限于在气压梯度不变且稳态条件下使用，而在斜压大气中，水平气压梯度会随着高度改变而发生显著变化，此时会出现热空气向研究区域的平流，求解完整的动量方程时就有可能允许风向由低压指向高压的情况出现。第二，若大气边界层处于非稳态，则需要在动量方程中添加时间变化项，同样可以解释风向由低压指向高压这一现象（参见习题 6.4）。

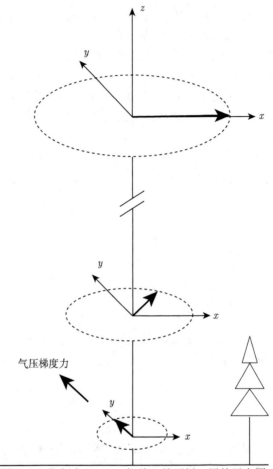

图 6.9　北半球 Ekman 螺线延伸至树干层的示意图
图中展示的是从森林树干层直至大气边界层顶的风向切变

热带的缺陷

Ekman 解析解在赤道处暴露出其缺陷。在赤道处，Coriolis 参数 f 为 0 [公式 (2.9)]。根据公式 (6.5)、式 (6.8) 和式 (6.9)，当 $f \to 0$ 时，Ekman 层厚度以及边界层的两个风速分量 $\bar{u}$ 和 $\bar{v}$ 将趋于无穷大。这些结果显然是不正确的。

可以采取新的闭合方案来克服这一数学难题。在此，将放弃动量通量参数化方案 [公式 (3.38) 和式 (3.39)]，而对动量通量的散度进行参数化，将其表示为平均气流的阻力：

$$\frac{\partial \overline{u'w'}}{\partial z} = \alpha_u \overline{u}_{\mathrm{m}} \qquad (6.13)$$

$$\frac{\partial \overline{v'w'}}{\partial z} = \alpha_v \overline{v}_{\mathrm{m}} \qquad (6.14)$$

式中，$\overline{u}_{\mathrm{m}}$ 和 $\overline{v}_{\mathrm{m}}$ 是边界层中的平均风速分量；α_u 和 α_v 为摩擦系数，单位为 s^{-1} (Deser, 1993)。按照热带气象研究的惯例，动量方程将采用图 6.10 所示的坐标系。在该坐标系中，x 轴为纬向轴，从西指向东；y 轴为经向轴，从南指向北；原点固定在赤道。

稳态时，纬向动量守恒方程为

$$-\frac{1}{\overline{\rho}}\frac{\partial \overline{p}}{\partial x} + f\overline{v}_{\mathrm{m}} - \alpha_u \overline{u}_{\mathrm{m}} = 0 \qquad (6.15)$$

经向动量守恒方程为

$$-\frac{1}{\overline{\rho}}\frac{\partial \overline{p}}{\partial y} - f\overline{u}_{\mathrm{m}} - \alpha_v \overline{v}_{\mathrm{m}} = 0 \qquad (6.16)$$

纬向风 $\overline{u}_{\mathrm{m}}$ 和经向风 $\overline{v}_{\mathrm{m}}$ 可表达为 (Deser, 1993)

$$\overline{u}_{\mathrm{m}} = \left[-\alpha_v \frac{1}{\overline{\rho}}\frac{\partial \overline{p}}{\partial x} - f\frac{1}{\overline{\rho}}\frac{\partial \overline{p}}{\partial y} \right] / (f^2 + \alpha_u \alpha_v) \qquad (6.17)$$

$$\overline{v}_{\mathrm{m}} = \left[-f\frac{1}{\overline{\rho}}\frac{\partial \overline{p}}{\partial x} - \alpha_u \frac{1}{\overline{\rho}}\frac{\partial \overline{p}}{\partial y} \right] / (f^2 + \alpha_u \alpha_v) \qquad (6.18)$$

在赤道处，公式 (6.17) 和式 (6.18) 可简化为

$$\overline{u}_{\mathrm{m}} = -\frac{1}{\alpha_u}\frac{1}{\overline{\rho}}\frac{\partial \overline{p}}{\partial x}, \qquad \overline{v}_{\mathrm{m}} = -\frac{1}{\alpha_v}\frac{1}{\overline{\rho}}\frac{\partial \overline{p}}{\partial y} \qquad (6.19)$$

公式 (6.19) 为梯度风表达式。它在赤道表现良好，克服了 Ekman 解析解的缺陷。由该式可知，边界层气流的流向与气压梯度力一致。这是预料之中的结果，由于在赤道没有 Coriolis 力，气压梯度力只与地表摩擦力平衡。

公式 (6.17) 和式 (6.18) 预测得到的风向切变与经典的 Ekman 解析解相似。图 6.10 左侧为理想化的赤道气压槽，其地表气压在赤道南北两侧呈对称分布，纬向的气压梯度为 0 (Gonzalez et al., 2016)。假定边界层和自由大气中的气压梯度与地表相同，这些公式计算得到的边界层中的风在北半球由地

转风向南偏转，在南半球向北偏转，引起赤道地区的气流辐合，即 Ekman 抽吸。在 5°S 和 5°N，风向偏转角为 38°。Ekman 抽吸可能是 ITCZ 变得很窄的原因之一 (Gonzalez et al., 2016)。

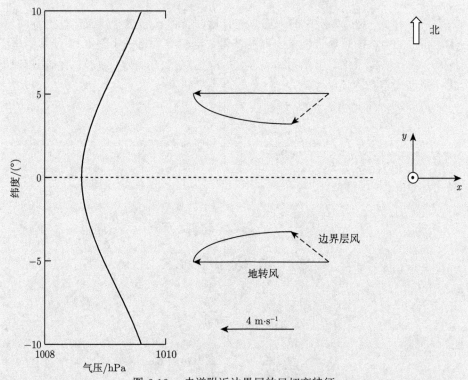

图 6.10   赤道附近边界层的风切变特征

基于公式 (6.17)、式 (6.18) 和左图所示的气压纬向分布计算得到，纬度为 5°N 和 5°S 时，两个摩擦系数为 $\alpha_u = 0.1 \times 10^{-4}$ s^{-1} 和 $\alpha_v = 0.4 \times 10^{-4}$ s^{-1} (Deser, 1993)

经典的 Ekman 解析解的另外一个缺陷源于气压梯度不随高度变化的假设，该假设在热带海域不准确。在 0°∼10°N 范围的赤道冷舌区域，边界层中的气压梯度主要受海面温度变化控制，其强度远远大于边界层之上的气压梯度，而且方向相反 (McGauley et al., 2004)。而公式 (6.17) 和式 (6.18) 没有假设气压梯度不随高度变化。

6.5   稳定边界层内的受力平衡

随着大气稳定度从白天的不稳定状态过渡至夜晚的稳定状态，大气边界层内的受力平衡也会发生改变。以傍晚大气稳定度过渡时期的边界层上部为例，并继续假定气压梯度力不随高度和时间变化,为了便于分析,将此过渡期划分为三个阶段。在初始阶段,Coriolis 力、气压梯度力和动量通量散度三者达到平衡 (图 4.1),此时的风廓线为深厚的 Ekman 螺线,在图 6.11 中以 V_0 表示,其主要特征为风切变在边界层上部弱而在近地层强,且大气边界层上部的 TKE 主要由浮力生成。第二阶段在日落前不久开始,此时,浮力湍流逐步停止,导致湍流强度下降。低层大气风切变会继续产生湍流,故仍有少量的 TKE 由低层大气向上传输,使得大气边界层上部的湍流衰亡慢于黏滞耗散单独作用时的情况。在第三阶段,随着时间向夜晚推进,近地层逆温渐现雏形,与近地层逆温相伴而生的极强稳定度会抑制 TKE 向上传输。地表影响被切断后,大气边界层上部就会转变为无湍流运动的残留层。此时,Coriolis 力与气压梯度力暂时无法平衡,但受力不平衡的状态不会持续太久,Coriolis 力与气压梯度力会再度平衡,在新的平衡态,风速等于地转风 V_g (图 6.11)。

实际上,在残留层中能充分建立新平衡态的情况十分罕见,因为此时动量方程 (3.33) 和方程 (3.34) 中的时间变化项不能再被忽略。大气在向新平衡态调整的过程中,风速会超越地转风,进而得到具有时间依赖性的惯性振荡解析解,这种惯性效应最初由 Blackakar (1957) 提出。

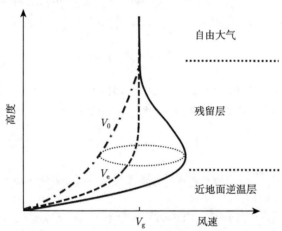

图 6.11   稳定大气边界层中风廓线演变特征示意图

V_0 为午后的初始风廓线 ($V_0 = |\boldsymbol{v}_0|$, $\boldsymbol{v}_0 = \{u_0, v_0\}$); V_e 为新平衡态下的风廓线 ($V_e = |\boldsymbol{v}_e|$, $\boldsymbol{v}_e = \{u_e, v_e\}$); V_g 为地转风速。改自 Van de Wiel 等 (2010)

基于公式 (6.5),残留层中的动量守恒方程可表示为

$$\frac{\partial}{\partial t}(\overline{u} - u_g) = f(\overline{v} - v_g) \tag{6.20}$$

$$\frac{\partial}{\partial t}(\overline{v} - v_{\mathrm{g}}) = -f(\overline{u} - u_{\mathrm{g}}) \tag{6.21}$$

以上公式假定水平气压梯度力不随时间和高度改变，且湍流可以忽略不计。以上方程的初始条件为

$$当 \ t = 0 \ 时，\quad \overline{u} = u_0, \ \overline{v} = v_0$$

公式 (6.20) 和公式 (6.21) 为时间的周期函数，其解为

$$\overline{u} - u_{\mathrm{g}} = (v_0 - v_{\mathrm{g}})\sin(ft) + (u_0 - u_{\mathrm{g}})\cos(ft) \tag{6.22}$$

$$\overline{v} - v_{\mathrm{g}} = (v_0 - v_{\mathrm{g}})\cos(ft) - (u_0 - u_{\mathrm{g}})\sin(ft) \tag{6.23}$$

上述方程所描述的惯性振荡现象可以借助廓线图（图 6.11）来理解。某一高度处的风速并不依赖于其他高度处的风速大小，而是由以下两个要素决定：一是惯性振荡的时间长短，二是此高度处初始风速偏离地转风的幅度大小。风速在下限（V_0）与上限（超级地转风）之间随时间振荡变化。最强风速出现在近地面逆温层顶附近。

图 6.12 是另一个描述残留层中某一高度处风速惯性振荡的图解。为简单起见，采用的坐标系的 x 轴与地转风平行，y 轴与地转风垂直（图 4.1）。风速解以矢量形式表示，风矢量的矢端都落在一圆圈上，并从初始时刻 $t = 0$ 开始随时间顺时针旋转，地转风矢量的矢端落在圆心位置处，圆的半径为

$$V_{\mathrm{r}} = [(V_{\mathrm{g}} - u_0)^2 + v_0^2]^{1/2} \tag{6.24}$$

在上述图解中，风速在 $t \simeq \pi/(2f)$ 时会变成超级地转风，即风速大于地转风。风速最大值为 $V_{\mathrm{g}} + V_{\mathrm{r}}$，出现在惯性振荡开始之后的 t_{m} 时刻

$$t_{\mathrm{m}} = (\pi - \beta_0)/f \tag{6.25}$$

式中，β_0 为研究高度处的初始风矢量 $\boldsymbol{v}_0 = \{u_0, v_0\}$ 与地转风矢量 $\boldsymbol{v}_{\mathrm{g}} = \{u_{\mathrm{g}}, v_{\mathrm{g}}\}$ 之间的夹角。

在图 6.12 所示的例子中，当 t 大于 $(3\pi/4f)$ 时，风速在 y 轴方向上的分量会变成负值。此时，风向由低压指向高压。在近地层中也会出现逆着水平气压梯度方向的气流流动（参见习题 6.20）。

现将研究目光转向近地面逆温层。上述 Blackadar 解仅在残留层中适用，在近地面逆温层中，动量守恒方程还必须包括动量通量散度项。如公式 (6.6) 和式 (6.7) 所示，若忽略时间变化项，则气压梯度力、Coriolis 力和通量散度三者达到新的平衡态。将新平衡态下方程的解记为 $\boldsymbol{v}_{\mathrm{e}}(=\{u_{\mathrm{e}}, v_{\mathrm{e}}\})$，在湍流扩散系数 K_{m} 为常数的前提条件下，这个解满足 Ekman 方程 (6.8)。由于稳定层结中的 K_{m} 远小

于下午的 K_m，与初始风廓线相比，新平衡态时的 Ekman 螺线在垂直方向上更为扁平，且在近地层中，$V_e(=|\boldsymbol{v}_e|)$ 大于 V_0（图 6.11）。

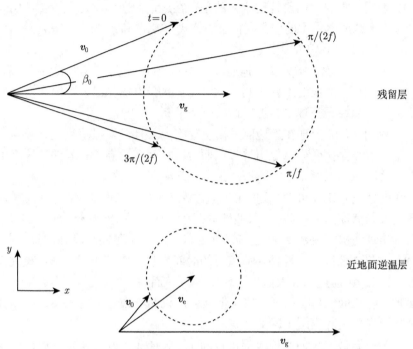

图 6.12　北半球残留层和近地面逆温层中风速惯性振荡图解
$\boldsymbol{v}_0$ 为初始时刻 $t=0$ 时的风矢量；$\boldsymbol{v}_e$ 为新平衡态时的风矢量；$\boldsymbol{v}_g$ 为地转风矢量

为了获得近地面逆温层风廓线的真实解，需要做与残留层中类似的处理，必须在动量守恒方程中增加时间变化项，建立完整的动量方程：

$$\frac{\partial \overline{u}}{\partial t} = f(\overline{v} - v_g) + \frac{\partial}{\partial z}\left(K_m \frac{\partial \overline{u}}{\partial z}\right) \tag{6.26}$$

$$\frac{\partial \overline{v}}{\partial t} = -f(\overline{u} - u_g) + \frac{\partial}{\partial z}\left(K_m \frac{\partial \overline{v}}{\partial z}\right) \tag{6.27}$$

Shapiro 和 Fedorovich（2010）以幂级数形式给出了方程 (6.26) 和方程 (6.27) 的解析解。此处，介绍一个更为简单的近似解，该近似解的作者为 Van de Wiel 等 (2010)。Van de Wiel 等 (2010) 借用 Blackakar 方法，假设近地面逆温层中的风速在新平衡态 $\boldsymbol{v}_e$ 附近振荡。将公式 (6.20) 和式 (6.21) 中的 $\{u_g, v_g\}$ 替换为 $\{u_e, v_e\}$，得到近地面逆温层中风速的表达式

$$\overline{u} - u_e = (v_0 - v_e)\sin(ft) + (u_0 - u_e)\cos(ft) \tag{6.28}$$

$$\overline{v} - v_{\mathrm{e}} = (v_0 - v_{\mathrm{e}}) \cos(ft) - (u_0 - u_{\mathrm{e}}) \sin(ft) \tag{6.29}$$

由于摩擦阻尼作用，近地面逆温层中的惯性振荡（图 6.12 下图）要比残留层（图 6.12 上图）中弱。需要特别说明的是，在近地面逆温层之上，v_{e} 和 v_{g} 近似相等，对于无摩擦力作用的残留层而言，公式 (6.28) 和式 (6.29) 得到的结果与公式 (6.22) 和式 (6.23) 基本相同。

低空急流（LLJs）指风速在地面以上 100~500 m 处出现极大值的一种现象，惯性振荡是 LLJs 形成的重要机制。尽管 LLJs 会出现在白天，但在夜间更容易被识别。基于惯性振荡理论，可以作出以下推断：

（1）夜间 LLJs 出现在近地面逆温层顶附近，且惯性振荡在此处最强。在此高度之下，惯性振荡受到摩擦阻尼作用而衰减；而在远高于此处的位置，由于初始风偏离地转风的幅度太小，无法产生强烈的振荡 [公式 (6.24)]。

（2）由公式 (6.25) 可知，夜间 LLJs 更易出现在凌晨而非傍晚。夜间最强 LLJ 的出现时间与纬度高低有关，如果惯性振荡在当地时间 18:00 开始，在 55°N，最大风速预计出现在次日凌晨 2:30 左右；而在 25°N，最大值将出现在次日凌晨 6:00。

（3）在热带地区，惯性振荡所需要的时间太长，以至于无法形成夜间 LLJs。比如在 10°N，风速达到极大值需要耗费 34 h，而这一时长已远超过夜长。当然，在热带地区，夜间 LLJs 仍可生成，但其生成机制与惯性振荡无关，比如坡地上的重力加速也可引起夜间 LLJs。

（4）晴空条件和表面粗糙是促进夜间 LLJs 形成的两大要素。近地面逆温是 Blackakar 惯性振荡机制的必要条件，由于晴天地表辐射冷却较强，近地面逆温的形成速度要远快于多云天。表面越粗糙，振荡生成时的初始风与地转风的偏离就越大，风速极大值就会越强 [公式 (6.24)]。

LLJs 可以解释荷兰 Cabauw 高塔处的风速在夜晚要高于白天的现象 (图 6.5)。地表风速，即观测高度 10 m 处的风速，符合昼高夜低的日变化特征。但受 LLJs 的影响，80 m 以上高度处的风速呈现相反的昼低夜高的日变化特征。风廓线仪观测显示，LLJs 出现在 140~260 m 高度处 (Baas et al., 2009)。不同高度处风速随时间变化的观测数据对于风能产业非常有用。在与 Cabauw 风特征相似的地点，得益于 LLJs 带来的强风条件，将风力发电机安装在 80 m 以上的地方将会捕获更多的风能。

图 6.13 概括了夜间边界层内多种气流运动事件发生的先后顺序（Mahrt，1999）。一旦夜间 LLJs 形成，急流高度处的风切变最大，且大气层结较弱，此处会有风切变产生的湍流运动 (图 1.3)。急流高度处生成的部分 TKE 向下输送，进而间歇性地增强近地面的湍流强度，削弱热力层结。此时，TKE 主要产生在空中，并非在地表，在此情形下的边界层被称为上下颠倒的边界层。试验研究表明，

夜间 LLJs 会增强地表摩擦风速，这为利用涡度相关技术观测地表与大气之间的 CO_2 和其他标量物质交换提供了有利条件。与此相反，在热带地区，许多涡度相关站点处的夜间摩擦风速很弱，其原因之一就是无惯性振荡。

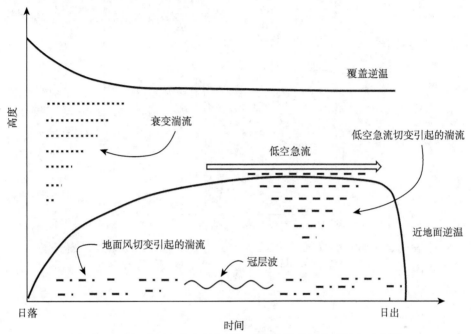

图 6.13　夜间边界层中多种气流运动事件发生的先后顺序示意图
改自 Mahrt (1999)

习　　题

6.1 加拿大 Saskatchewan 省 1994 年夏季平均的位温廓线日变化如图 6.14 所示。① 根据该图判断当地时间 5:15 时近地面逆温层和残留层所在的位置；② 确定 9:15、13:15 和 17:15 时大气边界层的厚度；③ 估算自由大气中位温的垂直梯度。

6.2 俄罗斯 Voronezh 市高温热浪发生前及发生时的位温廓线如图 6.15 所示。根据该图判断高温热浪发生前及发生时早晨近地面逆温层所处的位置，并确定下午"混合层"所在的高度。

6.3 基于地表摩擦速度典型值估算黏性副层的厚度。

6.4 若水平气压梯度为 0.01 hPa· km^{-1}，地转风速是多少？

6.5 若地转风速为 6.0 m· s^{-1}，水平气压梯度是多少？

6.6 计算动量湍流扩散系数分别为 15、1.0 和 0.3 $m^2 \cdot s^{-1}$ 时的 Ekman 层厚度。

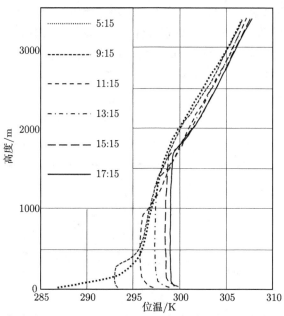

图 6.14　加拿大 Saskatchewan 省 1994 年夏季平均的位温廓线日变化图

图中所标注的时间为当地时间，数据来源于 Barr 和 Betts（1997）

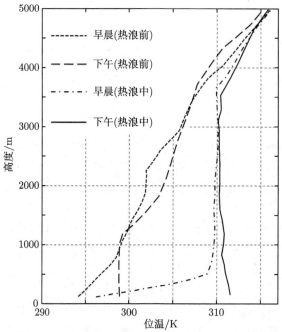

图 6.15　俄罗斯 Voronezh 市超级热浪发生前及发生时的位温廓线图

数据来源于 Miralles 等 (2014)

6.7 正午和午夜的 Ekman 层厚度分别为 1200 m 和 300 m。根据 Ekman 解析解计算对应的动量湍流扩散系数。

6.8 基于习题 6.7 得到的湍流扩散系数，计算地面与 1500 m 高度之间气层的速度分量 u 和 v，并绘制其廓线图。（提示：利用图 4.1 所示的坐标系，并设定地转风速为 10 m·s^{-1}。）

6.9* ① 若地转风速 $V_g = 10.0$ m·s^{-1}，地表粗糙度 $z_o = 1.0$ m，边界层厚度 $z_i = 1100$ m，利用公式 (3.54) 所给出的湍流扩散系数参数化方案，求公式 (6.6) 和式 (6.7) 的数值解 (Blackadar, 1962)。下边界和上边界条件分别为

$$\text{当 } z = 0 \text{ 时，} \quad \overline{u} = \overline{v} = 0$$

$$\text{当 } z = z_i \text{ 时，} \quad \overline{u} = V_g, \ \overline{v} = 0$$

大气中性时，地表摩擦风速遵守 Rossby 相似性关系：

$$(u_*/V_g)^2 = k^2/\{[\ln(\text{Ro}\, u_*/V_g) - A]^2 + B^2\} \tag{6.30}$$

式中，Ro$[\simeq V_g/(fz_o)]$ 为 Rossby 数；$A \simeq 2$；$B \simeq 4.5$。用类似于图 6.7 所示的 Ekman 螺线示意图展示结果。② 设湖泊和海洋等光滑表面的 $z_o = 0.001$ m，保持其他参数不变，重复 ① 的计算过程，分析地表粗糙度对地表风向与自由大气风向之间的偏离角度的影响。

6.10 若林冠拖曳系数为 0.2，植被面积密度为 0.05 m^2·m^{-3}，利用习题 6.5 计算得到的气压梯度数值估算森林树干处的风速大小，并计算森林树干处的风速与地转风速的比值。

6.11 在一次森林内部扩散观测试验中，仪器安装在观测塔上。森林上方的观测结果显示，此时风由正北吹向正南，因此，在观测塔的正北方的地表上放置了一个烟源，以便在塔的位置能观测到烟流中心（图 6.16）。请问在这种条件下，烟流移动轨迹是否会经过观测塔？烟流会向观测塔左侧偏转还是向右侧偏转？原因是什么？

6.12 从完整的动量方程 [公式 (3.33) 和式 (3.34)] 开始，推导公式 (6.20) 和式 (6.21)，并说明在推导过程中作了哪些假设。

6.13 证明公式 (6.22) 和式 (6.23) 是公式 (6.20) 和式 (6.21) 的解，且满足合理的初始条件。

6.14 残留层中的初始风速为 4.0 m·s^{-1}，地转风速为 9.0 m·s^{-1}，两个风矢量之间的夹角为 10.0°。绘制一幅类似于图 6.12 的描述惯性振荡的风矢量图，并判断在何时风会转变为超级地转风，在何处风速达到峰值。

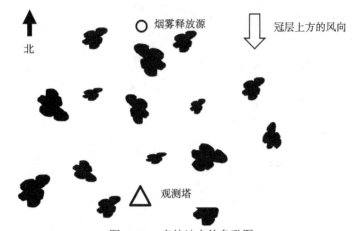

图 6.16　森林站点的鸟瞰图

图中标注了树冠、烟源和观测塔所处的位置。烟从距观测塔一定距离的地面开始释放

6.15* 地转风速为 $10.0 \ \mathrm{m \cdot s^{-1}}$，惯性振荡从 $t = 0$ 开始，此时湍流扩散系数为 $12.5 \ \mathrm{m^2 \cdot s^{-1}}$，新稳态条件下的湍流扩散系数为 $0.5 \ \mathrm{m^2 \cdot s^{-1}}$，Coriolis 参数 $f = 1.14 \times 10^{-4} \ \mathrm{s^{-1}}$（纬度为 52°N）。分别绘制时间 t=0:00、2:11、4:23、6:35 和 8:36 时的边界层风速廓线图，并预测何时会出现低空急流。

6.16 在纬度为 8°N 的热带地区，重新回答习题 6.15 所描述的问题。根据计算结果判断，该纬度夜间是否会出现低空急流？原因是什么？

6.17 是否可以用 Ekman 螺线解来描述赤道附近热带大气边界层的风廓线特征？原因是什么？

6.18 在大气边界层以上，风从正南吹来。估计此时森林顶端和地面处的风向。（提示：地面与森林冠层之间存在开阔的树干层。）

6.19 对比城市区域和被雪覆盖的牧场上的大气边界层，哪种情况的风垂直切变更大？原因是什么？

6.20* 地转风速为 $10.00 \ \mathrm{m \cdot s^{-1}}$，近地面层的初始风速 $\{u_0, v_0\}$ 为 $\{1.56, 1.34\} \ \mathrm{m \cdot s^{-1}}$，平衡态时的风速 $\{u_e, v_e\}$ 为 $\{5.53, 3.11\} \ \mathrm{m \cdot s^{-1}}$，计算日落之后不同时刻的风速大小，参考图 6.12，以风矢量的形式表示计算结果。计算结果是否能够表明在夜间某些时段地面风会吹向高压？

参 考 文 献

Angevine W M, Hare J E, Fairall C W, et al. 2006. Structure and formation of the highly stable marine boundary layer over the Gulf of Maine. Journal of Geophysical Research: Atmospheres, 111: D23S22.

Baas P, Bosveld F C, Klein Baltink H, et al. 2009. A climatology of nocturnal low-level jets at Cabauw. Journal of Applied Meteorology and Climatology, 48(8): 1627-1642.

Barr A G, Betts A. 1997. Radiosonde boundary layer budgets above a boreal forest. Journal of Geophysical Research: Atmospheres, 102(D24): 29205-29212.

Blackadar A K. 1957. Boundary layer wind maxima and their significance for the growth of nocturnal inversions. Bulletin of the American Meteorological Society, 38(5): 283-290.

Blackadar A K. 1962. The vertical distribution of wind and turbulent exchange in a neutral atmosphere. Journal of Geophysical Research, 67(8): 3095-3102.

Bond N A. 1992. Observations of planetary boundary-layer structure in the eastern equatorial Pacific. Journal of Climate, 5(7): 699-706.

Chen X, Añel J A, Su Z, et al. 2013. The deep atmospheric boundary layer and its significance to the stratosphere and troposphere exchange over the Tibetan Plateau. PLoS One, 8(2): e56909.

Deser C. 1993. Diagnosis of the surface momentum balance over the tropical Pacific ocean. Journal of Climate, 6(1): 64-74.

Faloona I, Lenschow D H, Campos T, et al. 2005. Observations of entrainment in Eastern Pacific marine stratocumulus using three conserved scalars. Journal of the Atmospheric Sciences, 62(9): 3268-3285.

Gonzalez A O, Slocum C J, Taft R K, et al. 2016. Dynamics of the ITCZ boundary layer. Journal of the Atmospheric Sciences, 73(4): 1577-1592.

He Y, Monahan A H, McFarlane N A. 2013. Diurnal variations of land surface wind speed probability distributions under clear-sky and low-cloud conditions. Geophysical Research Letters, 40(12): 3308-3314.

Hignett P. 1991. Observations of diurnal variation in cloud-capped marine boundary layer. Journal of the Atmospheric Sciences, 48: 1474-1482.

Johnson R H, Ciesielski P E, Cotturone J A. 2001. Multiscale variability of the atmospheric mixed layer over the western Pacific warm pool. Journal of the Atmospheric Sciences, 58(18): 2729-2750.

Lee X, Shaw R H, Black T A. 1994. Modelling the effect of mean pressure gradient on the mean flow within forests. Agricultural and Forest Meteorology, 68(3/4): 201-212.

Mahrt L. 1999. Stratified atmospheric boundary layers. Boundary-Layer Meteorology, 90(3): 375-396.

McGauley M, Zhang C, Bond N A. 2004. Large-scale characteristics of the atmospheric boundary layer in the eastern Pacific cold tongue–ITCZ region. Journal of Climate, 17(20): 3907-3920.

Medeiros B, Hall A, Stevens B. 2005. What controls the mean depth of the PBL? Journal of Climate, 18(16): 3157-3172.

Miralles D G, Teuling A J, van Heerwaarden C C, et al. 2014. Mega-heatwave temperatures due to combined soil desiccation and atmospheric heat accumulation. Nature Geoscience, 7: 345-349.

Randall D A. 1980. Conditional instability of the first kind upside-down. Journal of the Atmospheric Sciences, 37(1): 125-130.

Shapiro A, Fedorovich E. 2010. Analytical description of a nocturnal low-level jet. Quarterly Journal of the Royal Meteorological Society, 136(650): 1255-1262.

Siebesma A P, Bretherton C S, Brown A, et al. 2003. A large eddy simulation intercomparison study of shallow cumulus convection. Journal of the Atmospheric Sciences, 60(10): 1201-1219.

Stevens B, Lenschow D H, Vali G, et al. 2003. Dynamics and chemistry of marine stratocumulus—DYCOMS-II. Bulletin of the American Meteorological Society, 84(5): 579-594.

Sullivan P P, Moeng C H, Stevens B, et al. 1998. Structure of the entrainment zone capping the convective atmospheric boundary layer. Journal of the Atmospheric Sciences, 55(19): 3042-3064.

Sun J, Lenschow D H, Mahrt L, et al. 2013. The relationships among wind, horizontal pressure gradient, and turbulent momentum transport during CASES-99. Journal of the Atmospheric Sciences, 70(11): 3397-3414.

Van de Wiel B J H, Moene A F, Steeneveld G J, et al. 2010. A conceptual view on inertial oscillations and nocturnal low-level jets. Journal of the Atmospheric Sciences, 67(8): 2679-2689.

Wood R. 2012. Stratocumulus clouds. Monthly Weather Review, 140(8): 2373-2423.

第 7 章　近地边界层痕量物质扩散

7.1　基本约束条件

本章介绍大气边界层内痕量物质的传输与扩散。早期研究扩散问题的主要目的是预测烟囱释放到空气中的污染物浓度。近些年来，为了满足非均匀下垫面通量观测的需要，微气象学家拓宽了扩散理论的应用范围，他们发现，为了准确地观测通量就需要利用通量贡献区模型估算影响通量观测的具体源区，而这些通量贡献区模型是地表污染源的传统扩散理论的延伸。

本章所考虑的排放源排放的是痕量物质，排放源的源强与源位置不会影响边界层流场的动力特征。一旦痕量物质进入边界层，它们在流动过程中既不会通过化学反应产生或消失，也不会被地面吸附，因此，痕量物质的总量在时间上是守恒的。

痕量物质的扩散必须符合四个基本约束条件 (Blackadar, 1997; Seinfeld and Pandis, 2006)。第一个约束条件是扩散过程的线性叠加。线性叠加原理是指，当多个排放源互不干扰时，在给定的位置和时间，多个排放源释放的物质总浓度是所有单个排放源排放的物质浓度的和。基于该原理，可以利用简单排放源的模型构建复杂排放源的扩散模型。对瞬时点源排放的物质浓度进行时间积分，可以得到连续点源排放的物质浓度。众多点源沿着一条线依次排列可形成线源，对排列在该条线上的点源释放的物质浓度进行线性积分，可以得到线源释放的物质浓度。面源可以由线源线性叠加而成。多个面源在垂直方向上的叠加可形成冠层源，以此类推。

第二个约束条件是质量守恒。在一维流体中，除了排放源所处的位置之外，痕量物质的平均质量浓度 ($\bar{c}$) 满足局地质量守恒方程，

$$\frac{\partial \bar{c}}{\partial t} + \bar{u} \frac{\partial \bar{c}}{\partial x} = -\frac{\partial \overline{u'c'}}{\partial x} - \frac{\partial \overline{v'c'}}{\partial y} - \frac{\partial \overline{w'c'}}{\partial z} \tag{7.1}$$

式中，$\bar{c}$ 的单位是 kg·m^{-3}。将瞬时质量守恒方程 (2.16) 中的 ρ_c 替换为 c，并进行雷诺平均可以得到公式 (7.1)。该方程可与一阶闭合假设联立，

$$\overline{u'c'} = -K_x \frac{\partial \bar{c}}{\partial x}, \quad \overline{v'c'} = -K_y \frac{\partial \bar{c}}{\partial y}, \quad \overline{w'c'} = -K_z \frac{\partial \bar{c}}{\partial z} \tag{7.2}$$

式中，K_x、K_y 和 K_z 分别为主风、侧风和垂直方向上的湍流扩散系数。在大气边界层内，K_z 可以用第 3 章中标量湍流扩散系数的参数化方案来表示。

虽然公式 (7.1) 很严谨，但是公式 (7.2) 存在与一阶闭合参数化方案同样的缺点。除了第 3 章讨论的缺点以外，公式 (7.2) 在源区附近不成立 (7.2 节)。

此处所描述的问题是正演问题。正演问题的目的是根据已知源强来求解痕量物质浓度。大气模型一般将质量混合比作为未知量，但在本章的扩散方程中，未知量为质量浓度。与质量浓度相比，使用混合比可以避免空气密度的空间变化引起的假扩散现象。如果要解决一个反演问题，例如利用通量梯度法或者涡度相关方法观测的大气中痕量物质的浓度来反推源强，那么假扩散现象将会带来很大的误差。但是在正演问题中，由假扩散引起的误差比其他原因造成的误差（如扩散参数引起的误差）要小很多。

第三个约束条件是总体质量守恒，即将质量守恒原理应用于整个流场。因为痕量物质是惰性的，所以总的质量不随时间变化。如果从瞬时源释放的物质总量是 Q (单位为 kg)，则痕量物质进入大气后在任意时间的浓度满足

$$\int_{-\infty}^{\infty} \int_{-\infty}^{\infty} \int_{-\infty}^{\infty} \bar{c}\, \mathrm{d}x\, \mathrm{d}y\, \mathrm{d}z = Q \tag{7.3}$$

对于连续点源 [公式 (7.25) 和式 (7.27)] 和线源 [公式 (7.30)]，总体质量守恒约束条件有不同的表达形式。公式 (7.3) 及类似的方程可用于验证统计模型和经验参数化方案，如果这些模型求得的结果不符合总体质量守恒，那么模型的某些方面可能存在错误。

如果痕量物质是活性的或者可以被地面吸附，又或者在流场中被障碍物截获，则公式 (7.3) 不成立。

最后一个约束条件是概率分布独立性，即粒子在三个正交方向上 (x, y 与 z) 位置的概率分布是相互统计独立的。这一约束条件不是基于某个基本定律，而是在拉格朗日坐标系中湍流扩散的一个假定特性。拉格朗日坐标系很特殊，它跟随粒子同步移动。在这个坐标系中，假设每个粒子都携带一小部分等量的痕量物质。拉格朗日坐标系与欧拉框架不同，后者是在固定坐标系下描述痕量物质的传输与扩散。公式 (7.1) 与式 (7.2) 使用的笛卡儿坐标系为欧拉坐标系。由于无法百分之百地准确描述每个粒子的运动轨迹，需要对粒子的运动进行统计分析。设 p_z 为 z 方向上的概率分布，则粒子落在 z 与 $z + \mathrm{d}z$ 之间的概率为 $p_z \mathrm{d}z$，根据定义，p_z 满足

$$\int_{-\infty}^{+\infty} p_z\, \mathrm{d}z = 1 \tag{7.4}$$

同样可以定义粒子在 x 与 y 方向上的概率分布 p_x 与 p_y。概率独立假设表示的

是：粒子出现在坐标系某一方向上某个位置的概率与其处在另外两个方向上某个位置的概率是相互独立的。数学方程为

$$p = p_x \, p_y \, p_z \tag{7.5}$$

根据概率函数的定义，p 满足

$$\int_{-\infty}^{\infty} \int_{-\infty}^{\infty} \int_{-\infty}^{\infty} p \, \mathrm{d}x \, \mathrm{d}y \, \mathrm{d}z = 1 \tag{7.6}$$

此处，$p \, \mathrm{d}x \, \mathrm{d}y \, \mathrm{d}z$ 是粒子落在 x 到 $x + \mathrm{d}x$、y 到 $y + \mathrm{d}y$ 和 z 到 $z + \mathrm{d}z$ 空间范围内的概率。公式 (7.6) 符合总体质量守恒原理。

为了能够获得通量源区和痕量气体浓度的多维分布，公式 (7.5) 是必需的简化公式。严格地讲，概率独立性在近地层并不成立。在近地层，由于流体的切应力，流体粒子的垂直速度与水平速度存在相关性，比如向上运动的粒子，即垂直速度为正的粒子，其在水平方向上的速度脉动一般为负，反之亦然（图 3.4）。但在实际应用中，概率统计独立假设存在的这个问题并不严重。一些随机模型不做概率统计独立假设，但得到的结果相似。

7.2　均匀湍流中的点源扩散

7.2.1　瞬时点源

在本小节，假定瞬时点源位于 $x = y = z = 0$，在 $t = 0$ 时刻释放出痕量物质，释放量为 Q（单位为 kg）。目的是求解痕量物质浓度 $\bar{c}$，该浓度是时间和空间的函数。基于拉格朗日方法，痕量物质扩散就等同于一大批流体粒子沿着各自独立的轨迹运动（图 7.1）。某一个粒子在 t 时刻的位置可由下式表示：

$$X(t) = \int_0^t u_{\mathrm{L}} \mathrm{d}t', \quad Y(t) = \int_0^t v_{\mathrm{L}} \mathrm{d}t', \quad Z(t) = \int_0^t w_{\mathrm{L}} \mathrm{d}t' \tag{7.7}$$

式中，$\{u_{\mathrm{L}}, v_{\mathrm{L}}, w_{\mathrm{L}}\}$ 是粒子在三个方向上的速度分量。由于扩散是在湍流场中进行的，粒子速度与位置的坐标是随机变量。

尽管不能精准地得到单个粒子的运动轨迹，但是可以利用统计方法分析由众多粒子构成的烟流的运动状态。烟流的中心位置为 $\{\overline{X}, \overline{Y}, \overline{Z}\}$，烟流的大小范围可以由粒子位置的标准差确定：

$$\sigma_x(t) = (\overline{X^2})^{1/2}, \quad \sigma_y(t) = (\overline{Y^2})^{1/2}, \quad \sigma_z(t) = (\overline{Z^2})^{1/2} \tag{7.8}$$

式中，上划线表示粒子的总体平均。粒子位置的标准差 σ_x、σ_y 和 σ_z（即扩散参数）随着时间延长而增大。

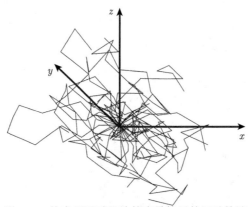

图 7.1　从点源同时释放的痕量粒子的运动轨迹
每个粒子携带等量的痕量物质并沿着随机独立的路径运动

概率分布函数 $p(x, y, z, t)$ 表示在 t 时刻粒子位于 $\{x, y, z\}$ 位置附近的可能性。如果粒子数量很多，p 相当于粒子的数浓度，单位为 m^{-3}。如前文所述，因为每一个粒子都携带等量的痕量物质，所以痕量物质的平均浓度为

$$\bar{c}(x, y, z, t) = Q p(x, y, z, t) \tag{7.9}$$

求解 $\bar{c}$ 的问题就转变成量化概率分布函数 p 的问题。

假设湍流场均匀且无限大。在该均匀湍流中，流场的雷诺平均统计量（如平均速度和速度方差）不随空间变化。一般认为，粒子的速度在均匀湍流中符合 Gauss 分布。因为 t 时刻粒子的垂直位置 Z 是 t 时刻之前无数个时间步长上 w_L 值的总和 [公式 (7.7)]，每一个 w_L 值都是一个 Gauss 变量，并且不依赖于前一个时间步长的速度值，所以根据中心极限定理，Z 也符合 Gauss 分布（图 7.2）。Z 的概率分布可以表示为

$$p_z = \frac{1}{\sqrt{2\pi}\sigma_z} \exp\left(-\frac{z^2}{2\sigma_z^2}\right) \tag{7.10}$$

粒子水平位置 X 与 Y 的概率分布形式与公式 (7.10) 相同。利用概率分布独立约束条件 [公式 (7.5)]，可以得到没有平均速度流场的三维概率分布函数：

$$p(x, y, z, t) = \frac{1}{(2\pi)^{3/2}\sigma_x\sigma_y\sigma_z} \exp\left(-\frac{x^2}{2\sigma_x^2} - \frac{y^2}{2\sigma_y^2} - \frac{z^2}{2\sigma_z^2}\right) \tag{7.11}$$

式中，等式右端 σ_x、σ_y 和 σ_z 是时间的函数。

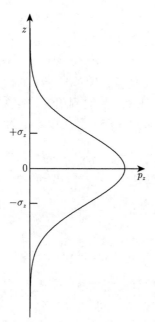

图 7.2 垂直方向上粒子位置的 Gauss 分布函数

根据公式 (7.9) 和式 (7.11)，平均浓度为

$$\overline{c}(x,y,z,t) = \frac{Q}{(2\pi)^{3/2}\sigma_x\sigma_y\sigma_z} \exp\left(-\frac{x^2}{2\sigma_x^2} - \frac{y^2}{2\sigma_y^2} - \frac{z^2}{2\sigma_z^2}\right) \qquad (7.12)$$

此处需要注意的是，烟流的中心始终处于初始位置，不随时间变化。

若平均风速为 $\overline{u}$，那么烟流中心会随着气流运动，则公式 (7.12) 可修正为

$$\overline{c}(x,y,z,t) = \frac{Q}{(2\pi)^{3/2}\sigma_x\sigma_y\sigma_z} \exp\left[-\frac{(x-\overline{u}t)^2}{2\sigma_x^2} - \frac{y^2}{2\sigma_y^2} - \frac{z^2}{2\sigma_z^2}\right] \qquad (7.13)$$

可根据之前介绍的约束条件检验公式 (7.12) 和式 (7.13) 是否合理。这两个公式的推导过程中使用了概率独立性。如果痕量物质排放加倍，则根据线性叠加原理，在空间任意位置的浓度都应该加倍，两个公式都满足该条件。两个公式也满足总体质量守恒方程 (7.3) (参见习题 7.1)。对于局地质量守恒，若把湍流扩散系数和扩散参数的关系表达为

$$\sigma_x^2 = 2K_xt, \quad \sigma_y^2 = 2K_yt, \quad \sigma_z^2 = 2K_zt \qquad (7.14)$$

公式 (7.12) 和式 (7.13) 是公式 (7.1) 和式 (7.2) 的解。

在应用公式 (7.12) 和式 (7.13) 之前，需要确定扩散参数。本书采用定常湍流扩散的 Taylor 理论来建立 σ_z 与湍流速度的关系。利用该理论可以很容易地推导出 σ_x 与 σ_y 的表达式。

在定常湍流中，流体粒子的统计特征与粒子的初始状态无关。换句话说，粒子在 t 时刻速度 w_L 与粒子在 $t + t'$ 时刻速度的相关性仅是时间间隔 t' 的函数，与 t 和 $t + t'$ 无关。拉格朗日自相关系数可以表示为

$$R_L(t') = \frac{\overline{w_L(t)w_L(t + t')}}{\overline{w_L^2}} \tag{7.15}$$

拉格朗日自相关系数在 $t' = 0$ 时为 1，当 $t' \to \infty$ 时趋近于 0。满足这两个条件的方程为

$$R_L(t') = \exp(-t'/T_L) \tag{7.16}$$

式中，T_L 是拉格朗日积分时间尺度。根据公式 (7.7)、Z 与 w_L 的关系式 $w_L = \mathrm{d}Z/\mathrm{d}t$、公式 (7.8) 和公式 (7.15)，可得

$$
\begin{aligned}
\overline{w_L^2} \int_0^t R_L(t')\mathrm{d}t' &= \overline{w_L(t) \int_0^t w_L(t + t')\mathrm{d}t'} \\
&= \overline{w_L(t)Z(t)} \\
&= \overline{\frac{\mathrm{d}Z(t)}{\mathrm{d}t}Z(t)} \\
&= \frac{1}{2}\frac{\mathrm{d}}{\mathrm{d}t}\sigma_z^2(t)
\end{aligned} \tag{7.17}
$$

将公式 (7.16) 与式 (7.17) 联立可得到 σ_z^2 的常微分方程：

$$\overline{w_L^2}[1 - \exp(-t/T_L)]T_L = \frac{1}{2}\frac{\mathrm{d}}{\mathrm{d}t}\sigma_z^2(t) \tag{7.18}$$

公式 (7.18) 的解为

$$\sigma_z^2(t) = 2\overline{w_L^2}\,T_L^2\,[t/T_L - 1 + \exp(-t/T_L)] \tag{7.19}$$

在实际应用中，拉格朗日速度方差可近似等于欧拉速度方差：

$$\overline{w_L^2} = \sigma_w^2$$

式中，$\sigma_w^2 = \overline{w'^2}$。但是拉格朗日时间尺度只能由经验方法确定。

图 7.3 展示的是由瞬时点源释放的痕量物质浓度随高度和时间的变化特征。扩散过程存在两个不同的区域。接近源的区域叫做近场，根据公式 (7.19)，在近场中，烟流分布的空间范围随着时间线性增大：

$$对于短时间 \ t, \ \sigma_z(t) \simeq \sigma_w t \tag{7.20}$$

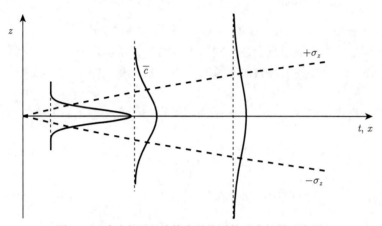

图 7.3 瞬时点源释放的痕量物质的垂直扩散示意图
烟流以常速向下风方向移动

在远场或更长的时间 t，烟流的空间范围与时间的平方根成比例：

$$对于长时间 \ t, \ \sigma_z(t) \simeq \sigma_w (2T_{\mathrm{L}} t)^{1/2} \tag{7.21}$$

当 t 趋近于 0 时，会出现一个自相矛盾的结论。本节涉及的湍流是空间均匀的，即湍流扩散系数 K_z 不随空间位置发生改变。在远场，将公式 (7.14) 和公式 (7.21) 相比可得

$$K_z = \sigma_w^2 T_{\mathrm{L}} \tag{7.22}$$

因此，K_z 是一个常数。然而，在近场，K_z 随时间或水平距离而变化：

$$K_z = \frac{1}{2}\sigma_w^2 t = \frac{1}{2}\frac{\sigma_w^2 x}{\overline{u}} \tag{7.23}$$

产生这个矛盾的本质在于痕量物质在近场的扩散不是随机的，无法用简单的 Fick 定律闭合参数化方案 [公式 (7.2)] 对扩散过程进行准确的描述。近场的影响有时被称为存留效应。

7.2.2 连续点源

还有一类重要的排放源为连续点源。假设排放源以定常速率释放痕量物质，排放速率 Q 的单位为 $\mathrm{kg \cdot s^{-1}}$。经过足够长的时间后，痕量物质浓度 $\overline{c}$ 将保持稳

定，根据线性叠加原理，$\bar{c}$ 可以通过对瞬时源的浓度表达式进行时间积分得到

$$\bar{c}(x,y,z) = \int_0^\infty \frac{Q}{(2\pi)^{3/2}\sigma_x\sigma_y\sigma_z} \exp\left[-\frac{(x-\bar{u}t')^2}{2\sigma_x^2} - \frac{y^2}{2\sigma_y^2} - \frac{z^2}{2\sigma_z^2}\right] \mathrm{d}t'$$

$$\simeq \frac{Q}{2\pi\bar{u}\sigma_y\sigma_z} \exp\left(-\frac{y^2}{2\sigma_y^2} - \frac{z^2}{2\sigma_z^2}\right) \tag{7.24}$$

公式 (7.24) 是标准的 Gauss 烟流模式。与平均风的输送作用相比，沿平均风向的扩散作用很小，该扩散项在上述时间积分时已被忽略。式中自变量 x 隐含在扩散参数中，因为扩散参数是排放源下风向距离 x 的函数，即用 $x/\bar{u}$ 代替公式 (7.19) 中的 t。

　　根据质量守恒原理，沿着 y-z 平面在下风向任意位置上总的平均输送量应等于 Q，即

$$\int_{-\infty}^\infty \int_{-\infty}^\infty \bar{u}\,\bar{c}\,\mathrm{d}y\,\mathrm{d}z = Q \tag{7.25}$$

公式 (7.24) 满足总体质量守恒的约束条件。

7.3　高架源的 Gauss 烟流模式

　　烟囱是大气边界层内最常见的连续点源。利用 Gauss 烟流模式可以将烟囱排放出的烟雾浓度与边界层内的风速及扩散条件联系起来。令 z 代表离地高度，x 为排放源下风向距离，y 轴代表与烟流中心轴正交的方向。源距离地面的高度，即烟囱高度为 z_1。排放源坐标是 $\{0, 0, z_1\}$。在空中延伸的烟流形状近似为圆锥形（图 7.4）。其垂直横截面是椭圆形，垂直半径和与风向正交的半径分别近似等于 $2\sigma_z$ 与 $2\sigma_y$。

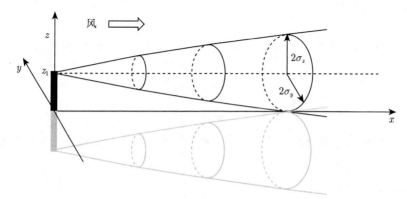

图 7.4　大气边界层中烟囱释放出的烟流示意图

在地下增加了一个虚拟像源以捕获地面反射作用

要用烟流扩散模型计算空气质量，需要做两处修正。第一，必须考虑地面的影响。与之前章节讨论的痕量物质在无界条件下扩散不同，此处流体被限定在地面之上，地面是阻挡烟流扩散的实体障碍。假定地面不吸附烟雾中的污染物，即烟雾扩散过程满足"零通量"边界条件。换言之，当烟流碰撞到地面时会被完全反弹回大气。零通量条件可以在地下增加一个与地上完全相同的虚拟像源来实现（图 7.4）。实际的烟雾浓度是实际排放源与虚拟像源的贡献之和：

$$\bar{c}(x, y, z; z_1) = \frac{Q}{2\pi\bar{u}\sigma_y\sigma_z} \exp\left(-\frac{y^2}{2\sigma_y^2}\right)$$

$$\left\{ \exp\left[-\frac{(z-z_1)^2}{2\sigma_z^2}\right] + \exp\left[-\frac{(z+z_1)^2}{2\sigma_z^2}\right] \right\} \tag{7.26}$$

式中，Q 是烟雾排放速率（单位为 $kg \cdot s^{-1}$）；$\bar{u}$ 是边界层中的平均风速。

在 $z > 0$ 的空间范围内，质量是守恒的，所以总体质量守恒方程可以表示为

$$\int_{-\infty}^{+\infty} \int_{0}^{+\infty} \bar{u}\bar{c}\, dz\, dy = Q \tag{7.27}$$

公式 (7.26) 满足该约束条件。

如果边界层较浅，或烟囱较高，那么烟雾颗粒会被覆盖逆温阻挡而向下运动。覆盖逆温层的反弹作用可以通过在逆温层之上增加另一个虚拟像源来模拟。

出于对生态系统和人体健康的考虑，需要特别关注地面污染物浓度的变化。令公式 (7.26) 中 z 等于零，可得到地面浓度公式：

$$\bar{c}(x, y, 0; z_1) = \frac{Q}{\pi\bar{u}\sigma_y\sigma_z} \exp\left(-\frac{y^2}{2\sigma_y^2}\right) \exp\left(-\frac{z_1^2}{2\sigma_z^2}\right) \tag{7.28}$$

对 Gauss 烟流模式的第二个修正是考虑风切变和大气稳定度的影响，这两个因素在均匀湍流中不存在。但受到这两个因素影响时，必须修正扩散参数 σ_y 与 σ_z 的计算方法。根据公式 (7.14)，扩散参数的参数化方案可以修正为

$$\sigma_y = (2K_y x/\bar{u})^{1/2}, \quad \sigma_z = (2K_z x/\bar{u})^{1/2} \tag{7.29}$$

第 3 章已经详尽阐述了垂直扩散系数 K_z 与风切变和大气稳定度的关系，但是横向扩散系数 K_y 的变化规律尚不清楚。另一个广泛应用的方法是基于 Pasquill-Gifford 方案建立 σ_y、σ_z 与 x 的关系，根据室外痕量物质扩散试验得到的六种稳定度级别来确定该方案的经验系数（参见习题 7.5）。在均匀湍流中，σ_y、σ_z 与下风向距离的平方根成正比 [公式 (7.29)]；与此相比，Pasquill-Gifford 方案得

到的扩散参数随下风向距离的变化会更快，且空气越不稳定，扩散参数的数值就越大。

　　修正后的 Gauss 烟流模式比较符合实际情况。根据公式 (7.28)，地面最高浓度将出现在烟囱下风向烟流主轴 ($y = 0$) 的某个位置上，这一结论与试验资料相符。根据该公式，增加烟囱的高度可以极大地改善地面空气质量。空间上每一处的烟雾浓度都与烟雾排放速率成正比，而与风速成反比。风速对污染物浓度的影响可以这样理解：如果风速加倍，同样多的污染物将被输送到两倍远以外的地方，烟流也会被稀释两倍，因此污染物浓度将减半。

　　大气稳定度对空气质量的影响不像风速和排放速率的影响那样简单直观。当大气从稳定变为不稳定，在相同的下风距离上，σ_y 和 σ_z 会变大。公式 (7.28) 的分母部分会变得更小，但是指数部分会变大。总体影响只能通过 Pasquill-Gifford 方案和公式 (7.28) 来计算。结果如图 7.5 所示，与中性和稳定大气层结相比，不稳定条件下的地面最大浓度会更高，距离烟囱较近的位置空气质量会更差。

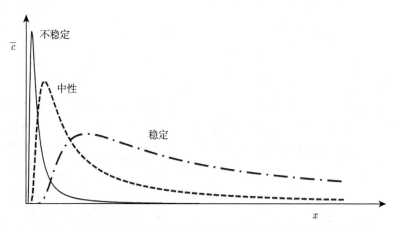

图 7.5　三种不同稳定度条件下烟流中心轴处的地面污染物浓度

7.4　地面源的扩散过程

7.4.1　地面线源

　　高速公路和街道是现实生活中典型的地面线源。这一类排放源在通量贡献区理论中有着特殊的地位，本章后面的部分将对此进行介绍。

　　令线源垂直于平均风，并且处在 $x = 0$ 的位置上（图 7.6）。若线源无限长，则可以将扩散过程简化为二维空间 (x, z) 内的问题，对污染物浓度求解。总体质量守恒的约束条件变为

$$\int_0^\infty \overline{u}\,\overline{c}(x, z)\,\mathrm{d}z = Q \tag{7.30}$$

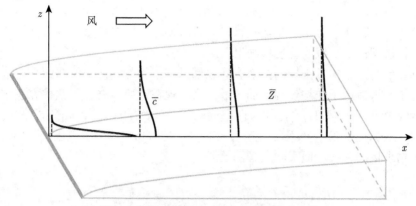

图 7.6 地面线源下风向痕量物质浓度廓线
图中楔形上表面代表平均烟流高度

式中，Q 是单位长度痕量物质的排放速率，单位为 $\mathrm{kg \cdot m^{-1} \cdot s^{-1}}$。在稳态条件下，并忽略经向扩散，局地质量守恒方程 [公式 (7.1)] 可以简化为

$$\bar{u}\frac{\partial \bar{c}}{\partial x} = \frac{\partial}{\partial z}\left(K_z \frac{\partial \bar{c}}{\partial z}\right) \tag{7.31}$$

如果流场在空间上是均匀的，则可以通过点源的 Gauss 烟流模式推出线源的解。将线源划分为等长线段 $\mathrm{d}y$，将每个等长线段视为排放速率为 $Q\,\mathrm{d}y$ 的点源。利用公式 (7.26)，在源高 z_1 为零的条件下求解得到每个线段的浓度。根据线性叠加原理，线源的解等于所有线段贡献之和，可将公式 (7.26) 从正无穷到负无穷对 y 进行积分得到。结果为

$$\bar{c}(x, z) = \frac{Q}{(\pi K_z \bar{u}x)^{1/2}} \exp\left(-\frac{\bar{u}z^2}{4K_z x}\right) \tag{7.32}$$

在推导过程中，通过公式 (7.29) 消除了垂直扩散参数。

公式 (7.32) 满足总体及局地质量守恒约束条件 (参见习题 7.7)。根据公式 (7.32) 可知，痕量物质的浓度在线源处 ($x = 0$) 趋于无穷大，但随着离线源的水平距离或垂直距离增加而迅速下降。在地面，浓度的垂直梯度为零，从而确保地表痕量物质通量为零。上述特性构成了公式 (7.31) 的边界条件，可以表示为

$$\text{当}\ x, z \to \infty\ \text{时},\ \bar{c} \to 0 \tag{7.33}$$

$$\text{当}\ x = z = 0\ \text{时},\ \bar{c} \to \infty \tag{7.34}$$

$$\text{当}\ z = 0,\ x > 0\ \text{时},\ K_z \frac{\partial \bar{c}}{\partial z} = 0 \tag{7.35}$$

在均匀湍流中，风速 $\overline{u}$ 和湍流扩散系数 K_z 不随高度变化。然而，对于近地层的流体，$\overline{u}$ 和 K_z 对高度非常敏感。为此需要将扩散对高度的依赖性结合到痕量物质扩散理论中，以改善模型结果。

到目前为止，本章推导的扩散表达式都是基于均匀湍流中拉格朗日方法得到的。为了获得适用于非均匀湍流的扩散模型，现在改变策略，用欧拉方法求解局地质量守恒方程 (7.31)。但如果使用近地层"正确"的 $\overline{u}$ 廓线 [公式 (4.40)] 和 K_z 廓线 [公式 (3.52)]，将无法得到公式 (7.31) 的解析解。为了克服这一困难，将这两个物理量的廓线近似表示成幂函数形式：

$$K_z(z) = K_1 \left(\frac{z}{z_1} \right)^n, \quad \overline{u}(z) = \overline{u}_1 \left(\frac{z}{z_1} \right)^m \tag{7.36}$$

将公式 (7.36) 代入公式 (7.32)，可以得到解析解

$$\overline{c}(x, z) = \frac{Qr}{z_1 \overline{u}_1 \Gamma(s)} \left(\frac{z_1^2 \overline{u}_1}{r^2 K_1 x} \right)^s \exp \left(- \frac{z_1^{2-r} \overline{u}_1 z^r}{r^2 K_1 x} \right) \tag{7.37}$$

式中，K_1 和 $\overline{u}_1$ 分别是参考高度 z_1 处的湍流扩散系数和风速；Γ 是伽马函数，并且

$$r = m - n + 2 > 0, \quad s = (m+1)/r \tag{7.38}$$

是两个形状因子 (Pasquill and Smith，1983)。公式 (7.37) 满足上述边界条件 [公式 (7.33)、式 (7.34)、式 (7.35)] 和总体质量守恒的约束条件 [公式 (7.30)]。

均匀湍流的解是公式 (7.37) 的特例。在均匀湍流条件下，$n = m = 0$，$r = 2$，$s = 1/2$，并且 $\Gamma(1/2) = \sqrt{\pi}$，公式 (7.37) 就可以简化为公式 (7.32)。

另一个特例是将风速设为常数，K_z 与高度成正比 (例如 $K_z = ku_* z$)。在这个特例中，形状因子取 $m = 0$、$n = 1$、$r = 1$、$s = 1$、$\Gamma(1) = 1$。公式 (7.37) 变为

$$\overline{c}(x, z) = \frac{Q}{ku_* x} \exp \left(\frac{-\overline{u} z}{ku_* x} \right) \tag{7.39}$$

在公式 (7.37) 中，稳定度和表面粗糙度对痕量物质扩散的影响体现在指数项 n 与 m。指数 n 在中性层结条件下是 1，在非中性层结条件下接近于 1。指数 m 变化范围较大，可以从 0.1 变到 0.7，在光滑表面以及强不稳定条件下，m 取小值，否则取大值。

下面，采用 van Ulden (1978) 的方法来量化稳定度和表面粗糙度的影响。公式 (7.37) 可以改写为

$$\overline{c}(x, z) = \frac{AQ}{\overline{Z} u_{\mathrm{p}}} \exp \left[- \left(\frac{Bz}{\overline{Z}} \right)^r \right] \tag{7.40}$$

式中，$A = r\Gamma(2/r)/[\Gamma(1/r)]^2$；$B = \Gamma(2/r)/\Gamma(1/r)$；$\overline{Z}$ 为平均烟流高度，由下式
表示：

$$\overline{Z} = \int_0^\infty \bar{c}\, z\, \mathrm{d}z / \int_0^\infty \bar{c}\, \mathrm{d}z \tag{7.41}$$

u_p 是平均烟流速度，表示为

$$u_\mathrm{p} = \int_0^\infty \bar{c}\, \bar{u}\, \mathrm{d}z / \int_0^\infty \bar{c}\, \mathrm{d}z \tag{7.42}$$

在中性层结条件下，r 值约为 1.5，对应的 $A = 0.73$、$B = 0.66$。在不稳定层结
条件下，建议用 $r = 1$ ($A = 1$，$B = 1$)，而在稳定层结条件下，建议用 $r = 2$
($A = 0.63$，$B = 0.56$)。

在此，需要进一步给出 $\overline{Z}$ 和 u_p 的表达式，才能用公式 (7.40) 进行计算。通
过一系列烦琐的推导过程，可以从公式 (7.31)、式 (7.41) 和近地层廓线关系得到
平均烟流高度 $\overline{Z}$ 的微分方程式：

$$\frac{\mathrm{d}\overline{Z}}{\mathrm{d}x} = \frac{k^2}{[\ln(p\overline{Z}/z_\mathrm{o}) - \Psi_\mathrm{h}(p\overline{Z}/L)]\phi_\mathrm{h}(p\overline{Z}/L)} \tag{7.43}$$

式中，Ψ_h 与 ϕ_h 是热量的 Monin-Obukhov 稳定度函数 [公式 (4.36) 和式 (4.42)]。
系数 p 与 r 有关，但是两者相关性较弱，大部分情况下可将 p 设为 1.55。在中性
层结条件下，公式 (7.43) 的解为

$$x = \frac{\overline{Z}}{k^2}[\ln(p\overline{Z}/z_\mathrm{o}) - 1] - \frac{z_\mathrm{o}}{k^2}[\ln(p) - 1] \tag{7.44}$$

这是个隐函数，需通过数值解或图表反演求解该函数，得到 $\overline{Z}$。在 Horst 和 Weil
(1994) 发表的文章中可以找到公式 (7.43) 在非中性条件下完整的解析解。

最后，van Ulden (1978) 推导出平均烟流速度的近似解为

$$u_\mathrm{p} = \begin{cases} \dfrac{u_*}{k}[\ln(0.6\overline{Z}/z_\mathrm{o}) + 4.7\overline{Z}/L], & \zeta > 0 \\[2mm] \dfrac{u_*}{k}\ln(0.6\overline{Z}/z_\mathrm{o}), & \zeta = 0 \\[2mm] \dfrac{u_*}{k}[\ln(0.6\overline{Z}/z_\mathrm{o}) - \Psi_\mathrm{h}(0.6\overline{Z}/L)], & \zeta < 0 \end{cases} \tag{7.45}$$

根据公式 (7.43)，导数 $\mathrm{d}\overline{Z}/\mathrm{d}x$ 总是正值，这表明烟流中心会随离排放源距离
的增加而逐渐向上移动。在不稳定条件下 ($\Psi_\mathrm{h} > 0$，$\phi_\mathrm{h} < 1$) 烟流抬升迅速，而在
稳定条件下 ($\Psi_\mathrm{h} < 0$，$\phi_\mathrm{h} > 1$) 抬升较慢。对烟流抬升现象的欧拉解释为，痕量物

质将从高浓度的位置扩散到低浓度的位置，即由于湍流扩散的影响，痕量物质将从浓度较高的近地面向距离地面较高而浓度较低的地方再分配，从而引起烟流中心随着输送距离 x 增加而升高。在拉格朗日框架中，$\overline{Z}$ 代表从源释放的痕量物质粒子的平均高度。尽管在一维流体中欧拉流场垂直平均速度 $\overline{w}$ 为 0，但 $\overline{Z}$ 随着 x 的增加而增加，这意味着拉格朗日粒子平均速度 $\overline{w}_{\mathrm{L}}$ 必须大于零。非零的粒子速度有时也叫做漂移速度，是粒子在近地层所受的垂直气压梯度力和重力作用不平衡的结果。Legg 和 Raupach (1982) 认为，一个微弱的向上的净力作用在这些粒子上，促使它们向上飘移。

7.4.2 地面点源

现将线源的结果拓展到地面点源的痕量物质扩散。令排放源位于原点位置，利用概率独立约束条件，并假设横风向上的扩散符合 Gauss 分布，痕量物质浓度方程可表示为

$$\overline{c}(x,y,z) = \{\text{线性解表达式}\} \times \frac{1}{\sqrt{2\pi}\sigma_y} \exp\left(-\frac{y^2}{2\sigma_y^2}\right) \tag{7.46}$$

式中，线源解表达式 [公式 (7.40)] 中的源强单位为 $\mathrm{kg \cdot s^{-1}}$，从而保持单位的一致性。

7.5   植被冠层中的扩散

由于缺少更适合的模式，所以植被冠层中仍采用描述高架线源释放痕量物质扩散的 Gauss 烟流模式。令 z_1 为源高，它小于冠层高度，即 $z_1 < h$，源位于 $x = 0$ 处。痕量物质的浓度表示为

$$\overline{c}(x,z;z_1) = \frac{Q}{\sqrt{2\pi}\sigma_z\,\overline{u}(z_1)} \left\{ \exp\left[-\frac{(z-z_1)^2}{2\sigma_z^2}\right] + \exp\left[-\frac{(z+z_1)^2}{2\sigma_z^2}\right] \right\} \tag{7.47}$$

式中，Q 是源强，单位为 $\mathrm{kg \cdot m^{-1} \cdot s^{-1}}$。地面反弹作用的处理与 7.3 节中介绍的一致，即在地面以下增加了一个虚拟像源。烟流的平均移动速度近似为源高处的风速。

垂直扩散参数由 Taylor 公式给出：

$$\sigma_z^2(x;z_1) = 2\sigma_w^2(z_1)\,T_{\mathrm{L}}^2\left[\frac{x}{\overline{u}(z_1)T_{\mathrm{L}}} - 1 + \exp\left(-\frac{x}{\overline{u}(z_1)T_{\mathrm{L}}}\right)\right] \tag{7.48}$$

在冠层以及冠层上方的粗糙子层中，由于冠层气流的湍流扩散是由大尺度、有组织的湍涡完成的，拉格朗日时间尺度 T_{L} 近似为不随高度变化的常数（图 7.7）。

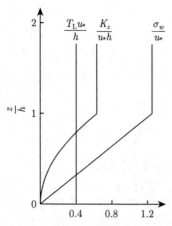

图 7.7   中性层结条件下植被冠层的扩散参数

这些湍涡由风廓线拐点的切变不稳定产生（参见第 5 章），其尺度大且有足够的能量，可以穿过整个冠层，这是积分时间尺度可以在整个冠层以及粗糙子层内取常值的原因。T_L 常用的参数化方程为（Raupach，1989）

$$当 0 < z < 2h \ 时, \ T_L = \beta_1 h/u_* \tag{7.49}$$

式中，u_* 为摩擦风速。垂直速度标准差 σ_w 的廓线近似为

$$\sigma_w(z) = \begin{cases} \beta_2 u_* z/h, & z \leqslant h \\ \beta_2 u_*, & z > h \end{cases} \tag{7.50}$$

经验系数 β_1 和 β_2 与大气稳定度有关。观测研究表明，在中性层结条件下，$\beta_1 \simeq 0.4$，$\beta_2 \simeq 1.25$。

公式 (7.47) 的隐含假设是湍流场均匀。尽管冠层湍流极不均匀，但是用公式 (7.47) 模拟的浓度与实验结果很吻合 (Lee，2004)。这有三个方面的原因。第一，在近场，即扩散粒子运动时间小于 T_L 的区间，痕量物质粒子会受到源附近气流状况的强烈影响，此处粒子的运动可以用速度尺度为 $\sigma_w(z_1)$ 和时间尺度为 T_L 的局地均匀湍流规律近似代替 (Raupach，1989)。第二，公式 (7.47) 满足总体质量守恒定律 [公式 (7.30)]，即使该公式对浓度的细微变化模拟不够精确，但可以确保在预测较大格局的浓度变化时，结果是可以接受的。第三，T_L 是可调整的经验参数，其参数化方案 [公式 (7.49)] 是对冠层湍流扩散优化后的结果。

对于地面线源，公式 (7.37) 的模拟效果优于 Gauss 模型，因此更适用于计算痕量物质浓度。但是需要将公式中冠层内的风速廓线表达为幂函数形式：

$$\overline{u}(z) = \overline{u}_h \left(\frac{z}{h}\right)^m \tag{7.51}$$

式中，$\bar{u}_{\rm h}$ 是冠层顶部的风速。公式 (7.51) 不如第 5 章给出的指数表达式准确，但幂函数风廓线是公式 (7.37) 的前提条件，所以使用公式 (7.51) 来计算痕量物质浓度。与此相似，湍流扩散系数也需要表示成幂函数的形式。利用垂直扩散系数与垂直速度标准差及拉格朗日时间尺度的关系，即 $K_z = \sigma_w^2 T_{\rm L}$，由公式 (7.49) 和式 (7.50) 可得

$$K_z(z) = K_{z,{\rm h}} \left(\frac{z}{h} \right)^2 \tag{7.52}$$

式中，$K_{z,{\rm h}}$ 是冠层顶部的湍流扩散系数。

对于中等郁闭的冠层，推荐 $m = 2$，则公式 (7.37) 变为

$$\bar{c}(x, z) = \frac{Q h^2 \bar{u}_{\rm h}^{1/2}}{2\sqrt{\pi}(x K_{z,{\rm h}})^{3/2}} \exp\left(-\frac{z^2 \bar{u}_{\rm h}}{4 x K_{z,{\rm h}}} \right) \tag{7.53}$$

对于稀疏的冠层，取 $m = 1$，公式 (7.37) 的计算结果可能更准确。

确定性与随机性

上述痕量物质浓度的解析解使用方便。一旦排放源和流体结构特征确定了，痕量物质浓度很容易计算。计算过程不涉及任何随机性，结果是确定的。

但这些解析解也有缺陷。它们仅在理想流场和一些几何形状简单的排放源条件下才是准确的。上述 Gauss 烟流模式是基于均匀湍流场中拉格朗日粒子扩散的概念构建的，其中速度的脉动遵循 Gauss 分布。但对流边界层中湍流是非 Gauss 的：上升气流所占面积较小，但速度比下沉气流更快，结果会导致垂直速度的正偏态分布（Luhar et al., 1996）。此外，由于存留效应，用于求解线源扩散方程的一阶闭合参数化方案在近源区表现不佳。拉格朗日随机模型可以克服这些缺点。在该模型框架中，排放源释放出来一大批颗粒物，批量数以千计。每一个颗粒的运动轨迹由一组随机的微分方程计算。粒子垂直速度的有限差分方程为

$$\delta w_{\rm L} = a_{\rm w}\,\delta t + b_{\rm w} R_{\rm w} \tag{7.54}$$

式中，$a_{\rm w}$ 与 $b_{\rm w}$ 这两个系数是粒子速度和位置的函数；$R_{\rm w}$ 是均值为零、方差为 δt 的 Gauss 随机数。粒子垂直位置每一个时间步长的变化可以表示为 $\delta Z = w_{\rm L}\,\delta t$。公式等号右侧的第一项表示速度漂移，第二项表示随机强迫。两个水平的速度分量可用类似的公式表达。

如果单独跟踪每个粒子，它们的轨迹会显得杂乱无章。但是如果将所有粒子的空间轨迹集合在一起，就会生成有规律的粒子浓度分布。一旦粒子浓

度分布已知，可以从公式 (7.9) 获得痕量物质浓度。这个计算过程有随机性，释放粒子数量越大，随机性就越小，但是随机性不会完全消除。每重新运行一次模型，得到的浓度与前一次运行的结果相比都会有轻微的变化。

Thomson（1987）与 Wilson 和 Sawford（1996）建立了如何选择步长 δt 以及确定 a_w 与 b_w 函数的理论。步长 δt 一般要远远大于粒子速度自相关尺度，但远远小于拉格朗日积分时间尺度，前者以确保当前时间步长的 w_L 独立于前一步长的 w_L，后者以确保近场的影响 (Legg and Raupach, 1982)。这样选择的 δt 落在惯性子区尺度范围。这个选择是可以实现的，因为大气边界层流场的雷诺数很大，拉格朗日积分时间尺度比速度自相关尺度大得多。系数 a_w 和 b_w 的选择需要满足两个条件：① 惯性子区内湍流的 Kolmogorov 相似性；② Thomson 的充分混合条件。根据 Kolmogorov 相似性，速度的统计量受控于 δt 和湍流动能耗散速率。充分混合条件是指，若某个痕量物质在初始时间是充分混合的，则会一直保持充分混合状态。在充分混合条件下，拉格朗日坐标系中的粒子速度概率密度分布与在固定坐标系中观测的欧拉速度概率分布相同。有了这两个条件，就能建立数学表达式，把 a_w 和 b_w 与欧拉坐标系中观测到的速度统计量联系起来。对 a_w 和 b_w 表达式感兴趣的读者可参考 Flesch 等（2004）、Rotach 等（1996）和 Luhar 等（1996），其中第一篇论文研究的是近地层扩散过程，后两篇研究的是对流边界层扩散过程。这些表达式实质上是一种闭合的参数化方案，但与 Fick 定律的闭合方案 [比如公式 (7.2)] 不同，a_w 和 b_w 不依赖于浓度场（Wilson and Sawford，1996）。

拉格朗日随机模型可以后向操作，即用负的 δt 在时间上反向运行。如果关注的是源—受体关系，后向随机模型比前向模型计算效率更高（Lin et al., 2003）。图 7.8 是一个后向轨迹模型的示意图。在这个例子中，研究对象为地

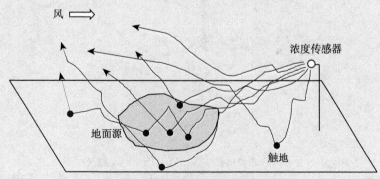

图 7.8   模拟地表源强的后向轨迹
修改于 Flesch 等 (2004)

面上的一个面源，模型的目的是通过在下风向某个点上观测的痕量物质浓度确定该排放源的排放速率。面源的几何形状可以很简单，例如圆形，也可以是不规则的形状。所有粒子从测量点反向释放，有些粒子会在源区内"触地"。排放速率可以通过观测的浓度和源区内触地总数计算得到（Flesch et al., 2004）。

7.6　通量贡献区理论

7.6.1　通量贡献区的概念

通量贡献区描述的是来自通量传感器上风方向地表源对观测的垂直通量的相对贡献 (Schuepp et al., 1990; Horst and Weil, 1994; Schmid, 2002)。观测到的湍流通量是贡献区内不同位置地表源强度的加权平均。通量贡献区的概念与照相机的原理相似，照相机只能捕捉到其视野范围内的物体，与之相似，通量传感器也只能捕捉到贡献区内的源信号。但是，两者之间也有重要的区别。对于照相机而言，一旦设定了相机的位置和相机内部的光学参数，其视野范围是不会改变的。与之相比，通量贡献区不是固定不变的，而是会随着风向和大气稳定度的变化而改变（图 7.9），也会一定程度地受到表面粗糙度的影响。此外，形状和反射率相同的物体对照相机的曝光强度的贡献基本相当。但是，对于通量贡献区，这一点并不成立。与通量贡献区边缘的源要素相比，处在贡献区中心位置的源要素对通量传感器观测的信号的贡献要大得多。

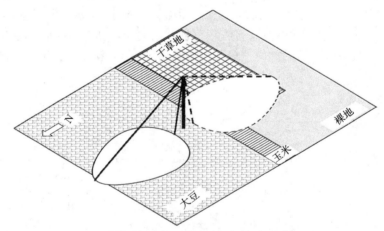

图 7.9　大豆田的通量贡献区及附近其他土地覆被类型示意图
轮廓为实线的区域代表风向为北风时的贡献区；轮廓为虚线的区域代表风向为南风时的贡献区

通量贡献区函数的定义为地表源对湍流通量的相对贡献。令通量传感器位于 $\{x_\mathrm{m}, y_\mathrm{m}, z_\mathrm{m}\}$ 处，$\{x, y\}$ 是地表源要素在水平方向上距传感器的相对距离。通量贡

献区的数学表达式为

$$F(x_{\mathrm{m}}, y_{\mathrm{m}}, z_{\mathrm{m}}) = \int_0^{+\infty} \int_{-\infty}^{+\infty} Q(x_{\mathrm{m}} - x, y_{\mathrm{m}} - y) f_2(x, y; x_{\mathrm{m}}, y_{\mathrm{m}}, z_{\mathrm{m}}) \mathrm{d}y\mathrm{d}x \quad (7.55)$$

式中，F 是标量的垂直通量 (单位为 kg·m^{-2}·s^{-1})；Q 是面源的源强 (单位为 kg·m^{-2}·s^{-1})；f_2 是通量贡献区函数 (单位为 m^{-2})。此处下标 2 表示的是二维，即在 x 与 y 方向上的通量贡献区。公式 (7.55) 是线性叠加原理的延伸，可以理解为所有上风向地表源要素对通量贡献的加权积分。权重因子为通量贡献区函数 f_2，它依赖于传感器的位置以及源与传感器之间的水平距离。根据定义，f_2 不可能是负值。通量贡献区理论就是求解通量贡献区函数。

假设湍流是水平均匀的，地表源的源强存在空间变化，但是这种变化不会影响气流的动态。在该假设下，通量贡献区函数不依赖于通量传感器的水平位置 (图 7.10)，即 $f_2(x, y; x_{\mathrm{m}}, y_{\mathrm{m}}, z_{\mathrm{m}}) = f_2(x, y; z_{\mathrm{m}})$，公式 (7.55) 可以转变为

$$F(x_{\mathrm{m}}, y_{\mathrm{m}}, z_{\mathrm{m}}) = \int_0^{+\infty} \int_{-\infty}^{+\infty} Q(x_{\mathrm{m}} - x, y_{\mathrm{m}} - y) f_2(x, y; z_{\mathrm{m}}) \mathrm{d}y\mathrm{d}x \quad (7.56)$$

因为流场垂直不均匀，所以传感器高度 z_{m} 始终是函数 f_2 的自变量。换句话说，如果传感器在水平方向重新放置，那么通量贡献区的形状不会变化，但是如果将其移动到不同高度，通量贡献区将会随之改变 (图 7.10；参见习题 7.14)。

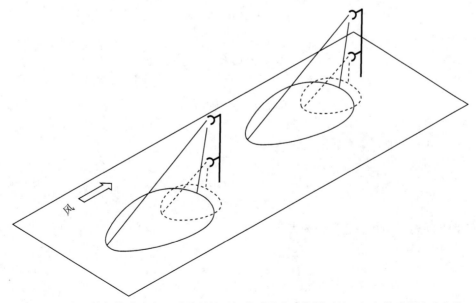

图 7.10　水平均匀的湍流中，通量贡献区与传感器水平位置无关，但与传感器高度有关

如果某景观中地表源在水平方向上分布不均匀，需要借助通量贡献区函数分析通量观测数据。如图 7.9 所示，假设观测的目的是量化大豆田生态系统表面与大气之间的物质交换。当风向为北风时，通量主要源于大豆田，观测的通量是准确的。如果风向偏转了 180°，从南方吹来，则源区将延伸到大豆田以外，观测到的通量不再表示大豆田生态系统与大气之间真实的物质交换。在实验完后的数据分析中，通常需要确定站点的气候学源区（Schmid，2002）。若所研究的生态系统不在地表源区范围内，则应将相应的数据从后续分析中剔除。

7.6.2   确定通量贡献区函数的方法

公式 (7.56) 的特征之一是通量贡献区函数完全不依赖于地表源的强度和空间分布结构。现在要充分利用这一特征进行理想实验，建立寻找通量源区函数的方法。首先假设气流流经的区域地表源的强度均是常数。在稳态条件下，湍流通量 F 等同于 Q。根据公式 (7.56)，通量贡献区函数满足

$$\int_{0}^{+\infty} \int_{-\infty}^{+\infty} f_2(x, y; z_{\mathrm{m}}) \mathrm{d}y \mathrm{d}x = 1 \tag{7.57}$$

公式 (7.57) 是贡献区函数需要遵循的属性。

在第二个理想实验中，Q 是下风向距离 x 的函数，但是与侧风方向距离 y 无关。公式 (7.56) 变为

$$\begin{aligned}
F(x_{\mathrm{m}}, z_{\mathrm{m}}) &= \int_{0}^{+\infty} \int_{-\infty}^{+\infty} Q(x_{\mathrm{m}} - x) f_2(x, y; z_{\mathrm{m}}) \mathrm{d}y \mathrm{d}x \\
&= \int_{0}^{+\infty} Q(x_{\mathrm{m}} - x) \left[\int_{-\infty}^{+\infty} f_2(x, y; z_{\mathrm{m}}) \mathrm{d}y \right] \mathrm{d}x \\
&= \int_{0}^{+\infty} Q(x_{\mathrm{m}} - x) f_1(x; z_{\mathrm{m}}) \mathrm{d}x
\end{aligned} \tag{7.58}$$

式中，引入一维通量贡献区函数 f_1，

$$f_1(x; z_{\mathrm{m}}) = \int_{-\infty}^{+\infty} f_2(x, y; z_{\mathrm{m}}) \, \mathrm{d}y \tag{7.59}$$

其单位为 m^{-1}，并满足积分约束条件

$$\int_{0}^{+\infty} f_1(x; z_{\mathrm{m}}) \, \mathrm{d}x = 1 \tag{7.60}$$

若 f_1 已知，可以使用概率独立约束条件重构二维通量贡献区函数 f_2。

通过第三个理想实验可将一维通量贡献区函数 f_1 与已经建立的地面线源的解联立起来。在这个理想实验中，地表源强度在 $x = 0$ 的位置出现阶跃变化（图 7.11）：

$$Q = \begin{cases} 0, & x < 0 \\ \text{常数}, & x \geqslant 0 \end{cases} \tag{7.61}$$

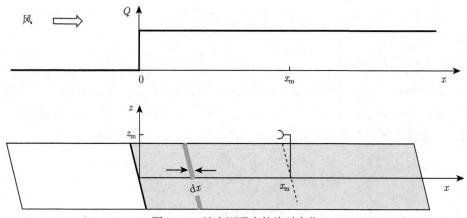

图 7.11 地表源强度的阶跃变化

依据公式 (7.58)，在阶跃变化的下风向距离 x_{m} 处观测的湍流通量可以表示为

$$F(x_{\mathrm{m}}, z_{\mathrm{m}}) = \int_0^{x_{\mathrm{m}}} Q f_1(x; z_{\mathrm{m}}) \mathrm{d}x \tag{7.62}$$

也可以利用通量梯度的关系确定通量。令 $\bar{c}_1$ 是由单位线源强度得到的浓度，即在源强为 1 时公式 (7.31) 的解。在 $x = 0$ 与 $x = x_{\mathrm{m}}$ 之间将源区划分为若干宽度为 $\mathrm{d}x$ 的长条，将每个长条转变为源强为 $Q\mathrm{d}x$ 的线源，每个线源对应的浓度是 $Qc_1\mathrm{d}x$。依据线性叠加原理，可得 x_{m} 处的总浓度为

$$\bar{c} = \int_0^{x_{\mathrm{m}}} Q\bar{c}_1 \mathrm{d}x \tag{7.63}$$

需要注意，在这个公式中，c_1 的单位为 $\mathrm{s \cdot m^{-2}}$。由通量梯度关系得到的湍流通量为

$$F(x_{\mathrm{m}}, z_{\mathrm{m}}) = -K_z \frac{\partial \bar{c}}{\partial z}\bigg|_{x_{\mathrm{m}}, z_{\mathrm{m}}} \tag{7.64}$$

将公式 (7.63) 代入公式 (7.64)，可以得到

$$F(x_{\mathrm{m}}, z_{\mathrm{m}}) = \int_0^{x_{\mathrm{m}}} Q\left\{ -K_z \frac{\partial \bar{c}_1}{\partial z}\bigg|_{z_{\mathrm{m}}} \right\} \mathrm{d}x \tag{7.65}$$

比较公式 (7.65) 和式 (7.62)，便得到一维通量贡献区函数关系：

$$f_1(x; z_{\mathrm{m}}) = -K_z \frac{\partial \overline{c}_1}{\partial z} \bigg|_{z_{\mathrm{m}}} \tag{7.66}$$

综上可知，在水平均匀湍流中，一维通量贡献区函数等于垂直湍流扩散系数与 $x = 0$ 处单位线源垂直浓度梯度的乘积。公式 (7.66) 提供了确定通量贡献源区函数的方法，根据该公式，在寻找贡献源区函数之前，首先要确定线源浓度的表达式。

7.6.3　通量贡献区模型

基于公式 (7.66)，可以根据通量贡献区函数原理建立通量贡献区模型。最简单的模型是建立在以下简化假设的基础上：风速为常数，湍流扩散系数廓线随高度线性变化，而且大气层结为中性。依据公式 (7.39)，单位线源的解为

$$\overline{c}_1 = \frac{1}{ku_*x} \exp\left(-\frac{u_{\mathrm{p}}z}{ku_*x}\right) \tag{7.67}$$

式中，用平均烟流速度 u_{p} 取代了 $\overline{u}$。根据公式 (7.66)，一维贡献区函数是 (Schuepp et al., 1990)

$$f_1(x; z_{\mathrm{m}}) = \frac{u_{\mathrm{p}}K_z}{(ku_*x)^2} \exp\left(-\frac{u_{\mathrm{p}}z_{\mathrm{m}}}{ku_*x}\right) \tag{7.68}$$

在应用该表达式之前，需要先确定 K_z 与 u_{p}。假设大气稳定度为中性，则有

$$K_z = ku_*z_{\mathrm{m}} \tag{7.69}$$

平均烟流速度近似为地表与传感器高度 z_{m} 之间的平均风速：

$$u_{\mathrm{p}} = \int_{z_{\mathrm{o}}}^{z_{\mathrm{m}}} \overline{u}\mathrm{d}z \bigg/ \int_{z_{\mathrm{o}}}^{z_{\mathrm{m}}} \mathrm{d}z \simeq u_*z_{\mathrm{u}}/(kz_{\mathrm{m}}) \tag{7.70}$$

式中，z_{u} 是新的高度尺度，定义为

$$z_{\mathrm{u}} = z_{\mathrm{m}}[\ln(z_{\mathrm{m}}/z_{\mathrm{o}}) - 1 + z_{\mathrm{o}}/z_{\mathrm{m}}] \tag{7.71}$$

将这些公式与公式 (7.68) 结合，便可以得到用于计算通量贡献区的函数（图 7.12）：

$$f_1(x; z_{\mathrm{m}}) = \frac{z_{\mathrm{u}}}{k^2x^2} \exp\left(-\frac{z_{\mathrm{u}}}{k^2x}\right) \tag{7.72}$$

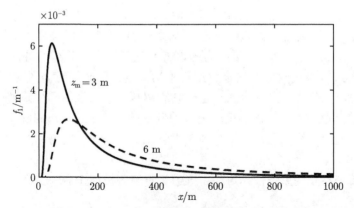

图 7.12　依据公式 (7.72) 得到的两个观测高度的一维通量贡献区函数

表面粗糙度为 0.01 m

　　公式 (7.72) 有几个值得注意的特征。该贡献区函数满足公式 (7.60)。它与摩擦速度 u_* 无关，这表明尽管风向控制着通量贡献区的方向，但风速并不影响地表源对观测通量的相对贡献。通量贡献区模型的一个普遍特征就是近地层通量贡献区不依赖于风速。最大的贡献出现在

$$x_{\max} = z_u/(2k^2) \tag{7.73}$$

换言之，地表源距离通量传感器 $x_{\max}$ 时对观测的通量影响最大。随着观测高度增加，最大贡献点与传感器的距离变远。

　　公式 (7.72) 仅在中性层结条件下有效。为了在不同层结条件下使用，需对该式进行修正，修正后的表达式为

$$f_1(x; z_m) = \frac{Dz_u^b|L|^{1-b}}{k^2 x^2} \exp\left(-\frac{Dz_u^b|L|^{1-b}}{k^2 x} \right) \tag{7.74}$$

该式是建立在量纲分析的基础上。式中，D 与 b 是两个经验参数；L 是 Obukhov 长度 (Hsieh et al., 2000)。公式 (7.74) 保留着公式 (7.72) 的形式，并且量纲一致。用公式 (7.74) 对由随机过程模型计算的结果进行拟合，发现两个经验参数的近似值在不稳定条件下为 $D = 0.28$、$b = 0.59$；在中性层结条件下为 $D = 1.0$、$b = 1$；在稳定层结条件下为 $D = 2.44$、$b = 1.33$。在中性层结条件下 $(|L| \to \infty)$，公式 (7.74) 变为公式 (7.72)。

　　另一个常用的通量贡献区模型是基于公式 (7.40) 得到的单位线源解。应用贡献区法则 [公式 (7.66)] 进行求解，得到如下通量贡献区函数（Horst, 1999）：

$$f_1(x; z_m) = \frac{ku_*}{\phi_h(z_m/L)} \frac{Ar}{\overline{Z}u_p} \left(\frac{Bz_m}{\overline{Z}} \right)^r \exp\left[-\left(\frac{Bz_m}{\overline{Z}} \right)^r \right] \tag{7.75}$$

式中，烟流速度可以用公式 (7.45) 来计算，$\overline{Z}$ 可以用公式 (7.43) 计算得到。公式 (7.40) 已经过多次野外试验验证，这是该通量源区模型的优势之一。

公式 (7.75) 另一个具有吸引力的地方是它考虑了稳定度对通量贡献区的影响。但该公式需要用数值方法求解烟流平均高度，因此没有公式 (7.72) 和公式 (7.74) 方便。该公式的另一个缺点是，它利用幂函数廓线得到线源解，而在表征平均烟流的流速与平均烟流高度的公式中利用的是 Monin-Obukhov 廓线，这两类廓线并不完全兼容。因此，累积通量贡献无法像公式 (7.60) 那样收敛至 1（参见习题 7.19）。

利用概率独立约束条件，可将一维通量贡献区模型拓展为二维：

$$f_2(x, y; z_{\mathrm{m}}) = f_1(x; z_{\mathrm{m}}) \times \frac{1}{\sqrt{2\pi}\sigma_y} \exp\left(-\frac{y^2}{2\sigma_y^2}\right) \tag{7.76}$$

这里再次假设横向扩散服从 Gauss 分布。横向扩散参数 σ_y 的一种参数化方案为 $\sigma_y = \sigma_v x/u_{\mathrm{p}}$，其中 σ_v 为横向风速的标准差，且烟流运动的时间被 x/u_{p} 代替。σ_y 更完整的参数化方案见 Kljun 等 (2015)。

上述的通量贡献区理论适用于近地层。如果通量传感器位于植被冠层或者边界层的混合层内，就需要更加复杂的方法来确定通量源区，有些方法会涉及随机粒子扩散理论。Kljun 等 (2015) 建立了一个适用于很大稳定度范围和观测高度范围的通量贡献区模型。该模型是个通用解析函数，它的自变量为一些无量纲化的变量组。模型参数是从大量拉格朗日随机模拟产生的数据估算获得的，并且满足公式 (7.57) 和公式 (7.60) 表达的积分限制条件。

习　　题

7.1 证明点源的解 [公式 (7.12) 和式 (7.13)] 满足总体质量守恒定律 [公式 (7.3)]。

7.2 在均匀流场中，瞬时点源在初始时刻释放 0.4 kg 痕量物质。几秒钟后，痕量烟流向三个方向扩散，扩散参数分别为 $\sigma_x = 5$ m、$\sigma_y = 5$ m 与 $\sigma_z = 3$ m。平均风速为零。分别画出在 $x = y = 0$ m、$x = 10$ m 和 $y = 0$ m 处，z 方向上的浓度分布。

7.3 若拉格朗日时间尺度 (T_{L}) 为 100 s，垂直速度的标准差 (σ_w) 为 0.40 m·s^{-1}，并且流场均匀。求解在 $t = 1$ s、10 s、50 s、100 s、200 s、500 s 和 1000 s 时的垂直扩散参数 (σ_z)，并将结果绘成时间序列图。

7.4 在均匀流场中，点源释放 1 g 的 SF$_6$，风速为 2.5 m·s^{-1}。利用习题 7.3 中得到的扩散参数，计算习题 7.3 中各时刻下风向 250 m 处的 SF$_6$ 浓度。然后假设风速为零，重复上述计算，并讨论风速如何影响痕量物质扩散。（假设湍流各向同性，即 $\sigma_x = \sigma_y = \sigma_z$。）

7.5 大气边界层的扩散参数 (σ_y 和 σ_z) 可由 Pasquill-Gifford 方案经验公式表示：

$$\sigma_y(x) = \exp[A_y + B_y \ln x + C_y(\ln x)^2], \tag{7.77}$$

$$\sigma_z(x) = \exp[A_z + B_z \ln x + C_z(\ln x)^2], \tag{7.78}$$

式中，x 是在下风方向与烟囱的距离。表达式中经验系数已由六个稳定度级别下的实验确定（表 7.1）。求在下风向距离烟囱 200 m 和 2000 m 处不同稳定度等级下的扩散参数值，并判断烟流是否近似为圆锥形。

表 7.1　**Pasquill-Gifford 方案 经验公式系数** (Seinfeld and Pandis，2006)

系数	A	B	C	D	E	F
A_y	−1.104	−1.634	−2.054	−2.555	−2.754	−3.143
B_y	0.9878	1.0350	1.0231	1.0423	1.0106	1.0148
C_y	−0.0076	−0.0096	−0.0076	−0.0087	−0.0064	−0.0070
A_z	4.679	−1.999	−2.341	−3.186	−3.783	−4.490
B_z	−1.7172	0.8752	0.9477	1.1737	1.3010	1.4024
C_z	0.2770	0.0136	−0.0020	−0.0316	−0.0450	−0.0540

稳定度等级：A 表示强不稳定；B 表示中等不稳定；C 表示弱不稳定；D 表示中性；E 表示弱稳定；F 表示中等稳定

7.6 发电站从 50 m 高的烟囱释放 SO_2，速率为 0.25 $kg \cdot s^{-1}$。大气边界层中的平均风速为 4.0 $m \cdot s^{-1}$。求解清晨时刻 (中等稳定，稳定度等级 F，表 7.1) 以及正午时刻（强不稳定，稳定度等级 A）距烟囱 50 m、100 m、200 m、500 m 和 5000 m 处地面烟流主轴的 SO_2 浓度，并判断是否超过美国空气质量标准 (美国小时 SO_2 的国家环境空气质量标准是 0.2 $mg \cdot m^{-3}$)。针对当地居民对较差空气质量的抱怨，工程师准备将烟囱的高度提高到 100 m。增加烟囱高度是否能解决当前的空气质量问题？是否会产生新的问题？

7.7 证明线源解 [公式 (7.32)] 满足总体质量守恒条件和局地质量守恒条件。

7.8* 证明地面线源的平均烟流高度：① 在均匀湍流中与下风向距离的平方根成比例；② 在不均匀湍流场中与下风向距离成比例。在不均匀湍流场中，风速不随高度变化，但湍流扩散系数随高度线性增加。解释为什么在第二种流场中烟流的抬升速度更快。

7.9 大气稳定度为中性，求解三种表面粗糙度 $z_0 = 0.001$ m、0.05 m 以及 1 m 条件下地面线源的平均烟流高度。绘制计算结果随下风向距离的变化曲线（从 1 m 到 100 m），并说明表面粗糙度如何影响烟流抬升。

7.10 在近地层中，地面线源以 0.20 $g \cdot m^{-1} \cdot s^{-1}$ 的速率释放痕量物质。摩擦风速为 0.30 $m \cdot s^{-1}$，表面粗糙度为 0.1 m，大气稳定度为中性。求解下风向距线源 50 m 处的烟流平均高度和平均速度。并绘制在此位置痕量物质浓度廓线。

7.11 一个点源在植被冠层中间高度处释放痕量物质。表面摩擦风速为 $0.30\ \mathrm{m\cdot s^{-1}}$，冠层高度为 $20.0\ \mathrm{m}$，大气层结为中性。计算：① 冠层内气流的拉格朗日时间尺度；② 源高度处的湍流扩散系数；③ 源下风向近场延伸距离。

7.12 在冠层风洞扩散实验中，线源在 $51\ \mathrm{mm}$ 高度处以 $1.0\ \mathrm{mg\cdot m^{-1}\cdot s^{-1}}$ 的速率释放痕量物质。冠层高度 (h) 是 $60\ \mathrm{mm}$，摩擦速度为 $1.03\ \mathrm{m\cdot s^{-1}}$，在源高度处的风速为 $2.8\ \mathrm{m\cdot s^{-1}}$。请计算源下风方向 $x/h = 0.38$、1.32、2.78、5.72 和 11.6 处的痕量物质浓度廓线。

7.13* 推导植被冠层内地面线源释放痕量物质烟流平均高度的表达式。冠层顶部风速和湍流扩散系数分别为 $2.3\ \mathrm{m\cdot s^{-1}}$ 和 $0.24\ \mathrm{m^2\cdot s^{-1}}$。在下风方向多远的距离处烟流中心将升高到冠层顶？

7.14 观测高度为 $3.0\ \mathrm{m}$ 和 $9.0\ \mathrm{m}$，表面粗糙度为 $0.065\ \mathrm{m}$，求解一维通量贡献区方程 [公式 (7.72)]。绘图描述计算结果。观测高度怎样影响通量贡献区？当 $z_{\circ} = 0.3\ \mathrm{m}$ 时，再计算通量贡献区。解释表面粗糙度如何影响通量贡献区。

7.15 公式 (7.32) 是均匀湍流中地面线源的解。利用该方程推导通量贡献区函数，并设计一种计算平均湍流扩散系数以及烟流平均速度的方法。若表面粗糙度为 $0.04\ \mathrm{m}$，观测高度为 $4.0\ \mathrm{m}$，中性层结条件下，将该通量贡献区模型与公式 (7.72) 表示的模型进行比较。

7.16 证明由公式 (7.43)、式 (7.45) 和式 (7.75) 构建的通量贡献区函数与摩擦风速无关。

7.17 证明公式 (7.72) 和式 (7.74) 满足公式 (7.60) 的积分限制条件。

7.18 观测高度为 $4.0\ \mathrm{m}$，表面粗糙度为 $0.04\ \mathrm{m}$，在三种稳定度条件下 (中性层结、$L = 100\ \mathrm{m}$、$L = -50\ \mathrm{m}$)，求解一维通量贡献区函数 [公式 (7.74)]，并绘图表示结果。大气稳定度如何影响通量贡献区？

7.19* 在观测高度 $4\ \mathrm{m}$、表面粗糙度 $0.04\ \mathrm{m}$、中性层结条件下，利用数值求解方法检验通量贡献区函数 [公式 (7.75)] 是否满足公式 (7.60) 的积分限制条件。用公式 (7.75) 定义的源区函数在 x 方向进行如下积分：

$$\int_0^x f_1(x', z_{\mathrm{m}})\mathrm{d}x'$$

当 x 增加至无穷大时，该积分是否会趋近于 1，为什么？

7.20* 在某实验中，利用涡度相关系统观测草地蒸散。该草地的风浪区为 $160\ \mathrm{m}$，即观测塔与草地边缘的距离为 $160\ \mathrm{m}$。计划将仪器安装在距地面 $2.5\ \mathrm{m}$ 的高度处。通量贡献区阈值是 90%，即测量的蒸散通量至少 90% 来自于该片草地。利用通量贡献区函数 [公式 (7.72)]，证明仪器的安装高度不满足该阈值要求。安装高度应该多低才能确保 90% 的观测通量来自于该片草地？

7.21 在示踪扩散实验中，在地面以上 115 m 高度处以 3.2 g·s^{-1} 的速度释放 SF$_6$ (Rotach et al., 1996)。风速为 5 m·s^{-1}，Pasquill-Gifford 稳定度分级为 C，下风方向距离排放源 1.89、3.68 和 5.39 km 处侧风向地表总体的 SF$_6$ 浓度 $\bar{c}_y$ 分别是 2.61、1.99 和 1.37 mg·m^{-2}。此处 $\bar{c}_y$ 的定义为

$$\bar{c}_y = \int_{-\infty}^{+\infty} \bar{c}\, dy$$

① 从 Gauss 烟流模式 [公式 (7.28)] 推导 $\bar{c}_y$ 的表达式。② 用该表达式计算 $\bar{c}_y$，并将计算结果与观测数据比较，模型计算的相对误差有多大？

参 考 文 献

Blackadar A K, 1997. Turbulence and Diffusion in the Atmosphere. Berlin: Springer, 185.

Flesch T K, Wilson J D, Harper L A, et al. 2004. Deducing ground-to-air emissions from observed trace gas concentrations: a field trial. Journal of Applied Meteorology, 43(3): 487-502.

Horst T W. 1999. The footprint for estimation of atmosphere-surface exchange fluxes by profile techniques. Boundary-Layer Meteorology, 90(2): 171-188.

Horst T W, Weil J C. 1994. How far is far enough?: The fetch requirements for micrometeorological measurement of surface fluxes. Journal of Atmospheric and Oceanic Technology, 11(4): 1018-1025.

Hsieh C I, Katul G, Chi T. 2000. An approximate analytical model for footprint estimation of scalar fluxes in thermally stratified atmospheric flows. Advances in Water Resources, 23(7): 765-772.

Kljun N, Calanca P, Rotach M W, et al. 2015. A simple two-dimensional parameterisation for flux footprint prediction (FFP). Geoscientific Model Development, 8(11): 3695-3713.

Lee X. 2004. A model for scalar advection inside canopies and application to footprint investigation. Agricultural and Forest Meteorology, 127(3/4): 131-141.

Legg B J, Raupach M R. 1982. Markov-chain simulation of particle dispersion in inhomogeneous flows: the mean drift velocity induced by a gradient in Eulerian velocity variance. Boundary-Layer Meteorology, 24(1): 3-13.

Lin J C, Gerbig C, Wofsy S C, et al. 2003. A near-field tool for simulating the upstream influence of atmospheric observations: the Stochastic Time-Inverted Lagrangian Transport (STILT) model. Journal of Geophysical Research: Atmospheres, 108(D16): 4493.

Luhar A K, Hibberd M F, Hurley P J. 1996. Comparison of closure schemes used to specify the velocity PDF in Lagrangian stochastic dispersion models for convective conditions. Atmospheric Environment, 30(9): 1407-1418.

Pasquill F, Smith F B. 1983. Atmospheric Diffusion. 3rd ed. New York: John Wiley & Sons: 437.

Raupach M R. 1989. A practical Lagrangian method for relating scalar concentrations to source distributions in vegetation canopies. Quarterly Journal of the Royal Meteorological Society, 115(487): 609-632.

Rotach M W, Gryning S E, Tassone C. 1996. A two-dimensional Lagrangian stochastic dispersion model for daytime conditions. Quarterly Journal of the Royal Meteorological Society, 122(530): 367-389.

Schmid H P. 2002. Footprint modeling for vegetation atmosphere exchange studies: a review and perspective. Agricultural and Forest Meteorology, 113: 159-183.

Schuepp P H, Leclerc M Y, MacPherson J I, et al. 1990. Footprint prediction of scalar fluxes from analytical solutions of the diffusion equation. Boundary-Layer Meteorology, 50(1): 355-373.

Seinfeld J H, Pandis S N. 2006. Atmospheric Chemistry and Physics: From Air Pollution to Climate Change. 2nd ed. New York: John Wiley & Sons: 1023.

Thomson D J. 1987. Criteria for the selection of stochastic models of particle trajectories in turbulent flows. Journal of Fluid Mechanics, 180: 529-556.

van Ulden A P. 1978. Simple estimates for vertical diffusion from sources near the ground. Atmospheric Environment, 12(17): 2125-2129.

Wilson J D, Sawford B L. 1996. Review of Lagrangian stochastic models for trajectories in the turbulent atmosphere. Boundary-Layer Meteorology, 78(1): 191-210.

第 8 章 涡度相关原理

8.1 引　言

本章将介绍涡度相关法的概念、原理及其与净生态系统交换之间的关系。涡度相关方法是测量地表与大气之间能量、水和痕量气体通量的一种微气象学方法。利用涡度相关法获取的数据被广泛用于地球科学的多个领域，例如研究生态系统功能、量化局地碳水循环、测量污染沉降，以及对气候模型中地–气交互作用进行参数化。该方法最基本的要求是对垂直风速和所关注的标量进行高频 (如 10 Hz) 观测，根据这些高频观测的时间序列计算雷诺协方差，从而得到标量通量。

从广义的数学角度来讲，涡度相关法是一个反演问题，其目标是通过大气测量推算出表面标量物质的源或汇的强度。这里"表面"通常指生态系统，该生态系统可以是裸地、水体，也可以是由土壤和植被冠层源组成的植物群落。生态系统与大气之间交换热量和物质时，会把其生物和物理属性印记在近地层大气中，从而改变近地层大气的物理特性和化学组成的时空动态。涡度相关方法可以发掘隐藏在近地层迅速变化的时间信号中的信息。然而，协方差本身并不等同于净生态系统的交换速率，只有在适当的理论框架下进行协方差的解释才有意义。

涡度相关法最基本的原理是物质和能量守恒 (Baldocchi et al., 1988; Paw et al., 2000)。本章通过描述推导 CO_2 守恒方程的关键步骤，讨论 CO_2 通量的涡度相关观测原理。然后，将该过程拓展到水汽与感热通量，但不会像介绍 CO_2 通量那样详细。

8.2　冠层源项

本节将从 CO_2 混合比 s_c [公式 (3.26)] 的雷诺平均守恒方程开始讨论。对于自由大气，雷诺平均守恒方程描述的是 CO_2 的扩散和输送，但是不包含生态系统的源汇项。为了建立雷诺协方差与净生态系统 CO_2 交换之间的关系，首要任务就是在质量守恒方程中增加源汇项。

第 5 章中，对雷诺平均动量方程进行冠层体积平均，得到了用冠层气流曳力表示的冠层动量汇项。现在将同样的方法运用到质量守恒方程中 [公式 (3.26); Finnigan, 1985]。通过冠层体积平均，并且忽略弥散通量，可以将公式 (3.26) 转变为

$$\frac{\partial [\bar{s}_c]}{\partial t} + [\bar{u}]\frac{\partial [\bar{s}_c]}{\partial x} + [\bar{v}]\frac{\partial [\bar{s}_c]}{\partial y} + [\bar{w}]\frac{\partial [\bar{s}_c]}{\partial z}$$

$$= \kappa_c[\nabla^2 \bar{s}_c] - \left(\frac{\partial \overline{[u's'_c]}}{\partial x} + \frac{\partial \overline{[v's'_c]}}{\partial y} + \frac{\partial \overline{[w's'_c]}}{\partial z}\right) \tag{8.1}$$

该公式右边第一项的展开形式为

$$\kappa_c[\nabla^2 \bar{s}_c] = \kappa_c\left\{\left[\frac{\partial^2 \bar{s}_c}{\partial x^2}\right] + \left[\frac{\partial^2 \bar{s}_c}{\partial y^2}\right] + \left[\frac{\partial^2 \bar{s}_c}{\partial z^2}\right]\right\} \tag{8.2}$$

由于平均 CO_2 混合比及其空间导数在植被要素表面不连续（图 5.4），所以体积平均和空间求导不能互易。

公式 (8.2) 等同于冠层 CO_2 源项。为了明确这一项的物理含义，首先分析垂直方向上的导数 $[\partial^2 \bar{s}_c/\partial z^2]$。根据 Slattery 平均法则 [公式 (5.11)]，这一项可以拓展为三部分：

$$\left[\frac{\partial^2 \bar{s}_c}{\partial z^2}\right] = \frac{\partial}{\partial z}\left[\frac{\partial \bar{s}_c}{\partial z}\right] - \frac{1}{Q}\sum\iint_{A_i}\frac{\partial \bar{s}_c}{\partial z}\,n_z \mathrm{d}A$$

$$= \frac{\partial^2 [\bar{s}_c]}{\partial z^2} - \frac{\partial}{\partial z}\left\{\frac{1}{Q}\sum\iint_{A_i}\bar{s}_c\,n_z\mathrm{d}A\right\} - \frac{1}{Q}\sum\iint_{A_i}\frac{\partial \bar{s}_c}{\partial z}\,n_z\mathrm{d}A \tag{8.3}$$

式中，Q 是平均体积；A_i 是在该平均体积内植被要素 i 的表面积（图 5.1）；n_z 是该表面单位法向量在 z 方向上的分量。在公式 (8.3) 中，使用了两次 Slattery 平均法则，第一次是对 $\partial \bar{s}_c/\partial z$ 进行的，第二次是对 $\bar{s}_c$ 进行的。

公式 (8.3) 右边第一项乘以 CO_2 分子扩散系数 κ_c 可以得到 CO_2 分子扩散通量的垂直散度，与湍流通量的垂直散度相比，该项可以忽略。

为了阐明公式 (8.3) 右边第二项的物理意义，假设冠层是由相同的水平叶片组成，叶片上表面的 CO_2 混合比都为 $\bar{s}_{c,+}$，叶片下表面的 CO_2 混合比都为 $\bar{s}_{c,-}$。在该情况下，第二项对叶片表面积分等于叶片表面 CO_2 混合比与叶片表面积的乘积，可以表示为

$$\text{第二项} = -\frac{\partial}{\partial z}\left\{\frac{\sum A_i}{Q}(\bar{s}_{c,+} - \bar{s}_{c,-})\right\} = -\frac{\partial}{\partial z}\{a(\bar{s}_{c,+} - \bar{s}_{c,-})\} \tag{8.4}$$

式中，根据植被面积密度的定义，$a = \sum A_i/Q$。所以，右边第二项表述的是叶片上下两个表面 CO_2 混合比差异的垂直梯度。对于真实的冠层，可以用体积均值 $([\bar{s}_{c,+}] - [\bar{s}_{c,-}])$ 代替混合比的差异。对于上下两面都有气孔并且气孔数量相同的叶片，该差异为零。但是，对于下生气孔的叶片，该差异不为零（图 5.4）。

用类似的方法, 可将公式 (8.3) 右边第三项表示为

$$第三项 = -2a\left[\frac{\partial \overline{s}_c}{\partial z}\, n_z\right] \tag{8.5}$$

无论是双生气孔叶片还是下生气孔叶片, 叶片表面的 $\partial \overline{s}_c / \partial z$ 都比冠层空气中的 $([\overline{s}_{c,+}] - [\overline{s}_{c,-}])$ 垂直梯度大, 即公式 (8.3) 右边第三项比第二项大。因此, 第二项可以被省略, 公式 (8.3) 可以简化为

$$\left[\frac{\partial^2 \overline{s}_c}{\partial z^2}\right] = -2a\left[\frac{\partial \overline{s}_c}{\partial z}\, n_z\right] \tag{8.6}$$

公式 (8.5) 中乘数 2 的含义是: a 是单面叶面积密度, 但是叶片上下两面都与大气之间进行物质交换, 因此需要乘以 2。对于感热交换需要乘以 2, 对于具有双生气孔的叶片, 叶片与大气之间的 CO_2 和水汽交换也需要乘以 2。但是对于只有下生气孔的叶片, 其与大气之间的 CO_2 和水汽交换的乘数为 1。

上述方法可以用于推导公式 (8.2) 对 x 和 y 的导数。最终结果为

$$\kappa_c[\nabla^2 \overline{s}_c] = -2\kappa_c a\left\{\left[\frac{\partial \overline{s}_c}{\partial x}\, n_x\right] + \left[\frac{\partial \overline{s}_c}{\partial y}\, n_y\right] + \left[\frac{\partial \overline{s}_c}{\partial z}\, n_z\right]\right\}$$
$$= -2\kappa_c a\left[\frac{\partial \overline{s}_c}{\partial n}\right] \tag{8.7}$$

式中, n_x 和 n_y 分别是植物要素表面单位法向量在 x 和 y 方向上的分量。公式 (8.7) 表示的是: $\overline{s}_c$ 体积平均的 Laplace 算子与叶片表面 $\overline{s}_c$ 的梯度矢量和表面单位法向量内积的体积平均成比例。该内积等同于 CO_2 混合比在法向量方向上的梯度, 即 $\partial \overline{s}_c / \partial n$。比例系数 $-2a$ 是由体积平均运算产生的。

因此, 冠层 CO_2 源项可以表示为

$$\overline{S}_{c,p} = -2\overline{\rho}_d \kappa_c a\left[\frac{\partial \overline{s}_c}{\partial n}\right] \tag{8.8}$$

源项的单位是 $kg \cdot m^{-3} \cdot s^{-1}$ (参见习题 8.1)。下标 c 表示 CO_2, 下标 p 表明该源项与植被要素有关, 这与在第 2 章中讨论的自由大气源无关。公式 (8.8) 与本书对冠层源过程的认知一致。高 CO_2 吸收速率, 即较强的 CO_2 汇, 往往伴随着叶片边界层较大的 CO_2 梯度。在叶片吸收速率相同的情况下, 冠层越茂密, 即 a 越大, CO_2 汇就越强。

冠层体积平均也可用于水汽质量守恒方程和能量守恒方程。通过求体积平均得到冠层水汽源项:

$$\overline{S}_{v,p} = -2\overline{\rho}_d \kappa_v a\left[\frac{\partial \overline{s}_v}{\partial n}\right] \tag{8.9}$$

以及冠层热源项：

$$\overline{S}_{T,\mathrm{p}} = -2\kappa_T a\left[\frac{\partial \overline{T}}{\partial n}\right] \tag{8.10}$$

水汽源项的单位是 $\mathrm{kg\cdot m^{-3}\cdot s^{-1}}$，热源项的单位是 $\mathrm{K\cdot s^{-1}}$。

可以通过图 8.1 中所示的例子加深对冠层源项的理解。图中所示情景为阳光照射下的绿色叶片，可以视为平均体积中多个叶片的综合效果。叶片由一层浅薄的边界层包裹，这一层的物质和能量传输以分子扩散的形式进行。由于光合作用，叶片表面的 CO_2 混合比较边界层外低，在叶片边界层中 CO_2 混合比的梯度 $\partial \overline{s}_\mathrm{c}/\partial n$ 为正。根据公式 (8.8)，相应的 CO_2 源项 $\overline{S}_\mathrm{c,p}$ 为负，表明叶片从大气中吸收 CO_2。如果该吸收速率增加，CO_2 混合比的梯度将会变大。相比之下，在叶片边界层中水汽混合比梯度 $\partial \overline{s}_\mathrm{v}/\partial n$ 和温度梯度 $\partial \overline{T}/\partial n$ 为负。根据公式 (8.9) 和式 (8.10)，相应的水汽源项 $\overline{S}_\mathrm{v,p}$ 和热源项 $\overline{S}_{T,\mathrm{p}}$ 皆为正，表明水汽和热量从叶片表面向大气输送。

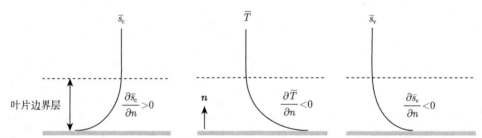

图 8.1　进行光合作用及蒸发的叶片边界层 CO_2 混合比（$\overline{s}_\mathrm{c}$）、气温（$\overline{T}$）和水汽混合比（$\overline{s}_\mathrm{v}$）的垂直分布示意图

叶面单位法向量由 $\boldsymbol{n}$ 表示，并且垂直尺度被放大

为了便于表述，下文将省略体积平均算子 [ ]，不过读者应该谨记在冠层中所有的雷诺量都进行了体积平均。质量守恒方程式 (8.1) 可以改写为

$$\frac{\partial \overline{s}_\mathrm{c}}{\partial t} + \overline{u}\frac{\partial \overline{s}_\mathrm{c}}{\partial x} + \overline{v}\frac{\partial \overline{s}_\mathrm{c}}{\partial y} + \overline{w}\frac{\partial \overline{s}_\mathrm{c}}{\partial z} = \frac{\overline{S}_\mathrm{c,p}}{\overline{\rho}_\mathrm{d}} - \left(\frac{\partial \overline{u's_\mathrm{c}'}}{\partial x} + \frac{\partial \overline{v's_\mathrm{c}'}}{\partial y} + \frac{\partial \overline{w's_\mathrm{c}'}}{\partial z}\right) \tag{8.11}$$

公式 (8.8)~ 式 (8.11) 给出了两种量化生态系统与大气之间交换的方法。第一种方法是参数化方法，即利用叶片生物化学和能量平衡约束条件，对叶面的物质浓度和温度梯度进行参数化，将这些梯度值与冠层形态信息和太阳辐射传输相结合可以估算源强。公式 (8.8)~ 式 (8.10) 是该方法的基础。第二种方法是测量方法，即通过测量生态系统内部与其上方的大气浓度和风速，来量化公式 (8.11) 中的各个非源项，再从余项中获得生态系统的总源强度。本章将重点探讨第二种方法，源项的参数化方法将在第 10 章讨论。

8.3 生态系统净交换的概念

生态系统净交换 (NEE) 的概念强调的是整个生态系统的行为, 而不是生态系统中不同高度或不同植物组成要素的源强。生态系统净交换是整个生态系统与大气之间的净交换, 为大气模型提供了下边界条件。若将时间积分到季节和年尺度上, 生态系统与大气之间的净交换量就是生态系统水和碳的收支。

生态系统与大气之间的净 CO_2 交换定义为 CO_2 源项在垂直方向上的积分

$$\text{NEE} \equiv \int_0^h \overline{S}_{c,p} \, dz \tag{8.12}$$

式中, h 是冠层高度。该积分包括了地面源的贡献。该定义采用微气象学符号法则: NEE 为正值表示生态系统是大气 CO_2 的源, NEE 为负值表示生态系统是大气 CO_2 的汇。

生态系统净水汽交换 (E)（即整个生态系统的蒸散速率）和生态系统净感热交换 (H) 可以用同样的方法来定义:

$$E \equiv \int_0^h \overline{S}_{v,p} \, dz \tag{8.13}$$

和

$$H \equiv \int_0^h \overline{\rho} c_p \overline{S}_{T,p} \, dz \tag{8.14}$$

生态系统净交换在其他章节中被称为表面源强 [如公式 (7.55) 中的 Q 项]。尽管这些积分进行了冠层体积平均, 但是 NEE 仍然可能随水平位置而变化, 在下垫面不均匀的景观中尤其如此, 此时 NEE 的空间变异不能忽略。

8.4 箱 式 法

冠层箱式法是利用质量守恒原理量化 NEE 最简单的方法。首先讨论用不透气材料制作的一种矩形密闭箱体 [图 8.2(a)]。这种箱体不允许空气进出, 并且箱体内部的空气与外界空气之间没有 CO_2 扩散交换。生态系统排放的 CO_2 无法扩散出去, 只能在密闭箱体内累积。质量守恒方程 [公式 (8.11)] 可以简化为浓度随时间的变化速率与源项之间的平衡:

$$\frac{\partial \overline{s}_c}{\partial t} = \frac{\overline{S}_{c,p}}{\overline{\rho}_d} \tag{8.15}$$

在箱体中，将上式对箱体高度 z 进行积分可得

$$\text{NEE} = \overline{\rho}_d d \frac{\partial \overline{s}_{c,c}}{\partial t} \tag{8.16}$$

式中，$\overline{s}_{c,c}$ 是箱体内平均 CO_2 混合比；d 是箱体的高度，且大于冠层高度 $(d > h)$。在野外测量时，通常在箱体内安装通风扇使空气均匀混合。利用闭合环路将气体分析仪与箱体连接，一小股气流通过闭合环路在箱体和分析仪之间循环，利用气体分析仪测量气体的混合比，通过计算浓度随时间的变化率来确定 NEE。

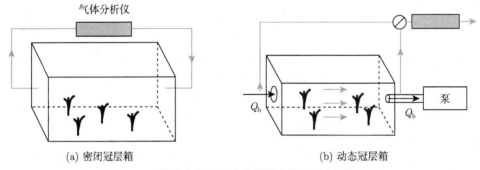

(a) 密闭冠层箱   (b) 动态冠层箱

图 8.2   测量生态系统净交换的密闭和动态冠层箱

另一种是动态箱 [图 8.2(b)]。动态箱允许空气以流速 Q_b（单位 $m^3 \cdot s^{-1}$）进出箱体，但是箱体内外依然没有 CO_2 扩散交换。在稳态条件下，质量守恒方程可以简化为水平平流项与源项之间的平衡：

$$\overline{u} \frac{\partial \overline{s}_c}{\partial x} = \frac{\overline{S}_{c,p}}{\rho_d} \tag{8.17}$$

式中，$\overline{u}$ 是由 Q_b 产生的箱体内平均的气流速度；$\partial \overline{s}_c / \partial x$ 是箱体内 CO_2 混合比的水平梯度。对于矩形箱体，A_c 和 A_b 分别是箱体的横截面积和底面积，l 和 d 分别是长和高。公式 (8.17) 对箱体高度的垂直积分为

$$\text{NEE} = \overline{\rho}_d \overline{u} d \frac{\partial \overline{s}_{c,c}}{\partial x} \tag{8.18}$$

需要注意

$$A_c L = A_b d, \quad \overline{u} = \frac{Q_b}{A_c}, \quad \frac{\partial \overline{s}_{c,c}}{\partial x} \simeq \frac{\overline{s}_{c,o} - \overline{s}_{c,i}}{L}$$

由公式 (8.18) 可得

$$\text{NEE} = \overline{\rho}_d \frac{Q_b}{A_b} (\overline{s}_{c,o} - \overline{s}_{c,i}) \tag{8.19}$$

式中，$\bar{s}_{c,o}$ 与 $\bar{s}_{c,i}$ 分别是箱体出气口和进气口处的 CO_2 混合比。利用三通阀连接气体分析仪，并在进气口和出气口之间进行切换，从而测量 $\bar{s}_{c,o}$ 和 $\bar{s}_{c,i}$。公式 (8.19) 描述了在稳态条件下，箱体底面积 A_b 范围的生态系统释放的 CO_2 量等于箱体出气口排出的 CO_2 量与进气口进入的 CO_2 量之间的差值。

箱式法比微气象学方法更为灵活。通量箱较为便携，易于安装，并且可以进行多点观测。通量箱对试验地的要求不高，不需要下垫面开阔、均一，并且对传感器的要求也不高。静态箱中的 CO_2 混合比随时间的变化较大 [图 8.2(a)]，动态箱中 CO_2 混合比在进气口与出气口之间的差异 [图 8.2(b)] 通常也很大，因此，利用较低精度的分析仪也可以测出 CO_2 的时间变化或差异。但是使用通量梯度法时，低精度的分析仪很难观测出近地层 CO_2 浓度的垂直梯度 (参见习题 8.7)。与涡度相关法不同，箱式法的分析仪不需要有快速的时间响应，但这正是涡度相关观测所必须的。基于上述优点，箱式法常被用于样地尺度和控制实验的通量观测。

箱式法也存在一些缺点。首先，这种测量方法耗费劳动力，不能测量感热交换，且无法用于高大的植被生态系统。其次，箱体内的微气象条件与箱体外存在差别，测量的 NEE 可能无法代表无干扰条件下的生态系统交换。此外，由于箱体的通量贡献区较小，单点测量很难捕捉到整个生态系统的平均状态。

8.5 涡度相关法的控制体积

涡度相关法的原理可以利用控制体积来阐述（图 8.3）。控制体积可以看作

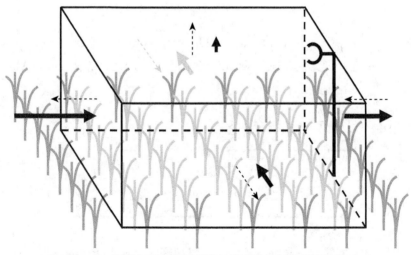

图 8.3 涡度相关法的通量贡献区内的控制体积示意图
实线箭头表示由平均流产生的物质输送，虚线箭头表示涡度扩散通量

是一个巨大的通量箱体，但与真实箱体不同的是，控制体积的箱体壁是想象出来的，空气可以没有任何阻碍地流动。控制体积的上表面是涡度相关传感器所在高度，并且与局地地形表面相平行。利用体积内 CO_2 累积量、通过体积顶部和侧面进入的净 CO_2 可以计算得到 NEE。因为控制体积足够大，可以完全包含通量贡献区，所以涡度相关法是观测生态系统尺度通量的理想方法。

　　涡度相关控制体积不能与前几章中讨论的另外两个空气体积的概念相混淆（图 8.4）。第 2 章中，利用小的长方体建立单点上的质量守恒方程（图 2.2）。在微观尺度上，该柱体的尺度要比分子自由运动的路径大很多，被柱体包含的流体块中含有大量的分子。在宏观尺度上，流体块比最小的湍涡还要小，在流场内仅代表单个点。相比之下，冠层平均体积（图 5.1）足够大以至于能包含大量的流体块，并且包含足够多的植被要素，经过体积平均的变量（如植被面积密度、冠层曳力和冠层 CO_2 源强）在流场中是连续的。但是，该冠层平均体积仍然比涡度相关控制体积小很多。

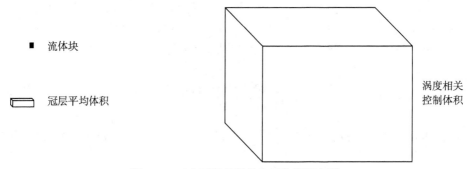

图 8.4　三个不同尺度的空气体积概念图

　　将公式 (8.11) 对高度进行积分，并且将 NEE 项放在质量守恒方程的一边，其他项移到另一边，可以得到 (Paw et al., 2000; Leuning, 2007; Lee and Massman, 2011)

$$\text{NEE} = \underbrace{\int_0^{z_m} \overline{\rho}_d \frac{\partial \overline{s}_c}{\partial t} dz}_{\text{I}} + \underbrace{\overline{\rho}_d \overline{w's'_c}}_{\text{II}}$$
$$+ \underbrace{\int_0^{z_m} \overline{\rho}_d \overline{u} \frac{\partial \overline{s}_c}{\partial x} dz}_{\text{III}} + \underbrace{\int_0^{z_m} \overline{\rho}_d \overline{w} \frac{\partial \overline{s}_c}{\partial z} dz}_{\text{IV}} + \underbrace{\int_0^{z_m} \overline{\rho}_d \frac{\partial \overline{u's'_c}}{\partial x} dz}_{\text{V}} \tag{8.20}$$

式中，涡度相关法的测量高度 z_m 高于冠层高度 h。这里所用的参考坐标系是微气象学坐标系，与侧风速度相关的所有项都被忽略，从而简化了方程但又不失方程的普适性。公式右边的项分别为：储存项（第 I 项）、涡度协方差项（第 II 项）、水平平流项（第 III 项）、垂直平流项（第 IV 项）和水平通量散度项（第 V 项）。

储存项表示的是在控制体积内 CO_2 的累积或消耗的速率。与密闭箱式法相似，如果没有 CO_2 通过对流和湍流扩散进出控制体积，则储存项等于 NEE。在野外实际观测中，除了在 CO_2 浓度变化速率较大的昼夜过渡期（如日出和日落时刻）外，储存项是 CO_2 收支过程中的小项。其日平均值通常可以忽略。

涡度协方差项代表通过控制体积上表面的 CO_2 涡度通量。图 8.5 解释了为什么垂直速度与 CO_2 浓度的协方差等于垂直通量。在这个例子中，CO_2 密度 ρ_c 是 800 mg·m^{-3}，垂直速度是 0.5 m·s^{-1}。在时间 $t = 0$ 时，一个边长为 1 m 的立方体空气块紧贴着控制体积的上表面。下一秒，空气块上升了 0.5 m。在这 1 s 内，立方体中一半的 CO_2（即 400 mg）已经通过了面积为 1 m^2 的表面。通量的定义是单位时间内通过单位面积的物质的量，所以空气块移动产生的瞬时通量为 400 mg·m^{-2}·s^{-1}。这是瞬时通量的一个特例。瞬时通量一般表达式为 $w\rho_c$，平均通量为 $\overline{w\rho_c}$。根据雷诺法则，平均通量可以表示为 w 与 ρ_c 的协方差和平流通量之和：

$$\overline{w\rho_c} = \overline{w'\rho_c'} + \overline{w}\,\overline{\rho}_c \tag{8.21}$$

如果平均垂直风速 $\overline{w}$ 为零，则平均通量等于垂直速度与 CO_2 浓度的协方差项。

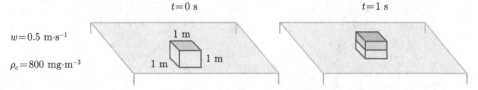

图 8.5　空气块向上运动所引起的通过涡度相关控制体积上表面的瞬时 CO_2 通量
空气块的 CO_2 密度为 800 mg·m^{-3}，垂直速度为 0.5 m·s^{-1}

在图 8.5 所示的例子中，通量是用 CO_2 质量浓度计算的。干空气密度的波动会引起虚假的 CO_2 通量，这一部分通量不是净生态系统真实的净交换量（第 9 章）。如果用混合比 s_c 计算协方差项 [即公式 (8.20) 中的第 II 项]，则可以避免由干空气密度波动产生的虚假通量。图 8.6 所示的是 w 与 s_c 的时间序列及其协方差。

水平平流项表示 CO_2 通过控制体积两侧进出控制体积的平流通量。平流通量，即单位时间内由平均风速输送通过单位横截面的 CO_2 量，表示为 $\overline{\rho_d}\overline{u}\overline{s_c}$。如果假设气流处于稳态，并且上表面的通量为零，则沿着风向的平均 NEE 与净平流通量相平衡：

$$\frac{1}{L}\int_0^L (\text{NEE})\,\mathrm{d}x = \frac{1}{L}\int_0^L \int_0^{z_m} \overline{\rho_d}\overline{u}\frac{\partial \overline{s}_c}{\partial x}\mathrm{d}z\mathrm{d}x$$

$$= \frac{1}{L} \left\{ \left[\int_0^{z_m} \overline{\rho}_d \overline{u}\,\overline{s}_c \mathrm{d}z \right] \Bigg|_{x=L} - \left[\int_0^{z_m} \overline{\rho}_d \overline{u}\,\overline{s}_c \mathrm{d}z \right] \Bigg|_{x=0} \right\} \qquad (8.22)$$

式中，L 是控制体积沿风向的长度。公式 (8.22) 与动态箱法质量守恒方程 (8.19) 类似，并且可以进行相似的解释。如果质量守恒方程中其他项都可忽略，则净生态系统交换将与穿过控制体积下风向和上风向平面的总平流通量差异成比例，这与动态箱法测量的通量与出气口和进气口之间的总平流通量差异呈比例类似。进行野外观测时，这种差异在量级上非常小，经常处在仪器测量精度范围之外（参见习题 8.19）。

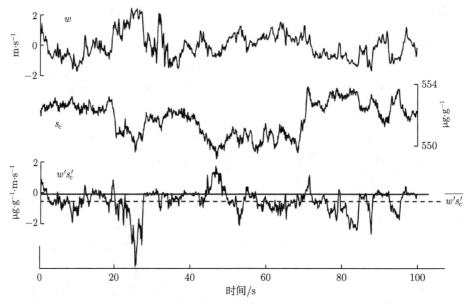

图 8.6　垂直风速 w、CO_2 混合比 s_c 和两者脉动量乘积 $w's_c'$ 的高频时间序列
虚线为所示时间段内 w 与 s_c 协方差的平均值

　　垂直平流通量项表示为 $\overline{\rho}_d \overline{w}\,\overline{s}_c$，该项在地表总是为零，但是在控制体积的顶部可以不为零。如果平均流不是水平均质的，就会存在垂直平流。若流场存在水平辐散，为了使空气质量守恒，平均垂直风速应该为负值，从而平衡水平辐散。

　　水平通量散度项表示从控制体积侧面通过湍流扩散进入控制体积的净 CO_2 量。该项对 x 积分得到平均散度：

$$\frac{1}{L} \int_0^L \int_0^{z_m} \overline{\rho}_d \frac{\partial \overline{u's'}_c}{\partial x} \mathrm{d}z\mathrm{d}x = \frac{1}{L} \left\{ \left[\int_0^{z_m} \overline{\rho}_d \overline{u's_c'}\,\mathrm{d}z \right] \Bigg|_{x=L} \right.$$
$$\left. - \left[\int_0^{z_m} \overline{\rho}_d \overline{u's_c'}\,\mathrm{d}z \right] \Bigg|_{x=0} \right\} \qquad (8.23)$$

式中，大括号内的第一项和第二项分别表示下风向和上风向总的水平涡度通量。

水平速度和垂直速度与涡度通量是互相依赖的。前文提到水平速度辐散由负的平均垂直速度来平衡。在图 8.3 中，控制体积上风的侧面的平均水平速度大于下风的侧面，表示存在气流辐合。在这种情况下，平均垂直速度为正值，即指向上方。如果控制体积顶部垂直涡度通量为正，则这两个侧面的水平涡度通量的方向与平均气流方向相反（图 8.3）。如果垂直涡度通量为负，水平涡度通量方向将与平均气流方向相同，详见 8.8 节。

从上述对公式 (8.20) 各项的阐述可知，似乎需要对控制体积五个面的平流通量和湍流通量进行同时观测，才能得到准确的 NEE。一些研究团队尝试采用这样的实验方案量化生态系统 NEE (详见附加阅读材料)，但实验设备成本极其昂贵。在半小时尺度上，这种昂贵的"五面"观测方法并不一定能获得准确的 NEE，其中一个原因是没有完全匹配的传感器可用于测量控制体积前后和左右两对侧面的净平流。仪器条件的限制迫使实验者只能在一个位置设置一个观测塔。安装在单一观测塔上的传感器，可以测量控制体积内储存项和顶部的垂直涡度通量。这样仍无法确定水平平流和水平通量散度，但是如果观测塔架设在宽阔、均一且平坦的下垫面上，则可以假设水平平流、垂直平流和通量散度忽略不计。在这种下垫面条件下，若生态系统吸收 CO_2，平流和水平散度不是控制体积中生态系统 CO_2 的主要来源；控制体积中储存的 CO_2 以及从控制体积顶部向下涡度扩散的 CO_2 才是生态系统 CO_2 的来源。反之，被释放的 CO_2 要么留在体积内，要么通过湍流扩散从顶部逃离控制体积并进入控制体积之上的空气层。

8.6　无平流条件下的涡度相关法

如果没有水平平流、垂直平流和水平通量散度，公式 (8.20) 可以简化为

$$\text{NEE} = \int_0^{z_m} \overline{\rho}_d \frac{\partial \overline{s}_c}{\partial t} \mathrm{d}z + \overline{\rho}_d \overline{w' s'_c} \tag{8.24}$$

公式 (8.24) 是利用单塔进行涡度相关观测的基础。

与之相似，涡度相关法测量的净生态系统水汽和感热交换的表达式分别为

$$E = \int_0^{z_m} \overline{\rho}_d \frac{\partial \overline{s}_v}{\partial t} \mathrm{d}z + \overline{\rho}_d \overline{w' s'_v} \tag{8.25}$$

和

$$H = \int_0^{z_m} \overline{\rho} c_p \frac{\partial \overline{T}}{\partial t} \mathrm{d}z + \overline{\rho} c_p \overline{w' T'} \tag{8.26}$$

　　在推导公式 (8.26) 时，忽略了能量守恒方程 [公式 (2.23)] 中与压力有关的项。首先对公式 (2.23) 进行雷诺平均，然后进行冠层体积平均，并且忽略热量平流和水平通量散度，可得到一维垂直方向上的体积平均热量守恒方程

$$\overline{\rho}c_p\left(\frac{\partial \overline{T}}{\partial t} + \frac{\partial \overline{w'T'}}{\partial z}\right) = \frac{\partial \overline{p}}{\partial t} + \overline{\rho}C_d a \overline{u}^3 + \frac{\partial \overline{w'p'}}{\partial z} + \overline{\rho}c_p \overline{S}_{T,\mathrm{p}} \tag{8.27}$$

公式右边第二项表示空气块压缩产生的热，这一项是对水平气压梯度 $\partial \overline{p}''/\partial x$ 进行体积平均得到的。在冠层空气中，气压梯度 $\partial \overline{p}''/\partial x$ 总是正值（图 5.2），当一个空气块在两个相邻的植被要素之间移动时，气压升高将使空气块被压缩，从而温度升高。对公式 (8.27) 在 z 方向上积分得到

$$H = \underbrace{\int_0^{z_m} \overline{\rho}c_p \frac{\partial \overline{T}}{\partial t}\mathrm{d}z}_{\mathrm{I}} + \underbrace{\overline{\rho}c_p\overline{w'T'}}_{\mathrm{II}} - \underbrace{\int_0^{z_m} \frac{\partial \overline{p}}{\partial t}\mathrm{d}z}_{\mathrm{III}} - \underbrace{\int_0^{z_m} \overline{\rho}C_d a \overline{u}^3 \mathrm{d}z}_{\mathrm{IV}} - \underbrace{\overline{w'p'}}_{\mathrm{V}} \tag{8.28}$$

式中，第 I 项和第 II 项分别是储存项和涡度通量项。第 III 项约为 $0.05\ \mathrm{W\cdot m^{-2}}$，可以忽略。根据温带森林的观测结果，气压通量项 $\overline{w'p'}$（第 V 项）在 $-8\sim0\ \mathrm{W\cdot m^{-2}}$ 之间变化，年平均值为 $-0.6\ \mathrm{W\cdot m^{-2}}$（Zhang et al., 2011）。气块压缩产生的热量项（第 IV 项）与第 V 项量级相当，符号相反（参见习题 8.12）。这些量级分析表明公式 (8.26) 与公式 (8.28) 非常接近。

　　净生态系统感热和水汽交换需要满足表面能量平衡方程 [公式 (2.32)]。在无平流的条件下，公式 (2.32) 可以表达为

$$R_\mathrm{n} - G - \left\{Q_\mathrm{s} + \int_0^{z_m} \overline{\rho}c_p \frac{\partial \overline{T}}{\partial t}\mathrm{d}z + \lambda \int_0^{z_m} \overline{\rho}_d \frac{\partial \overline{s}_\mathrm{v}}{\partial t}\mathrm{d}z\right\} = \overline{\rho}c_p\overline{w'T'} + \lambda \overline{\rho}_d \overline{w's_\mathrm{v}'} \tag{8.29}$$

表面能量平衡方程对实验学家极具吸引力，这是因为这些项可以单独进行直接测量。大括号内是生态系统总热储量，包括：储存在生物体中的感热、表层土壤的储热、土壤表面与涡度相关传感器之间空气柱中储存的感热和潜热。公式 (8.29) 经常用于检验涡度相关观测数据的质量。若能量不闭合程度较大，即等式右边测量的感热通量与潜热通量之和明显小于等式左边的可利用能量，则仪器的性能可能存在问题，或者站点不适合涡度相关法观测，即不满足下垫面开阔、均一且平坦的要求。

8.7　垂直平流

　　流场和浓度场的水平非均匀性会对涡度相关观测产生不利的影响。流场的非均匀性会引起垂直平流，浓度场的非均匀性会产生水平平流。由于并不存在完全

理想的站点 (水平、均一且平坦), 故流场的不均匀是不可避免的。即使按照微气象学标准, 场地已经足够大了, 但是受到尺度大于通量源区尺度的地表非均匀性的影响, 流场的非均匀性也不能完全忽略。

图 8.7~ 图 8.9 描述了不同空间尺度上产生的非均匀流场, 表 8.1 给出了与这些流场相关的平均垂直速度量级的估计值。中尺度热力环流 (如海/湖陆风) 和天气系统 (高压和低压) 的尺度比涡度相关通量贡献区和控制体积的尺度要大。湖陆边界过渡区、森林边缘过渡带和沿着倾斜地形的泄流的尺度与控制体积相近。

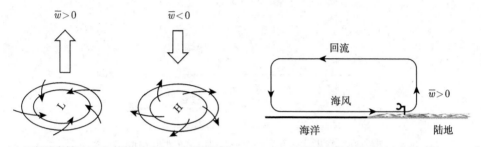

(a) 天气尺度低压(L)和高压(H)系统气流的俯视图　　(b) 中尺度海陆风环流的剖面图

图 8.7　大于涡度相关控制体积尺度的环流类别示意图

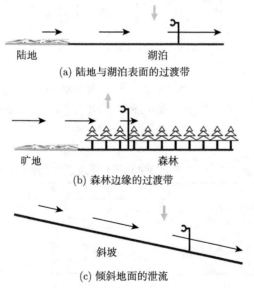

(a) 陆地与湖泊表面的过渡带

(b) 森林边缘的过渡带

(c) 倾斜地面的泄流

图 8.8　局地尺度扰动产生的非零平均垂直速度示意图

在白天大气边界层的对流单体中, 上升运动的气流被限制在其周围做下沉运动的气流柱体之间, 水平尺度为 1~2 km (图 8.9)。在低风速条件下, 这些有组织的湍涡结构趋于稳定，其位置基本不随时间变化，即使经过时间平均，观测塔观测的垂直速度也不为零。大涡模拟研究表明，在这种情况下，涡度相关观测会低估真实的 NEE，并导致表面能量不平衡 (Kanda et al., 2004)。

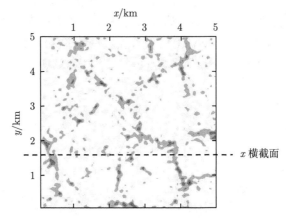

(a) 地面以上40 m高度处的垂直速度场的水平剖面图

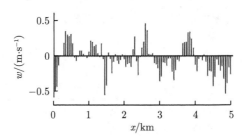

(b) 沿着x轴横截面的垂直速度变化图

图 8.9   大涡模拟的准静止对流单体的瞬时垂直速度

阴影区域表示上升运动 $(w > 0)$

表 8.1   在大气近地层内平均垂直速度的量级数值

流场类型	平均垂直速度/$(m \cdot s^{-1})$
天气系统的下沉气流	-1×10^{-4}
海/湖陆风	1×10^{-3}
泄流	-1×10^{-2}
森林边缘过渡带的流入气流	1×10^{-2}
准静止的对流单体	$\pm 5 \times 10^{-2}$

一种校正垂直平流影响的办法是在公式 (8.24) 的右端直接增加垂直平流项 $\overline{\rho}_d \overline{w} \overline{s}_c$。这个方法的问题在于垂直平流通量太大，即使天气系统引发的平流项都无法忽略。如表 8.1 所示，在天气系统中平均垂直速度 $\overline{w}$ 约为 1×10^{-4} m·s^{-1}，

对应的 $\bar{\rho}_d \bar{w} \bar{s}_c$ 量值约为 $1.5\ \mu mol\ CO_2 \cdot m^{-2} \cdot s^{-1}$。经过"校正"后的 NEE 的误差反而更严重。

　　解决垂直平流更合理的方法是对平流项 [公式 (8.20) 中第 IV 项] 做进一步处理。对平均垂直速度进行线性近似，

$$\bar{w}(z) = \frac{z}{z_m}\bar{w}_m \tag{8.30}$$

这一项变为

$$\int_0^{z_m} \bar{\rho}_d \bar{w}\frac{\partial \bar{s}_c}{\partial z}\,dz = \bar{\rho}_d \bar{w}_m(\bar{s}_c - <\bar{s}_c>) \tag{8.31}$$

式中，$\bar{w}_m$ 是高度 z_m 处的平均垂直速度，$<\bar{s}_c>$ 是涡度相关法观测高度以下空气柱内的 CO_2 平均混合比，

$$<\bar{s}_c> = \frac{1}{z_m}\int_0^{z_m} \bar{s}_c\,dz \tag{8.32}$$

包含垂直平流的 NEE 公式可以写为 (Lee, 1998)

$$NEE = \int_0^{z_m} \bar{\rho}_d \frac{\partial \bar{s}_c}{\partial t}\,dz + \bar{\rho}_d \overline{w's_c'} + \bar{\rho}_d \bar{w}_m(\bar{s}_c - <\bar{s}_c>) \tag{8.33}$$

由上式可知，由标准涡度相关公式 (8.24) 计算的 NEE 存在的偏差为 $\bar{\rho}_d \bar{w}_m(\bar{s}_c - <\bar{s}_c>)$。

　　图 8.10 说明了为什么垂直平流通量 $\bar{\rho}_d \bar{w} \bar{s}_c$ 高估了流场水平非均匀性对控制体积中 CO_2 质量平衡的贡献。假设 $\bar{w}$ 是负值，即下沉运动，并且 CO_2 浓度随着高度的增加而减小。为了满足连续性的约束条件，负的 $\bar{w}$ 必须由水平气流辐散平衡。从上部进入控制体积的 CO_2 要比通过辐散从侧向流出控制体积的 CO_2 少，这将导致控制体积内的 CO_2 减少。但是，因为 CO_2 净减少量与涡度相关观测高度处 CO_2 混合比和观测高度以下柱平均混合比之间的差异成比例，所以 CO_2 净减少量的量级远小于垂直平流通量。

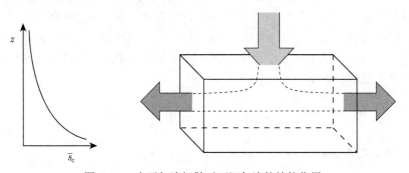

图 8.10　水平气流辐散对下沉气流的补偿作用

由于缺少对 $\overline{w}$ 的精确测量，因此很少针对小时尺度的涡度相关数据进行垂直平流校正。不过，可以从公式 (8.33) 得到多项有价值的推论。第一，与白天相比，CO_2 的垂直平流在夜间更为明显，这是因为大气稳定条件下的 CO_2 垂直梯度 $\overline{s}_c - <\overline{s}_c>$ 量级要大于不稳定条件下的量级。由于这种昼夜的不对称，NEE 在进行日平均或更长时间尺度平均时会出现系统性的偏差。

第二，在进行涡度相关观测时，应该避免将观测塔建在气流障碍物附近，并且需避免表面粗糙度的突然变化。以图 8.8(b) 森林边缘过渡带为例，假定气流从开阔地流向林地，空气运动速度减慢，引起气流辐合，此时 $\overline{w}$ 始终为正，这会导致平流效应。森林边缘过渡带的垂直平流对白天和夜间的 CO_2 通量观测都有影响。有实验研究表明，在图 8.8(b) 所示的情况下，夜间观测的 CO_2 通量偏高，甚至远高于生态系统实际的呼吸速率，这种偏大的 CO_2 通量在生物学上是不合理的。

第三，夜间泄流是涡度相关法最棘手的难题。在低风速、天空晴朗的条件下，即使站点的局地地形坡度仅为千分之一，也会出现泄流。由于气流运动具有连续性，由重力加速引起的沿着坡度的辐散需要由下沉的空气运动来补偿 [图 8.8(c)]。低风和天空无云的气象条件有助于泄流的形成，也能促使 CO_2 在地表累积。当上述情况出现时，涡度相关观测 [公式 (8.24)] 将会严重低估真实的 NEE。在此需要注意的是夜间 NEE 表示生态系统呼吸，根据微气象的符号惯例，NEE 为正值。

将结果应用到感热及水汽交换，则有

$$E = \int_0^{z_m} \overline{\rho}_d \frac{\partial \overline{s}_v}{\partial t} dz + \overline{\rho}_d \overline{w's'_v} + \overline{\rho}_d \overline{w}_m (\overline{s}_v - <\overline{s}_v>) \tag{8.34}$$

和

$$H = \int_0^{z_m} \overline{\rho} c_p \frac{\partial \overline{T}}{\partial t} dz + \overline{\rho} c_p \overline{w'T'} + \overline{\rho} c_p \overline{w}_m (\overline{T} - <\overline{T}>) \tag{8.35}$$

在进行能量平衡分析时，这些等式是有用的工具（参见习题 8.14）。

公式 (8.30) 隐含的假设是水平气流辐散率在近地层不随高度变化 [公式 (3.18)]。该假设对于大尺度环流是准确的（图 8.7），但是对于与通量贡献源区尺度相当的受局地扰动的流场而言（图 8.8），只是近似。一些观测研究表明，流场受到局地干扰时，可以产生浓度的水平梯度，因此除了垂直平流外，在收支方程中还必须包含水平平流的影响 (Aubinet et al., 2010)。

8.8 水 平 平 流

水平平流代表平均风的水平输送和扩散对涡度相关控制体积内质量平衡的贡献。若出现水平平流，就必须存在水平浓度梯度，这种梯度一般是由源强的水平变化所引起的。灌溉农田周边的干旱土地、湖泊周围的湖岸区域和小麦田与水稻田的过渡区域都容易出现水平平流，水平平流对热量、水汽和 CO_2 交换的影响不可忽略。

观测水平平流的难度要比观测垂直平流大，需要在水平方向的多个位置上放置风速传感器和气体分析仪来测量水平平流。如果风向已知且稳定，那么只要在上风向和下风向放置一对观测塔就可以满足观测的需要，利用水平风速和平均浓度的一对观测值就可以确定净平流通量 [公式 (8.22)]。此时，两个塔之间的距离需要足够长，以确保两个塔之间能够形成明显的浓度差。但这个距离又不能太长，否则过长的气体采样管路会降低观测准确度。即使两个塔之间的距离够长，传感器也可能无法达到测量需要的精度（参见习题 8.19）。在野外观测中，为了捕捉到风向随时间的转变和冠层中风向切变的影响（图 6.9），双塔观测显然是不够的，需要在各个方位上放置多个观测塔。

通量贡献区理论可以用于分析水平平流。如图 7.11 所示，水平平流与通量贡献区是两个相关的概念。图 7.11 描述了面源源强阶跃变化的情景，流场是水平均匀的，即没有垂直平流，并且处于稳态。根据质量守恒方程，净生态系统交换等于垂直涡度通量 [公式 (8.20) 的第 II 项] 与水平平流 [公式 (8.20) 的第 III 项，忽略第 V 项] 的和。在远离阶跃变化处 $(x \to \infty)$，水平平流的影响消失，通量贡献区全部落在测量的目标源区内，此时测量的垂直涡度通量等于地面源强或净生态系统交换。但是在阶跃变化区域附近，通量贡献区会超出目标区域，观测会受到水平平流的影响。此处，水平平流对局地质量平衡的贡献可以表示为

$$a_{\mathrm{H}} = 1 - \int_0^x f_1(x'; z) \mathrm{d}x' \tag{8.36}$$

在中性层结条件下，将公式 (7.72) 的一维通量贡献区函数代入公式 (8.36)，可得

$$a_{\mathrm{H}} = 1 - \exp\left(-\frac{z_{\mathrm{u}}}{k^2 x}\right) \tag{8.37}$$

根据公式 (8.37)，随着风浪区的增大，水平平流的影响呈指数下降。在此，风浪区是指观测塔与上风向下垫面边界之间的距离。

在图 7.11 所示情景中，目标区域上风向的源强为零，观测到的通量与真实 NEE 的比值正好等于 $1 - a_{\mathrm{H}}$。在野外实验中，目标区和上风向的源异质性程度与这个理想化的情景不同，观测的系统偏差会高于或低于 $1 - a_{\mathrm{H}}$。

还有两个边界层气象学的概念与水平平流有关。第一个概念为有效风浪区。在确定有效风浪区之前，首先要选择一个水平平流贡献比例的阈值，有效风浪区是指观测点与上风向下垫面边界的距离，在该位置上，水平平流的贡献比例 a_{H}

正好等于这个阈值 (Gash，1986)。阈值的典型值是 0.1。在距离小于有效风浪区的位置上，水平平流的影响将大于这个阈值，反之亦然。因此，观测塔最好设置在比有效风浪区更远的位置。

第二个概念为内边界层。当气流流过一个新的下垫面时，其底部会出现一个过渡性的薄层，该过渡层被称为内边界层（图 8.11）。内边界层深度是风浪区的函数，文献中存在多种确定该层厚度的方法。在涡度相关观测研究中，常将内边界层层顶视为临界高度，在这个高度上，a_H 与阈值 0.1 相等。如果涡度相关传感器安装在内边界层内，水平平流的影响将会减少。在图 8.11 中，传感器 B 位于内边界层之上，水平平流对其影响更大。与传感器 B 相比，传感器 A 能更准确地测量下垫面与大气之间的交换。

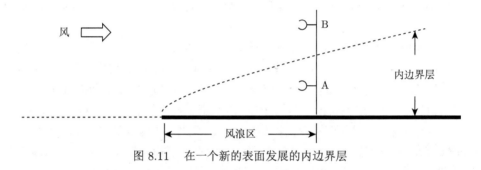

图 8.11　在一个新的表面发展的内边界层

水平涡度通量的水平变化也会引起平流效应 [公式 (8.23)]。即使在水平均匀的流场中，水平涡度通量也并非为零，其原因与垂直动量传输机制有关。以冠层之上的近地层为例（图 3.4），假定植被在进行光合作用，向下运动的湍涡 ($w' < 0$) 会携带高处水平速度较大 ($u' > 0$) 的气块，从而向下输送动量。与测量高度处空气中平均 CO_2 混合比相比，该湍涡携带气块的 CO_2 混合比更高 ($s'_c > 0$)。由于 u 与 w 存在负相关，且 s_c 与 w 也存在负相关，最终的结果是 u 和 s_c 之间呈正相关。通过量纲分析可得

$$\overline{u's'_c} = a_H \frac{\overline{u'w'}\ \overline{w's'_c}}{\overline{w'^2}} \tag{8.38}$$

式中，根据森林站点的观测数据，系数 a_H 约为 2.4。由于 $\overline{u'w'}$ 在近地层是负值，水平涡度通量在符号上与垂直通量相反。如果 CO_2 垂直通量向上，则 CO_2 水平通量为负，即与平均风方向相反（图 8.3），反之亦然。除了自由对流等极端情况之外，水平涡度通量和垂直涡度通量的量级相当；在自由对流条件下，不存在垂直动量通量，则 $\overline{u's'_c}$ 为零。在中性层结条件下，$\overline{u'w'}/\overline{w'^2}$ 的值约为 0.65，根据公式 (8.38)，水平通量的量级比垂直通量大 50%。尽管水平涡度通量本身的量级很大，但是在均匀和弱异质性气流中，其水平散度是可以忽略的。

控制体积内的物质平衡

很多研究组尝试了将控制体积的概念用于实践。图 8.12 展示的是 AD-VEX 合作项目的实验方案（Feigenwinter et al., 2008; Aubinet et al., 2010）。该项目的目的是直接测量 CO_2 平流项并量化夜间 CO_2 通量的误差。该项目的实验设置包括五个观测塔，一个在中心，四个在离中心等距离的四条边上。塔上安装了涡度相关系统和 CO_2 廓线系统，一共使用了 20 个超声风速计和 6 个 CO_2 气体分析仪，构成了一个控制体积形状的传感器网络。用这套传感器网络观测的数据，可以计算出控制体积 CO_2 质量守恒方程中的两个平流项，即公式 (8.20) 中的第 III 项和第 IV 项。ADVEX 科学家花了两年时间，用这套仪器网络在欧洲 3 个森林站轮流观测。他们关注的科学问题是：多塔的观测方法 [公式 (8.20)，忽略第 V 项] 会比常规的单塔涡度相关方法 [公式 (8.24)] 更准确吗？

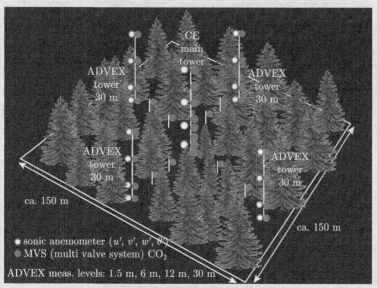

图 8.12 森林中测量平流通量的 ADVEX 方法
图片来源：Feigenwinter 等（2008）

在 ADVEX 站点小时尺度上 NEE 的真值是未知的。为了评估 ADVEX 方法，假设可以用 NEE 的期望值量化通量观测的偏差。例如，空气湍流不会影响生物功能，NEE 不应该依赖于湍流强度。如果观测到的 NEE 明显依赖于湍流强度，则表明观测出错了。借助于这个假设，ADVEX 的科学家得到三个主要结论。第一，垂直平流在夜间大于白天，在弱湍流条件下大于强湍流，在高度稳定条件下大于弱稳定条件。第二，相比于垂直平流，水平平流更容易随着大气稳定度、风向风速和站点的改变而变化。有些情形下，水平平流可以平衡掉垂直平流，但是有些情形下水平平流在量级上比垂直平流大很多。第三，要从平流观测得到足够准确的小时 NEE 是不切实际的。ADVEX 的仪器无法测量水平涡度通量散度项 [公式 (8.20)，第五项]。换言之，ADVEX 方法并没有完全闭合控制体积内的物质平衡，这也许是最后一个结论的原因之一。ADVEX 方法还有其他误差，包括：用空间内插计算 CO_2 浓度的空间导数产生的误差（Aubinet et al., 2010）、用同一台分析仪多管路采样测量 CO_2 空间浓度分布导致的误差等（Marcolla et al., 2014）。此外，微尺度流场现象，如在第 5 章附加阅读材料提到的森林内部的地面沟流，可能从控制体积逃逸了，没有被仪器网络捕获。

　　Galvagno 等（2017）在一个开阔的斜坡测量了平流通量，坡面上的生态系统为草地。与 ADVEX 的森林站点相比，这里的风向更有规律：在白天吹上坡风，在夜晚吹下坡风。因此，在坡面上下位置设置一对通量塔，就能用于测量沿坡面即顺流场方向的平流。此外，他们还用箱式法测量了 NEE，并用箱式法获得的 NEE 作为真值评价涡度相关法。通过与箱式法对比研究发现，与单塔的涡度相关法对比，在质量平衡计算中包含平流通量能得到更准确的 NEE。

　　其他利用多塔方法得到的结果有好有坏。涡度相关控制体积是一个理论概念，虽然无法常规操作，但可以帮助诊断在什么气象条件和地形条件下单塔涡度相关法会容易出现误差。现在常规操作方法是剔除在这些条件下得到的涡度相关数据，并利用在更理想条件下的测量结果建立的函数关系来插补剔除的数据。

8.9　实际应用中需关注的问题

　　典型的涡度相关观测系统由三维超声风速计、温度传感器和气体分析仪构成。理想的涡度相关系统能够在空间同一个点同步测量风速和气体混合比，仪器需要有足够快的响应速度，以捕捉所有湍涡的贡献，并且需要安装在与局地地形表面绝对平行的方向上。如果不符合这些理想的观测条件，则会产生观测误差。可以在野外观测之前的硬件准备阶段避免这些观测误差，也可以通过对观测数据作后处理校正这些误差（Baldocchi et al., 1988; Aubinet et al., 2012）。在涡度相关观测试验中，需要关注以下几个问题。

　　(1) 高频损失。风速计和气体分析仪都不是单点传感器。它们测定的是小体积气块的性质，无法捕捉尺度小于仪器测量体积的小湍涡运动。在频谱空间中，这些小湍涡属于高频信号，对通量的贡献比较小，但没有小到可以忽略的程度。实际观测中，浓度分析仪要与风速仪保持一定的距离，以减少对风速测量的干扰，这种传感器分离也会造成高频损失。对于闭路涡度相关观测系统，浓度测量是在密闭的光腔中完成的，环境空气要经过细小的管路进入分析仪，在气样经过管路进入光腔的过程中，会损失掉一些高频信号。

(2) 时间延迟。在闭路涡度相关系统中，气样要经过管路进入分析仪，导致气体浓度测量滞后于风速测量。风速计和分析仪的响应时间不同、传感器的分离等也会造成测量时间不一致。

(3) 仪器倾斜。在野外试验中，很难将风速仪安装得与下垫面完全平行。如果风速仪安装在水平面上，但实验站点下垫面不平坦，也会产生倾斜误差。与下垫面不平行的风速计测定的垂直风速并不代表大气真实的垂直风速。在数据分析过程中，需要通过坐标旋转去除仪器倾斜误差。经过坐标旋转，$x-y$ 平面与局地下垫面平行（即 z 轴与局地下垫面垂直），y 轴与雷诺平均风矢量垂直（图 2.1）。

(4) 低频贡献。雷诺平均是一种高通滤波运算，其滤波的频率阈值约等于平均时间的倒数，即在平均过程中频率小于 $1/T$ 的大湍涡的贡献会被损失掉。常用的 $30\sim60$ min 的平均时间对于稳定到中等不稳定的大气层结是足够的。但在极不稳定的大气层结条件下，湍流输送基本上是由大尺度 (即低频率) 的对流单体完成的，如果平均时间太短，则不能完全捕捉到它们对通量的贡献。

(5) 密度效应。迄今为止，还没有分析仪可以直接测量气体的质量混合比。分析仪测定的是光吸收强度，而光吸收强度与光路中气体的质量密度成比例。由于干空气质量密度的波动会引起与生态系统–大气交换无关的气体质量密度的波动，基于质量密度测量的涡度相关观测需要进行密度效应校正。第 9 章将具体讲述密度效应校正理论。

习　题

8.1 证明冠层 CO_2 源项 $\overline{S}_{c,p}$ 的单位为 $kg \cdot m^{-3} \cdot s^{-1}$。

8.2 若叶片温度为 23.0 ℃，叶片边界层厚度为 2 mm，叶片边界层以外的空气温度为 21.0 ℃，平均叶面积密度为 0.20 $m^2 \cdot m^{-3}$，冠层高度为 20.0 m，土壤热源项可以忽略。请利用公式 (8.10) 和式 (8.14) 计算净生态系统的感热交换。

8.3 冠层水汽源强 $\overline{S}_{v,p}$ 由下式给出：

$$\overline{S}_{v,p} = \frac{0.1}{\sqrt{2\pi} \cdot 3} \exp\left[-\frac{(z-15)^2}{2 \cdot 3^2}\right] \tag{8.39}$$

式中，$\overline{S}_{v,p}$ 单位为 $g \cdot m^{-3} \cdot s^{-1}$；$z$ 是地面以上高度，单位为 m。求解净生态系统的水汽交换。对应的潜热通量是多少？

8.4 用一个高度为 24 cm 的密闭箱测量森林土壤的 CO_2 通量。箱体内 CO_2 摩尔混合比的初始值为 402.1 ppm，经过 60 s 后，摩尔混合比增加到 433.6 ppm。若空气温度为 11.5 ℃，计算 CO_2 通量。

8.5 利用一个宽度为 30 cm、长度为 60 cm、高度为 30 cm 的透明特氟龙箱子测量森林土壤的汞排放（Sigler and Lee, 2006），去除箱子的底面，将箱子放置在土壤表面。空气以 11.5 $L \cdot min^{-1}$ 的流速通过箱体一侧的小口进入箱体。在 STP（标准温度与压强）条件下，箱外环境中气态汞的浓度为 1.80 $ng \cdot m^{-3}$，箱体出气口的浓度为 2.53 $ng \cdot m^{-3}$。计算汞通量，结果以 $ng \cdot m^{-2} \cdot h^{-1}$ 为单位表示。

8.6 若采用动态箱法测量水稻田生态系统的净甲烷交换，须确定最适的流速。箱体的底面积为 0.1 m^2，分析仪的精度为 2 ppb (摩尔混合比)。根据发表的文献，水稻田的净甲烷交换量约为 2 $\mu g\, CH_4 \cdot m^{-2} \cdot s^{-1}$。若用 50 $L \cdot min^{-1}$ 的气流速率，该分析仪能否分辨出箱体出气口与进气口之间的浓度差异？需要怎样调节流速才能减小测量误差？

8.7 美国中西部典型的施肥玉米田的氧化亚氮排放速率为 0.3 $nmol \cdot m^{-2} \cdot s^{-1}$。假设玉米的高度为 2.0 m，表面摩擦风速为 0.25 $m \cdot s^{-1}$。若利用底面积为 0.25 m^2、气流速率为 10 $L \cdot min^{-1}$ 的动态箱法测量氧化亚氮排放通量，箱体出气口与进气口之间的浓度差异有多大 (以摩尔混合比表示，单位为 ppb)？如果利用通量梯度法测量氧化亚氮排放通量，地面以上 2.5 m 和 3.5 m 高度处的氧化亚氮浓度差异会有多大？两种方法中哪一种需要更精确的分析仪？

8.8 地面与涡度相关传感器高度 (30 m) 之间的柱平均 CO_2 摩尔混合比在 9 月 1 日 18:00 为 380.1 ppm，24:00 为 395.2 ppm，9 月 2 日 6:00、12:00、18:00 分别为 398.4 ppm、385.0 ppm、380.2 ppm。计算 9 月 1 日 18:00 与 24:00 之间的 CO_2 储存项，以及 9 月 1 日 18:00 与 9 月 2 日 18:00 之间的 CO_2 储存项。结果以 $\mu mol \cdot m^{-2} \cdot s^{-1}$ 为单位表示。

8.9 在 8:00 时，涡度相关系统观测高度 (2.4 m) 以下的空气柱的平均气温和水汽摩尔混合比分别为 20.1 ℃ 与 17.2 $mmol \cdot mol^{-1}$，到 9:00 时分别增至 20.6 ℃ 与 17.4 $mmol \cdot mol^{-1}$。计算这段时间内感热和潜热的储存项，单位用 $W \cdot m^{-2}$ 表示。

8.10 涡度协方差项为 $\overline{w'\chi_c'} = -0.732$ ppm·$m \cdot s^{-1}$、$\overline{w'\chi_v'} = 0.203$ $mmol \cdot mol^{-1}$ m·s^{-1}、$\overline{w'T'} = 0.176$ $K \cdot m \cdot s^{-1}$。假设涡度相关方程中其他项都可以忽略，那么净生态系统 CO_2 交换（单位为 $\mu mol \cdot m^{-2} \cdot s^{-1}$）、水汽交换（单位为

mmol·m^{-2}·s^{-1}）以及感热交换（单位为 W·m^{-2}）分别是多少？

8.11 证明压力通量 $\overline{w'p'}$ 的单位为 W·m^{-2}。

8.12 植被面积密度由公式 (5.44) 给出，植被面积指数是 3.0，冠层拖曳系数为 0.2，风廓线由公式 (5.27) 给出（$\alpha_2 = 4.0$），冠层顶的风速为 1.5 m·s^{-1}，估算冠层中由压力压缩产生的热交换速率 [公式 (8.28) 中的第 IV 项]。

8.13 假定景观由两类不同的生态系统组成，两个生态系统都向大气释放某种痕量物质。生态系统 I 的源强为 N_1，生态系统 II 的源强为 N_2。根据通量贡献区理论，痕量物质的垂直通量应介于 N_1 与 N_2 之间。然而，实际通量会落在 N_1 与 N_2 的范围之外，为什么？

8.14 能量不平衡定义为

$$I = R_{\rm n} - G - \left\{ Q_{\rm s} + \int_0^{z_{\rm m}} \overline{\rho} c_p \frac{\partial \overline{T}}{\partial t} {\rm d}z + \lambda \int_0^{z_{\rm m}} \overline{\rho}_{\rm d} \frac{\partial \overline{s}_{\rm v}}{\partial t} {\rm d}z \right\}$$
$$- \left\{ \overline{\rho} c_p \overline{w'T'} + \lambda \overline{\rho}_{\rm d} \overline{w's_{\rm v}'} \right\}. \tag{8.40}$$

假设能量不平衡是由垂直平流引起的。讨论表 8.1 中列出的不同环流类型对应的 I 是正值还是负值。

8.15 若存在泄流，由标准涡度相关方程 (8.24) 确定的生态系统呼吸是偏高还是偏低？偏差量级估计有多大？

8.16 假设涡度相关观测高度处白天和夜间的平均垂直风速分别为 0.01 m·s^{-1} 和 -0.01 m·s^{-1}。利用图 8.13 中的数据，估算 12:00 和 0:00 时垂直平流对涡度相关控制体积中 CO_2 收支的贡献。由公式 (8.24) 得到的日平均 NEE 是偏高还是偏低？

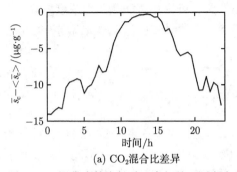

(a) CO$_2$混合比差异

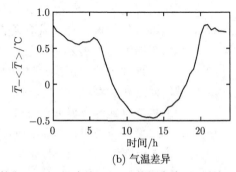

(b) 气温差异

图 8.13　温带森林生长季涡度相关观测高度处的 (a) CO$_2$ 混合比 ($\overline{s}_{\rm c}$) 和观测高度以下空气柱中的平均 CO$_2$ 混合比 ($<\overline{s}_{\rm c}>$) 差异的日变化，(b) 观测高度处气温 ($\overline{T}$) 和观测高度以下空气柱中平均气温 ($<\overline{T}>$) 差异的日变化

8.17 根据习题 8.16 提供的信息，估算 12:00 和 0:00 时垂直平流对控制体积中感热收支的贡献。垂直平流对日平均生态系统感热交换的影响是怎样的?

8.18 ① 写出与公式 (8.22) 相似的热量水平平流方程。② 假设风廓线随着高度对数变化，摩擦风速为 $0.30 \ \mathrm{m \cdot s^{-1}}$，表面动量粗糙度为 0.05 m，涡度相关测量高度为 2.0 m。利用表 8.2 中给出的气温廓线数据，计算水平平流对图 8.14 中位置 B 局地热量收支的贡献。

表 8.2　图 8.14 中位置 A 和 B 处观测的空气温度 (T, ℃)

	0.1 m	0.5 m	1.0 m	1.5 m	2.0 m
A	20.31	20.18	20.16	20.09	20.07
B	21.53	20.90	20.63	20.47	20.36

A 与 B 之间的距离为 100 m

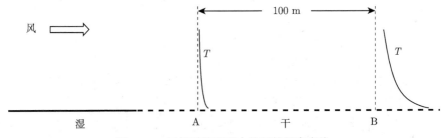

图 8.14　干燥下垫面两个位置的温度廓线

8.19 水平平流对涡度相关控制体积中 CO_2 收支的贡献为 $4.5 \ \mathrm{\mu mol \cdot m^{-2} \cdot s^{-1}}$。控制体积上风向和下风向两个面之间的距离 L 是 100 m，涡度相关观测高度为 20 m，观测高度以下平均风速为 $2 \ \mathrm{m \cdot s^{-1}}$。利用公式 (8.22) 估算控制体积上风向和下风向两个面之间的浓度差。某宽波段 CO_2 分析仪对摩尔混合比的测量精度为 0.2 ppm，该分析仪是否能测量出浓度差异?

8.20 根据以下条件求解有效风浪区的距离：中性大气层结，测量高度为 2.0 m，表面粗糙度为 0.0225 m。

8.21 生态系统呼吸速率很少超过 $0.4 \ \mathrm{mg \, CO_2 \cdot m^{-2} \cdot s^{-1}}$。然而，夜间在高大森林用涡度相关观测的 CO_2 通量可高达 $1.0 \ \mathrm{mg \cdot m^{-2} \cdot s^{-1}}$(观测塔的位置靠近森林与草地的分界处)。解释这种异常现象的成因。

8.22* 利用水平平流贡献比例 a_H 阈值 0.1、公式 (7.74) 和公式 (8.36)，推导出内边界层深度为下风向距离函数的表达式 (图 8.11)。在不同粗糙度范围和稳定度数值下画出内边界层深度的演变图，并讨论粗糙度和大气稳定度如何影响内边界层的发展。

参 考 文 献

Aubinet M, Feigenwinter C, Heinesch B, et al. 2010. Direct advection measurements do not help to solve the night-time CO_2 closure problem: Evidence from three different forests. Agricultural and Forest Meteorology, 150(5): 655-664.

Aubinet M, Vesala T, Papale D. 2012. Eddy Covariance: A Practical Guide to Measurement and Data Analysis. Berlin: Springer: 438.

Baldocchi D D, Hincks B B, Meyers T P. 1988. Measuring biosphere-atmosphere exchanges of biologically related gases with micrometeorological methods. Ecology, 69(5): 1331-1340.

Feigenwinter C, Bernhofer C, Eichelmann U, et al. 2008. Comparison of horizontal and vertical advective CO_2 fluxes at three forest sites. Agricultural and Forest Meteorology, 148(1): 12-24.

Finnigan J J. 1985. Turbulent transport in flexible plant canopies. In: Hutchison B A, Hicks B B. The Forest-Atmosphere Interaction. Dordrecht: D Reidel Publishing Company: 443-480.

Galvagno M, Wohlfahrt G, Cremonese E, et al. 2017. Contribution of advection to night-time ecosystem respiration at a mountain grassland in complex terrain. Agricultural and Forest Meteorology, 237/238: 270-281.

Gash J H C. 1986. A note on estimating the effect of a limited fetch on micrometeorological evaporation measurements. Boundary-Layer Meteorology, 35(4): 409-413.

Kanda M, Inagaki A, Letzel M O, et al. 2004. LES study of the energy imbalance problem with eddy covariance fluxes. Boundary-Layer Meteorology, 110(3): 381-404.

Lee X. 1998. On micrometeorological observations of surface-air exchange over tall vegetation. Agricultural and Forest Meteorology, 91(1/2): 39-49.

Lee X, Massman W. 2011. A perspective on thirty years of the Webb, Pearman and Leuning density corrections. Boundary-Layer Meteorology, 139(1): 37-59.

Leuning R. 2007. The correct form of the Webb Pearman and Leuning equation for eddy fluxes of trace gases in steady and non-steady state, horizontally homogeneous flows. Boundary-Layer Meteorology, 123(2): 263-267.

Marcolla B, Cobbe I, Minerbi S, et al. 2014. Methods and uncertainties in the experimental assessment of horizontal advection. Agricultural and Forest Meteorology, 198-199: 62-71.

Paw U K T, Baldocchi D D, Meyers T P, et al. 2000. Correction of eddy-covariance measurements incorporating both advective effects and density fluxes. Boundary-Layer Meteorology, 97(3): 487-511.

Sigler J M, Lee X. 2006. Gaseous mercury in background forest soil in the northeastern United States. Journal of Geophysical Research: Biogeosciences, 111: G02007.

Zhang J H, Lee X, Song G, et al. 2011. Pressure correction to the long-term measurement of carbon dioxide flux. Agricultural and Forest Meteorology, 151(1): 70-77.

第 9 章 通量观测中的密度效应

9.1 密 度 效 应

干空气是热量、水汽和痕量气体进行湍流扩散的媒介。CO_2 和气体污染物等痕量气体是被动标量，其扩散和传输过程不会改变扩散媒介本身的动力性质，但对于感热和水汽等主动标量而言，情况并非如此。地表向上的感热交换会使大气边界层变得越发不稳定，进而提高扩散效率。与之相反，地表蒸发冷却和云凝结释放潜热会使大气边界层变得更加稳定，相应地会降低扩散效率。这种主动标量与大气之间的动力交互过程可以用雷诺平均守恒方程来分析。

主动标量的扩散会改变干空气密度，传感器自加热和气压波动等外部因素也会引起干空气密度变化。为了合理地观测痕量气体的扩散过程，就必须要考虑扩散媒介本身的变化特性。干空气密度波动对气体通量观测的干扰被称为密度效应。

干空气质量密度 ρ_d 可以通过多种方式发生改变。由于大气压随高度增加呈指数递减，故 ρ_d 也随着高度增加呈指数下降。在标准大气中，ρ_d 从海平面处的 1.22 kg·m^{-3} 降至 1.5 km 高度处的 1.05 kg·m^{-3}，对应的密度垂直梯度的平均值为 -0.11 g·m^{-4}。实际大气边界层的垂直结构会偏离标准大气。当地表强烈加热大气时，近地层中 ρ_d 的垂直梯度为正值。当夜晚存在较强的近地层逆温时，ρ_d 的垂直梯度方向与白天相反，且梯度大小会超过标准大气中的平均数值。在湍流运动的时间尺度上，ρ_d 会随着温度和湿度的脉动而发生快速波动。在通量箱体和闭路气体分析仪光腔等密闭环境中，绝大部分干空气密度的自然脉动都会衰减殆尽，但这些箱体和光腔自身会产生热量，也会改变干空气密度。

理想气体定律是分析密度效应的一个基本原理。本书前几章已经建立了每个微气象变量各自的守恒方程，并进行单独分析。事实上，温度、气压、水汽和 CO_2 浓度之间是相互依赖的。比如，气温的时空变化会引起 CO_2 质量密度的变化，若处理不当，则会带来虚假的 CO_2 通量。温度和 CO_2 等变量不仅会遵守各自的守恒方程，它们之间的相互影响还受理想气体定律的约束。

理解密度效应的另一个基本前提是大气边界层中无干空气的源和汇。从大气湍流扩散的角度而言，干空气是除水汽和其他可变痕量气体（CO_2 和 O_3 等）以外的混合气体，包括大气中的准定常成分，即氧气、氮气和氩气。土壤表面不存在干空气通量，且在近地层中既没有干空气生成也没有干空气消耗。从量值上看，植物光合作用的氧气生成量、土壤呼吸作用的氧气消耗量和土壤反硝化过程中的氮气生成量都很少，这些过程对于干空气质量守恒的影响可以忽略不计。因此，干空气质量密度的时空变化仅受状态变量的影响。与干空气密度不同，CO_2 或水汽质量密度会同时随环境中源汇强度和干空气密度的变化而改变，因此，需要剔除由干空气密度变化所引起的干扰信号，将源汇强度信号从观测信号中分离出来。如何消除密度效应是通量观测的核心任务之一。

9.2 涡度相关观测中的密度效应

现在分析近地层中密度效应对涡度相关观测的 CO_2 通量的影响。在下垫面广阔、均一且大气处于稳态时，干空气密度和垂直风速与 CO_2 混合比协方差的乘积（$\overline{\rho_d} \, \overline{w's'_c}$）代表真实的生态系统与大气之间的净交换。遗憾的是，迄今为止，还没有仪器能够直接测定质量混合比。从测量原理而言，气体分析仪测定的是光的吸收强度，该强度与气体分析仪光路中的质量密度 ρ_c 成正比，通过该比例关系和分析仪的光学参数即可获得气体的质量密度，从而通过计算垂直风速 w 与质量密度 ρ_c 的协方差得到 CO_2 通量。为了获得真实的地气交换通量，就必须对协方差 $\overline{w'\rho'_c}$ 进行密度效应订正。本章的主要任务就是介绍密度效应订正的方法。

经典的 Webb、Pearman 和 Leuning（WPL；Webb et al., 1980）密度效应理论认为，$\overline{w\rho_c}$ 为真实的 CO_2 通量，通过雷诺分解可以得到

$$\overline{w\rho_c} = \overline{w}\,\overline{\rho}_c + \overline{w'\rho'_c} \tag{9.1}$$

对于干空气，可得到类似的方程：

$$\overline{w\rho_d} = \overline{w}\,\overline{\rho}_d + \overline{w'\rho'_d} = 0 \tag{9.2}$$

公式 (9.2) 为地表干空气通量为零的 WPL 约束方程。因干空气通量为零，则可以得到平均垂直风速 $\overline{w}$ 为

$$\overline{w} = -\frac{1}{\overline{\rho}_d}\overline{w'\rho'_d} \tag{9.3}$$

联立公式 (9.3) 和式 (9.1)，即可得到真实的 CO_2 通量

$$\overline{w\rho_c} = \overline{w'\rho'_c} - \frac{\overline{\rho}_c}{\overline{\rho}_d}\overline{w'\rho'_d} \tag{9.4}$$

公式 (9.4) 右侧第二项就是密度效应订正项。协方差 $\overline{w'\rho'_c}$ 与真实通量 $\overline{w\rho_c}$ 之间存在明显差异。

无生物活动的沙漠观测试验可以进一步说明密度效应订正的重要性。虽然干旱土壤中的化学反应可能是大气 CO_2 的潜在汇，但其强度要比涡度相关系统的检测限低一个数量级，因此，沙漠观测试验本质上是一个零通量试验。但即使在该通量为零的下垫面上方，协方差 $\overline{w'\rho_c'}$ 通常并不为零。此时，ρ_c 的波动是由扩散媒介本身的密度变化所引起的，而后者与垂直风速脉动高度相关，结果就得到了虚假的 CO_2 通量 $(\overline{\rho_c}/\overline{\rho_d})\overline{w'\rho_d'}$。只有从协方差 $\overline{w'\rho_c'}$ 的观测值中剔除这一虚假通量，才能得到预期的 CO_2 零通量。

WPL 平均垂直速度 [公式 (9.3)] 是干空气密度脉动的体现，引起非零的 WPL 速度的原因在于向上和向下运动的湍涡的移动速度不同。大气不稳定时，上升湍涡的质量密度小于下沉湍涡，唯有上升湍涡的速度大于下沉湍涡的速度，才能维持干空气通量为零的基本前提。此时，WPL 平均垂直速度向上为正值，协方差 $\overline{w'\rho_d'}$ 为负值（详见下文）。WPL 垂直速度的数值通常小于 $1~\mathrm{mm \cdot s^{-1}}$，该速度无法通过坐标旋转来去除，也无法通过联立水平气流散度和连续方程 [公式 (3.18)] 来计算。因此，该速度已经失去了平均流速的物理含义，不再适用于描述大气流动，故有人称之为"漂移速度"。

为了避免 WPL 速度可能带来的误解，在此展示一种不需要引入该速度就可以说明密度效应的新方法（Massman and Lee, 2002）。此处只考虑稳态且无平流的状况，公式 (8.24) 变为

$$\mathrm{NEE} = \overline{\rho}_d \overline{w's_c'} \tag{9.5}$$

接下来的任务就是将 w–s_c 的协方差转换为 w–ρ_c 的协方差，后者可由涡度相关系统测得。在此，基于混合比的定义，对混合比进行雷诺分解可得

$$s_c = \overline{s}_c + s_c' = \frac{\overline{\rho}_c + \rho_c'}{\overline{\rho}_d + \rho_d'} \tag{9.6}$$

整理该公式可以得到 s_c' 的计算式

$$\begin{aligned} s_c' &= s_c - \overline{s}_c \\ &= \frac{\overline{\rho}_c + \rho_c'}{\overline{\rho}_d + \rho_d'} - \frac{\overline{\rho}_c}{\overline{\rho}_d} \end{aligned} \tag{9.7}$$

式中，雷诺平均的 CO_2 混合比可近似写为 $\overline{s}_c = \overline{\rho}_c/\overline{\rho}_d$（参见习题 9.1）。对公式 (9.7) 右侧第一项的分母进行泰勒级数展开可得

$$\begin{aligned} \frac{1}{\overline{\rho}_d + \rho_d'} &= \frac{1}{\overline{\rho}_d} \frac{1}{1 + \rho_d'/\overline{\rho}_d} \\ &= \frac{1}{\overline{\rho}_d} \left[1 - \frac{\rho_d'}{\overline{\rho}_d} + \left(\frac{\rho_d'}{\overline{\rho}_d}\right)^2 - ... \right] \end{aligned} \tag{9.8}$$

将公式 (9.8) 代入公式 (9.7)，仅保留一阶项可得

$$s_c' = \frac{1}{\rho_d}\left(\rho_c' - \frac{\overline{\rho_c}}{\overline{\rho_d}}\rho_d'\right) \tag{9.9}$$

联立公式 (9.5) 和式 (9.9) 可得

$$\text{NEE} = \overline{w'\rho_c'} - \frac{\overline{\rho_c}}{\overline{\rho_d}}\overline{w'\rho_d'} \tag{9.10}$$

该公式与原始的 WPL 公式 [公式 (9.4)] 相同。

公式 (9.10) 与公式 (9.4) 完全相同，这并不奇怪。两个公式均是干空气质量守恒的结果，更确切地说，两者均基于干空气通量为零的前提，这一前提在公式 (9.2) 和连续方程中均有体现。公式 (9.10) 可以追溯到 CO_2 混合比的守恒方程，而 CO_2 混合比的守恒方程是通过干空气质量守恒和 CO_2 守恒得到的。连续方程 (2.14) 展示了干空气质量守恒的特性，并隐含着大气边界层内既没有干空气产生也没有干空气消耗这一约束条件。

此处，$(\overline{\rho_c}/\overline{\rho_d})\overline{w'\rho_d'}$ 是涡度相关系统测得的 CO_2 通量的密度效应订正项。由于涡度相关系统无法直接测得 ρ_d 脉动，故需要用可观测的量来表示 ρ_d'。

基于理想气体定律可以得到干空气密度脉动的表达式。将干空气和水汽的理想气体状态方程 [公式 (2.35) 和式 (2.36)] 代入 Dalton 分压定律 [公式 (2.46)]，并用普适气体常数替代它们各自的气体常数 [公式 (2.38) 和式 (2.39)] 可以得到

$$\frac{\rho_d}{M_d} + \frac{\rho_v}{M_v} = \frac{p}{RT} \tag{9.11}$$

对公式 (9.11) 进行整理，并进行雷诺分解可得

$$\rho_d = \frac{M_d\,p}{RT} - \mu\rho_v \tag{9.12}$$

$$= \frac{M_d(\overline{p} + p')}{R(\overline{T} + T')} - \mu(\overline{\rho_v} + \rho_v') \tag{9.13}$$

式中，$\mu = M_d/M_v$。对公式 (9.13) 进行雷诺平均，并忽略高阶项（参见习题 9.1）可得

$$\overline{\rho_d} = \frac{M_d\,\overline{p}}{R\overline{T}} - \mu\overline{\rho_v} \tag{9.14}$$

通过雷诺分解也可得到

$$\rho_d' = \rho_d - \overline{\rho_d} \tag{9.15}$$

联立公式 (9.13)、式 (9.14) 和式 (9.15)，并略去高阶项，就能得到干空气密度脉动的表达式

$$\rho'_{\rm d} = \overline{\rho}_{\rm d}(1 + \mu \overline{s}_{\rm v})\left(\frac{p'}{\overline{p}} - \frac{T'}{\overline{T}}\right) - \mu \rho'_{\rm v} \tag{9.16}$$

式中，水汽混合比的平均值 $\overline{s}_{\rm v}$ 近似等于 $\overline{\rho}_{\rm v}/\overline{\rho}_{\rm d}$。由公式 (9.16) 可知，气温、气压和水汽密度脉动皆会引起干空气密度脉动，三者之中气温脉动起主导作用。由于 $\rho'_{\rm d}$ 与 T' 方向相反，故大气不稳定时协方差 $\overline{w'\rho'_{\rm d}}$ 为负值，大气稳定时为正值。

用公式 (9.16) 替换公式 (9.10) 中的 $\rho'_{\rm d}$ 可得

$$\mathrm{NEE} = \overline{w'\rho'_{\rm c}} - \overline{\rho}_{\rm c}(1 + \mu \overline{s}_{\rm v})\left(\frac{\overline{w'p'}}{\overline{p}}\right)$$

$$+\overline{\rho}_{\rm c}(1 + \mu \overline{s}_{\rm v})\left(\frac{\overline{w'T'}}{\overline{T}}\right) + \mu \overline{s}_{\rm c}(\overline{w'\rho'_{\rm v}}) \tag{9.17}$$

$$\simeq \overline{w'\rho'_{\rm c}} + \overline{\rho}_{\rm c}(1 + \mu \overline{s}_{\rm v})\left(\frac{\overline{w'T'}}{\overline{T}}\right) + \mu \overline{s}_{\rm c}(\overline{w'\rho'_{\rm v}}) \tag{9.18}$$

公式 (9.17) 右侧的第二、三和四项分别为气压校正项、温度校正项和水汽校正项。其中，温度脉动对干空气密度脉动的贡献最大。由于气压脉动不属于常规观测，故气压校正通常被忽略。如果读者对忽略该项所带来的误差感兴趣的话，建议做一做习题 9.15。在数据后处理中，可以利用雷诺平均的水汽混合比、CO_2 混合比和气温，以及它们与垂直风速的协方差 $\overline{w'T'}$ 和 $\overline{w'\rho'_{\rm v}}$ 来计算温度和水汽校正项。

与 CO_2 通量类似，忽略气压校正项，密度效应订正后的水汽通量为

$$E = \overline{w'\rho'_{\rm v}} - \frac{\overline{\rho}_{\rm v}}{\overline{\rho}_{\rm d}}\,\overline{w'\rho'_{\rm d}}$$

$$= (1 + \mu \overline{s}_{\rm v})\left[\overline{w'\rho'_{\rm v}} + \overline{\rho}_{\rm v}\left(\frac{\overline{w'T'}}{\overline{T}}\right)\right] \tag{9.19}$$

现有的涡度相关系统有开路式和闭路式两种（图 9.1）。公式 (9.18) 和式 (9.19) 描述的是开路式涡度相关系统观测中的密度效应问题。在开路系统中，光路直接暴露在流动的空气中，气体分析仪在原位测定气体的质量密度。

在闭路式涡度相关系统中，气样先从超声风速计旁的进气口抽入管路，然后进入仪器的密闭光腔内进行测量。此时，观测系统本身会改变干空气密度，因此密度效应的订正方法与开路系统不同。由于气样与采样管之间的热量交换非常高效，在气样到达分析仪的光腔时，气样原有的温度脉动都消失不见了，但 CO_2 密度脉动基本保留无损，在进样时间短（如短于几秒）和管路气流处于湍流状态的

情况下尤其如此。此时，不需要对温度脉动所引起的密度效应进行校正，仅校正因水汽脉动所引起的密度效应即可。与开路式涡度相关系统相比，闭路式涡度相关系统的优势在于其密度效应明显减弱。

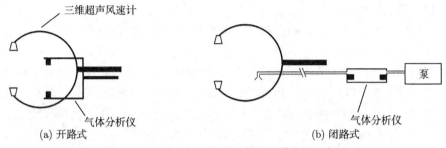

图 9.1　　开路式和闭路式涡度相关系统的示意图

在气样到达闭路式分析仪之前，如果用水汽过滤器对气样进行完全干燥，则由水汽脉动所引起的密度效应也会被剔除干净。此时，分析仪光腔中不再有干空气的密度波动，仪器所测定的痕量气体密度脉动就可以表征地表源汇的真实情况。这种"硬件"设计方案的代价是无法用同一套涡度相关系统测量水汽通量，但它大大提高了 CO_2 通量的测量精度，适用于海洋等低通量下垫面（Miller et al., 2010）。

在上述密度效应订正中，假设校正过程中所用的中间变量观测值都是准确无误的，而实际观测中，难免会存在误差。这些变量的观测误差会通过校正过程进行传递，影响校正后的通量。如果生态系统的源汇强度很弱，这种误差传递可能会完全掩盖真实的通量信号（习题 9.7、习题 9.8 和习题 9.17）。在实际操作中，使用闭路系统来避免温度脉动带来的密度效应，并对气样进行干燥以去除由湿度脉动所引起的密度效应，可以大大降低观测误差传递的风险。

9.3　通量梯度关系中的密度效应

通量梯度关系与分子扩散的 Fick 定律类似，是一种一阶湍流闭合方案。Fick 定律表明，流体中的气体分子扩散通量与其浓度梯度成正比。不过文献中并未明确指出这个浓度是混合比还是质量密度。在等温流体中，若气压处处相同，且目标气体是唯一进行扩散的物理量，此时，其通量可用一个常数（即分子扩散率）与气体质量密度梯度的乘积来表示。如果在流体中还同时存在热量和其他气体扩散，或在扩散方向上存在气压梯度，那么这种简单的比例关系就不够精确了。

以 CO_2 为例，在微气象学文献中，其通量梯度关系有时会用质量密度来表示

$$F_c = -K_c \frac{\partial \overline{\rho}_c}{\partial z} \tag{9.20}$$

公式 (9.20) 是 Fick 定律在湍流研究中的直接应用，该公式量纲正确，直观易懂。干空气作为扩散媒介，若其密度存在空间变异，则由该公式计算得到的通量将受到虚假扩散的影响。

　　现在用图 9.2 中所描绘的理想实验来阐明这一虚假扩散现象。起初，密闭箱体被不透气的挡板分成了上下两个隔间，下隔间中的 CO_2 浓度高于上隔间，在箱体底部加热以维持对流湍流混合。因箱体底部被加热，垂直方向上的温度梯度为负，而干空气密度梯度为正，并且存在由箱体底部向上的热量通量。然后，突然撤掉挡板，允许 CO_2 在两个隔间之间自由交换，且热量不受干扰而继续自下而上扩散。足够长的时间之后，箱体内达到新的稳态，此时，垂直方向上的 CO_2 混合比大小一致，但质量密度却存在梯度。虽然密闭空间内不存在 CO_2 的源和汇，但利用公式 (9.20) 会得到在新稳态条件下存在向下的 CO_2 通量，这个结论显然是错误的。这一扩散通量完全是由密闭空间内干空气密度变化所带来的假象。

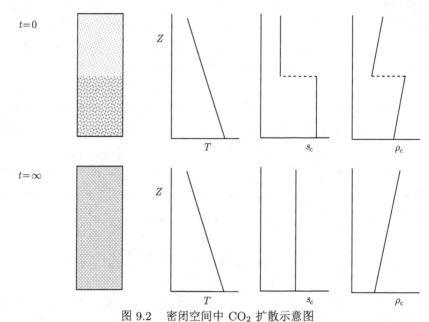

图 9.2　密闭空间中 CO_2 扩散示意图

上图为初始时刻 $t = 0$ 时的情形，下图为密闭空间上部与下部之间挡板撤离许久之后新稳态条件下的情形

　　图 9.2 所示的新稳态条件下的情形与前面章节中讨论的沙漠零通量试验类似。在此，我们用具体的例子来量化这个虚假的 CO_2 通量到底有多大（图 9.3）。假定大气压为 1000 hPa，空气完全干燥，CO_2 质量混合比为 608 μg·g^{-1}（即摩尔混合比为 400 ppm）。太阳辐射加热地表，在垂直方向上形成较强的温度梯度。由

理想气体定律可知, CO_2 质量密度 $\overline{\rho}_c$ 必须随高度增加而增大, 才能在垂直方向上维持混合比不变。在图 9.3 所示的情形中, $\partial\overline{\rho}_c/\partial z = 2.1\ \mathrm{mg\cdot m^{-4}}$。若湍流扩散系数取典型值 $0.3\ \mathrm{m^2\cdot s^{-1}}$, 利用公式 (9.20) 可得到 CO_2 负通量为 $-0.6\ \mathrm{mg\cdot m^{-2}\cdot s^{-1}}$。此通量值与常绿林在正午时刻的光合作用的 CO_2 吸收速率相当, 该结果与沙漠土壤不是 CO_2 的汇这一事实不符。

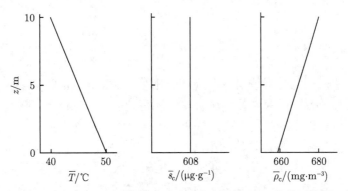

图 9.3 无 CO_2 源汇的沙漠近地层中虚假的 CO_2 扩散示意图
空气中不含水汽, 大气压为 1000 hPa

细心的读者可能已经意识到, 应该基于质量混合比而非质量密度来构建通量梯度关系, 这样更合理, 即

$$F_c = -K_c\overline{\rho}_d\frac{\partial\overline{s}_c}{\partial z} \tag{9.21}$$

混合比与垂直风速的协方差代表真实的地表通量, 故用混合比梯度来计算通量是合乎逻辑的。根据该通量关系, 新稳态条件下的密闭空间内 (图 9.2) 和零通量试验中 (图 9.3) 的 CO_2 通量都为零。

如果利用 $\overline{s}_c = \overline{\rho}_c/\overline{\rho}_d$ 来展开公式 (9.21), 则密度效应就愈加凸显

$$F_c = -K_c\left(\frac{\partial\overline{\rho}_c}{\partial z} - \frac{\overline{\rho}_c}{\overline{\rho}_d}\frac{\partial\overline{\rho}_d}{\partial z}\right) \tag{9.22}$$

公式 (9.22) 与式 (9.20) 的不同之处在于前者包含了干空气密度梯度项。公式 (9.14) 对高度 z 进行微分, 可以得到干空气密度梯度 $\partial\overline{\rho}_d/\partial z$ 的表达式, 将此表达式代入公式 (9.22), 并忽略垂直气压梯度, 可得

$$F_c = -K_c\left[\frac{\partial\overline{\rho}_c}{\partial z} + (1 + \mu\overline{s}_v)\frac{\overline{\rho}_c}{\overline{T}}\frac{\partial\overline{T}}{\partial z} + \mu\overline{s}_c\frac{\partial\overline{\rho}_v}{\partial z}\right] \tag{9.23}$$

这就是通量梯度法测定 CO_2 通量的密度效应订正公式, 该公式与涡度相关法测定 CO_2 通量的订正公式 (9.18) 类似。由该公式可知, 温度和湿度梯度都会引起

密度效应。换而言之，垂直方向上的温度梯度和水汽浓度梯度所驱动的热量扩散和水汽扩散皆是产生虚假 CO_2 通量的原因，必须进行密度效应订正才能获得真实的地表 CO_2 通量。

对于水汽通量而言，通量梯度法的密度效应订正方程为

$$F_v = -K_v \bar{\rho}_d \frac{\partial \bar{s}_v}{\partial z}$$

$$= -K_v(1 + \mu \bar{s}_v)\left(\frac{\partial \bar{\rho}_v}{\partial z} + \frac{\bar{\rho}_v}{\bar{T}}\frac{\partial \bar{T}}{\partial z}\right) \tag{9.24}$$

若梯度法所用的变量皆可原位观测，则公式 (9.23) 和式 (9.24) 是准确无误的。一般而言，$\partial \bar{T}/\partial z$ 是在流场中直接观测得到的，但气体浓度梯度通常由闭路式分析仪测得。常用的测定方法是从两个进气口将气样连续抽入，再利用分析仪轮流测定两股气流中目标气体的浓度（图 3.6）。由于两股气流被抽入到相同的温度环境中，就不存在由温度梯度所带来的密度效应。若气样在进入分析仪前再进行彻底干燥处理，则由湿度带来的密度效应也会消失。换而言之，若 CO_2 质量密度梯度是用闭路式分析仪测量的，并在测量前把水汽过滤了，那么，通过公式 (9.20) 计算得到的通量无需进行密度效应订正。这种预先对气样进行干燥也是大气化学领域测定痕量气体采用的标准方法。

密度效应是真的吗？

乍一看，这个问题似乎离题了。上述有关密度效应的理论来自于两个基本原理，即质量守恒原理和理想气体定律，没有用到任何参数化或其他经验关系。但在理论推导中，利用了干空气在边界层中既不被产生也不被消耗这一假设。持怀疑态度的读者可能想知道这一假设到底可不可靠。如果回顾下历史背景，这一问题还是很恰当的。在 WPL 密度效应理论发表之前，学术界对密度效应的争论非常大，有的学者得到了与 WPL 截然不同的结论（Leuning et al., 1982）。那怎么知道 WPL 三人是对的而其他人是错的呢？

解决这一争议的方法之一是进行 CO_2 零通量试验来验证密度效应理论。在密度效应订正前，白天 CO_2 涡度通量应该为明显的负值。如果进行密度效应订正后，负通量变成零通量，则说明密度效应订正理论是正确的。第一个零通量试验是在一块没有植被的极端干旱的农田开展的（Leuning et al., 1982）。在密度效应订正前，开路式涡度相关系统测定的 CO_2 通量为负，低至 -0.4 mg·m^{-2}·s^{-1}，貌似这块裸地在从大气中吸收大量的 CO_2。经过密度效应订正后，CO_2 通量略大于 0，48 小时的平均值为 0.02 mg·m^{-2}·s^{-1}。

实际上，这块干枯的裸地并不是理想的、百分之百的零通量下垫面。这个

试验还用了一套通量梯度系统，与开路式涡度相关系统进行平行观测。通量梯度系统从两个高度抽取气样，利用同一台气体分析仪测定 CO_2 浓度。由于去除了气样中的水汽，而且两个高度的气样是在相同温度条件下测定的，因此该通量梯度系统不受密度效应的影响。测定的 CO_2 通量为正，数值约为 $0.02 \ mg \cdot m^{-2} \cdot s^{-1}$。在这两套观测系统中，涡度相关系统受密度效应影响，而通量梯度系统不受密度效应影响。两者观测结果一致，说明密度效应是真的，而且 WPL 的订正方法是正确的。

另一个零通量试验是在水泥停车场上进行的（图 9.4）。试验期间，该下垫面又干又热，用的仪器是开路式涡度相关系统。未做密度效应订正的潜热通量一般为负值，甚至在午间也出现负值，造成水汽在地表凝结的假象。密度效应订正后，潜热通量变为微弱的正值，这是合理的。和前面干枯的裸地一样，这个停车场也不是理想的零通量下垫面，它有少量的水分蒸发。未订正的原始 CO_2 通量为负值，密度效应订正使其变为微弱的正值，与箱式法测得的 CO_2 通量一致。

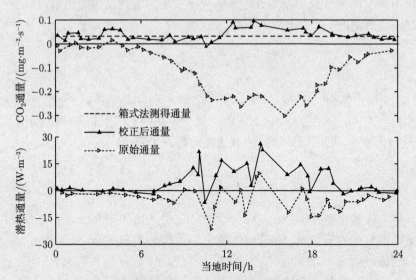

图 9.4　水泥停车场上 CO_2 通量和潜热通量的日变化
观测时间为夏季，天空无云。数据来源：Ham 和 Heilman (2003)

大量开路式和闭路式涡度相关系统的对比试验也证实了密度效应的真实性。两类涡度相关系统都受密度效应的影响，但影响程度不同。通常在密度效应订正之后，两类系统观测结果更为一致。目前，人们关注的问题不再是密度效应是否真实存在，而是如何降低密度效应订正过程中的误差传递（参见习题 9.7、习题 9.8、习题 9.9 和习题 9.17）。

　　误差传递会影响所有痕量气体的通量观测。过去人们认为，对于开路式系统 N_2O 通量观测而言，误差传递是不可克服的难题。即使很小的感热通量误差都会通过密度效应订正过程传递给 N_2O 通量，产生的误差量级与真实的 N_2O 通量相当（参见习题 9.9）。有很长一段时间，人们一直认为无法实现用开路式涡度相关系统观测 N_2O 通量。最新发展的激光光谱技术给克服这一难题带来了希望。与宽波段的红外气体分析仪类似，激光气体分析仪也会受密度效应的干扰。除此之外，激光分析仪还存在光谱效应（Burba et al., 2019）。在设计气体分析仪时，可以选择合适的 N_2O 吸收波段，使光谱效应与温度变化引起的密度效应相互抵消，剩下的由水汽波动引起的密度效应量级较小，可以校正到可接受的误差范围（Pan et al., 2022）。

9.4　箱式法测定通量的密度效应

　　接下来利用微气象学基本原理来研究箱式法测定通量的密度效应问题。静态箱式法测定通量的一个公式为

$$F_c = \rho_d \frac{V}{A} \frac{\partial s_c}{\partial t} \tag{9.25}$$

式中，V 为箱体体积；A 是箱体底面积；ρ_d 和 s_c 分别是箱体内干空气密度和 CO_2 混合比。公式 (8.16) 是公式 (9.25) 的特例，只适用于矩形箱体 [图 8.2(a)]。基于 CO_2 质量密度 ρ_c 可以得到箱式法测通量的另一个表达式：

$$F_c = \frac{V}{A} \frac{\partial \rho_c}{\partial t} \tag{9.26}$$

　　如果箱体完全密闭，公式 (9.25) 和式 (9.26) 都是准确的。这一点可以用一个零通量的理想试验来证明。在这个试验中，箱体放置在仅有水分蒸发但无 CO_2 吸收和释放的表面上。与其他自然生态系统类似，该表面既不生成干空气，也不消耗干空气。蒸发进入箱体的水汽会增大水汽压和总压强，但干空气和 CO_2 分压保持不变。因为箱体的体积固定，所以干空气和 CO_2 的总量不变，因此 ρ_d、ρ_c 和 s_c 也不随时间变化。温度上升时，气压按比例增加，会完全抵消升温效应，因此这些量也不受箱体内温度上升的影响。最终，利用公式 (9.25) 和式 (9.26) 皆可得到预期的零通量。

　　土壤的 CO_2 排放对气压扰动极为敏感。为了降低对气压的扰动，一些箱体会开个小口，用于平衡箱体内外的气压大小（图 9.5；Licor, 2003）。当箱体内的蒸发量增加或者温度上升时，一部分空气将通过这个开口释放出去（曝气），这样就

能避免箱体内压力过大。CO_2 泄漏量与 CO_2 质量混合比成正比，因此曝气并不会降低公式 (9.25) 的准确度，但需要对公式 (9.26) 进行密度效应订正。用类似于推导公式 (9.23) 的方法，通过公式 (9.25) 推导出适用于图 9.5 所示的箱式法完整的密度效应订正方程：

$$F_c = \frac{V}{A}\left[\frac{\partial \rho_c}{\partial t} + (1 + \mu s_v)\frac{\rho_c}{T}\frac{\partial T}{\partial t} + \mu s_c\frac{\partial \rho_v}{\partial t}\right] \tag{9.27}$$

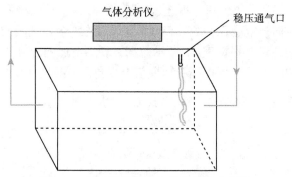

图 9.5 装有稳压通气口的静态箱示意图

对于动态箱 [图 8.2(b)]，其准确测定 CO_2 通量的方程为

$$F_c = \rho_d\frac{Q_b}{A_b}(s_{c,o} - s_{c,i}) \tag{9.28}$$

式中，Q_b 是基准流量（单位为 $m^3 \cdot s^{-1}$）；A_b 是箱体底面积；$s_{c,o}$ 和 $s_{c,i}$ 分别是箱体出气口和进气口处的 CO_2 混合比。如果利用 CO_2 质量密度计算通量，相应的计算式为

$$F_c = \frac{Q_b}{A_b}(\rho_{c,o} - \rho_{c,i}) \tag{9.29}$$

式中，$\rho_{c,o}$ 和 $\rho_{c,i}$ 分别代表箱体出气口和进气口的 CO_2 质量密度。由于箱体内外的气温和水汽密度存在差异，需要对用公式 (9.29) 得到的 CO_2 通量进行密度效应订正。

迄今为止，还没有统一的方法来测量基准流量 Q_b。有的箱式法用流量控制器将流量调节到设定值。常见的流量控制器通过测定内部加热管的热量传输来实现流量的调节。由于流量控制器需要用干空气来标定，如果标定时没有考虑箱体空气中存在水汽，那么测量就会存在误差（Lee, 2000）。这是由于湿度增加会增大空气热容，从而提高流量控制器内加热管中的热量传输效率。因此，即使通量是利用质量混合比的观测值计算得到的，依然需要对 Q_b 进行湿度效应订正。

习　　题

9.1 利用泰勒级数展开和雷诺分解法则，证明：① 雷诺平均的 CO_2 混合比 $\bar{s}_c$ 近似等于 $\bar{\rho}_c/\bar{\rho}_d$；② 平均干空气密度可以用公式 (9.14) 近似得到。

9.2 气温为 15.3 ℃，气压为 952.3 hPa，水汽密度为 12.9 $g \cdot m^{-3}$。计算干空气密度。

9.3 在涡度相关观测研究中，标准的密度效应订正方法是基于雷诺平均统计量进行的。密度效应订正亦可通过以下步骤实现。首先将瞬时密度观测值转换为瞬时质量混合比，然后计算垂直风速与混合比之间的协方差，进而得到真实的通量。根据表 9.1 所示数据，利用上述两种方法计算 CO_2 通量，试比较两种方法计算得到的结果是否相同，原因是什么。

表 9.1　开路式涡度相关系统测定的瞬时气温（T）、水汽密度（ρ_v）、CO_2 密度（ρ_c）和垂直风速（w）

t/s	1	2	3	4	5	6	7	8	9	10
$T/℃$	20.47	20.47	20.44	20.56	20.52	20.50	20.87	21.01	20.72	20.79
$\rho_v/(g \cdot m^{-3})$	7.367	7.401	7.403	7.359	7.313	7.343	7.375	7.369	7.425	7.424
$\rho_c - 600/(mg \cdot m^{-3})$	91.57	91.34	91.17	90.13	91.24	91.65	90.02	89.92	90.14	89.61
$w/(m \cdot s^{-1})$	−0.010	0.730	0.375	0.612	0.998	1.919	1.945	1.991	2.155	1.106
t/s	11	12	13	14	15	16	17	18	19	20
$T/℃$	20.68	20.57	20.43	20.10	20.08	20.09	20.10	20.10	20.13	20.39
$\rho_v/(g \cdot m^{-3})$	7.346	7.370	7.195	7.138	7.109	7.086	7.077	7.144	7.244	7.285
$\rho_c - 600/(mg \cdot m^{-3})$	88.85	90.44	91.48	93.19	94.19	94.13	94.26	94.09	93.81	92.24
$w/(m \cdot s^{-1})$	1.179	0.436	0.223	−0.217	−0.369	−0.494	−0.807	−0.890	−1.188	−0.988

注：大气压力为 951.1 hPa；t 为时间

9.4 若不进行密度效应订正，大气不稳定时，开路式涡度相关系统观测得到的蒸发速率是偏大还是偏小？如果换成闭路式涡度相关系统，情况又如何？

9.5 在大型停车场的混凝土地面上，利用开路式涡度相关系统观测到正午时刻的水汽通量为 $\overline{w'\rho_v'} = -0.016$ $g \cdot m^{-2} \cdot s^{-1}$（Ham and Heilman, 2003）。该观测结果是否意味着混凝土表面正在发生水汽凝结？

9.6 利用以下开路式涡度相关系统观测的半小时雷诺平均统计量来计算真实的 CO_2 通量和水汽通量：$\overline{w'\rho_c'} = -1.22$ $mg \cdot m^{-2} \cdot s^{-1}$，$\overline{w'T'} = 0.320$ $K \cdot m \cdot s^{-1}$，$\overline{w'\rho_v'} = 0.109$ $g \cdot m^{-2} \cdot s^{-1}$，$\bar{\rho}_c = 719.3$ $mg \cdot m^{-3}$，$\bar{\rho}_v = 7.94$ $g \cdot m^{-3}$，$\bar{T} = 19.2$ ℃，$\bar{p} = 997.2$ hPa。

9.7 某个半干旱人工林的年平均感热和潜热通量分别为 100.3 和 14.9 $W \cdot m^{-2}$，NEE 年总量为 -2.3 $tC \cdot hm^{-2} \cdot a^{-1}$（Rotenberg and Yakir, 2011），年平均水汽密度、CO_2 密度、气温和气压取习题 9.6 所给数值。计算开路式

涡度相关系统观测的年平均 CO_2 通量的密度效应订正量。假设平均 CO_2 密度 $\bar{\rho}_c$ 被低估了 10%，计算 $\bar{\rho}_c$ 观测误差通过密度效应订正传递带来的 CO_2 通量误差。

9.8 白天涡度相关系统观测的感热通量随机误差典型值为 $10\ W\cdot m^{-2}$，若通量观测系统为开路式涡度相关系统，那么密度效应订正会给 CO_2 通量带来多大的不确定性？未被污染的湖泊 CO_2 通量量级为 $1\ \mu mol\cdot m^{-2}\cdot s^{-1}$，开路式涡度相关系统能否观测到该湖泊的 CO_2 通量信号？

9.9 利用习题 9.6 所给的信息，估算开路式涡度相关系统观测的 N_2O 通量的密度效应订正量数值。与典型的农田 N_2O 通量（$0.3\ nmol\cdot m^{-2}\cdot s^{-1}$）相比，上述订正量大小如何？如果感热通量的随机误差为 $10\ W\cdot m^{-2}$，密度效应订正带来的 N_2O 通量不确定性有多大？

9.10 推导闭路式涡度相关系统的密度效应订正公式，基于以下半小时平均雷诺统计量，计算真实的 CO_2 通量和水汽通量：$\overline{w'\rho'_c} = -0.45\ mg\cdot m^{-2}\cdot s^{-1}$，$\overline{w'\rho'_v} = 0.169\ g\cdot m^{-2}\cdot s^{-1}$，$\overline{w'T'} = 0.205\ K\cdot m\cdot s^{-1}$，$\bar{\rho}_c = 708.3\ mg\cdot m^{-3}$，$\bar{\rho}_v = 20.16\ g\cdot m^{-3}$，$\bar{T} = 17.7\ ℃$，$\bar{p} = 950.8\ hPa$。

9.11 在北大西洋的船载试验中，利用两套涡度相关系统观测海洋与大气之间的 CO_2 通量（Miller et al., 2010）。一套是标准的闭路式涡度相关系统，另一套闭路系统在分析仪的前端放置了全氟磺酸干燥剂，两套系统测定的潜热通量分别为 $48\ W\cdot m^{-2}$ 和 $1.2\ W\cdot m^{-2}$。观测期间，气温为 $12.9\ ℃$，大气压为 $998.9\ hPa$，水汽压为 $8.96\ hPa$，CO_2 的摩尔混合比为 $380.2\ ppm$，计算由水汽脉动带来的 CO_2 通量密度效应订正量。这一订正量在数值上是大于还是小于海洋表面真实的 CO_2 通量（$-3.1\ mol\cdot m^{-2}\cdot a^{-1}$）？

9.12 设湍流扩散系数为 $0.3\ m^2\cdot s^{-1}$，基于图 9.3 所示信息，利用通量梯度关系计算真实的 CO_2 通量。

9.13 有人说闭路式涡度相关系统测定的水汽通量不存在密度效应问题，这种说法对吗？

9.14* 利用通量梯度法进行野外观测时，气样从两个高度处的进气口连续抽入，在相同的温度（T_c）和压力（p_c）条件下，双源气体分析仪依次测定 CO_2 和 H_2O 密度，在相同的两个高度上同步进行气温梯度观测。假设湍流扩散系数已知，基于上述观测，试推导真实 CO_2 通量的计算公式。

9.15 沙丘和温带森林上方的气压通量 $\overline{w'p'}$ 分别为 $+0.1$ 和 $-0.6\ m\cdot s^{-1}\ Pa$（Wei et al., 2022; Zhang et al., 2011），估算因气压脉动引起的 CO_2 通量的密度效应订正项。如果忽略气压订正项，会使 CO_2 通量更正或者更负吗？如果以 $t\ C\cdot hm^{-2}\cdot a^{-1}$ 为单位，在年尺度上，由此带来的误差多大？

9.16 静态箱装有稳压出气口之后，箱体内的气压会始终维持在环境气压水平，测量时段的环境气压视为常数。试从公式 (9.12) 和式 (9.25) 推导出适用于箱式法 CO_2 通量的密度效应订正公式 [公式 (9.27)]。

9.17 在进行密度效应订正时，通常会假设用于订正的所有变量都是测量准确的，而实际观测中误差是不可避免的，观测误差会通过密度效应订正过程传递，最终降低痕量气体通量数据的质量。假设 CO_2 密度和混合比被低估了 5%，若年平均感热和潜热通量分别为 50 和 70 $W \cdot m^{-2}$，估算开路式涡度相关系统观测的 CO_2 通量年累计值的误差。

9.18 在严寒地带的非生长季，即使进行了密度效应订正，开路式涡度相关系统依然能观测到 CO_2 吸收的信号（图 9.6），这显然有悖于植物生理事实。产生这一虚假通量的原因可能是 CO_2 分析仪自身产生的热量。上述密度效应订正所使用的温度是在分析仪光路以外的某一位置观测到，因此无法完全消除由仪器自加热产生的密度效应。如果要将图 9.6 所示的正午 CO_2 通量校正到零，那么仪器自加热产生的热通量应该多大？

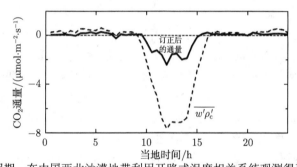

图 9.6　冬季休眠期，在中国西北沙漠地带利用开路式涡度相关系统观测得到的 CO_2 通量日变化图

虚线代表垂直风速与 CO_2 密度的协方差，实线为利用公式 (9.18) 进行密度效应订正后的 CO_2 通量。数据来源：Wang 等（2016）

9.19 感热和潜热通量分别为 240.1 $W \cdot m^{-2}$ 和 108.7 $W \cdot m^{-2}$，气温为 23.4 ℃，大气压为 997.4 hPa，水汽和 CO_2 混合比分别为 21.2 $g \cdot kg^{-1}$ 和 610.7 $mg \cdot kg^{-1}$，利用开路式涡度相关系统观测得到的协方差 $\overline{w'\rho_c'}$ 为 -2.09 $mg \cdot m^{-2} \cdot s^{-1}$。根据以上数据，计算真实的 CO_2 通量。

参 考 文 献

Burba G, Anderson T, Komissarov A. 2019. Accounting for spectroscopic effects in laser-based open-path eddy covariance flux measurements. Global Change Biology, 25(6): 2189-2202.

Ham J M, Heilman J L. 2003. Experimental test of density and energy-balance corrections on carbon dioxide flux as measured using open-path eddy covariance. Agronomy Journal, 95(6): 1393-1403.

Lee X. 2000. Water vapor density effect on measurements of trace gas mixing ratio and flux with a massflow controller. Journal of Geophysical Research: Atmospheres, 105(D14): 17807-17810.

Leuning R, Denmead O T, Lang A R G, et al. 1982. Effects of heat and water vapor transport on eddy covariance measurement of CO_2 fluxes. Boundary-Layer Meteorology, 23(2): 209-222.

Licor. 2003. 6400-09 Soil CO_2 Flux Chamber Instruction Manual. Lincoln: LI-COR. Inc.

Massman W J, Lee X. 2002. Eddy covariance flux corrections and uncertainties in long-term studies of carbon and energy exchanges. Agricultural and Forest Meteorology, 113: 121-144.

Miller S D, Marandino C, Saltzman E S. 2010. Ship-based measurement of air-sea CO_2 exchange by eddy covariance. Journal of Geophysical Research: Atmospheres, 115: D02304.

Rotenberg E, Yakir D. 2011. Distinct patterns of changes in surface energy budget associated with forestation in the semiarid region. Global Change Biology, 17(4): 1536-1548.

Pan D, Gelfand I, Tao L, et al. 2022. A new open-path eddy covariance method for nitrous oxide and other trace gases that minimizes temperature corrections. Global Change Biology, 28(4): 1446-1457.

Wang W, Xu J P, Gao Y, et al. 2016. Performance evaluation of an integrated open-path eddy covariance system in a cold desert environment. Journal of Atmospheric and Oceanic Technology, 33(11): 2385-2399.

Webb E K, Pearman G I, Leuning R. 1980. Correction of flux measurements for density effects due to heat and water vapour transfer. Quarterly Journal of the Royal Meteorological Society, 106(447): 85-100.

Wei Z, Zhang H, Cai X, 2022. Physical mechanism of vertical gradient of pressure flux and its impact on turbulent flux estimation. Agricultural and Forest Meteorology, 323(7): 109032.

Zhang J, Lee X, Song G, et al. 2011. Pressure correction to the longterm measurement of carbon dioxide flux. Agricultural and Forest Meteorology, 151(1): 70-77.

第 10 章　能量平衡、蒸发和表面温度

10.1　叶片尺度通量的阻力表达式

本章的目的是建立蒸发和表面温度的数值模型。前文将气象变量加上划线表示时间平均值，本章中为了表述方便将不再使用上划线的形式。蒸发和表面温度数值模型的理论基础是表面能量平衡原理，即通过某一表面的各种形式的能量交换必须是绝对平衡的。

叶片表面的能量平衡定律为

$$R_{n,l} = H_l + \lambda E_l \tag{10.1}$$

式中，$R_{n,l}$ 是净辐射通量；H_l 是感热通量；E_l 是水汽通量，这些通量都是相对于单位叶面积而言的，下标 l 表示叶片尺度上的变量。由于叶片的生物量很小，叶温变化引起的内能变化可以忽略不计。

如第 8 章所述，通过冠层体积平均可以得到冠层热源项。该项与叶面积密度和叶片边界层温度梯度的乘积成正比，比例系数为 $2\kappa_T$，其中系数 2 是指在叶片上下两面都有感热交换发生，而叶面积只是单侧叶片的面积大小 [公式 (8.10)]。此处仅考虑单位叶片表面积上的通量，因此热源项相当于 $H_l/\rho_d c_p$。若用 l 表示热量通过的叶片边界层的厚度，T_l 表示叶片表面温度，T_a 表示叶片界层外的气温（图 10.1），则温度梯度为 $(T_a - T_l)/l$，公式 (8.10) 就可以写成

$$H_l = \rho c_p \frac{T_l - T_a}{r_b} \tag{10.2}$$

式中

$$r_b = \frac{l}{2\kappa_T} \tag{10.3}$$

称为叶片边界层阻力，单位为 $s \cdot m^{-1}$（图 10.1）。

Ohm 定律表述的是通过一段导体的电流等于导体两端的电压差除以其电阻。公式 (10.2) 是叶片尺度上热量传输的 Ohm 定律表达式或电阻类比形式。此处，热通量相当于电流；叶片与空气之间的温度差相当于电压差；r_b 相当于电阻，用于描述热量通过叶片边界层扩散的难易程度。

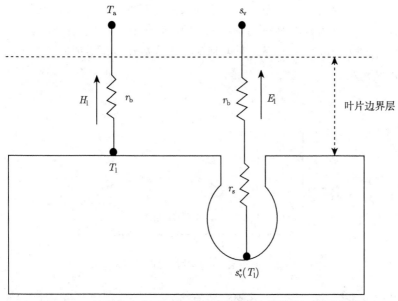

图 10.1 通过叶片边界层的感热通量和水汽通量的阻力示意图
垂直尺度被放大

水汽传输也可以采用类似的表达式。由于热量传输和水汽传输的边界层阻力的差异小于 7%，二者可以用相同的阻力参数化方案来表示。大多数叶片的两面都有气孔。但对于气孔下生的叶片来说，气孔只出现在向下一侧的叶片，水汽传输的阻力加倍。叶片表面的水汽混合比是未知量，而气孔内的水汽混合比相对于叶温是饱和的。所以，通常将气孔而不是叶片表面作为水汽扩散路径的起点。水汽通量可以用类似于阻力的形式来计算，即

$$E_l = \rho_d \frac{s_v^* - s_v}{r_s + r_b} \tag{10.4}$$

式中，r_s 是气孔阻力，即水汽分子通过气孔通道所受的阻力；s_v 是叶片边界层外的水汽混合比。此处，水汽分子先后经过气孔和叶片边界层，这两个阻力是串联的。也有一些情况阻力是并联的，例如模拟冠层蒸散的多层模型（参见 10.6 节）。

气孔内饱和水汽混合比 s_v^* 的计算公式为

$$s_v^* = 0.621\, e_v^*(T_l)/p_d \tag{10.5}$$

式中，$e_v^*(T_l)$ 是叶温 T_l 对应的饱和水汽压；系数 0.621 是水汽和干空气的摩尔质量之比。利用泰勒级数展开，只保留一阶项，就可以把 $e_v^*(T_l)$ 表示为 T_l 的线性函数（图 10.2），

$$e_v^*(T_l) \simeq e_v^*(T_a) + \Delta(T_l - T_a) \tag{10.6}$$

式中，$\Delta = \partial e_v^*/\partial T$，是 T_a 所对应的饱和水汽压斜率，它是温度的函数。斜率参数通过对饱和水汽压函数 [公式 (3.88)] 求导计算得到，15 ℃ 时为 1.10 hPa·K^{-1}，25 ℃ 时上升到 1.90 hPa·K^{-1}。对饱和水汽压函数作线性近似后，就可以得到蒸发方程的解析解。

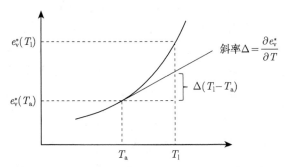

图 10.2　饱和水汽压函数的线性近似示意图

水汽混合比 s_v 和水汽压 e_v 之间的关系为

$$s_v = 0.621 e_v/p_d \tag{10.7}$$

联立三个基本方程 [公式 (10.1)、式 (10.2) 和式 (10.4)]，就可以得到三个未知量（H_l、E_l 和 T_l）各自的唯一解。E_l 的解为

$$E_l = \frac{1}{\lambda} \frac{\Delta R_{n,l} + \rho c_p D/r_b}{\Delta + \gamma(r_b + r_s)/r_b} \tag{10.8}$$

式中 D 是饱和水汽压差，定义为

$$D = e_v^*(T_a) - e_v$$

而 $\gamma = p c_p/(0.621\lambda)$ 是干湿表常数，海平面处的数值为 0.66 hPa·K^{-1}。

若用公式 (10.8) 计算叶片蒸发，还需要对两个阻力项进行参数化，并且对驱动变量（$R_{n,l}$、T_a、e_v 等）开展观测。边界层阻力的常用参数化方法为

$$r_b = \frac{1}{C_l} \sqrt{\frac{d_l}{u_l}} \tag{10.9}$$

式中，d_l 是叶片尺度（m）；u_l 是风速（m·s^{-1}）；叶片热交换系数 C_l 近似为 0.01 m·s$^{-1/2}$（Oleson et al., 2004）。叶片较大或风速较低时，叶片边界层会比较厚，根据公式 (10.9) 可知，此时的热交换比较困难。

对于气孔阻力，通常采用两种参数化方案。第一种是 Jarvis-Stewart 参数化方案，用乘积法表示四个主要环境控制因子的共同作用。若用 $r_{s,m}$ 表示光照充分、土壤水分充足、温度适宜、无水汽压亏缺、气孔全开条件下观测到的气孔阻力最小值，则实际气孔阻力的计算方法是

$$\frac{1}{r_s} = \frac{1}{r_{s,m}} f_1(K_{\downarrow}) f_2(M) f_3(T_l) f_4(D) \tag{10.10}$$

式中，$K_{\downarrow}$ 是入射到叶片表面的太阳辐射；M 是土壤湿度状况；函数 f_1 到 f_4 为可调整系数，数值均小于 1，表示实际情况偏离最优条件的程度。

第二种气孔阻力的参数化方案是由 Ball、Berry 和 Collatz 建立的（Ball et al., 1987；Collatz et al., 1991），形式为

$$\frac{1}{r_s} = m\frac{A_n}{c_s}h_s + b \tag{10.11}$$

式中，A_n 为净光合作用速率；m 和 b 为经验系数；c_s 和 h_s 分别是叶片表面的 CO_2 混合比和相对湿度。与经验性更强的公式 (10.10) 相比，公式 (10.11) 需要的经验系数较少，但是需要同步模拟叶片的光合速率。

公式 (10.4) 描述的是干叶片的水分蒸腾，水汽来源于气孔内部。对于被露水或雨水覆盖的湿叶片，水汽来源是湿叶片上的水膜，计算蒸发速率时应该把气孔阻力设为零。

10.2　冠层能量平衡和大叶模型

冠层蒸发和感热通量的计算也可以采用阻力类比关系。如果忽略冠层的热储量，表面能量平衡公式 (2.32) 就变为

$$R_n - G = H + \lambda E \tag{10.12}$$

一般假设冠层感热通量来源于零平面位移高度附近的一片"大叶"，热量扩散的路径是这个假想叶片与参考高度（大气驱动变量的观测高度）之间的空气层（图 10.3）。在此空气层内湍流是充分发展的，扩散阻力即为空气动力学阻力 r_a [公式 (4.44)；此后，我们会忽略第二个下标 h]，这一点与以分子扩散为主的叶片边界层不同。大叶模型中冠层感热通量的表达式是

$$H = \rho c_p \frac{T_s - T_a}{r_a} \tag{10.13}$$

式中，T_s 是冠层温度或表面温度；T_a 是参考高度处的气温。

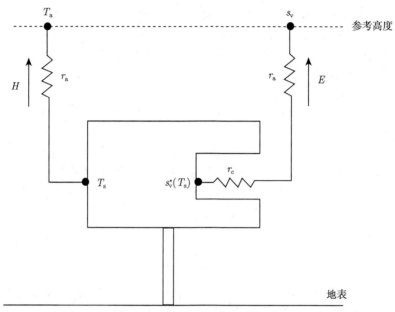

图 10.3　冠层感热通量和蒸发的 Penman-Monteith 大叶模型

　　为了计算冠层尺度的蒸发速率，我们用一个大气孔代替冠层内的诸多气孔作为水汽的有效来源。在这个"气孔腔"内，空气相对于表面温度达到饱和。这个假想的气孔与外界空气之间的扩散阻力用冠层阻力 r_c 表示。那么冠层蒸发速率或水汽通量可以用下式计算

$$E = \rho_d \frac{s_v^* - s_v}{r_a + r_c} \tag{10.14}$$

　　再次采用线性近似得到

$$e_v^*(T_s) \simeq e_v^*(T_a) + \Delta(T_s - T_a) \tag{10.15}$$

联立公式 (10.12)～式 (10.14)，消去 T_s 和 H，可以求解 E：

$$E = \frac{1}{\lambda} \frac{\Delta(R_n - G) + \rho c_p D / r_a}{\Delta + \gamma(r_a + r_c)/r_a} \tag{10.16}$$

公式 (10.16) 就是计算蒸发的经典的 Penman-Monteith 大叶模型。

　　公式 (10.16) 包含了控制表面蒸发的物理学因子和生理学因子。物理学控制因子也称为大气需求，取决于蒸发的可利用能量（$R_n - G$）与饱和水汽压差（D）。生理学控制因子则是通过冠层阻力 r_c 起作用的。在潮湿的气候条件下，冠层阻力很小，表面蒸发受能量的限制；而在干旱气候条件下，土壤水分供应少，r_c 高，表面蒸发受气孔阻力的限制。

由于空气动力学阻力 r_a 通常比冠层阻力 r_c 小，表面蒸发对风速或湍流强度不太敏感，粗糙度大的高大森林尤其如此。

空气动力学阻力 r_a 具有明确的物理学意义，即表示大气表面层的扩散特征。r_a 的数学解释也很简单，是湍流扩散系数倒数的垂直积分 [公式 (3.78)]。相对而言，冠层阻力 r_c 较难量化和解释。如果冠层中所有叶片的气孔阻力都相同，r_c 就可以认为是 L 个阻力为 r_s 的阻体并联组成的一个系统的有效阻力，所以

$$r_c = r_s/L \tag{10.17}$$

式中，L 是叶面积指数。气孔阻力 r_s 可以直接测量或者用生理学模型 [公式 (10.11)] 估算。

在真实的冠层中，每个叶片对蒸发的贡献并不相等，所以公式 (10.17) 会低估冠层阻力（Kelliher et al., 1995）。与冠层下部低光照条件下的叶片相比，冠层上方的叶片暴露在光照下，蒸发速率更高，气孔阻力更小。所以，需要对叶片气孔阻力进行加权平均来改进对 r_c 的估算，权重系数应该与冠层不同高度上的太阳辐射强度成反比。

公式 (10.16) 可用于计算潜在蒸发，即土壤水分无限供应条件下的蒸发速率。潜在蒸发能够衡量大气需求，纯粹表征大气状况，与生理学过程无关。实际蒸发不可能超过这个理论上限。湖泊、湿地和在土壤水分供应充足的情况下的低矮生态系统 (如低矮作物和草地) 的实际蒸发等于潜在蒸发。在这类情况下，r_c/r_a 要么是 0，要么远远小于 1，因此潜在蒸发的公式变为

$$\lambda E = \frac{\Delta}{\Delta + \gamma}(R_n - G) + \frac{\rho c_p D}{(\Delta + \gamma)r_a} \tag{10.18}$$

根据经验数据，公式 (10.18) 右边第二项与第一项密切相关，二者的比例约为 0.26。将这一经验比例数值代入公式 (10.18)，就可以得到计算潜在蒸发的 Priestley-Taylor 公式

$$\lambda E = \alpha \frac{\Delta}{\Delta + \gamma}(R_n - G) \tag{10.19}$$

式中，$\alpha \simeq 1.26$。公式 (10.19) 中消除了蒸发对饱和水汽压差和空气动力学阻力的依赖，只需要可利用能量和气温的观测值，就可以计算潜在蒸发。对于湖泊和低矮植被，Priestley-Taylor 系数 1.26 适用。但是，对于 r_a 很小的高大森林，即使土壤含水量很高，r_c/r_a 也不能忽略，系数 α 应该小于 1.26。

为了指导农田灌溉，联合国粮食及农业组织推荐了一种计算潜在蒸发的标准方法。该方法假设参考表面是水分供应充分的株高 0.12 m 的低矮草地，冠层阻

力为 $70 \ \mathrm{s} \cdot \mathrm{m}^{-1}$，空气动力学阻力用中性层结条件下近地层的关系式计算：

$$r_a = \frac{1}{k^2 u} \ln \frac{z-d}{z_\mathrm{o}} \ln \frac{z-d}{z_\mathrm{o,h}} \qquad (10.20)$$

式中，零平面位移 $d = 0.08 \ \mathrm{m}$；动力学粗糙度 $z_\mathrm{o} = 0.015 \ \mathrm{m}$；热力学粗糙度 $z_\mathrm{o,h} = 0.0015 \ \mathrm{m}$。这种情况下采用 Penman-Monteith 方程计算的蒸发速率称为参考蒸发。

10.3　应用于遥感的单源模型

公式 (10.13) 和式 (10.14) 是模拟地表与大气之间能量和水汽交换的基础，但是由于缺乏表面温度（T_s）的观测资料，它们的应用一度受到限制。Penman-Monteith 方程则可以突破这一限制：将饱和水汽压方程作线性化处理，并与能量平衡方程相结合，就可以将输入因子 T_s 消去。但是，目前景观尺度和大田尺度 T_s 已经成为环境卫星和温度传感器的常规观测项，T_s 数据的积累推进了单源模型的发展，并逐渐取代了 Penman-Monteith 方程模型（Kustas and Anderson，2009）。

单源模型是基于安装在表面上方的温度传感器自上而下或鸟瞰视角的观测。在传感器的视野内会有不同的热源，包括阳叶、阴叶和裸露的土壤，它们发射的长波辐射 $L_\uparrow$ 都会被传感器接收到。如果已知实际的地面发射率，也观测了向下的长波辐射，就可以用公式 (2.29) 求解 T_s。另外，T_s 也可以用 Stefan-Boltzmann 定律反推，近似为

$$T_\mathrm{s} = (L_\uparrow / \sigma)^{1/4} \qquad (10.21)$$

由于大部分自然物体发射的长波辐射强度与黑体近似相等，因此公式 (10.21) 不会有太大的偏差。单源模型将地表视为一个单一热源，对应的有效温度为 T_s。

既然 T_s 是已知量，那么表面热通量似乎就容易确定了：表面感热通量可以用公式 (10.13) 来计算，潜热通量是表面能量平衡方程 [公式 (10.12)] 的余项。这种方法不再需要冠层阻力的参数化方案。不过，人们发现原公式 (10.13) 计算的 H 明显偏高。为了校正这种偏差，必须要引入另外一个阻力项 r_m，称为辐射阻力，并将感热通量的计算公式改写为

$$H = \rho c_p \frac{T_\mathrm{s} - T_\mathrm{a}}{r_\mathrm{a} + r_\mathrm{m}} \qquad (10.22)$$

潜热通量即为

$$\lambda E = R_\mathrm{n} - G - H \qquad (10.23)$$

在改进的阻力表达式中（图 10.4），我们需要将空气动力学表面温度 T_o 和辐射表面温度 T_s 区别开来。空气动力学表面温度是空气动力学变量，将气温廓线外推到热量粗糙度 $z_{o,h}$ [公式 (4.41)] 高度处即可得到；而辐射表面温度是表面辐射平衡方程和能量平衡方程 [公式 (10.29)] 中的表面辐射特性。对于茂密的冠层，二者差别不大；但是对于裸土或稀疏的冠层，在大气不稳定时 T_s 会比 T_o 高几度。从 $z_{o,h}$ 到参考高度的热扩散阻力用空气动力学阻力 r_a 表示，而表面到 $z_{o,h}$ 之间的扩散阻力则用辐射阻力 r_m 表示。

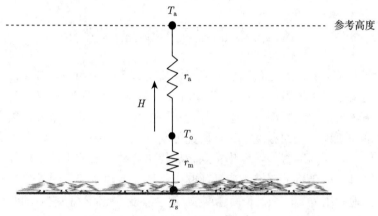

图 10.4   应用于遥感的感热通量单源模型示意图
垂直尺度未按比例绘制

如图 10.5 所示，辐射阻力 r_m 是叶面积指数（LAI）L 的函数。在不稳定条件下，r_m 随着 L 降低呈指数上升。当 L 降低时，土壤在生态系统与大气之间的

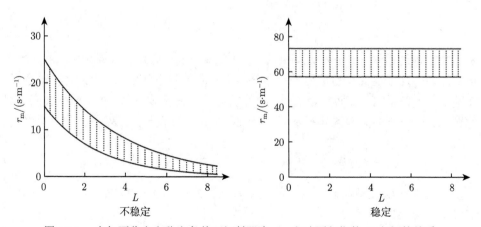

图 10.5   大气不稳定和稳定条件下辐射阻力 r_m 和叶面积指数 L 之间的关系
两条实线表示 r_m 的不确定度范围。数据来源于 Zhao 等（2016）

热量交换过程中的作用变得越来越重要，地表土壤热源上的非湍流分子黏层对热扩散的阻力要大于较高处叶面热源的叶片边界层阻力。在稳定条件下，r_m 则对 L 不敏感。

辐射阻力 r_m 受控于 LAI（图 10.5），这种依赖关系可以作为简单的 r_m 参数化方案。通过对比单源模型和双源模型（10.5 节）模拟的表面温度和整个生态系统的感热通量，也可以获得不同生态系统类型和不同环境条件下 r_m 的变化情况。

Penman-Monteith 公式隐含的假设是 T_o 与 T_s 一致。由于 Penman-Monteith 公式受到表面能量平衡的约束，这个假设引起的误差并不大。

10.4 表面温度的单源模型

本章前面讨论的表面热量和水汽通量模型有以下几种用途：首先，为大气模型的计算提供底层边界条件；其次，为研究生态系统过程提供分析框架；最后，作为局地水循环的重要组成部分。但是，这些传统的关注点并非本节的重点，本节将重点讨论如何预测表面温度，重点研究的问题是：如果一种土地利用类型被另外一种替代，表面温度将如何变化？森林砍伐（森林变成裸土和草地等开阔的下垫面）和城市化（自然土地被人造景观取代）是土地利用变化的两个典型例子。

如果土地利用类型改变，表面温度 T_s 就会改变，控制这种响应的两个关键机制为局地的辐射反馈和能量再分配。对于局地辐射反馈机制，可以先假设地球上没有对流和地表蒸发，能量只通过辐射过程传输，表面能量平衡就等同于表面辐射平衡，即

$$(R_n =) K_n + L_\downarrow - \sigma T_s^4 = 0 \tag{10.24}$$

式中

$$K_n = K_\downarrow - K_\uparrow = (1 - \alpha) K_\downarrow \tag{10.25}$$

是净短波辐射通量；α 是表面反照率。为了简单起见，假设表面是黑体，且由单源组成。如果这个表面突然被另外一种反照率不同的新表面取代，K_n 增加到 $K_n + \Delta K_n$，那么表面就会变暖，相应地会向外发射更多的长波辐射，从而抑制表面增温速度，这一过程称为长波辐射反馈，该过程会持续，直至达到新的能量平衡状态：

$$K_n + \Delta K_n + L_\downarrow - \sigma (T_s + \Delta T_s)^4 = 0 \tag{10.26}$$

式中，$T_s + \Delta T_s$ 是新状态下的表面温度。联立公式 (10.24)~ 式 (10.26)，可以求解温度扰动 ΔT_s：

$$\Delta T_s = \lambda_0 \Delta K_n \tag{10.27}$$

式中

$$\lambda_0 = 1/(4\sigma T_{\rm s}^3) \tag{10.28}$$

是长波辐射反馈引起的温度敏感度。参数 λ_0 是局地气候敏感度，是温度的弱函数，典型值为 $0.2\ \mathrm{K\cdot W^{-1}\cdot m^{-2}}$。由公式 (10.27) 可知，若净短波辐射增加 $5\ \mathrm{W\cdot m^{-2}}$，表面温度就会升高 1 K 左右。

由公式 (10.27) 可知，如果两个表面暴露在相同的入射太阳辐射下，较暗表面的温度总是高于较亮的表面。但是，现实世界中却会发生相反的情况。例如，某个以色列针叶林的反照率远低于相邻的开阔地，但是观测结果表明针叶林的温度却比相邻的开阔地低 5 K（Rotenberg and Yakir，2010）。出现这种似乎自相矛盾现象的原因是在现实世界中表面温度还受到对流和蒸发引起的能量再分配的影响。如果要预测表面温度扰动，就必须要考虑对流和蒸发。对流将感热从表面传输至大气边界层内，而蒸发则从地面带走潜热，通过云凝结将潜热释放到大气边界层以上的大气中（图 10.6）。

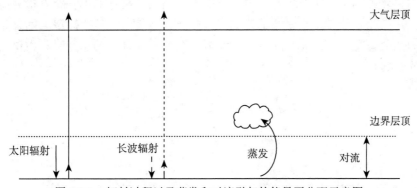

图 10.6 辐射过程以及蒸发和对流引起的能量再分配示意图

如果要准确计算表面温度，应该采用完整的能量平衡方程作为理论框架，

$$(1-\alpha)K_{\downarrow} + L_{\downarrow} - \sigma T_{\rm s}^4 = H + \lambda E + G \tag{10.29}$$

此处，感热通量用公式 (10.22) 计算，潜热通量的计算公式为

$$\lambda E = H/\beta \tag{10.30}$$

式中，β 是 Bowen 比。表面发射的长波辐射可以线性化为

$$\sigma T_{\rm s}^4 \simeq \sigma T_{\rm b}^4 + 4\sigma T_{\rm b}^3 (T_{\rm s} - T_{\rm b})$$

利用公式 (10.22) 和式 (10.30)，可以从公式 (10.29) 中求解 $T_{\rm s}$，

$$T_{\rm s} = T_{\rm b} + \frac{\lambda_0}{1+f}(R_{\rm n}^* - G) \tag{10.31}$$

其中

$$R_n^* = (1 - \alpha)K_{\downarrow} + L_{\downarrow} - \sigma T_b^4 \tag{10.32}$$

是表观净辐射,

$$f = \frac{\rho c_p \lambda_0}{r_T}\left(1 + \frac{1}{\beta}\right) \tag{10.33}$$

是能量再分配系数, 没有单位, 而

$$r_T = r_a + r_m \tag{10.34}$$

是感热扩散的总阻力。为了消除对 T_s 的依赖性, 公式 (10.31) 中的局地气候敏感性改写为

$$\lambda_0 = 1/(4\sigma T_b^3) \tag{10.35}$$

公式 (10.28) 和式 (10.35) 基本没有差别。

对于公式 (10.31) 中的 T_b, 模型研究中是指大气模型的第一个网格高度处的气温, 站点配对分析中则是指掺混高度处的气温 (图 10.7)。掺混高度是非均匀景观的一个高度尺度, 在该高度以上气流是充分"混合"的, 分辨不出单个土地斑块的影响。

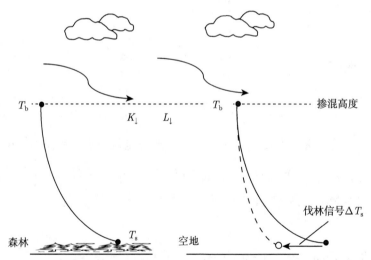

图 10.7   量化森林砍伐对地表温度变化的生物物理学贡献的站点配对方案
两个配对站点上或两个相邻次网格土地上的大气强迫因子是完全相同的

土地利用变化引起的温度扰动可以通过对公式 (10.31) 求导得到

$$\Delta T_s \simeq \frac{\lambda_0}{1 + f}(\Delta K_n) + \frac{\lambda_0}{(1 + f)^2}R_n^*(\Delta f_1) + \frac{\lambda_0}{(1 + f)^2}R_n^*(\Delta f_2) \tag{10.36}$$

其中

$$\Delta K_{\mathrm{n}} = -K_{\downarrow}\Delta\alpha \tag{10.37}$$

$$\Delta f_1 = f\frac{\Delta r_{\mathrm{T}}}{r_{\mathrm{T}}} \tag{10.38}$$

$$\Delta f_2 = \frac{\rho c_p \lambda_0}{r_{\mathrm{T}}}\left(\frac{\Delta\beta}{\beta^2}\right) \tag{10.39}$$

此处，忽略了土壤热通量项（Lee et al., 2011）。由于这里讨论的土地利用变化发生在小尺度上，不足以引起上层大气的变化，因此 T_{b}、R_{n}^* 和其他大气驱动变量都保持不变。

公式 (10.36) 量化了反照率、表面粗糙度和蒸发这三种生物物理学因子对 ΔT_{s} 的控制。公式 (10.36) 右边第一、第二和第三项分别表示由反照率变化引起的辐射强迫、由粗糙度变化引起的能量再分配以及由 Bowen 比或蒸发变化引起的能量再分配。因为总阻力 r_{T} 的倒数可以衡量对流运动引起的能量耗散效率，所以第二项也可以理解为对流效率的变化对 ΔT_{s} 的影响。

对比公式 (10.36) 右侧第一项和公式 (10.27) 的辐射反馈解会发现，由于 f 通常为正值，能量再分配一般是会减弱气候敏感性。也就是说，土地利用变化引起的温度扰动的实际幅度要远小于仅用辐射反馈机制预测的结果。

若要用公式 (10.36) 做诊断分析，可以采用站点配对的方法，即用时间代替空间的方法（图 10.7）。在实验研究中，方程右边的变化项可以用大气状况相同的两个相邻站点的观测数据确定，这对站点代表所关注的两种土地利用类型。在模型研究中，站点对由模型同一网格中的两个次网格类型（例如森林和草地）组成。

图 10.8 展示了森林砍伐引起地表温度变化及三个主要生物物理学因子的贡献。这些结果是基于配对站点的野外观测数据得到的。此处，森林砍伐信号为开阔地和相邻森林的 T_{s} 之差（开阔地减森林）。在北方寒带气候条件下，森林砍伐会引起降温，主要原因是开阔地和林地的反照率差异。开阔地在冬天和初春被积

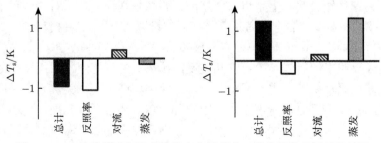

图 10.8　森林砍伐引起地表温度变化过程中三种生物物理因子的贡献
左图，寒带气候；右图，热带气候。数据来源于 Lee 等（2011）

雪覆盖，其反照率比森林高得多（图 10.9 上图）。而热带地区森林砍伐则会引起气候变暖，主要原因是开阔地的 Bowen 比高于森林，即蒸发速率更低。

　　读者会发现文献中也有其他求解表面温度的方法。例如，利用 Penman-Monteith 大叶模型可以计算表面温度 [公式 (10.47)，参见习题 10.11]。这种方法需要将表面净辐射 R_n 作为输入变量。但是由于 R_n 自身依赖于 T_s [公式 (2.29) 和式 (2.30)]，因此这个解是 T_s 的隐含函数，不适用于表面温度变化的成因分析。

地表反照率在气候系统中的多个角色

　　地表反照率是很多气候过程的核心。在上述表面温度的单源模型中，反照率是给定参数，因此可能会被读者误解为固定不变的常量。事实上，反照率是个动态参数，与气候要素和植被功能紧密耦合。

　　地表反照率在多个时间尺度上随着降水量和水的相态变化而变化。由于湿土比干土反照率低，降雨后干土反照率会迅速下降。但是由于积雪的反照率很高，降雪后地表的反照率则会上升。在半干旱稀树草原上，景观反照率的季节变化与降水相位相反，湿季数值较低，干季数值较高。在中高纬度地区，开阔地（裸土、草地和农田）反照率有很强的季节性，有雪覆盖的冷季远高于无雪覆盖的暖季（图 10.9 上图）。但是，积雪对中高纬度森林的反照率影响不大，这是由于积雪被树木遮挡，无法有效反射太阳光。在数十年或更长的时间尺度上，海冰和陆冰融化会引起地球表面的反照率下降。在高纬地区，树木生长也会引起森林反照率的变化，这种变化的时间跨度长达数十年：随着林龄增长，森林变得越高越密，树木对积雪的遮挡效应变得越强，森林反照率会变得越低（图 10.9 下图）。因此，在地表能量平衡分析、天气预报和气候预测中考虑这些反照率动态变化是至关重要的。

　　现举个例子说明地表反照率的重要性。在 20 世纪 90 年代，欧洲数值预报模型的预报误差很大，总是低估北半球高纬地区冬季和初春地面气温，预报误差高达 10 ℃（Sellers et al., 1997）。当时，人们还没有意识到树林对积雪的遮挡效应。一旦某个网格有积雪，模型就将其地表反照率设为 0.7 到 0.8 的高值，这种做法实际上是将北方辽阔的森林景观作为草原对待。后来找到了一个简单的处理办法，将雪季森林反照率设置为 0.2，这种模型预报的冷偏差就被解决了（Vitebo and Betts, 1999）。

　　地表反照率使得气候系统中几类反馈循环成为可能。其中最著名的两类反馈是冰反照率反馈和雪反照率反馈。这两类反馈的一个关键起因是固态水(冰和雪) 的反照率远高于液态水、植被和土壤。随着温度升高，高纬度海洋结冰期缩短，结冰范围缩小，导致海洋表面反照率下降。海面对太阳辐射的吸收增强，从而加剧气候变暖。与此类似，随着气候变暖，陆地降雪减少，积雪期缩短，也会加剧气候变暖。

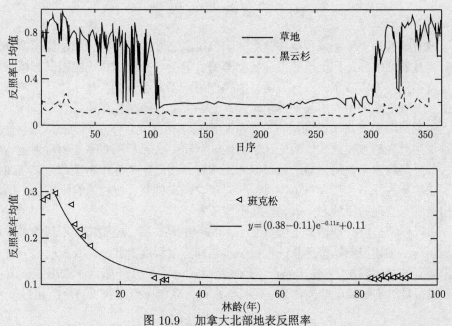

图 10.9   加拿大北部地表反照率

上图：季节变化特征，数据来源于 Betts 和 Ball（1997）；下图：年平均反照率与林龄的关系，数据来源于 FLUXNET Canada

另外两种反馈涉及植被动态，它们分别是森林反照率反馈和灌木反照率反馈。随着气温升高，林线将北移，由于森林反照率远低于苔原，气候变暖会加剧（Loranty et al., 2014）。在苔原景观中，灌木的反照率比其他苔原植被低，特别是在灌木高到能露出雪盖的情况，反照率更低。灌木生长是自我强化的过程，一旦灌木丛形成，就会产生更暖的更有利于生长的小气候环境（Sturm et al., 2005）。

第五个反馈是土壤湿度-反照率反馈，这一反馈机制有助于稳固亚热带地区的沙漠。如果干旱持续足够长，土壤表面反照率就会上升。在这种情况下，地面吸收的太阳辐射减少，这会促进大气下沉运动，从而抑制降雨的形成（Charney et al., 1977）。

最后，地表反照率会加剧在气候变暖过程中的水循环。全球湖泊蒸发会随温度升高而加强。根据模型计算结果，约 1/3 的湖泊蒸发增强程度可以归因于湖泊冰期缩短引起的反照率下降（Wang et al., 2018）。反照率降低后，湖泊将吸收更多太阳辐射能量用于蒸发。与之类似，海冰融化引起海表反照率降低，也会促进海洋蒸发，从而增加全球降水（Wang et al., 2021）。

10.5　双源蒸发模型

地表蒸散是土壤蒸发和植物蒸腾的水汽贡献之和。大叶模型或单源模型都无法分离蒸散的组分，即土壤蒸发和植物蒸腾。但是，分别估算土壤蒸发和植物蒸腾具有很重要的实际意义。一方面，蒸腾作用可以使水连续流过木质部，将营养物质从土壤根系向植物的其他部位输送。另一方面，蒸腾作用还可以降低叶片温度，避免高温天气对植被的损害。水分利用效率是指光合作用同化的 CO_2 量与蒸腾作用散失的水量之比。对于 C3 或 C4 植物，水分利用效率是相对稳定的参数，如果蒸腾速率是已知量，就可以利用水分利用效率估算作物生产力。与此相反，土壤蒸发并不直接参与生物过程，对于农民来说蒸发过程浪费水资源，因此农田水资源管理的目的之一就是控制土壤蒸发。

双源模型可以分别估算土壤蒸发 E_g 和冠层蒸腾 E_c。模型需要用到的参数和数据包括：描述控制这些通量的生物学参数和土壤湿度参数，以及冠层上方常规气象要素的观测数据（Shuttleworth and Wallace, 1985）。模型结构如图 10.10 所示。模型是对实际情况的简化表达，具体来说，双源模型用到了三个简化：第一，

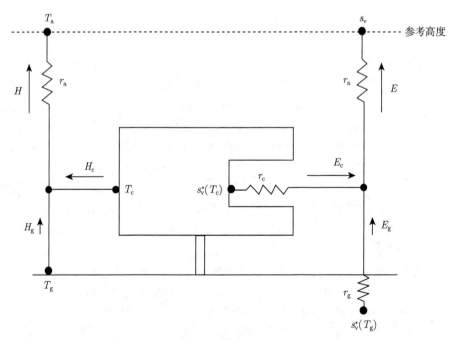

图 10.10　感热通量和水汽通量的双源模型示意图
改自 Shuttleworth 和 Wallace（1985）

冠层内的空气对源自地面的水汽扩散没有阻力，即土壤蒸发和植物蒸腾是并联发生的。对于稀疏植被冠层来说，冠层内空气的湍流混合很剧烈，这个假设是合理的（Norman et al., 1995）。但是对于郁闭冠层，这一近似会导致 E_g 被高估，在土壤湿度大的情况下高估更加明显。

第二，土壤蒸发主要发生在蒸发锋面上，蒸发锋面的水汽混合比相对于地表温度 T_g 达到饱和。对于水分饱和的土壤，蒸发锋面位于地面；对于较干的土壤，蒸发锋面处于地面以下的某个深度。因此，对于较干的土壤，水汽分子要先经过上层土壤的孔隙后才能逃逸到开放的冠层气层内，这条路径上的扩散阻力可以用总地面阻力 r_g 表示。为了描述土壤湿度对 E_g 的控制，可以将 r_g 参数化为土壤湿度的函数。

第三，假设植被在水平方向上是均匀分布的，冠层内的辐射传输可以用简单的一维 Beer 定律来表示。植被水平分布不均匀时（例如条播作物或稀树草原），可以在足够大的面积上对通量和状态变量取平均，这样就能滤除下垫面不均匀造成的影响。在这个假设下，表面的反照率和净辐射都用一个数值表示；如果植被是条播作物，不区分行中和行间的差异。土壤蒸发通量是两种土壤的平均值，即被植被遮阴的土壤和阳光通过植物空隙照射的土壤蒸发的平均。冠层净辐射 $R_{n,c}$ 和地表净辐射 $R_{n,g}$ 的计算式分别为

$$R_{n,c} = R_n[1 - \exp(-aL)] \tag{10.40}$$

以及

$$R_{n,g} = R_n \exp(-aL) \tag{10.41}$$

式中，R_n 是冠层上方的净辐射；a 是消光系数的经验值，常取 0.7；L 是叶面积指数。

可以分别用 Penman-Monteith 方法来计算冠层蒸腾和土壤蒸发，得到

$$E_c = \frac{1}{\lambda} \frac{\Delta R_{n,c} + \rho c_p D / r_a}{\Delta + \gamma(r_{a+} r_c)/r_a} \tag{10.42}$$

与

$$E_g = \frac{1}{\lambda} \frac{\Delta(R_{n,g} - G) + \rho c_p D / r_a}{\Delta + \gamma(r_a + r_g)/r_a} \tag{10.43}$$

则表面蒸发总通量为

$$E = E_c + E_g \tag{10.44}$$

在 $L \to 0$ 的极端情况下，$R_{n,c}$ 会消失，r_c 无穷大，E 中只有土壤蒸发的贡献。在另外一种极端情况下，当 L 趋于大值时，土壤蒸发应该会完全消失。但是，

根据公式 (10.43)，这种情况并不会发生。即使土壤蒸发的可利用能量 $(R_{n,g} - G)$ 消失，由于仍然存在饱和水汽压差，E_g 并不趋向于零。这个结论显然是不合理的。产生这种不合理结论的原因是忽略了水汽在冠层空间的扩散阻力。当 L 趋于大值时，冠层空间的扩散极度缓慢。在改进的双源模型中，增加这一扩散路径的新的阻力，这个问题就被解决了。

双源模型的性能可以用蒸散各组分及其比值的观测数据来评价。模型预测蒸腾占比（即 E_c 与 $E_c + E_g$ 之比）依赖于叶面积指数 L（参见习题 10.19）。对于稀疏冠层（$L < 1.5$），这一比值随着 L 增大而快速地线性升高；对于郁闭冠层（$L > 3$），其变化则较为缓慢。野外试验也观测到这种对 L 的依赖性（Wei et al., 2017）。

双源模型性能也可以用温度传感器观测的表面温度来评价。如果在冠层上方安装温度传感器，就能接收到冠层表面和地面发射的长波辐射。若用 f_c 表示地面被冠层覆盖的比例，辐射传感器观测到的有效表面温度就是冠层温度 T_c 和地表温度 T_g 的加权平均值，即：

$$T_s = [f_c T_c^4 + (1 - f_c) T_g^4]^{1/4} \tag{10.45}$$

双源模型与气候模型中的次网格切片方案或马赛克方案是不同的，如图 10.11 所示。在图 10.11 显示的例子中，植物数量相同，但分布不同。在稀疏冠层中，植物在空间上均匀分布，形成稀疏型景观。这些植物和裸露的土壤受相同大气条件控制，并从相同的土壤水源吸水用于蒸散。总蒸散量是土壤蒸发量和植物蒸腾量之和 [公式 (10.44)]，二者的权重贡献是通过分离净辐射通量 [公式 (10.40) 和式 (10.41)] 间接实现的。

在土地马赛克方案中（图 10.11），模型网格由两个次网格组成，植物聚集在一个次网格，裸土占据另一个次网格，各自有独立的土壤水源。虽然两个次网格接收的短波辐射和长波辐射相同（图 10.7），但由于反照率和表面温度不同，它们的净辐射通量并不相同。网格内的水汽通量是两个次网格通量的面积加权平均，即

$$E = a_1 E_1 + a_2 E_2 \tag{10.46}$$

式中，E_1 和 E_2 是两个次网格的水汽通量；a_1 和 a_2 是两个次网格的面积权重。

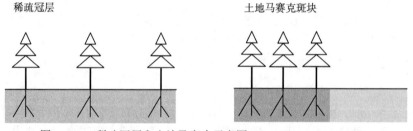

图 10.11　稀疏冠层和土地马赛克示意图（Schultz et al., 2016）

10.6 地气交换模型的改进

若要改进双源模型，行之有效的方法就是在模型中加入冠层湍流的影响（第 5 章）。改进的模型如图 10.12(a) 所示，这里增加了两个阻力项，一项是叶层对于蒸腾水汽通量的总边界层阻力，它是叶片边界层阻力向冠层尺度的扩展；另外一项是冠层内空气对于土壤蒸发水汽扩散的动力学阻力（Shuttleworth and Wallace，1985）。这两个阻力都可以用冠层的叶片密度、风速和湍流扩散系数的函数来计算。改进后的模型解决了叶面积指数 L 趋于极大值时出现的问题：当 L 增加时，冠层内空气对于土壤蒸发水汽的动力学阻力也增加，因此当 L 趋于极大值时，土壤蒸发 E_g 会消失。

在多层模型的框架中 [图 10.12(b)]，将植物冠层分成很多层，每一层都有一个叶面积 ΔL（Baldocchi and Harley，1995）。每一层都遵守能量平衡原理，感热和潜热通量是一层一层计算的。设 $r_{s,i}$ 和 $r_{b,i}$ 分别是第 i 叶层的气孔阻力和叶片边界层阻力。来源于第 i 层的水汽在扩散过程中会遇到三种阻力，即平均气孔阻力 $r_{s,i}/(\Delta L)$、平均叶片边界层阻力 $r_{b,i}/(\Delta L)$ 和空气动力学阻力 r_a。因为在多层模型中不再需要总的冠层阻力项，所以多层模型比大叶模型和双源模型更加严谨。由于每一个叶层的能量平衡计算式都需要太阳辐射通量，而且气孔阻力对太阳辐射有很强的依赖性，多层模型能否模拟成功取决于对冠层内太阳辐射传输的描述是否准确。多层模型计算的生态系统总水汽通量和感热通量是所有叶层和土壤的贡献的总和。此外，多层模型还能输出叶片温度的垂直分布，某些多层模型还能预测冠层内的空气湿度和温度廓线。

双源模型和多层模型的混合形式是双叶模型 [图 10.12(c)；Wang and Leuning，

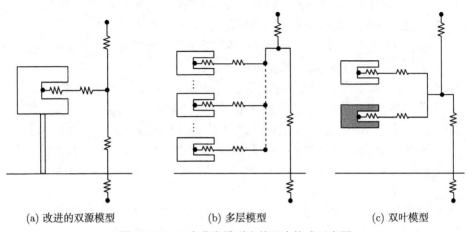

(a) 改进的双源模型   (b) 多层模型   (c) 双叶模型

图 10.12　三个蒸发模型中的阻力构成示意图

1998)。在双叶模型中，将冠层视为由阳叶和阴叶两个大叶片组成。基于直接辐射传输的 Beer 定律，并考虑太阳高度角和叶片倾角分布的几何特征，将叶片层分为阳叶和阴叶两组叶片。双叶模型的计算很简单，而且模拟准确度与多层模型相当。双叶模型如此成功的原因是同组的叶片具有相同的叶温 T_l 和气孔阻力 r_s，而不同组叶片的 T_l 和 r_s 却明显不同。

习　题

10.1 根据以下数据计算叶片尺度上的感热通量和潜热通量：边界层阻力为 16 $s\cdot m^{-1}$，气孔阻力为 50 $s\cdot m^{-1}$，叶片温度为 16.3 ℃，气温为 14.6 ℃，水汽混合比为 17.8 $g\cdot kg^{-1}$。

10.2 若气温为 12.1 ℃，相对湿度为 48.5%，饱和水汽压差是多少？

10.3 温度计如果暴露在太阳光下，会明显高估温度。计算细丝热电偶（直径为 20 μm）和水银温度计（直径为 0.5 cm）的观测误差。风速取两个水平（0.1 $m\cdot s^{-1}$ 和 10 $m\cdot s^{-1}$）；遮蔽取两种情况：遮阴（净辐射 2 $W\cdot m^{-2}$）和暴露在阳光下（净辐射 50 $W\cdot m^{-2}$）。你能否提出减小观测误差的预防性措施？（提示：温度计满足无蒸发叶片的能量平衡方程。）

10.4 地表温度为 24.5 ℃，地表以上参考高度处气温为 19.0 ℃，空气动力学阻力为 60 $s\cdot m^{-1}$，辐射阻力为 15 $s\cdot m^{-1}$。用公式 (10.13) 和式 (10.22) 计算感热通量，并对结果进行评论。

10.5 用公式 (10.12)~ 式 (10.14) 推导 Penman-Monteith 方程 [公式 (10.16)]。

10.6 若可利用能量为 293.4 $W\cdot m^{-2}$，饱和水汽压差为 7.1 hPa，空气动力学阻力为 44 $s\cdot m^{-1}$，气温为 15.2 ℃。用 Penman-Monteith 方程求解干表面（冠层阻力为 109 $s\cdot m^{-1}$）和湿表面（冠层阻力为 0 $s\cdot m^{-1}$）的蒸发速率。

10.7 利用 Penman-Monteith 方程解释为什么在没有可利用能量的情况下（即 $R_n - G = 0$）还是会发生蒸发。蒸发的能量来源是什么？当这种情况发生时，表面空气层是稳定还是不稳定的？

10.8 ① 对于大豆冠层，潜热通量 λE 为 365.0 $W\cdot m^{-2}$，可利用能量 $R_n - G$ 为 388.8 $W\cdot m^{-2}$，饱和水汽压差 D 为 26.6 hPa，气温 T_a 为 30.1 ℃，空气动力学阻力 r_a 为 92 $s\cdot m^{-1}$，用 Penman-Monteith 公式反算无水分胁迫下大豆的冠层阻力 r_c。② 针对干旱胁迫下的温带常绿森林，重复上述计算（$\lambda E = 119.8$ $W\cdot m^{-2}$，$R_n - G = 487.9$ $W\cdot m^{-2}$，$D = 7.6$ hPa，$T_a = 17.4$ ℃，$r_a = 13$ $s\cdot m^{-1}$）。

10.9 高度 2.0 m 处的风速为 3.5 $m\cdot s^{-1}$，气温为 17.2 ℃，相对湿度为 43.2%，可利用能量（$R_n - G$）为 201 $W\cdot m^{-2}$。计算参考蒸发速率。

10.10* ① 利用 Priestley-Taylor 模型 [公式 (10.19)] 和表面能量平衡方程 [公式 (10.12)]，推导湖泊 Bowen 比 β 和饱和水汽压斜率参数 Δ 之间的关系。② 利用上述关系，计算 1~20 ℃ 温度范围内的 Bowen 比，并将计算结果绘制成图。根据计算结果，湖泊的 Bowen 比随纬度如何变化？如果两个湖泊的温度相同但海拔高度不同，一个在青藏高原，另外一个位于海平面，哪个湖泊的 Bowen 比更高？

10.11 ① 证明以下表面温度的表达式是用大叶模型求解的结果

$$T_s = T_a + \frac{r_a + r_c}{\rho c_p} \cdot \frac{\gamma(R_n - G) - \rho c_p D/(r_a + r_c)}{\Delta + \gamma(r_a + r_c)/r_a} \tag{10.47}$$

② 绿洲是指干旱景观中表面温度比周围低的灌溉农田。解释为什么在绿洲表面层中经常出现逆温层结。③ 有人认为建筑屋顶用白色和高反光材料，城市会变成冷岛，也就是城市的地表温度会低于城郊。你认为在这种"白洲"上近地层是不稳定层结（即温度随高度增加而递减）还是稳定逆温层结？为什么？

10.12 大豆田感热通量的计算值 [公式 (10.13)] 和观测值（涡度相关方法）的对比情况如图 10.13 所示。解释为什么在生长季早期（叶面积指数为 1.0）中午的计算误差较大，而在生长季晚期冠层充分郁闭时（叶面积指数为 7.6）中午的计算偏差变小。

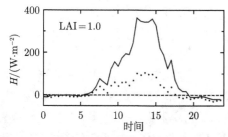 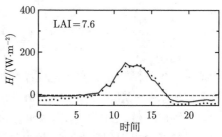

图 10.13　大豆田感热通量观测值（圆点）与用近红外温度计观测的表面温度和公式 (10.13) 计算的感热通量（实线）的对比情况

数据来源于 Lee 等（2009）

10.13 若入射长波辐射通量为 437.3 W·m^{-2}，出射长波辐射通量为 494.5 W·m^{-2}，计算这两种情况下的表面温度：① 表面为黑体；② 表面发射率为 0.97。

10.14 ① 证明局地气候敏感度 λ_0 的单位为 K·W^{-1}·m^2。② 计算温度分别为 273 K 和 293 K 时的局地气候敏感度。

10.15 绿洲的反照率和 Bowen 比通常比周围旱地低。在夏日正午，某个绿洲农田和附近灌木地的观测数据为：Bowen 比之差（农田减灌木地）$\Delta\beta = -1.0$，

反照率之差 $\Delta\alpha = -0.066$，平均 Bowen 比 $\beta = 0.73$，入射太阳辐射 $K_\downarrow$ = 750 W·m^{-2}，表观净辐射 $R_n^* = 450$ W·m^{-2}，能量再分配系数 $f = 5.01$（Ruehr et al., 2020）。估算反照率和 Bowen 比对绿洲效应 ΔT_s 的贡献。此处绿洲效应由两个站点之间的表面温度差 ΔT_s 表征。哪个是主要贡献因子？提示：公式 (10.39) 可以改写为

$$\Delta f_2 = \frac{(\Delta\beta)f}{\beta^2(1 + 1/\beta)} \tag{10.48}$$

10.16 森林变暖悖论：以色列南部 Yatir 某片针叶林比周边灌木地多吸收 24 W·m^{-2} 的太阳辐射，但是前者温度却比后者低 5 K（Rotenberg and Yakir，2010）。什么过程会引起这种自相矛盾的现象？

10.17 夏季某个亚热带湖泊的净辐射是 150 W·m^{-2}，热储量为 20 W·m^{-2}，湖水温度为 31 ℃（Wang et al., 2014）。用 Priestley-Taylor 模型估算潜热通量和感热通量。

10.18 利用双源模型，计算生态系统的土壤蒸发和植物蒸腾：叶面积指数为 4，冠层阻力 r_c 为 50 s·m^{-1}，地面阻力 r_g 为 500 s·m^{-1}，地表热通量约为 $G = 0.2R_{n,g}$。气象条件为：空气动力学阻力 $r_a = 42$ s·m^{-1}，净辐射 R_n = 400 W·m^{-2}，饱和水汽压差 $D = 20$ hPa，气温 $T_a = 25$ ℃。

10.19* 利用双源模型，分别计算土壤为湿土（地面阻力 r_g 为 500 s·m^{-1}）和干土（r_g 为 2000 s·m^{-1}）的生态系统中植物蒸腾占总蒸散的比例（E_c/E）与叶面积指数 L 的函数关系。平均气孔阻力 r_s 为 200 s·m^{-1}，冠层阻力 r_c 用公式 (10.17) 计算，地表热通量近似为 $G = 0.2R_{n,g}$，气象条件同习题 10.18。

10.20* 在大气模型中，由于地面净辐射 R_n 不是强迫变量，而是预测变量，因此模型中一般不采用 Penman-Monteith 方程这类公式来计算表面通量的边界层条件，而是先求解表面温度 T_s，再利用阻力公式计算通量。假设地表热通量可以忽略不计。利用公式 (10.13)、式 (10.14) 和式 (10.29) 推导 T_s 的解析表达式。

参 考 文 献

Baldocchi D D, Harley P C. 1995. Scaling carbon dioxide and water vapour exchange from leaf to canopy in a deciduous forest. II. Model testing and application. Plant, Cell & Environment, 18(10): 1157-1173.

Ball J T, Woodrow I E, Berry J A. 1987. A model predicting stomatal conductance and its contribution to the control of photosynthesis under different environmental conditions//Biggens J. Progress in Photosynthesis Research. Dordrecht: Martinus Nijhoff Publishers.

Betts A K, Ball J H. 1997. Albedo over the boreal forest. Journal of Geophysical Research: Atmospheres , 102(D24): 28901-28909.

Charney J, Quirk W, Chow S H. 1977. A comparative study of the effects of albedo change on drought in semi-arid regions. Journal of the Atmospheric Sciences, 34(9): 1366-1385.

Collatz G J, Ball J T, Grivet G, et al. 1991. Regulation of stomatal conductance and transpiration: a physiological model of canopy processes. Agricultural and Forest Meteorology, 54: 107-136.

Kelliher F M, Leuning R, Raupach M R, et al. 1995. Maximum conductances for evaporation from global vegetation types. Agricultural and Forest Meteorology, 73(1/2): 1-16.

Kustas W, Anderson M. 2009. Advances in thermal infrared remote sensing for land surface modeling. Agricultural and Forest Meteorology, 149(12): 2071-2081.

Lee X, Goulden M L, Hollinger D Y, et al. 2011. Observed increase in local cooling effect of deforestation at higher latitudes. Nature, 479: 384-387.

Lee X, Griffis T J, Baker J M, et al. 2009. Canopy-scale kinetic fractionation of atmospheric carbon dioxide and water vapor isotopes. Global Biogeochemical Cycles, 23(1): GB1002.

Loranty M M, Berner L T, Goetz S J, et al. 2014. Vegetation controls on northern high latitude snow-albedo feedback: observations and CMIP5 model simulations. Global Change Biology, 20(2): 594-606.

Norman J M, Kustas W P, Humes K S. 1995. Source approach for estimating soil and vegetation energy fluxes in observations of directional radiometric surface temperature. Agricultural and Forest Meteorology, 77(3/4): 263-293.

Oleson K W, Dai Y,Bonan G, et al. 2004. Technical Description of the Community Land Model (CLM). Boulder: National Center for Atmospheric Research.

Rotenberg E, Yakir D. 2010. Contribution of semi-arid forests to the climate system. Science, 327(5964): 451-454.

Ruehr S, Lee X, Smith R, et al. 2020. A mechanistic investigation of the oasis effect in the Zhangye cropland in semiarid Western China. Journal of Arid Environments, 176: 104120.

Schultz N M, Lee X, Lawrence P J, et al. 2016. Assessing the use of subgrid land model output to study impacts of land cover change. Journal of Geophysical Research: Atmospheres, 121(11): 6133-6147.

Sellers P J, Hall F G, Kelly R D, et al. 1997. BOREAS in 1997: experiment overview, scientific results, and future directions. Journal of Geophysical Research: Atmospheres, 102(D24): 28731-28769.

Shuttleworth W J, Wallace J S. 1985. Evaporation from sparse crops - an energy combination theory. Quarterly Journal of the Royal Meteorological Society, 111(469): 839-855.

Sturm M, Douglas T, Racine C. 2005. Changing snow and shrub conditions affect albedo with global implications. Journal of Geophysical Research: Biogeosciences, 110: G01004.

Viterbo P, Betts A K. 1999. Impact on ECMWF forecasts of changes to the albedo of the boreal forests in the presence of snow. Journal of Geophysical Research, 104: 27803-27810.

Wang W, Chakraborty T C, Xiao W, et al. 2021. Ocean surface energy balance allows a constraint on the sensitivity of precipitation to global warming. Nature Communications, 12: 2115.

Wang W, Lee X, Xiao W, et al. 2018. Global lake evaporation accelerated by changes in surface energy allocation in a warmer climate. Nature Geoscience, 11: 410-414.

Wang W, Xiao W, Cao C, et al. 2014. Temporal and spatial variations in radiation and energy balance across a large freshwater lake in China. Journal of Hydrology, 511: 811-824.

Wang Y P, Leuning R. 1998. A two-leaf model for canopy, conductance, photosynthesis and partitioning of available energy I: model description and comparison with a multi-layered model. Agricultural and Forest Meteorology, 91: 89-111.

Wei Z, Yoshimura K, Wang L, et al. 2017. Revisiting the contribution of transpiration to global terrestrial evapotranspiration. Geophysical Research Letters, 44(6): 2792-2801.

Zhao L, Lee X, Suyker A E, et al. 2016. Influence of leaf area index on the radiometric resistance to heat transfer. Boundary-Layer Meteorology, 158(1): 105-123.

第 11 章　大气边界层的热量、水汽和痕量气体收支

11.1　引　　言

本章将主要讨论能量和质量守恒定律在整个陆地大气边界层中的应用问题。重点关注边界层内温度和大气成分（水汽、CO_2 和其他痕量气体）的日变化特征及其驱动机制。为了完整地分析这些标量的收支平衡，需要做到以下三点：确定其时间变化速率；将它们的地气交换过程与边界层中不断变化的驱动条件做动态耦合；确定它们在边界层和自由大气之间的传输过程。

通过研究边界层与自由大气之间的相互作用，我们可以了解边界层以外的大尺度参数是如何影响边界层的总体特征的。在这些外部参数中，有一个在前面章节中已经提及，那就是气压梯度力，它与天气系统类型有关。气压梯度力和 Coriolis 力二力平衡会产生地转风 [公式 (6.2) 和式 (6.3)]。气压梯度力对移动气块所做的功是大气边界层中流场动能的能量来源（图 4.4）。对于能量和质量收支分析，还有两个外部参数也很重要，即大尺度水平气流辐散和自由大气中上述标量的垂直梯度。气流辐合和辐散产生的垂直运动会促进或抑制大气边界层的发展，而自由大气中标量的垂直梯度则会控制边界层顶的标量传输。

本章将采用柱平均的形式来分析标量的收支过程。设 Φ 为标量，它的柱平均值为

$$\overline{\Phi}_m = \frac{1}{z_i} \int_0^{z_i} \overline{\Phi} \, \mathrm{d}z \tag{11.1}$$

式中，z_i 是大气边界层高度；下标 m 表示柱平均运算。

第 8 章也采用了柱积分的方法分析涡度相关控制体积内的物质和热量收支。但是涡度相关控制体积的顶部是固定的，位于涡度相关仪器架设高度处，而边界层顶部是随时间变化的，这是二者的主要区别。$\overline{\Phi}_m$ 的时间变化率不仅受到 Φ 在边界层输入和输出量的影响，还受到边界层厚度（即扩散介质体积）随时间变化的影响。因此，要做收支分析，必须先确定 z_i。边界层高度可以通过野外观测来确定，也可以通过求解大气质量守恒方程获得。

边界层收支理论与四个现实问题密切相关。第一，边界层高度是预测区域空气污染物扩散的关键参数。第二，景观尺度（10~100 km）上的地表 CO_2 通量是无法直接观测的，但是如果边界层 CO_2 收支方程中除地表 CO_2 通量以外的其他

项均已知，就可以在景观尺度上利用收支方程计算出地表 CO_2 通量。第三，地气交换模型（如 Penmann-Monteith 模型）用边界层的气象因子作为驱动变量，但是并未考虑它们受地气交换的影响。事实上，边界层与地面之间存在动态反馈，因此这些驱动变量自身也是随时间变化的，必须通过一组控制方程来求解，而边界层收支方程就可以用来求解这些驱动变量。第四，边界层向自由大气的水汽通量是局地成云的水分来源（参见第 14 章），并对下游的云层形成贡献水分。

　　本章假设边界层不受云、污染或水平平流的影响。在第 13 章和第 14 章，我们对该收支理论进行调整，使之适用于污染边界层和有云边界层。此外，在水平平流对边界层收支有重要影响的情况下，也需要做相应的修改，例如：锋面系统水汽和热量平流（Mechem et al., 2010）、城乡过渡带的 CO_2 水平平流。第 12 章将介绍稳态条件下受水平平流影响的城市边界层 CO_2 模型。更普遍的处理水平平流的方式是把它作为已知外部参数，以源项的形式加入大气混合层收支方程中（Neggers et al., 2006）。

11.2　对流边界层的平板近似理论

　　对流边界层平板近似理论最初由 Lilly (1968) 提出。在这种理想化的模型中，所有标量在水平方向上都是均匀的，因此没有水平平流。大尺度气流辐合和辐散的影响可以用非零平均垂直速度表示。自由大气中没有湍流，而在边界层中湍流足够强，可以维持大气充分混合（图 11.1）。近地层只占边界层中很小的一部分，对位温和气体混合比的柱平均值几乎没有影响。覆盖逆温层的厚度极薄，是边界层与自由大气之间的分界，逆温强度取决于逆温层上下两侧的位温跳跃大小。在

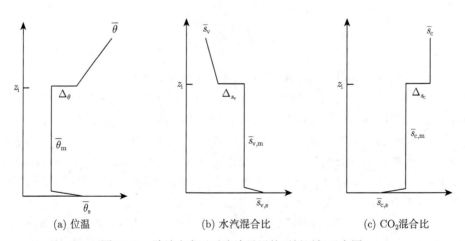

(a) 位温　　　　　　　　(b) 水汽混合比　　　　　　　(c) CO_2混合比

图 11.1　陆地上白天对流边界层的平板近似示意图

位温、水汽混合比和 CO_2 混合比的垂直廓线，边界层无云无污染

这些近似条件下，各种变量的平均值均为常数，不随高度变化，其廓线的形状看起来像被一个平板挡住了，因此，这些近似被统称为平板近似。

根据定义，柱平均量的计算方法为

$$\overline{\theta}_m = \frac{1}{z_i} \int_0^{z_i} \overline{\theta}\, dz, \quad \overline{s}_{v,m} = \frac{1}{z_i} \int_0^{z_i} \overline{s}_v\, dz, \quad \overline{s}_{c,m} = \frac{1}{z_i} \int_0^{z_i} \overline{s}_c\, dz \qquad (11.2)$$

对于温度、水汽和 CO_2，逆温跳跃的计算方法为

$$\Delta_\theta = \overline{\theta}_+ - \overline{\theta}_m, \quad \Delta_{s_v} = \overline{s}_{v,+} - \overline{s}_{v,m}, \quad \Delta_c = \overline{s}_{c,+} - \overline{s}_{c,m} \qquad (11.3)$$

其中，下标 + 表示覆盖逆温层上边界的自由大气的数值。

采用平板近似，可以简化能量守恒方程和质量守恒方程。在第 6 章中，边界层、混合层和自由大气的动量守恒方程中主导项是不同的。同样地，能量守恒方程和质量守恒方程 [公式 (3.26)、式 (3.27) 和式 (3.28)] 中各项的重要性也取决于所研究的气层的垂直位置。下文将逐一分析各层的情况。

在自由大气中，没有湍流，雷诺协方差都不存在。能量和质量守恒方程可以简化为时间变化率与垂直平流之间的平衡：

$$\frac{\partial \overline{\theta}}{\partial t} + \overline{w}\, \gamma_\theta = 0 \qquad (11.4)$$

$$\frac{\partial \overline{s}_v}{\partial t} + \overline{w}\, \gamma_v = 0 \qquad (11.5)$$

$$\frac{\partial \overline{s}_c}{\partial t} + \overline{w}\, \gamma_c = 0 \qquad (11.6)$$

式中

$$\gamma_\theta = \frac{\partial \overline{\theta}}{\partial z}, \quad \gamma_v = \frac{\partial \overline{s}_v}{\partial z}, \quad \gamma_c = \frac{\partial \overline{s}_c}{\partial z} \qquad (11.7)$$

分别是自由大气中的位温、水汽混合比和 CO_2 混合比的垂直梯度。

γ_θ 为正值，由公式 (11.4) 可知，下沉运动（$\overline{w} < 0$）会使边界层之上的位温随时间的推移不断升高。这就是下沉增温现象。

在覆盖逆温层，标量是不连续的，所以需要对守恒方程做特殊处理。在数学方法上，首先为覆盖逆温层指定一个高度范围 $\{z_i - \epsilon, z_i + \epsilon\}$，其中，$\epsilon$ 是很小的高度间隔（图 11.2），然后对守恒方程取极限 $\epsilon \to 0$。$z_i + \epsilon$ 的高度刚刚超过边界层，在这个高度上没有湍流通量，只有垂直平流；$z_i - \epsilon$ 的高度在边界层内，在这个高度上只有湍流通量，没有垂直平流。热量守恒方程可以表示为

$$\frac{\partial \overline{\theta}}{\partial t} + \overline{w}\frac{\partial \overline{\theta}}{\partial z} = -\frac{\partial \overline{w'\theta'}}{\partial z} \qquad (11.8)$$

对于其他标量也可以写出类似的方程。在 11.3 节中将会用到公式 (11.8)，并介绍如何应用在高度 $z_i - \epsilon$ 和 $z_i + \epsilon$ 处的边界条件。

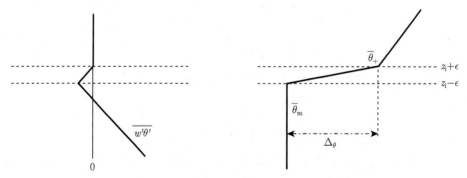

图 11.2　覆盖逆温层中热通量和位温不连续情况的示意图

混合层中温度和物质混合比的垂直梯度都非常小，因此垂直平流可以忽略不计。热量守恒方程可以写为

$$\frac{\partial \overline{\theta}}{\partial t} = -\frac{\partial \overline{w'\theta'}}{\partial z} \tag{11.9}$$

$$\frac{\partial \overline{s}_v}{\partial t} = -\frac{\partial \overline{w's_v'}}{\partial z} \tag{11.10}$$

$$\frac{\partial \overline{s}_c}{\partial t} = -\frac{\partial \overline{w's_c'}}{\partial z} \tag{11.11}$$

通常假设近地层很薄，这一层内的变化不会影响边界层的收支分析。由于近地层混合不充分，而且地表存在源和汇，地面和混合层之间存在很大的温度、湿度和 CO_2 梯度。地表热量、水汽和 CO_2 的雷诺通量（$(\overline{w'\theta'})_0$、$(\overline{w's_v'})_0$ 和 $(\overline{w's_c'})_0$）的参数化方案中会用到这些梯度，即

$$(\overline{w'\theta'})_0 = \frac{\overline{\theta}_0 - \overline{\theta}_m}{r_a} \tag{11.12}$$

$$(\overline{w's_v'})_0 = \frac{\overline{s}_{v,0} - \overline{s}_{v,m}}{r_a} = \frac{s_v^*(\overline{\theta}_0) - \overline{s}_{v,m}}{r_a + r_c} \tag{11.13}$$

$$(\overline{w's_c'})_0 = \frac{\overline{s}_{c,0} - \overline{s}_{c,m}}{r_a} \tag{11.14}$$

式中，$\overline{\theta}_0$、$\overline{s}_{v,0}$ 和 $\overline{s}_{c,0}$ 分别表示地表位温、水汽混合比和 CO_2 混合比。以上表达式可以作为边界层收支方程的下边界条件，也充分展示了地面源与边界层状态之间的相互作用。

11.3 边界层增厚和夹卷过程

11.3.1 边界层增厚

边界层的增长机制从概念上来看是很明确的。如果水平气流辐合或自由大气夹卷向边界层气柱中注入新的空气，边界层就会向上发展；如果气流辐散将空气从气柱中带走，边界层就会收缩。通常假设水平平流的空气与局地边界层气柱中的空气具有相同的属性，因此气流辐合辐散并不会改变边界层的柱平均量。但是，夹卷过程一般会增加边界层的位温、降低其水汽混合比，并且在生长季内会增加 CO_2 混合比。

边界层高度 z_i 的控制方程可以通过覆盖逆温层的能量守恒方程推导出来。推导过程分为两步：先将公式 (11.8) 对 z 积分，再求极限 $\epsilon \to 0$。对公式 (11.8) 中的时间变化项积分，可以得到

$$\int_{z_i-\epsilon}^{z_i+\epsilon} \frac{\partial \overline{\theta}}{\partial t} \mathrm{d}z = \frac{\partial}{\partial t} \int_{z_i-\epsilon}^{z_i+\epsilon} \overline{\theta} \mathrm{d}z - [\overline{\theta}(z_i+\epsilon) - \overline{\theta}(z_i-\epsilon)] \frac{\partial z_i}{\partial t} \tag{11.15}$$

这个方程用了以下 Leibniz 积分法则，

$$\frac{\partial}{\partial t} \int_{x_1(t)}^{x_2(t)} y(z,t) \mathrm{d}z = \int_{x_1(t)}^{x_2(t)} \frac{\partial y}{\partial t} \mathrm{d}z + y[x_2(t),t] \frac{\partial x_2}{\partial t} - y[x_1(t),t] \frac{\partial x_1}{\partial t} \tag{11.16}$$

由于

$$\overline{\theta}(z_i - \epsilon) = \overline{\theta}_m$$

当 $\epsilon \to 0$ 时，

$$\int_{z_i-\epsilon}^{z_i+\epsilon} \overline{\theta} \mathrm{d}z \to 0, \quad \overline{\theta}(z_i+\epsilon) \to \overline{\theta}_+$$

可得

$$\lim_{\epsilon \to 0} \int_{z_i-\epsilon}^{z_i+\epsilon} \frac{\partial \overline{\theta}}{\partial t} \mathrm{d}z = -\Delta_\theta \frac{\partial z_i}{\partial t} \tag{11.17}$$

对公式 (11.8) 左侧第二项进行积分，

$$\int_{z_i-\epsilon}^{z_i+\epsilon} \overline{w} \frac{\partial \overline{\theta}}{\partial z} \mathrm{d}z = [\overline{\theta}(z_i+\epsilon) - \overline{\theta}(z_i-\epsilon)] \overline{w} \tag{11.18}$$

取极限为

$$\lim_{\epsilon \to 0} \int_{z_i-\epsilon}^{z_i+\epsilon} \overline{w} \frac{\partial \overline{\theta}}{\partial z} \mathrm{d}z = \Delta_\theta \overline{w} \tag{11.19}$$

对公式 (11.8) 等号右边项积分并取极限，可得

$$\lim_{\epsilon \to 0} \left\{ - \int_{z-\epsilon}^{z_i+\epsilon} \frac{\partial \overline{w'\theta'}}{\partial z} \, \mathrm{d}z \right\} = \lim_{\epsilon \to 0} (\overline{w'\theta'})_{z_i - \epsilon} = (\overline{w'\theta'})_{z_i} \tag{11.20}$$

此处，$(\overline{w'\theta'})_{z_i}$ 是覆盖逆温层下侧的热量通量，是负值，表示热量从自由大气向下传输至边界层。

将公式 (11.17)、式 (11.19) 和式 (11.20) 与公式 (11.8) 联立，可以得到边界层高度 z_i 的预报方程：

$$\frac{\partial z_i}{\partial t} = \overline{w} - \frac{(\overline{w'\theta'})_{z_i}}{\Delta_\theta} \tag{11.21}$$

公式 (11.21) 也体现了能量平衡的特征，表示覆盖逆温层下侧的湍流热通量恰好可以抵消该层上侧由垂直平流和空气夹卷所引起的向下的热通量。与上文的阐述相符，气流辐合（$\overline{w} > 0$ 或上升运动）以及夹卷作用会使边界层增厚，而气流辐散（$\overline{w} < 0$ 或下沉运动）则会使边界层收缩。该过程如图 11.3 和图 11.4 所示。

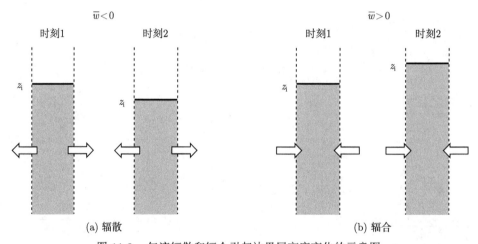

图 11.3　气流辐散和辐合引起边界层高度变化的示意图

夹卷过程通常用夹卷速率来描述，定义为

$$w_e \equiv \frac{\partial z_i}{\partial t} - \overline{w} \tag{11.22}$$

夹卷速率的量纲与速度相同，总为正值。将此定义与公式 (11.21) 相比较，可得

$$w_e = -\frac{(\overline{w'\theta'})_{z_i}}{\Delta_\theta} \tag{11.23}$$

公式 (11.21) 可以改写为

$$\frac{\partial z_i}{\partial t} = \overline{w} + w_e \tag{11.24}$$

在没有气流辐合或辐散的情况下，$\overline{w}$ 为零，夹卷速率等于边界层增长速率。

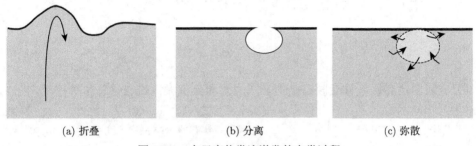

　　(a) 折叠　　　　　　　　　　　(b) 分离　　　　　　　　　　　(c) 弥散

图 11.4　　大尺度热卷流激发的夹卷过程

根据 Sullivan 等（1998）的大涡模拟结果绘制

　　边界层与自由大气之间的气体交换引起的边界层加热是非绝热过程，因此 w_e 可以理解为边界层非绝热增长率（Stevens et al., 2003）。换言之，边界层总的增长为气流辐合和非绝热加热引起的增长之和。在无污染的边界层中，非绝热加热表现为湍流热通量。在被气溶胶污染或者顶部有云层的边界层，穿过覆盖逆温层的辐射通量散度也会引起非绝热加热（参见第 13 章和第 14 章）。

　　若要求解公式 (11.24)，就需要观测或计算夹卷速率（参见第 14 章）。平均垂直速度 $\overline{w}$ 是外部参数。如果有气流辐散的观测数据，可以将辐散速率在垂直方向上从地面到 z_i 高度积分，得到 $\overline{w}$ [公式 (3.18)]。

11.3.2　夹卷过程

　　夹卷过程是指自由大气中的空气进入边界层混合的过程。夹卷过程与单纯的湍流扩散过程有明显的差别。湍流混合会引起扩散量（如热量和 CO_2）的净传输，传输方向通常是从高温指向低温，或者从高浓度指向低浓度，但是空气也就是扩散介质本身并没有净输送。与之不同，夹卷过程会使空气穿过覆盖逆温层向下传输。

　　在陆地上的对流大气边界层中，逆温层下侧对涡旋运动是促使空气从自由大气向下传输的"挑衅者"。尽管所有尺寸的涡旋都会参与到这个过程，但是引起夹卷和边界层加深的最有效的涡旋是大尺度的热泡。夹卷过程主要包括三个阶段（图 11.4；Sullivan et al., 1998）：第一个阶段是逆温界面的折叠，热泡的浮力较大，故能够促使逆温界面抬升并弯曲。第二个阶段为分离，界面弯曲到一定程度后，一些自由大气的空气就会离开逆温界面，被边界层捕获。第三个阶段为弥散，这些分离出来的空气块会通过更小尺度的湍涡运动在边界层中迅速消失，空气块中的热量被释放到边界层中，从而提高边界层的位温。

11.4　对流边界层的热量收支

将公式 (11.9) 对高度积分，可以得到热量收支方程，

$$z_i \frac{\partial \overline{\theta}_m}{\partial t} = (\overline{w'\theta'})_0 - (\overline{w'\theta'})_{z_i} \tag{11.25}$$

该公式表明边界层气柱变暖是受地表热通量和自由大气热通量总和的控制。在热量输入相同的情况下，早上边界层浅薄，升温较快；下午边界层深厚，升温较慢。

至此，我们已经得到三个方程可以用于热量收支分析，即公式 (11.12)、式 (11.21) 和式 (11.25)，但是未知量却有 5 个：$\overline{\theta}_m$、$(\overline{w'\theta'})_0$、$(\overline{w'\theta'})_{z_i}$、$z_i$ 和 Δ_θ。如前所述，大尺度平均垂直速度 $\overline{w}$ 是给定参数，并非未知变量。表面温度 $\overline{\theta}_0$ 也是已知参数。为了解决方程组不闭合的问题，我们还需要新增两个方程。

第一个新增的方程是温度逆温跳跃或逆温强度 Δ_θ 的预报方程，这可以从公式 (11.3) 和式 (11.4) 推导得到。设自由大气的参考高度为 z_f，自由大气底部的位温可以表示为

$$\overline{\theta}_+ = \gamma_\theta(z_i - z_f) + \overline{\theta}(z_f) \tag{11.26}$$

（Vilà-Guerau de Arellano et al., 2016）。首先，将公式 (11.26) 对时间求导，并利用公式 (11.4)，可得，

$$\frac{\partial \theta_+}{\partial t} = \gamma_\theta \left(\frac{\partial z_i}{\partial t} - \overline{w} \right) \tag{11.27}$$

然后，将公式 (11.3) 对 Δ_θ 求导，得到 Δ_θ 的预报方程：

$$\frac{\partial \Delta_\theta}{\partial t} = \gamma_\theta \left(\frac{\partial z_i}{\partial t} - \overline{w} \right) - \frac{\partial \overline{\theta}_m}{\partial t} \tag{11.28}$$

在陆地上正午时刻 Δ_θ 的典型值是 2 K。

根据公式 (11.28)，有三种因素会改变逆温强度（图 11.5）。第一，如果其他条件不变，边界层加深会抬升自由大气底部的高度，自由大气层底部温度 θ_+ 就会升高，导致覆盖逆温增强。第二，自由大气的下沉增温会加强覆盖逆温。第三，边界层气柱变暖会减弱逆温强度。

第二个新增的方程是基于夹卷热通量 $(\overline{w'\theta'})_{z_i}$ 的闭合假设。在自由对流情况下，地表热通量产生的浮力项是湍流动能的唯一来源。考虑逆温层附近的 TKE

收支，热量的夹卷关系变为

$$(\overline{w'\theta'})_{z_i} = -A_T(\overline{w'\theta'})_0 \tag{11.29}$$

式中，夹卷率 A_T 在自由对流的情况下约为 0.2（参见第 14 章）。野外观测和大涡模拟结果表明实际夹卷比率要略高于这个数值，通常为 0.2～0.4，主要原因是除了自由对流产生的湍流外，剪切应力产生的湍流也会对夹卷过程做贡献（Stull，1976；Betts and Ball，1994；Barr and Betts，1997）。对 A_T 感兴趣的读者可参阅本章的附加阅读材料。

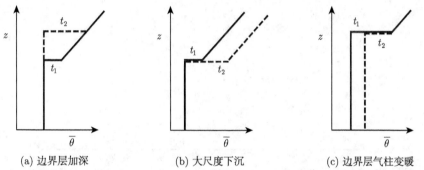

(a) 边界层加深　　　　　(b) 大尺度下沉　　　　　(c) 边界层气柱变暖

图 11.5　边界层加深、大尺度下沉和边界层气柱变暖引起的覆盖逆温强度从 t_1 到 t_2 时刻的变化示意图

公式 (11.12)、式 (11.21)、式 (11.25)、式 (11.28) 和式 (11.29) 组成了对流边界层热量收支的闭合方程组。

该热量收支方程组的一个用途是预测边界层高度 z_i。如果将初始边界层高度设为零，并忽略大尺度下沉，设 $A_T = 0.2$，就可以从这些方程中得到 z_i 和 Δ_θ 的计算模型，即

$$z_i \simeq \left[\frac{2.8}{\gamma_\theta} \int_0^t (\overline{w'\theta'})_0 \, dt' \right]^{1/2} \tag{11.30}$$

$$\Delta_\theta \simeq 0.14 \gamma_\theta z_i \tag{11.31}$$

日出前后，地表热通量首次开始变为正值，对上式开始积分（Tennekes，1973）。由于边界层的初始高度被设定为 0，公式 (11.30) 在日出后的 1～2 h 内会低估边界层高度，但是在此之后就能合理地预测 z_i，随着时间推进，预测值逐渐逼近真实值（图 11.6）。

若假设 $z_i \Delta_\theta$ 不随时间变化，同时忽略大尺度气流下沉，就能得到计算 z_i 的另外一个公式

$$z_i = \left\{ [z_i(0)]^2 + \frac{2}{\gamma_\theta} \int_0^t (\overline{w'\theta'})_0 \, dt' \right\}^{1/2} \tag{11.32}$$

（Tennekes，1973）。

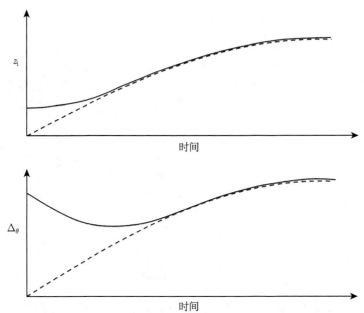

图 11.6　白天边界层高度 z_i 和覆盖逆温强度 Δ_θ 的发展过程示意图
实线为实际变化；虚线为公式 (11.30) 和式 (11.31) 的预测结果；初始时间为日出时刻

　　在有天气尺度下沉运动的情况下，边界层高度和逆温强度通常在下午趋向于拟稳态。设 $\partial z_i/\partial t$ 和 $\partial \Delta_\theta/\partial t$ 为零，可以从公式 (11.28) 中得到，

$$-\gamma_\theta \overline{w} - \frac{\partial \theta_m}{\partial t} = 0 \tag{11.33}$$

利用公式 (11.25) 将公式 (11.33) 中的 $\partial \overline{\theta}_m/\partial t$ 消去，利用公式 (11.29) 可以得到拟稳态情况下的边界层高度（Barbaro et al., 2013），

$$z_i = -\frac{1}{\gamma_\theta \overline{w}}(1 + A_T)(\overline{w'\theta'})_0 \tag{11.34}$$

　　公式 (11.30)、式 (11.32) 和式 (11.34) 是计算边界层高度的模型。它们都表示地表与自由大气对边界层的综合影响。地表热通量越大，边界层就越深厚。自由大气逆温越强，则效果相反，边界层就越浅薄。

　　在野外实验中，z_i 常用位温廓线的观测资料来确定（参见习题 6.2、习题 11.15 和习题 11.16）。

11.5 对流边界层的 CO_2 收支

对流边界层的 CO_2 收支可以用公式 (11.11) 的积分形式描述，即

$$z_i \frac{\partial \bar{s}_{c,m}}{\partial t} = (\overline{w's'_c})_0 - (\overline{w's'_c})_{z_i} \tag{11.35}$$

式中，$(\overline{w's'_c})_{z_i}$ 是覆盖逆温层的 CO_2 夹卷通量。CO_2 收支方程与热量收支方程不同，热量收支方程 (11.25) 中的两个热通量方向相反，而上式中的 CO_2 夹卷通量与地表 CO_2 通量 $(\overline{w's'_c})_0$ 的符号通常是一致的。在生长季，二者均为负值，即方向向下；在非生长季，二者均为正值，即方向是由地表向上。

CO_2 与热量的另外一个区别是：CO_2 是被动标量，热量却不是。如前文所述，地表热通量引起的热对流是激发自由大气中的空气向边界层夹卷的主要贡献因子，所以夹卷热通量可以表示成与地表热通量成比例的形式 [公式 (11.29)]。而地表 CO_2 通量与夹卷过程没有直接联系，所以类似于公式 (11.29) 的参数化形式对 CO_2 夹卷通量不适用。不过，如果可以用一套热量收支的控制方程来预测 z_i，就可以用下式计算 $(\overline{w's'_c})_{z_i}$：

$$(\overline{w's'_c})_{z_i} = -\Delta_c \left(\frac{\partial z_i}{\partial t} - \overline{w} \right) \tag{11.36}$$

式中，Δ_c 是覆盖逆温层的 CO_2 跳跃 [图 11.1 和公式 (11.3)]。采用推导公式 (11.21) 的方法，也可以基于覆盖逆温层 CO_2 守恒方程推导出公式 (11.36)（参见习题 11.22）。

CO_2 逆温跳跃 Δ_c 遵守以下方程：

$$\frac{\partial \Delta_c}{\partial t} = \gamma_c \left(\frac{\partial z_i}{\partial t} - \overline{w} \right) - \frac{\partial \bar{s}_{c,m}}{\partial t} \tag{11.37}$$

该预报方程可以用于推导公式 (11.28) 的方法得到（参见习题 11.23）。自由大气中没有 CO_2 源和汇，CO_2 混合比梯度 γ_c 为 0，利用这个新的约束条件，可以将公式 (11.37) 简化为

$$\frac{\partial \Delta_c}{\partial t} = -\frac{\partial \bar{s}_{c,m}}{\partial t} \tag{11.38}$$

因此，边界层的 CO_2 收支研究需要根据四个公式 [公式 (11.14)、式 (11.35)、式 (11.36) 和式 (11.37)] 解出四个未知量：$\bar{s}_{c,m}$、$(\overline{w's'_c})_0$、$(\overline{w's'_c})_{z_i}$ 和 Δ_c。地表 CO_2 混合比 $\bar{s}_{c,0}$ 和边界层高度 z_i 是输入因子，分别用光合作用的生物化学参数化方案和边界层热收支模型估算。

Δ_c 的观测数据很少。根据文献中有限的 CO_2 廓线观测资料，陆地生长季中午的 Δ_c 约为 $15\ \text{mg} \cdot \text{kg}^{-1}$，即摩尔混合比约为 $10\ \text{ppm}$（Lloyd et al., 2001；Vilà-Guerau de Arellano et al., 2004）。目前，还没有试验观测过 Δ_c 的时间变化特征，不过可以从上述控制方程中得到一些有用的推论。根据公式 (11.38)，CO_2 逆温跳跃随时间的变化仅取决于边界层中 CO_2 浓度的变化。假设大尺度平均垂直速度为零，从公式 (11.35)、式 (11.36) 和式 (11.38) 中消掉 $\bar{s}_{c,m}$ 和 $(\overline{w's'_c})_{z_i}$，可以得到

$$\frac{\partial(z_i\Delta_c)}{\partial t} = -(\overline{w's'_c})_0 \tag{11.39}$$

将公式 (11.39) 对时间积分可得

$$z_i(t)\Delta_c(t) - z_i(0)\Delta_c(0) = -\int_0^t (\overline{w's'_c})_0\,\mathrm{d}t' \tag{11.40}$$

公式 (11.40) 的图解如图 11.7 所示。从 0 时刻到 t 时刻 CO_2 混合比廓线围成的面积等于两个时刻之间地表 CO_2 通量的累积量。在下午，边界层高度基本不随时间变化，Δ_c 随时间升高完全是由光合作用从边界层气柱吸收 CO_2 引起的 [图 11.7(a)]。更普遍来讲，边界层高度的变化和地表对 CO_2 的吸收都会影响 Δ_c 的时间变化特征 [图 11.7(b)]。

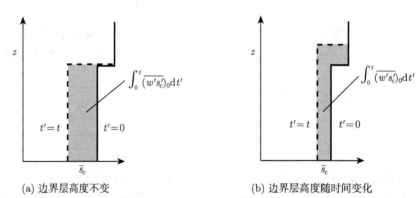

(a) 边界层高度不变   (b) 边界层高度随时间变化

图 11.7　边界层高度不变和随时间变化的情况下 CO_2 逆温跳跃的时间演变特征

采用完整的控制方程组进行计算，即为预报应用。在预报模式中，未知变量是通过对控制方程进行数值求解得到的。模型的初始化需要初始时刻（通常是日出时刻）这些未知变量的观测数据。在随后的时间步长上，这些变量又可以用收支方程来预测。

边界层收支方程还可以用于诊断模式，研究边界层的一些特征，实验科学家们经常采取这种研究方案。在诊断应用中，通常采用一部分方程，结合其他变量

的观测值来量化某个变量。例如，如果有逆温强度和夹卷热通量的观测资料，可用公式 (11.21) 来估算边界层的增长速率。

第二个诊断应用的例子是边界层收支方法，该方法是基于其他边界层变量的观测数据来估算景观尺度上的地表 CO_2 通量（Cleugh et al., 2004; Schulz et al., 2004）。联立公式 (11.42) 和式 (11.43)，得到地表通量的表达式为

$$\overline{(w's'_c)}_0 = z_i \frac{\partial \overline{s}_{c,m}}{\partial t} - \Delta_c \left(\frac{\partial z_i}{\partial t} - \overline{w} \right) \tag{11.41}$$

大尺度平均垂直速度 $\overline{w}$ 可以用天气尺度的风场数据来估算。由于这种野外观测通常是在高压系统控制下的晴天开展的，边界层顶会有下沉运动，垂直风 $\overline{w}$ 为负。公式 (11.41) 右侧的其他项可以通过一日多次 CO_2 廓线和边界层高度的观测值来确定（参见习题 11.16）。对流边界层中的大涡能有效地平滑掉小尺度上的地表空间异质性的影响，因此观测到的 CO_2 浓度廓线可以代表上风方向景观尺度（$10 \sim 100$ km 范围内）源贡献的"自然积分"。边界层收支方法可以获得景观尺度通量。另外一个量化景观尺度通量的方法是先在景观的各个斑块进行涡度相关观测，然后对斑块通量进行权重平均，但这种做法成本高昂，一般很难实施。

11.6　对流边界层的水汽收支

对流边界层的水汽收支方程为

$$z_i \frac{\partial \overline{s}_{v,m}}{\partial t} = \overline{(w's'_v)}_0 - \overline{(w's'_v)}_{z_i} \tag{11.42}$$

$$\overline{(w's'_v)}_{z_i} = -\Delta_{s_v} \left(\frac{\partial z_i}{\partial t} - \overline{w} \right) \tag{11.43}$$

$$\frac{\partial \Delta_{s_v}}{\partial t} = \gamma_v \left(\frac{\partial z_i}{\partial t} - \overline{w} \right) - \frac{\partial \overline{s}_{v,m}}{\partial t} \tag{11.44}$$

式中，$\overline{(w's'_v)}_{z_i}$ 是水汽夹卷通量；Δ_{s_v} 是穿过覆盖逆温层的水汽跳跃。上述方程与表示近地边界层的公式 (11.13) 形成了控制边界层水汽收支的完整方程组。由以上方程组可以求解未知量 $\overline{s}_{v,m}$、$\overline{(w's'_v)}_0$、$\overline{(w's'_v)}_{z_i}$ 和 Δ_{s_v}。

边界层高度 z_i 是输入变量，可通过热量收支分析来计算。地表温度和地表水汽混合比可以用地表能量平衡方程求解。在这个计算过程中，地表过程和边界层过程是完全耦合的，即地表热通量和水汽通量的计算需要分别用 $\overline{\theta}_m$ 和 $\overline{s}_{v,m}$ 的柱平均值作为输入变量，而计算出的通量又被用来确定这些输入量和边界层高度的时间变化特征（McNaughton and Spriggs，1986）。

风在哪里？

这个问题含有两个子问题：① 是否能用平板近似预测边界层中的风？② 在标量收支理论中风起着什么作用？子问题①的答案是肯定的。首先对雷诺动量方程进行柱平均运算，得到柱平均速度和覆盖逆温层速度跳跃的时间变化率的控制方程。然后对地表动量通量和夹卷动量通量进行参数化，将方程组闭合，这样就建立了动量的平板模型（Tennekes and Driedonks, 1981; Manins, 1982; Droste et al., 2018）。

对于子问题②，风速没有直接出现在标量收支方程中。风可能会影响边界层增长，其作用隐藏在地表热通量和夹卷热通量的参数化方案中。地表热通量参数化方案 [公式 (11.12)] 中的空气动力学阻力 r_a 对地表风速非常敏感。但是，如果孤立地对待 r_a 和风速的关系会有误导性，这是因为地表温度 θ_0 也会随风速变化而变化。真正驱动地表热通量的是地表可利用能量 $[R_n - G$，公式 (10.12)] 及其向感热通量和潜热通量分配的比例（即 Bowen 比）。除下文所述情况外，可利用能量通常与风速无关。试验观测和模型研究都表明地表 Bowen 比对风速不敏感（Gu et al., 2006; Huang et al., 2011）。因此，可以得出这样的结论：地表风速对边界层增长的间接影响可以忽略不计。

与地表热通量相比，夹卷热通量对风速更为敏感。在大涡模拟（LES）研究中，若地转风速 V_g 从 0 升高到 14.4 m·s^{-1}，夹卷热通量将升高 25%，导致边界层增长速率提高 9%（Pino et al., 2003）。野外观测和大涡模拟研究的数据表明，在 V_g 小于 10 m·s^{-1} 的情况下，夹卷比率 A_T 对 V_g 不敏感；但是当 V_g 大于 15 m·s^{-1} 时，它会升高到自由对流典型值 0.2 的两倍（图 11.8）。根据公式 (11.23) 和式 (11.29)，A_T 加倍相当于 $(\overline{w'\theta'})_{z_i}$ 加倍，如果逆温强度 Δ_θ 保持不变，边界层增长速度将翻倍。但是 Δ_θ 并非静态变量。强风情况下覆盖逆温会变得更强 (Liu et al., 2018)，从而部分抵消夹卷热通量增长所带来的影响。

在图 11.9 所示的数值算例中，A_T 加倍，边界层增长速率会适度增加 15%。如果 V_g 小于 10 m·s^{-1}，或者 15% 左右的误差是可以接受的，那么 A_T 就可以采用典型值 0.2，无须模拟风速。V_g 小于 10 m·s^{-1} 是常见的情况。若要达到更高的准确度，就需要改进夹卷的参数化方案（Conzemius and Fedorovich, 2006）。由于这些参数化方案需要边界层的风速和风速逆温跳跃作为输入项，在用标量的平板模型模拟的同时还需要运行动量的平板模型，这是采用复杂夹卷参数化方案的一个缺点。

上述讨论仅适用于无云的陆地边界层。有两种情况例外，需要密切关注风的影响。第一种情况为含浅积云的陆地边界层。在强风情况下，这些积云会比弱风情况下更倾斜，投向地面的阴影也会更大（Sikma et al., 2018）。其结果为可利用能量和地表感热通量降低，边界层增长会变缓。第二种情况是海洋边界层。水体热惯量很大，海表温度对风的变化不敏感，在几天或更短的时间尺度上可以认为不变。因此，海表蒸发和感热通量会随风速线性增加[公式 (3.80) 和式 (3.81)]。模型研究表明海洋边界层会随风速上升而迅速增厚（Betts and Ridgway, 1989）。

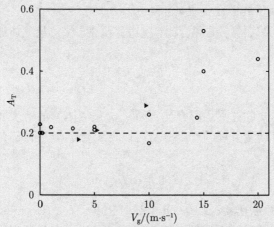

图 11.8　夹卷比率对地转风速的依赖性

圆圈为 LES 数据；三角形为观测数据；横线为自由对流极限。LES 模拟假定地转风不随高度变化。数据来源于 Moeng 和 Sullivan (1994); Barr 和 Betts (1997); Pino 等 (2003); Huang 等 (2011); Liu 等 (2018)

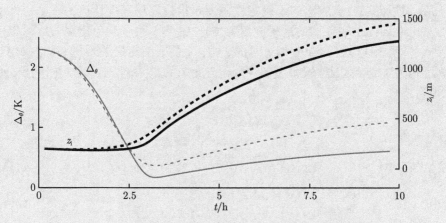

图 11.9　边界层高度 z_i 和逆温强度 Δ_θ 对夹卷率的敏感性

实线为 $A_T = 0.2$；虚线为 $A_T = 0.4$。计算用的表面热通量和其他参数见习题 11.11

11.7 夜间稳定边界层中的痕量气体

夜间陆地上的大气边界层通常是稳定的。空气混合由风切变激发的湍流来维持，这种湍流在近地层最强，在 Ekman 层顶很弱。夜晚浮力会抑制湍流运动，这会产生两个后果。首先，由于湍流混合受到抑制，位温廓线随高度不变的情况无法维持（图 6.3），此时平板模型不再适用，气体混合比也会有很大的垂直梯度。如果这些气体来源于地表，就会在地表堆积，不会在边界层中均匀扩散。其次，边界层顶的湍流交换很弱，在收支分析中可以忽略。

设 s_y 是某痕量气体 y 的混合比，在边界层中，该痕量气体的收支控制方程为

$$z_i \frac{\partial \overline{s}_{y,m}}{\partial t} = (\overline{w' s_y'})_0 \tag{11.45}$$

式中，$\overline{s}_{y,m}$ 是气体 y 的柱平均混合比；$(\overline{w' s_y'})_0$ 是气体 y 的地表通量；z_i 是 Ekman 层的高度。通过对动量方程的量纲分析可以得到稳定条件下 z_i 的 Zilitinkevich 关系式：

$$z_i \simeq 0.4(u_* L/f)^{1/2} \tag{11.46}$$

式中，u_* 是地表摩擦速度；L 是 Obukhov 长度；f 是 Coriolis 参数。

公式 (11.45) 可以用于诊断计算，即用柱平均浓度时间变化的观测值来推算地表通量。相对于白天对流边界层收支方法，夜间边界层收支方法的优点是边界层浅薄，厚度仅为 200 m 左右，可以用高塔、系留汽艇或无人机来观测痕量气体的浓度廓线（Kuck et al., 2000; Kunz et al., 2020）。

夜间边界层收支方法的不确定性主要是由边界层高度计算的不确定性引起的。Zilitinkevich 关系式的准确度仅为 50% 左右。为了避免使用 z_i，可以引入另外一种示踪气体 x，与气体 y 同步观测，x 的表面通量 $(\overline{w' s_x'})_0$ 可以采用观测（涡度相关法或箱式法）或模型的参数化方案来估算。将收支方程对时间积分，可以得到

$$\overline{s}_{x,m}(t) = \overline{s}_{x,m}(0) + \frac{t}{z_i} < (\overline{w' s_x'})_0 > \tag{11.47}$$

$$\overline{s}_{y,m}(t) = \overline{s}_{y,m}(0) + \frac{t}{z_i} < (\overline{w' s_y'})_0 > \tag{11.48}$$

式中，

$$< (\overline{w' s_x'})_0 > = \frac{1}{t} \int_0^t (\overline{w' s_x'})_0 \mathrm{d}t', \qquad < (\overline{w' s_y'})_0 > = \frac{1}{t} \int_0^t (\overline{w' s_y'})_0 \mathrm{d}t'$$

是时间 $0\sim t$ 时刻的平均地表通量。从公式 (11.47) 和式 (11.48) 中消去 z_i，得到

$$\bar{s}_{y,m}(t) = \bar{s}_{y,m}(0) + \frac{<\overline{(w's'_y)}_0>}{<\overline{(w's'_x)}_0>}[\bar{s}_{x,m}(t) - \bar{s}_{x,m}(0)] \tag{11.49}$$

因此，气体 y 的柱平均混合比与气体 x 的柱平均混合比呈线性相关，线性关系的斜率等于二者通量之比。y 的实际通量等同于斜率值乘以气体 x 的通量。在这个应用中，x 是示踪气体，y 是观测的目标气体。

在实际计算中，这种示踪相关法可以放宽为

$$\bar{s}_y = a + b\bar{s}_x \tag{11.50}$$

式中，$\bar{s}_y$ 和 $\bar{s}_x$ 是地面以上某个高度处观测到的气体 y 和气体 x 的混合比（图 11.10）；线性回归的斜率为 b，表示气体 y 和气体 x 的通量之比。

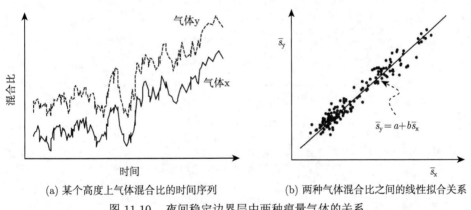

(a) 某个高度上气体混合比的时间序列   (b) 两种气体混合比之间的线性拟合关系

图 11.10　夜间稳定边界层中两种痕量气体的关系

示踪相关法可用于图 11.11 所示的情形。该图显示的是一个湿地 24 小时 CH_4 和 CO_2 浓度观测数据。两种气体都在夜间边界层中大量堆积 [图 11.11(a)]。近地面浓度垂直梯度很大 [图 11.11(b)]，表明湿地是 CH_4 和 CO_2 的排放源。两种气体浓度的时间序列高度相关，它们的线性回归斜率为 0.016 ppm CH_4 (ppm CO_2)$^{-1}$。如果采用箱式法观测或者用机理模型预测得到 CO_2 通量，就可以将 CO_2 作为示踪气体，利用该斜率估算湿地的 CH_4 通量。由于 CH_4 冒泡具有高度的时空偶然性（Zhao et al., 2021），用箱式法观测 CO_2 通量比观测 CH_4 通量更为可靠。

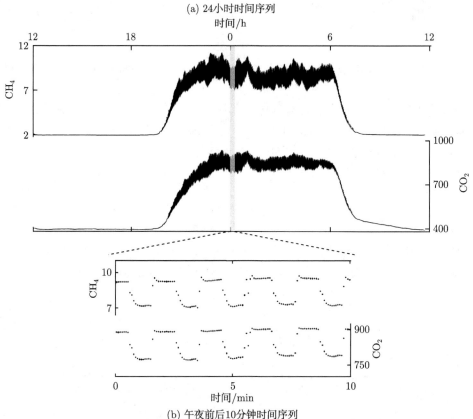

(a) 24小时时间序列

(b) 午夜前后10分钟时间序列

图 11.11　湿地 CH_4 和 CO_2 浓度（ppm）时间序列

观测时间为 2019 年 8 月 1～2 日，观测地点为美国 Maine 州的 Orient Peat Bog。浓度观测采用与图 3.6 类似的梯度设备，依次对 0.5 m 和 1.6 m 高处的气体进行采样

习　　题

11.1 在什么条件下，夹卷速率与边界层高度随时间的变化率相等? 若满足这种条件，请用图 6.14 中的廓线数据估算夹卷速率。

11.2 联立公式 (11.23) 和式 (11.29)，可以得到夹卷速率的参数化方案

$$w_{\mathrm{e}} = A_{\mathrm{T}} \frac{\overline{(w'\theta')}_0}{\Delta_\theta} \tag{11.51}$$

讨论逆温强度和地表加热是如何影响夹卷速率的，并估算边界层非绝热增长率的量级。

11.3 若覆盖逆温层以下的热通量为 $-0.03\ \mathrm{K \cdot m \cdot s^{-1}}$，逆温强度为 1.7 K，水平气流辐散率为 $2 \times 10^{-6}\ \mathrm{s^{-1}}$，边界层高度为 650 m，计算边界层的增厚

速率。

11.4 有人认为 CO_2 逆温跳跃 [公式 (11.38)] 的预报方程可以扩展到水汽:

$$\frac{\partial \Delta_{s_v}}{\partial t} = -\frac{\partial \overline{s}_{v,m}}{\partial t} \tag{11.52}$$

你是否同意这个做法? 为什么?

11.5 夹卷水汽通量是向上还是向下的? 夹卷过程会使边界层中的水汽混合比升高还是降低?

11.6 自由大气的气温通常比边界层的气温低。为什么自由大气向边界层的夹卷会使边界层增温?

11.7 表面热通量为

$$(\overline{w'\theta'})_0(t) = 0.1\sin(\pi t/12) \qquad (0 < t < 12) \tag{11.53}$$

式中, $(\overline{w'\theta'})_0$ 的单位是 $K \cdot m \cdot s^{-1}$; t 是日出后的时间,单位是小时。日出时边界层高度是 0,大尺度气流辐散率为 0,自由大气的位温梯度 γ_θ 是 $3.3 \, K \cdot km^{-1}$。估算从 $t = 1 \sim 10$ h 每隔一个小时的边界层高度和逆温跳跃。

11.8 基于习题 11.7,将日出时的边界层高度 z_i 和逆温跳跃 Δ_θ 分别改为 200 m 和 2.3 K,并假设 $z_i \Delta_\theta$ 不随时间变化。重复习题 11.7 的计算。

11.9 表面热通量用公式 (11.53) 计算。假设 $A_T = 0.2$,用夹卷过程的参数化方程 [公式 (11.29)] 计算夹卷热通量。若初始位温的柱平均值为 281.1 K,用习题 11.8 算得的边界层高度,计算从 $t = 1 \sim 10$ h 每个小时间隔的位温柱平均值。

11.10* 表面热通量用公式 (11.53) 计算。若 z_i 的初始值为 200 m,Δ_θ 的初始值为 2.3 K,γ_θ 为 $3.3 \, K \cdot km^{-1}$。用公式 (11.21)、式 (11.25)、式 (11.28) 和式 (11.29) 计算 $t = 1 \sim 10$ h 的边界层高度 z_i 和逆温强度 Δ_θ。其中大尺度平均垂直速度 $\overline{w}$ 是 0。请把这些数值解与习题 11.7 和习题 11.8 的计算结果进行对比分析。

11.11* 基于习题 11.10,将大尺度平均垂直速度改为 $-0.5 \times 10^{-2} \, m \cdot s^{-1}$,请重复习题 11.10 的计算。大尺度气流下沉是如何影响边界层增厚和覆盖逆温强度的?

11.12 若夹卷速率为 $0.41 \, cm \cdot s^{-1}$,覆盖逆温层的 CO_2 浓度跳跃为 $20 \, mg \cdot kg^{-1}$,估算 CO_2 的夹卷通量。

11.13 表面 CO_2 通量计算公式为

$$(\overline{w's'_c})_0(t) = -1.2\sin(t\pi/12) \qquad (0 < t < 12) \tag{11.54}$$

式中，$(\overline{w's'_c})_0$ 的单位是 $mg \cdot kg^{-1} \cdot m \cdot s^{-1}$；$t$ 是日出后的时数。覆盖逆温层的 CO_2 浓度跳跃初始值为 $-5\ mg \cdot kg^{-1}$。利用公式 (11.40) 和习题 11.8 计算得到的边界层高度，估算 $t = 1 \sim 10\ h$ 每个小时间隔的浓度跳跃 Δ_c。

11.14 若夹卷热通量为 $-0.03\ K \cdot m \cdot s^{-1}$，无云、无气溶胶污染的对流边界层的温度、水汽和 CO_2 逆温跳跃分别是 $1.6\ K$、$-2.0\ g \cdot kg^{-1}$ 和 $12.3\ mg \cdot kg^{-1}$，估算水汽和 CO_2 的夹卷通量。

11.15 用图 11.12(a) 中的廓线数据和边界层收支方法，估算当地时间 10:00 和 14:00 之间景观尺度的地表水汽通量和潜热通量。（提示：无大尺度气流辐合和辐散。）

11.16 用图 11.12(b) 中的廓线数据和边界层收支方法 [公式 (11.41)]，估算当地时间 10:00 和 14:00 之间地表 CO_2 通量。(提示：无大尺度气流辐合和辐散。)

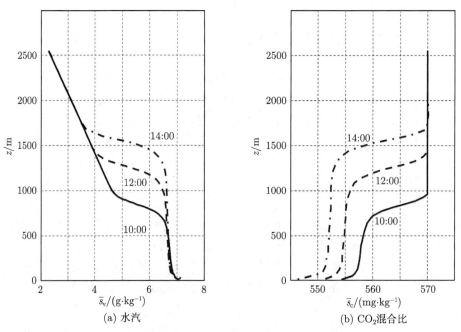

(a) 水汽　　　　　　　　　　　　(b) CO_2混合比

图 11.12　无云条件下对流边界层水汽和 CO_2 混合比的廓线
时间标记是当地时间。数据来源于 Huang 等（2011）

11.17 若 Obukhov 长度为 20.5 m，表面摩擦速度为 0.22 $m \cdot s^{-1}$，估算边界层高度。

11.18 利用图 11.13 中的 CO_2 混合比廓线和夜间边界层收支方法 [公式 (11.45)]，估算表面 CO_2 通量（单位为 $\mu mol \cdot m^{-2} \cdot s^{-1}$）。表面是大气 CO_2 的源还是汇？

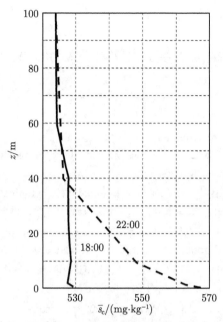

图 11.13　草场上系留汽艇观测的夜间边界层 CO_2 混合比廓线

数据来源于 Denmeand 等（1996）

11.19 采用示踪相关法和图 11.14 中的数据，估算表面 N_2O 通量。

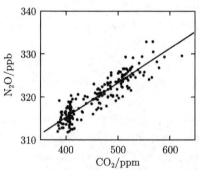

图 11.14　牧羊场上夜间稳定边界层内的 N_2O 和 CO_2 摩尔混合比之间的关系

实线表示最佳拟合方程 $y = 284 + 0.080x$，观测时段内表面 CO_2 通量为 0.20 mg·m^{-2}·s^{-1}；数据来源于
Kelliher 等（2002）

11.20 利用拟稳态近似 [公式 (11.34)]，估算下午对流边界层的高度。

11.21* 用公式 (11.54) 计算表面 CO_2 通量。CO_2 逆温跳跃 Δ_c 的初始值为 -5 mg·kg^{-1}，CO_2 浓度柱平均 $\bar{s}_{c,m}$ 的初始值是 575 mg·kg^{-1}，其他约束条件同习题 11.10。求解 $t = 1\sim10$ h 的 Δ_c、$\bar{s}_{c,m}$ 和 CO_2 夹卷通量 $\overline{(w's'_c)}_{z_i}$。

11.22 借助公式 (11.21) 的推导方法，利用覆盖逆温层的 CO_2 守恒方程推导公式 (11.36)。

11.23 借助公式 (11.28) 的推导方法，推导公式 (11.37)。

参 考 文 献

Barbaro E, Vilà-Guerau de Arellano J, Krol M C, et al. 2013. Impacts of aerosol shortwave radiation absorption on the dynamics of an idealized convective atmospheric boundary layer. Boundary-Layer Meteorology, 148(1): 31-49.

Barr A G, Betts A K. 1997. Radiosonde boundary layer budgets above a boreal forest. Journal of Geophysical Research: Atmospheres, 102(D24): 29205-29212.

Betts A K, Ridgway W. 1989. Climatic equilibrium of the atmospheric convective boundary layer over a tropical ocean. Journal of the Atmospheric Sciences, 46(17): 2621-2641.

Betts A K, Ball J H. 1994. Budget analysis of FIFE 1987 sonde data. Journal of Geophysical Research: Atmospheres, 99(D2): 3655-3666.

Cleugh H A, Raupach M R, Briggs P R, et al. 2004. Regional-scale heat and water vapour fluxes in an agricultural landscape: an evaluation of CBL budget methods at OASIS. Boundary-Layer Meteorology, 110(1): 99-137.

Conzemius R J, Fedorovich E. 2006. Dynamics of sheared convective boundary layer entrainment. part II: Evaluation of bulk model predictions of entrainment flux. Journal of the Atmospheric Sciences, 63(4): 1179-1199.

Denmead O T, Raupach M R, Dunin F X, et al. 1996. Boundary layer budgets for regional estimates of scalar fluxes. Global Change Biology, 2(3): 255-264.

Droste A M, Steeneveld G J, Holtslag A A M. 2018. Introducing the urban wind island effect. Environmental Research Letters, 13(9): 094007.

Gu L, Meyers T, Pallardy S G, et al. 2006. Direct and indirect effects of atmospheric conditions and soil moisture on surface energy partitioning revealed by a prolonged drought at a temperate forest site. Journal of Geophysical Research, 111: D16102.

Huang J P, Lee X H, Patton E G. 2011. Entrainment and budgets of heat, water vapor and carbon dioxide in a convective boundary layer driven by time-varying forcing. Journal of Geophysical Research: Atmospheres, 116: D06308.

Kelliher F M, Reisinger A R, Martin R J, et al. 2002. Measuring nitrous oxide emission rate from grazed pasture using Fourier-transform infrared spectroscopy in the nocturnal boundary layer. Agricultural and Forest Meteorology, 111(1): 29-38.

Kuck L R, Smith Jr T, Balsley B B, et al. 2000. Measurements of landscape scale fluxes of carbon dioxide in the Peruvian Amazon by vertical profiling through the atmospheric boundary layer. Journal of Geophysical Research: Atmospheres, 105(D17): 22137-22146.

Kunz M, Lavric J V, Gasche R, et al. 2020. Surface flux estimates derived from UAS-based mole fraction measurements by means of a nocturnal boundary layer budget approach. Atmospheric Measurement Techniques, 13(4): 1671-1692.

Lilly D K. 1968. Models of cloud-topped mixed layers under a strong inversion. Quarterly Journal of the Royal Meteorological Society, 94(401): 292-309.

Liu C, Fedorovich E, Huang J. 2018. Revisiting entrainment relationships for shear-free and sheared convective boundary layers through large eddy simulations. Quarterly Journal of the Royal Meteorological Society, 144(716): 2182-2195.

Lloyd J, Francey R J, Mollicone D, et al. 2001. Vertical profiles, boundary layer budgets, and regional flux estimates for CO_2, and its $^{13}C/^{12}C$ ratio and for water vapor above a forest/bog mosaic in central Siberia. Global Biogeochemical Cycles, 15(2): 267-284.

Manins P C. 1982. The daytime planetary boundary layer: a new interpretation of Wangara data. Quarterly Journal of the Royal Meteorological Society, 108(457): 689-705.

McNaughton K G, Spriggs T W. 1986. A mixed-layer model for regional evaporation. Boundary-Layer Meteorology, 34(3): 243-262.

Mechem D B, Kogan Y L, Schultz D M. 2010. Large-eddy simulation of post-cold-frontal continental stratocumulus. Journal of the Atmospheric Sciences, 67(12): 3835-3853.

Moeng C H, Sullivan P P. 1994. A comparison of shear- and buoyancy-driven planetary boundary layer flows. Journal of the Atmospheric Sciences, 51(7): 999-1022.

Neggers R, Stevens B, Neelin J D. 2006. A simple equilibrium model for shallow-cumulus-topped mixed layers. Theoretical and Computational Fluid Dynamics, 20: 305-322.

Pino D, Vilà-Guerau de Arellano J, Duynkerke P G. 2003. The contribution of shear to the evolution of a convective boundary layer. Journal of the Atmospheric Sciences, 60(16): 1913-1926.

Schulz K, Jensen M L, Balsley B B, et al. 2004. Tedlar bag sampling technique for vertical profiling of carbon dioxide through the atmospheric boundary layer with high precision and accuracy. Environmental Science & Technology, 38(13): 3683-3688.

Sikma M, Ouwersloot H G, Pedruzo-Bagazgoitia X, et al. 2018. Interactions between vegetation, atmospheric turbulence and clouds under a wide range of background wind conditions. Agricultural and Forest Meteorology, 255: 31-43.

Stevens B, Lenschow D H, Faloona I, et al. 2003. On entrainment rates in nocturnal marine stratocumulus. Quarterly Journal of the Royal Meteorological Society, 129(595): 3469-3493.

Stull R B. 1976. The energetics of entrainment across a density interface. Journal of the Atmospheric Sciences, 33(7): 1260-1267.

Sullivan P P, Moeng C H, Stevens B, et al. 1998. Structure of the entrainment zone capping the convective atmospheric boundary layer. Journal of the Atmospheric Sciences, 55(19): 3042-3064.

Tennekes H. 1973. A model for the dynamics of the inversion above a convective boundary layer. Journal of the Atmospheric Sciences, 30(4): 558-567.

Tennekes H, Driedonks A G M. 1981. Basic entrainment equations for the atmospheric boundary layer. Boundary-Layer Meteorology, 20(4): 515-531.

Vilà-Guerau de Arellano J, Gioli B, Miglietta F, et al. 2004. Entrainment process of carbon dioxide in the atmospheric boundary layer. Journal of Geophysical Research: Atmospheres, 109: D18110.

Vilà-Guerau de Arellano J, van Heerwaarden C C, van Stratum B J H, et al. 2016. Atmospheric Boundary Layer: Integrating Air Chemistry and Land Interactions. New York: Cambridge University Press: 265.

Zhao J, Zhang M, Xiao W, et al. 2021. Large methane emission from freshwater aquaculture ponds revealed by long-term eddy covariance observation. Agricultural and Forest Meteorology, 308/309: 108600.

第 12 章 城市边界层

12.1 城市表面能量平衡

本章的主题为城市边界层，着重讨论它与自然景观大气边界层的差别。城市基础设施的热力学、生物地球化学和动力学特性与自然生态系统不同，城市边界层内发生的过程也会携带这些特性的印痕。城市约占全球陆地面积的 3%，尽管比例很小，但是城市边界层的物理和化学状态却有重要的社会影响。目前，全球一半人口居住在城市。城市温度一般要高于自然景观，是地表环境中的零散的热点。在高温热浪事件中，这种城市小气候现象将加剧热胁迫对人类健康的影响。城市用地也是碳排放的"热点"，根据政府间气候变化专门委员会的报告，约 75% 的人为碳排放可以追溯到城市中的社会和经济活动。因此，迫切需要探讨城市边界层中大气传输过程、温室气体浓度和温室气体排放之间的关系。同时，为了提升空气质量预测准确度，有效治理空气污染排放，也迫切需要深入理解边界层结构与空气污染之间的相互作用。

城市景观地表辐射平衡和能量平衡中的几乎所有过程都与自然景观不同，原因有二：首先，大部分自然植被被人工构筑物 (包括人行道、建筑和道路) 替代；其次，边界层物理和化学特性受空气污染物的干扰。以 Δ 表示城市与城郊某一个量的差值 (城市减城郊)。城市大气中气溶胶会降低地表太阳辐射 $K\downarrow$，所以 ΔK 通常为负值 (表 12.1)。对于污染轻的城市 (如瑞士巴塞尔)，季节或年平均地表太阳辐射的变化可以忽略不计，但是在污染比较严重的北京，ΔK 可达 $-27.8\ \mathrm{W \cdot m^{-2}}$。城市上空的气溶胶颗粒，特别是那些直径与大气窗口波长 (约 8~12 μm) 相当的气溶胶，会加强入射到地表的长波辐射 ($\Delta L\downarrow > 0$)，同时也会拦截向上的长波辐射 ($L\uparrow$)，再向地面重新发射长波辐射 (参见第 13 章)，这种长波效应将部分抵消短波效应。此外，城市 $L\downarrow$ 高于城郊的另一原因是城市空气柱的温度要高于城郊。表 12.1 列出的是 5 个城市的观测资料，它们的 $\Delta K\downarrow$ 和 $\Delta L\downarrow$ 平均值分别为 $-12.2\ \mathrm{W \cdot m^{-2}}$ 和 $+5.4\ \mathrm{W \cdot m^{-2}}$ 或 -6.6% 和 $+1.5\%$。城市气溶胶效应比全球陆面平均值要高一些，后者的短波辐射效应是 -4.5%，长波辐射效应为 $+0.7\%$ (Chakraborty et al., 2021)。

城市反照率一般比城郊低，因此城市的反射太阳辐射 $K\uparrow$ 通常较低。在此需要区分固有 (intrinsic) 反照率和整体 (bulk) 反照率。前者描述的是材料的内在光

表 12.1　入射太阳辐射 ($K_\downarrow$) 和长波辐射 ($L_\downarrow$) 及其在城市和非城市用地上的差异 ($\Delta K_\downarrow$, $\Delta L_\downarrow$)

城市	$K_\downarrow/$ (W·m^{-2})	$\Delta K_\downarrow/$ (W·m^{-2})	$L_\downarrow/$ (W·m^{-2})	$\Delta L_\downarrow/$ (W·m^{-2})	时间	来源
巴塞尔	132	0.0	319	−3.8	全年	Christen 和 Vogt (2004)
北京	193	−27.8	414	+15.8	夏季	Wang 等 (2015)
柏林	314	−13.3	344	+9.6	夏季	Li 等 (2018)
南京	190	−11.7	439	+2.0	夏季	Guo 等 (2016)
蒙特利尔	90	−8.1	241	+3.6	冬季	Bergeron 和 Strachan (2012)

学特性。后者为景观斑块对太阳辐射的反射率，其涉及空间范围可以是一个街谷，也可以是一个街区或整个城市。城市景观斑块的组成复杂，包括道路、屋顶、墙壁、裸土、街道植被和公园绿地等，每种下垫面都有其固有反照率。在中高纬地区的城市，道路、墙壁和屋顶固有反照率的典型值分别为 0.08、0.25 和 0.12 (Masson, 2000)。低纬地区城市，例如墨西哥城 (Masson et al., 2002)，屋顶反照率可高于 0.15。由于街谷中太阳光束会经过多次反射，如果仅是将各类下垫面的固有反照率简单地进行面积权重平均，则无法获得街谷的整体反照率。假设街谷有两个墙壁，其固有反照率为 0.25，而路面的固有反照率为 0.08。如果做面积权重平均，得到的整体反照率在 0.08 和 0.25 之间，但是这个街谷的实际反照率可低至 0.015 (Oleson et al., 2008)。也就是说，尽管建筑物墙壁很光亮，但从上往下看，这个街谷显得非常阴暗。

植被生态系统的整体反照率可以用一对分别朝上和朝下的总辐射表观测到。如果将朝下的总辐射表安装在表面上方合理的高度，使观测范围内土壤和植被所占比例正确，就能得到准确的观测结果。但是这种方法在城市中容易出错。如果将总辐射表安装在楼顶，观测的反照率就会偏向于楼顶反照率。反之，如果将总辐射表安装在空旷地段，则会对城市植被过采样，对建筑物结构欠采样。相对定点观测而言，低空机载观测的数据更为可靠，但是这类数据非常稀缺。日本东京的一次机载观测得到城市整体反照率为 0.12，比附近林地低 0.04 (Sugawara and Takamura, 2014)。美国圣路易斯的一次机载观测得到城市和郊区的整体反照率分别为 0.12 和 0.17 (White et al., 1978)。

城市单位地面面积向上长波辐射通常高于城郊，即 $\Delta L_\uparrow$ 一般为正值。出现这种偏正趋势的一个主要原因是城市街谷侧面会反射长波辐射 (参见习题 12.4)，另一个原因是城市街谷表面温度相对较高。

人为热通量 (Q_A) 是城市边界层额外的热源 [公式 (2.33)，图 2.4(c)]。人为热通量主要包括汽车化石燃料燃烧、冬季室内供暖和夏季空调外机引起的建筑物放热，以及城市居民的代谢产热。在中高纬度城市，建筑热排放是 Q_A 的主要组成部

分 (Iamarino et al., 2012)。而在低纬度城市，建筑物和车辆对 Q_A 的贡献大致相等 (Ferreira et al., 2011；Quah and Roth, 2012)。尽管全球平均 Q_A (2.1 W·m^{-2}, Allen et al., 2011) 比全球平均净辐射 R_n (98 W·m^{-2}; Trenberth et al., 2009) 小得多，但是对于人口密集的城市来说，Q_A 却是地表能量平衡的大项。英国伦敦就是这样的城市。伦敦全市 Q_A 的年平均值为 11 W·m^{-2} (Iamarino et al., 2012)，伦敦市中心年平均 R_n 为 33 W·m^{-2} (Kotthaus and Grimmond, 2014)，前者为后者的 1/3。

城市地表能量平衡的其他组分也受城市用地的影响。最为突出的特征是潜热通量 λE 降低，感热通量 H 升高，Bowen 比 β 变大，$\Delta\beta$ 为正，即城市 β 高于城郊。涡度相关观测结果表明，在中国南京，城区夏季 β 为 1.3，而城郊农田和草地仅为 0.8 (Guo et al., 2016)。城市 β 与通量贡献区内植被覆盖度有关，在巴塞尔从城市到农村的过渡带，植被占比几乎为 0 的街区 β 高达 4.2，而在植被完全覆盖的农村站点，β 低至 0.5 左右 (Christen and Vogt, 2004)。

图 12.1 为巴塞尔一对城市和乡村站点能量平衡组分的日变化。对比发现，H 和 λE 的城乡差异在正午十分明显。总热储量 $Q_s + G$ 也有显著的城乡差异：正午城市站点为 184 W·m^{-2}，农村站点仅为 77 W·m^{-2}。城市站点总热储量中 Q_A 的贡献很小，不足以解释上述差异。

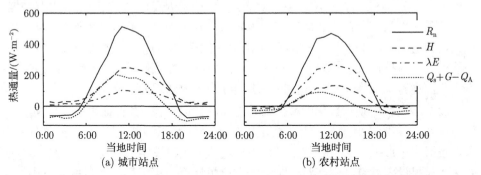

图 12.1 瑞士巴塞尔的一个城市站点和一个农村站点地表能量平衡组分的平均日变化
观测时段为 2002 年 6 月 10 日 ～7 月 10 日；R_n 为净辐射；H 为感热通量；λE 为潜热通量；Q_s 为热储量；G 为土壤热通量；Q_A 为人为热通量；数据来源于 Christen 和 Vogt (2004)

城市能量平衡的一个普遍特征是白天热储项 $Q_s + G$ 为较大的正值。太阳光束进入城市冠层后，将经历建筑物墙壁和道路表面的多次反射和多次吸收。城市建筑材料表面的热量粗糙度极低 (Voogt and Grimmond, 2000)，过量阻力 (参见习题 3.19) 极高，被吸收的太阳辐射能量很难通过湍流以感热通量的方式向大气消散。此外，房屋的墙壁和屋顶以及道路的表面没有水分，无法通过蒸发方式将吸收的辐射能量消耗掉。因此，大部分能量以分子传导的方式，储存在房屋内部和路面层。

夜间，储存的能量将释放到大气环境中，$Q_s + G$ 为较大的负值。可利用能量 $R_n - Q_s - G$ 一般为正，城市上空会出现浅薄的对流边界层。与此相反，夜间自然景观上方为稳定的逆温层。

图 12.1中的参考站点为乡村的开阔农田，储热项等同于土壤热通量 G。若城郊的参考站点为森林，则 G 更小 (Blanken et al., 1997)，储热项的城市和城郊差异将比图 12.1所示的幅度更大。

12.2　城市陆地表面过程模型

第 10 章介绍了模拟植被生态系统能量和水分通量的陆面模型，该模型的很多方面不能直接用于城市生态系统。太阳辐射进入植被生态系统时，一部分能穿透叶片，植被冠层就如同一个有空隙的介质，其辐射传输过程可以用 Beer 定律进行参数化。与植被冠层不同，"城市冠层"由较大的几何体组成，这些几何体能反射和吸收太阳辐射，但是不能透射。此外，冠层阻力这一概念已无意义，因为建筑材料表面的蒸发过程并没有涉及气孔。

这里介绍一个可用于模拟城市地气交换过程的城市冠层模型（Masson, 2000; Kusaka et al., 2001; Oleson et al., 2008）。在该模型框架中，城市街谷由双侧墙、一个屋顶表面和一个街道表面组成，该城市街谷无限长，并且城市所有街谷的形状完全相同。将墙体分为受太阳直射的阳面和处于邻近墙壁产生的阴影中的阴面，这能够更好地捕捉长波辐射发射与表面温度之间的非线性关系。街区表面分为不透水路面和透水土壤表面，并且进一步细分为阳面和阴面部分。

图 12.2展示的是理想化的城市街谷剖面的几何结构，其特征包括街谷高度 h、街道宽度 w 和屋顶宽度 r。可用屋顶比 $r/(r+w)$ 和街谷高宽比 h/w 这两个复合参数表征城市形态。街道方位角可设为固定值，也可设定为在所有方向上等概率变化。如果设为后者，则需要先对每个方位角计算一次，再进行多角度平均，获得城市的平均状况。

为了获得城市冠层的辐射和能量平衡各分量，在模型计算过程中，先对每类冠层表面进行处理。一共有七种组合，分别是楼顶、阳面墙壁、阴面墙壁、阳面不透水街面、阴面不透水街面、阳面透水街面、阴面透水街面。屋顶在白天始终为阳面。表面 i 的能量通量遵守能量平衡法则：

$$R_{n,i} = H_i + \lambda E_i + G_i \tag{12.1}$$

这些通量的方向与表面 i 垂直。

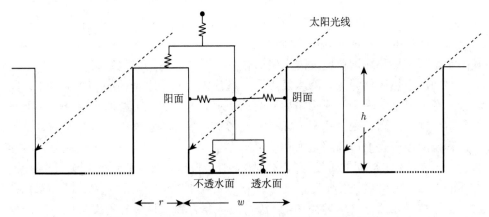

图 12.2 城市冠层模型中的街区几何结构和阻力网络

入射太阳辐射由直接辐射和散射辐射组成,对它们要区别对待。直接辐射为来自太阳的平行光,其强度在阴面的表面为零。阳面表面接收的直接辐射强度受太阳辐射与该表面的夹角控制。假定城市冠层的所有表面均为朗伯面,它们反射辐射的强度在各个方向相等,是各向同性的。被相邻表面截留的反射辐射量与该接收表面的可视因子成正比。

x 对 y 的可视因子 Ψ_{x-y} 是指在 y 的半球视野范围内被 x 表面所占据的比例。本章习题 12.4 列出一些常用的可视因子的计算公式,用于估算散射辐射的截留量。在此,散射辐射指空气分子和气溶胶散射的太阳辐射,来自除日面以外天空的各个方位。散射辐射的角度分布近似于各向同性,其强度与入射角度无关。若天空对街面的可视因子为 0.3,天空入射散射辐射为 200 W·m^{-2},那么街面接收的辐射量为 200 W·m^{-2} × 0.3 = 60 W·m^{-2}。因此,可视因子 Ψ_{x-y} 也可以被认为是离开 x 表面的各向同性的辐射到达 y 表面的比例(Oleson et al., 2008)。

与散射辐射相似,来自天空的入射长波辐射 $L_\downarrow$ 也被认为是各向同性的,某一表面接收的辐射量由该表面的天空可视因子决定。出射长波辐射是各向同性的,因此被另一个表面截留的长波辐射量也是由发射表面对接收表面的可视因子决定的。令 Ψ_{s-f} 为天空(sky)对街面(floor)的可视因子。因为墙壁是唯一阻挡天空可视程度的物体(图 12.2),所以根据能量闭合原则,单个墙体(wall)对街面的可视因子为 $\Psi_{w-f} = (1 - \Psi_{s-f})/2$(Oelson et al., 2008)。街面接收的总长波辐射为

$$L_{\downarrow,f} \simeq 2\Psi_{w-f}\,\epsilon_w \sigma T_{s,w}^4 + \Psi_{s-f} L_\downarrow \tag{12.2}$$

式中,ϵ_w 为墙体发射率;$T_{s,w}$ 是墙体表面温度(参见习题 12.7)。由于忽略了墙体反射的长波辐射,该公式只是近似(Kusaka et al., 2001)。

感热和潜热通量可利用 Ohm 定律参数化方法获得。与双叶模型类似 [图

10.12(c)]，某个表面的感热扩散会遇到双重阻力。第一个阻力是表面阻力，它描述的是该表面层的扩散难度。第二个阻力是近地层的空气动力学阻力，即公式 (4.44)，其中零平面位移和热量粗糙度需选用适合城市下垫面的参数化方案。

墙面的潜热通量为零。降水发生后，屋顶以及不透水街面潜热通量为正，其水分来源可以是冬季积雪或降雨后形成的积水。这些表面截留所有的降雪，但只能截留一部分降雨，剩余的雨水以径流的形式从模型格点移除。水分子的蒸发扩散过程也受控于表面边界层阻力和空气动力学阻力。积雪和积水蒸发完后，潜热通量变为零。透水街面的蒸发参数化方案类似于自然土壤。如果处于饱和状态，该街面的表面阻力为零，否则表面阻力不为零，采用土壤地面阻力参数化方案计算。

分子传导热通量 G_i 遵循 Fick 热扩散定律方程，将该方程表达成有限微分形式进行求解。边界条件为表面温度 $T_{s,i}$，$T_{s,i}$ 的预报方程可从表面能量平衡公式 (12.1) 获得 (Masson, 2000)。

在试验研究中，能量通量和辐射通量表示单位水平面上单位时间进出的能量。在大气模拟研究中，这些通量的量纲也是如此，表示的是大气模型下边界条件。为了与此试验和模拟研究的需求一致，有必要将城市冠层模型计算得到的每个表面的通量进行整合，从而得到单位水平面积上的通量。假设一段街道长度为 d，感热通量的整合包括两个步骤。首先，城市街谷中释放到大气中的总感热通量为 $2dhH_w + dwH_f$，此处，H_w 为街谷两侧墙壁的感热通量平均值；H_f 为平均街面感热通量。该段城市街谷的地表面积为 dw，将总通量除以 dw，就可以得到城市街谷单位水平面积的感热通量 (Kusaka et al., 2001)，

$$H_c = \frac{1}{w}(2hH_w + wH_f) \tag{12.3}$$

式中，H_c 的单位为 $\mathrm{W \cdot m^{-2}}$。

然后，将该城市街谷的感热通量和屋顶表面感热通量 H_r 进行权重平均，得到城市冠层的平均感热通量 H

$$H = \frac{r}{r+w}H_r + \frac{w}{r+w}H_c \tag{12.4}$$

城市冠层的平均潜热通量通过同样的整合方式获得。

出射长波辐射的整合公式为

$$L_\uparrow = \frac{r}{r+w}\sigma T_{s,r}^4 + \frac{w}{r+w}L_{\uparrow,c} \tag{12.5}$$

公式第一项为屋顶对 $L_\uparrow$ 的贡献；第二项为城市街谷的贡献；$T_{s,r}$ 是屋顶温度；$L_{\uparrow,c}$ 是城市街谷出射的长波辐射，表达式为

$$L_{\uparrow,c} = 2\Psi_{w-s}\sigma T_{s,w}^4 + \Psi_{f-s}\sigma T_{s,f}^4 \tag{12.6}$$

式中，$T_{s,w}$ 和 $T_{s,f}$ 分别是墙壁和街面表面温度；Ψ_{w-s} 和 Ψ_{f-s} 分别为墙壁对天空和街面对天空的可视因子。公式 (12.6) 为一种简化的表达式，假定城市冠层所有表面都是发射率为 1、长波反射率为 0 的黑体。如果发射率小于 1，即长波反射率大于零，公式 (12.5) 和式 (12.6) 需要调整，把长波辐射的反射量包含进去（参见习题 12.4）。

在植被生态系统中，植物热储量和土壤热通量为能量平衡方程中两个不同的分项 [公式 (2.32)]。在城市冠层模型中，建筑物的热储量和街面通过分子传导的热通量被整合在一起，获得总热储量。总热储量的算法与公式 (12.3) 和式 (12.4) 相似，通过整合城市冠层各表面的分子传导热通量获得。

12.3 城市热岛

通常城区温度高于城郊，该现象被称为城市热岛（UHI; Oke, 1987）。城市热岛是人类活动对地表气候影响研究领域最活跃的研究方向之一。其内在机制为城市用地对地表能量平衡的影响，已在 12.1 节阐述。在白天，潜热通量减弱，即蒸发冷却效应降低，是导致城市变暖的主要原因。另一个原因是城市反照率较低，吸收的太阳辐射增加。在湿润气候区，与城郊相比，城市从地表到低层大气的能量扩散效率更低，导致地表和近地气层增温。建筑物在白天储存能量，在夜间释放能量，储热的释放是夜间城市热岛成因之一。此外，人为热是城市边界层中额外的能量来源，其增温效应在寒冷气候区高于温暖气候区，冬季强于夏季。

城市热岛会影响植物生态系统，例如，热岛效应会导致植被生长季提前。在美国，市区的植物比自然景观的生长季提前 6~9 天（Li et al., 2017; Meng et al., 2020）。城市植物开花期和出叶期会提前，这种物候期的变化在寒冷气候区似乎比温暖气候区更为明显（Li et al., 2019）。可以用城市热岛对植物生态系统的影响粗略地表征植物生态系统对未来温室气体引起的全球变暖的响应。

未来气候变暖的模态之一是平均温度增加但概率分布不变（Houghton, 2015）。尽管温度方差不变，但热胁迫的概率将会增加。如图 12.3 所示，城市热岛可以用同样的模态描述，来阐明其对人类健康的影响。可以将城市热岛现象理解为乡村的温度概率分布曲线稍稍右移，移动幅度虽小，但会显著增加热浪的发生概率。图 12.3 中，热浪的发生概率等同于概率曲线和热浪阈值线所围成的阴影面积。城市居民将会经历破乡村纪录的高温。

城市热岛强度可以用气温、地表温度和湿球温度量化。图 12.4 以德国柏林市为例，展示了这三种城市热岛强度的日变化动态。

通常用气象站点的数据研究城市热岛现象。气温城市热岛强度定义为城市与邻近乡村离地 1.5~2.0 m 高处的气温 T_a 差值，用 ΔT_a 表示。量化 ΔT_a 的方法似乎很简单，只需一对气象站，其中一个位于城市，另一个位于乡村，同时收集一段时间气温数据，便可获得 ΔT_a。实行这种站点配对方法是有难度的。在选择配对站点时，常见的做法是把位于机场的气象站作为城市站点。但因为机场气象站位于开阔草地而且设在城边，能否代表城市状况是存在争议的。而采用真正位于城市内的站点开展研究，也存在不足，那就是忽略了城市内部 T_a 的较大空间不均匀性 (Smoliak et al., 2015; Bassett et al., 2016; Venter et al., 2020)。很多已发表的相关研究中数据收集和分析步骤的记载不全，难以评估热岛强度的准确性，阻碍了对城市热岛时空变化的认识 (Stewart, 2011)。

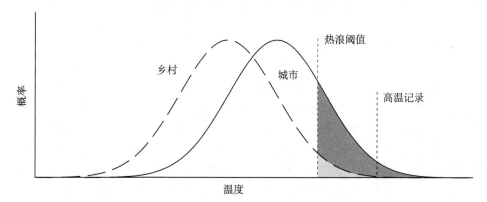

图 12.3　与热浪阈值相关的城市及其邻近乡村温度概率分布

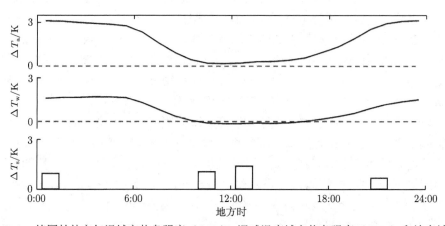

图 12.4　德国柏林市气温城市热岛强度（ΔT_a）、湿球温度城市热岛强度（ΔT_w）和地表城市热岛强度（ΔT_s）的平均日变化

这里 ΔT_a 和 ΔT_w 是基于地面气候站 Alexanderplatz（城市站点）和 Kaniswall（郊区站点）2016~2018 年的数据计算得到，ΔT_s 来自于 MODIS 卫星数据

图 12.5 为 ΔT_a 的全球统计特征，资料来源于 133 个城乡站点对，其中 14 对

位于热带、57 对位于温带、54 对位于寒带、8 对位于干旱气候区。这些站点都有精确的地理坐标信息，精确度高于 200 m，它们所处地表类型都通过高空间分辨率卫星图像和基于卫星得到的不透水面比例的验证，确保城市站点确实设在城市用地。观测数据的年限从 1 至 8 年不等。结果表明，夜间气温城市热岛强度高于白天，与图 12.4一致，也与文献报道的结论吻合；有些城市白天 ΔT_a 为负值，说明白天这些城市温度低于乡村，与 Arnfield（2003）的文章一致。很多学者认为冬季的热岛强度大于夏季，但图 12.5并不支持这一观点。

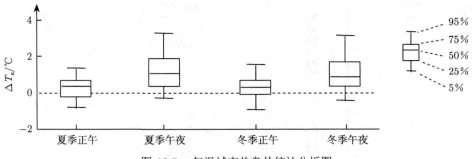

图 12.5　气温城市热岛的统计分析图

资料来自全球 133 个城乡站点对。夏季为北半球 6~8 月，南半球 12~2 月；冬季为南半球 6~8 月，北半球 12~2 月；正午为当地时 12:00~15:00；午夜为当地时 00:00~03:00。数据来源于 Zhang 等 (2023)

卫星遥感是量化地表城市热岛强度的主要数据源。卫星上搭载的传感器通过扫描地球表面，对每个城市用统一标准、多次重复观测，获取全球各地城市的数据。用 ΔT_s 表示地表城市热岛强度，先计算城市边界内城市像元的地表温度 T_s 的平均值，再计算边界周围缓冲区内乡村像元的 T_s 平均值，ΔT_s 为两者之差。用卫星的光谱信号结合城市矢量边界判断哪些是城市像元、哪些是乡村像元。因为 ΔT_s 是多像元平均值，所以与 ΔT_a 相比，随机误差更小。地表城市热岛强度与城市所在区域的生物地理属性 (比如气温、降水、纬度、植被密度等) 密切相关，还依赖于城市本身的生物物理属性，比如城市反照率、人口、城市规模、不透水面比例等 (Imhoff et al., 2010; Peng et al., 2012; Clinton and Gong, 2013)。

除干旱气候区外，白天地表城市热岛强度高于夜间 (图 12.6)，这一点与气温城市热岛强度的日动态不同。此外，白天 ΔT_s 一般高于 ΔT_a。

第 10 章介绍了表面温度的单源模型，可将该模型拓展，用于诊断地表城市热岛的成因。以乡村作为背景态，城市作为扰动态，公式 (10.36) 可以调整为

$$\Delta T_s \simeq \frac{\lambda_0}{1+f}(\Delta K_n) + \frac{\lambda_0}{(1+f)^2}(R_n^* - Q_s + Q_A)(\Delta f_1)$$

$$+ \frac{\lambda_0}{(1+f)^2}(R_n^* - Q_s + Q_A)(\Delta f_2)$$

$$+ \frac{-\lambda_0}{1+f}(\Delta Q_{\mathrm{s}}) + \frac{\lambda_0}{1+f}Q_{\mathrm{A}} \tag{12.7}$$

该公式是定量拆分地表城市热岛贡献分量基础。公式右边第一项至五项分别为反照率、对流交换效率、蒸发、热储、人为热的改变对地表城市热岛的贡献。在这一诊断分析中，热储项 Q_{s} 代表土壤和建筑物或者土壤和生态系统中的总热储量，因此无须单独区分出土壤热通量 G。

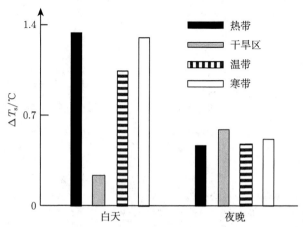

图 12.6　基于 MODIS 卫星的白天 (当地时 13:30) 和夜间 (当地时 01:30) 四个气候区多年平均地表城市热岛强度

数据来源: Chakraborty 和 Lee (2019)

公式 (12.7) 既可以通过试验观测数据进行评估，也可用模型数据进行评估。在试验研究中，需要设一对站点，其中一个位于城市，另一个位于乡村，同步观测地表能量平衡各分量，并且假设这两个站点受同一种大气状况的影响 (图 10.7)，用观测数据计算公式右侧各项 (Wang et al., 2017)。在模型研究中，这些变化项可以通过同一格点中城乡次网格的能量平衡参数计算得到。

习题 12.9 是一个 UHI 诊断拆分的例子，诊断所用的数据来源于一个气候模型的模拟结果 (Zhao et al., 2014)。该气候模型用次网格的方式描绘城市景观，通过类似 10.2 节讲述的城市冠层模型模拟城市和大气之间的能量交换。

12.4　湿 球 热 岛

近地面气温和地表温度并不能完全代表城市居民受到的热胁迫。在高温热浪事件中，通常是高温与高湿共同作用，影响居民的身体健康，降低工作效率，甚至造成死亡。

本节将用湿球温度 T_w 来表征温度和湿度对人体健康的共同影响。用 ΔT_w 表示城乡之间 T_w 的差异，并将其定义为湿球温度城市热岛，简称湿球热岛。湿球温度是一个热力指标，与其他经验性热胁迫指标不同，T_w 不仅具有物理意义，而且具有人体生理意义（参见附加阅读材料）。

根据美国气象学会的定义，湿球温度是指"含有液态水的空气块经过等压绝热降温至饱和状态时的温度，降温的机制是液态水蒸发，所消耗的潜热来自空气块本身"。气温和湿球温度都是热力学参数，前者表征分子运动动能，而后者表征空气湿静能。可用湿球温度计来模拟降温至饱和的绝热过程，温度计的探头被湿布包裹，环境通风良好，温度计的读数为湿球温度 (图 12.7)。湿球温度计的净辐射能可以忽略不计，因此满足绝热条件。

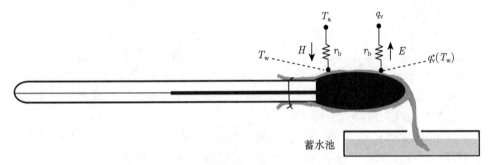

图 12.7　湿球温度的能量平衡示意图

湿布就如同叶片表面的水膜。蒸发的能量来源是湿球温度计边界层外的空气的感热。叶片能量交换公式 [公式 (10.1)、式 (10.2) 和式 (10.4)] 可用于推导 T_w 的表达式。将这些公式应用于湿球温度计，可得

$$\rho c_p \frac{T_w - T_a}{r_b} + \lambda \rho \frac{q_v^*(T_w) - q_v}{r_b} = 0 \tag{12.8}$$

其中，q_v 和 q_v^* 表示实际比湿和饱和比湿，此处用比湿取代混合比来描述水汽传输过程。重新组合公式 (12.8)，得到

$$T_a + \frac{1}{\gamma} e_v = T_w + \frac{1}{\gamma} e_v^*(T_w) \tag{12.9}$$

公式 (12.9) 是个隐函数，因变量为 T_w，自变量为环境气温 T_a 和水汽压 e_v，可以采用数值算法求解。求解隐函数的算法很多，例如 Matlab 子程序 fzero。该公式与边界层阻力 r_b 无关。

如果 T_a 与 T_w 的差异不大，可以通过饱和水汽压曲线的线性逼近 [公式 (10.6)]

得到近似解：

$$T_\mathrm{w} \simeq T_\mathrm{a} - \frac{D}{\Delta_\mathrm{w} + \gamma} \tag{12.10}$$

此处，Δ_w 指温度为 T_w 的饱和水汽压斜率。干湿球温差 $T_\mathrm{a} - T_\mathrm{w}$ 是空气湿度的一种衡量指标，在饱和状态时 ($D = 0$) 为 0，并随湿度降低而升高。

湿球热岛强度可通过对公式 (12.9) 微分得到

$$\Delta T_\mathrm{w} = \frac{\Delta T_\mathrm{a} + \Delta e_\mathrm{v}/\gamma}{1 + \Delta_\mathrm{w}/\gamma} \tag{12.11}$$

式中，ΔT_a 为城乡气温差，即气温热岛强度；Δe_v 为城乡水汽压差，此处符号 Δ 表示有限微分 (城市减去乡村)，不要与第 10 章气温下饱和水汽压斜率的符号相混淆 [例如，公式 (10.6)]。

公式 (12.11) 表明，由城市小气候效应产生的热胁迫增量是气温组分和湿度组分的简单线性叠加。湿度组分为 $\Delta e_\mathrm{v}/\gamma$，与气温量纲相同。如果这两个组分都是正值，就表示两者都会加剧城市热胁迫。两者也可能符号相反，柏林市就是这种情况，正午时刻城市气温高于乡村，但其湿度低于乡村，且湿度效应强于温度效应，因此 ΔT_w 为负 (图 12.4)。

在公式 (12.11) 中，气温和湿度的权重相同，权重系数为公式的分母项。用于衡量温度和湿度总热胁迫的指标还有很多，它们通常给气温赋予更高的权重 (Zhang et al., 2023)。

接下来推导一个诊断方程，揭示湿球热岛的形成机制。令 T_q 为等效温度，这也是个热力学变量，表征大气焓，表达式为 (Fischer and Knutti, 2012)

$$T_\mathrm{q} = T_\mathrm{a} + \frac{\lambda q_\mathrm{v}}{c_p} \tag{12.12}$$

该式可改写为

$$T_\mathrm{q} \simeq T_\mathrm{a} + \frac{e_\mathrm{v}}{\gamma} \tag{12.13}$$

公式 (12.12) 与公式 (12.13) 的差异可以忽略不计。

令 T_a 和 q_v 分别为近地层的气温和比湿；T_b 和 $q_\mathrm{v,b}$ 为掺混高度的气温和比湿；R_a 为这两个高度之间的扩散阻力。感热和潜热通量可参数化为

$$H = \rho c_p \frac{T_\mathrm{a} - T_\mathrm{b}}{R_\mathrm{a}}, \quad \lambda E = \lambda \rho \frac{q_\mathrm{v} - q_\mathrm{v,b}}{R_\mathrm{a}} \tag{12.14}$$

将公式 (12.14) 代入地表能量平衡方程 (2.33)，可得近地层等效温度的解：

$$T_\mathrm{q} = T_\mathrm{q,b} + \frac{R_\mathrm{a}}{\rho c_p}(R_\mathrm{n} + Q_\mathrm{A} - Q_\mathrm{s} - G) \tag{12.15}$$

此处，$T_{q,b}$ 为掺混高度的等效温度。对公式 (12.15) 进行微分，得到 ΔT_w 的诊断方程

$$\Delta T_w = (R_n + Q_A - Q_s - G)\frac{\Delta R_a}{\rho c_p(1 + \Delta_w/\gamma)}$$
$$+ R_a\frac{\Delta(R_n + Q_A - Q_s - G)}{\rho c_p(1 + \Delta_w/\gamma)} \tag{12.16}$$

推导的最后一步用了下述关系，

$$\Delta T_w = \frac{\Delta T_q}{1 + \Delta_w/\gamma} \tag{12.17}$$

该表达式是对公式 (12.13) 进行微分再联立公式 (12.11) 得到的。读者需要注意，公式 (12.16) 和式 (12.17) 中的符号 Δ 表示有限差分。

公式 (12.16) 揭示了湿球热岛形成的动力学和热力学机制。动力学机制体现在公式 (12.16) 右侧的第一项。城镇化改变近地层空气的湍流交换效率，使 ΔR_a 不等于 0，从而产生城乡之间 T_w 的差异。热力学机制体现在公式右侧的第二项，它受控于城镇化导致的 $R_n + Q_A - Q_s - G$ 的改变，此处 $R_n + Q_A - Q_s - G$ 为可利用能量，等同于地表与大气之间的焓通量。量化这两个机制对湿球热岛的方法与地表城市热岛诊断方法相似，可用城乡站点对比观测数据进行计算，也可用气候模型中次网格数据进行量化。需要注意的是，蒸发变化本身不影响湿球热岛强度，这一点和地表城市热岛不同，蒸发的变化，也就是 H 和 λE 分配的扰动，是地表城市热岛的成因之一。

桑拿天、湿球温度和热胁迫

人们通常用"桑拿天"来形容高温热浪天气。蒸过桑拿的人都知道桑拿房里很热，但是"桑拿天"和桑拿房的相似点也仅限于此。"桑拿天"惹人烦恼，但很多人喜欢蒸桑拿。桑拿房的温度可高达 90℃。在这一温度下，仅需几个小时就可以烤熟一整只鸡。但是我们不用担心自己被烤熟，是因为人体吸收的感热可以通过排汗释放掉。这种能量平衡使人体核心器官温度维持在正常 37℃ 的水平。只要不脱水，就不存在健康威胁和生命危险。

桑拿房和"桑拿天"的关键区别在于湿度对皮肤的控温作用。桑拿房内空气干燥，湿度极低，排汗降温效率高，皮肤表面的温度远低于室温。而在热浪事件中，高温通常伴随着高湿，导致人体的排汗功能受阻。

湿球温度计 (图 12.7) 可作为被汗水覆盖且没有穿衣服的人体的物理模型。湿球温度计的"皮肤"蒸发水分，就如同人体表面皮肤排汗，湿球温度

计的读数 T_w 代表的是"皮肤"温度，等同于环境的湿球温度。换个角度说，如果高温、高湿导致 T_w 升高，蒸发或排汗的降温效果就会减弱，皮肤表面的温度就会上升。

湿球温度的生理阈值为 35℃(Sherwood and Huber, 2010)。这是因为皮肤温度至少要比身体核心低 2℃，才能保证新陈代谢产生的热量扩散排出人体 (图 12.8)。否则，身体核心温度就会升高，后果极为严重，甚至导致死亡。如果环境 T_w 大于 35℃，这一温度梯度就无法保证。桑拿房内湿度低，湿球温度不会达到这一阈值，但是在极端高温热浪天气中则有可能会超过该阈值。

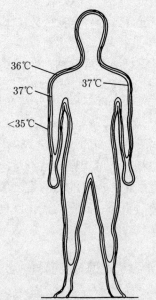

图 12.8　暴露在热环境中的人体温度分布

经许可改自 Driscoll (1985)

当然，人体并非一个理想的湿球。人体新陈代谢产生的热量是环境大气的额外热源，因此不符合绝热条件。人体也有可能部分暴露在阳光下，太阳辐射也是一种非绝热加热过程。此外，汗液中的盐分会降低蒸发效率。受这些因素的影响，发生致命威胁的 T_w 要低于 35℃。可以将 35℃ 作为限制人类生存的阈值。在过去发生的高温热浪事件中，当 T_w 超过 27℃ 时，死亡率就会上升 (Mora et al., 2017)。

12.5 CO$_2$ 收支

前几节讨论了城市地貌如何改变地表能量平衡和近地面温度。本节将注意力转向整个城市边界层，建立 CO$_2$ 柱浓度、地表 CO$_2$ 排放、CO$_2$ 水平平流、自由大气交换等过程之间的关系，讨论 CO$_2$ 收支的算法。该方法也可以推广到热量、水汽和惰性空气污染物。类似的方法也被用于研究风场的城乡差异 (Droste et al., 2018)。

假设边界层深度 z_i 为已知参数，并在农村到城市的过渡带保持不变。其他变量如图 12.9所示，其中下标 m 表示柱平均值 [公式 (11.1)]；柱平均风速为 $\overline{u}_m$；城市上风边界 CO$_2$ 质量混合比为 $\overline{s}_{c,r}$；自由大气混合比为 $\overline{s}_{c,+}$。边界层与自由大气的 CO$_2$ 交换受夹卷速率 w_e 的控制。设距离城市边界 x 处的柱平均 CO$_2$ 混合比为 $\overline{s}_{c,m}$，它是地表通量 $(\overline{w's'_c})_0$ 等参数的函数。

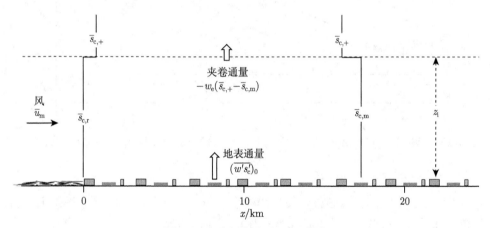

图 12.9 城市边界层 CO$_2$ 收支

在稳态条件下，CO$_2$ 水平平流与地表和边界层顶之间的通量散度相等，

$$\overline{u}_m \frac{\partial \overline{s}_{c,m}}{\partial x} = \frac{1}{z_i} \left[(\overline{w's'_c})_0 + w_e(\overline{s}_{c,+} - \overline{s}_{c,m}) \right] \tag{12.18}$$

该平流扩散方程的解为

$$\overline{s}_{c,m} = \overline{s}_{c,r} \exp(-ax) + b[1 - \exp(-ax)] \tag{12.19}$$

其中

$$a = \frac{w_e}{\overline{u}_m z_i}, \quad b = \left[\frac{(\overline{w's'_c})_0}{w_e} + \overline{s}_{c,+} \right] \tag{12.20}$$

该方程的解可以用图 12.10表示。图 12.10 中，边界层高度为 500 m，夹卷速率为 0.02 m·s^{-1}，风速为 2.5 m·s^{-1}，地表通量为 1.0 mg·kg^{-1}·m·s^{-1}，这些参数来自加拿大温哥华市一个夏日的观测数据 (Crawford et al., 2016)。

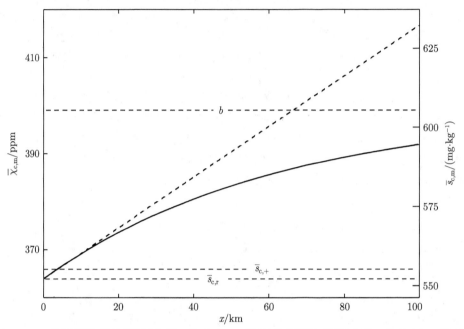

图 12.10　依据平流-扩散模型 [实线，公式 (12.19)] 和箱式模型 [倾斜虚线，公式 (12.23)] 计算柱平均 CO_2 混合比的变化

水平虚线表示城市上风边界混合比 ($\bar{s}_{c,r}$)、自由大气混合比 ($\bar{s}_{c,+}$) 和渐进混合比 (b)

公式 (12.19) 的一些渐进性质值得注意。当 $x \to 0$，$\bar{s}_{c,m}$ 将逼近城市上风边界混合比 $\bar{s}_{c,r}$。水平梯度最大值出现在城市上风向边界处，

$$\frac{\partial \bar{s}_{c,m}}{\partial x} \simeq \frac{1}{\bar{u}_m z_i} (\overline{w's_c'})_0 \tag{12.21}$$

另一极限值为

$$\text{当 } x \to \infty, \ \bar{s}_{c,m} = b \tag{12.22}$$

换言之，参数 b 是 CO_2 混合比的上限，城市 CO_2 混合比不可能超出该值。该上限值受到地表通量、夹卷速率和自由大气浓度的控制，与城市上风边界大气 CO_2 浓度和混合层深度无关。

当夹卷速率为 0 时，公式 (12.19) 简化为常见的箱式模型 (Oke, 1987)

$$\text{当 } w_e \to 0, \ \bar{s}_{c,m} = \bar{s}_{c,r} + \frac{x}{\bar{u}_m z_i} (\overline{w's_c'})_0 \tag{12.23}$$

式中, 参数组 $\bar{u}_{\mathrm{m}} z_{\mathrm{i}}$ 被称为通风系数。在风速高、混合层深厚的情况下, 通风系数较高, 表明边界层有更强的稀释 CO_2 和空气污染物的能力。

公式 (12.19) 和式 (12.23) 可以用于正演问题, 基于已知地表通量预测浓度分布; 也可以用于反演模式, 基于精确的浓度场观测数据反算地表通量 (参见习题 12.18)。在距离城市上风边界 10 km 以内的范围, 箱式模型相对准确 (图 12.10), 在此范围内, 边界层与自由大气之间的 CO_2 交换可以忽略不计。

习　题

12.1 试分析哪两个过程会导致城市净辐射 R_{n} 低于农村, 哪两个过程会导致前者高于后者。

12.2 图 12.1 中的城市站点正午 Bowen 比是多少? 比农村站点正午 Bowen 比高多少? 若正午能量再分配系数 f 为 6, 这一 Bowen 比的改变会对地表 UHI 有多大贡献?

12.3 城市用地白天热储量高于城郊, 请解释原因。

12.4* ①计算街谷出射长波辐射 (从峡谷到天空)$L_{\uparrow,\mathrm{c}}$。街谷的高宽比 h/w 为 2, 入射长波辐射 $L_{\downarrow}$ 为 340 W·m^{-2}, 墙体和街面的表面温度为 292.16 K, 比辐射率 ϵ 为 0.95。求解过程中, 既要考虑直接发射的贡献, 也要考虑反射的贡献。天空对墙壁和天空对街面的可视因子为

$$\Psi_{\mathrm{s-w}} = \frac{1}{2}\left(\frac{h}{w} + 1 - \sqrt{1 + \left(\frac{h}{w}\right)^2}\right)\Big/\left(\frac{h}{w}\right) \tag{12.24}$$

$$\Psi_{\mathrm{s-f}} = \sqrt{1 + \left(\frac{h}{w}\right)^2} - \frac{h}{w} \tag{12.25}$$

(Masson, 2000; Oleson et al., 2008)。其他可视因子可以依据对称性或能量守恒获得。依据对称性, 得到

$$\text{地面对墙壁:} \ \Psi_{\mathrm{f-w}} = \Psi_{\mathrm{s-w}}, \quad \text{地面对天空:} \ \Psi_{\mathrm{f-s}} = \Psi_{\mathrm{s-f}} \tag{12.26}$$

依据能量守恒原理, 得到

$$\text{墙壁对墙壁:} \ \Psi_{\mathrm{w-w}} = 1 - 2\Psi_{\mathrm{s-w}} \tag{12.27}$$

$$\text{墙壁对地面:} \ \Psi_{\mathrm{w-f}} = \frac{1}{2}(1 - \Psi_{\mathrm{s-f}}) \tag{12.28}$$

$$\text{墙壁对天空:} \ \Psi_{\mathrm{w-s}} = \frac{1}{2}(1 - \Psi_{\mathrm{f-s}}) \tag{12.29}$$

②通过下式反算街谷有效表面温度 $T_{s,c}$

$$L_{\uparrow,c} = (1-\epsilon)L_{\downarrow} + \epsilon\sigma T_{s,c}^4$$

并讨论它与真实表面温度的区别。

12.5 图 12.11中哪一种表面是朗伯面? 能否从城市景观找出几种物体, 反射属性与表面 (a) 类似?

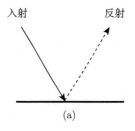 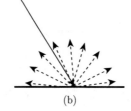 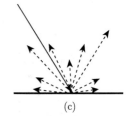

图 12.11　三种反射类型

12.6 城市峡谷高宽比 h/w 为 3。从天空入射的长波辐射为 310 W·m^{-2}, 墙壁和街面放射的长波辐射分别为 400 W·m^{-2} 和 390 W·m^{-2}。假设这些表面是黑体。墙面的净长波辐射是多少? (提示: 采用习题 12.4 的可视因子公式。)

12.7 入射到街谷底部的长波辐射一般比屋顶的高还是低? 为什么?

12.8 正午和午夜的能量再分配系数典型值为 6 和 2。若人为热通量为 40 W·m^{-2}, 请估算人为热对表面 UHI 的贡献。

12.9* 采用表 12.2中的诊断数据, 估算表面反照率、对流效率、Bowen 比 (或蒸发)、热储量等的变化和人为热排放对地表 UHI 强度的贡献。

表 12.2　美国东部城市和农村正午表面能量平衡的诊断变量

地表	$K_{\downarrow}/$ (W·m^{-2})	$L_{\downarrow}/$ (W·m^{-2})	α	$r_T/$ (s·m^{-1})	β	$Q_s/$ (W·m^{-2})	$Q_A/$ (W·m^{-2})	T_b/K
城市	709	418	0.18	62	2.3	125	57	299.3
农村	709	418	0.11	35	1.7	88	0	299.3

$K_{\downarrow}$ 为入射太阳辐射; $L_{\downarrow}$ 为入射长波辐射; α 为表面反照率; r_T 为总热阻力; β 为 Bowen 比; Q_s 为热储量; Q_A 为人为热通量; T_b 为掺混高度处的气温

12.10 芝加哥市 1995 年热浪造成很多人死亡。为了减缓城市热岛效应, 芝加哥市政府鼓励市民用高反光材料做屋顶。一项卫星观测研究表明, 受这一政策的影响, 全市 2010 年的反照率比 1995 年升高了约 0.02。请估算这一反照率变化引起地面降温多少? (提示: 利用表 12.2中的数据。)

12.11 根据图 12.1中的数据，热储量会增强还是削弱正午和午夜地表 UHI 强度？

12.12 气温为 20℃，相对湿度为 75%。请根据线性近似 [公式 (12.10)] 和求解隐含方程的数值方法计算湿球温度。

12.13 计算高温高湿条件下 (气温为 40.3℃，相对湿度为 54.5%) 裸露出汗人体的表面温度。将温度升高 4℃(相对湿度保持不变)，重复上述计算，模拟全球变暖引起的热胁迫。在这种情景下，湿球温度会超过其致死阈值 35℃ 吗？

12.14 城市和农村的温度差为 $\Delta T_a = 1.3℃$，湿度差为 $\Delta e_v = -0.51$ hPa。湿球温度为 9.0℃。湿球热岛强度是多少？

12.15 图 12.12为 2009~2019 年夏天在泰国一对站点日间湿球温度 T_w 观测值的直方图。湿球温度警戒阈值为 27℃，超过该阈值就会威胁人类健康。请问这 11 年中农村站点有多少天超过了这一阈值？城市站点超过这一阈值的天数是多少？

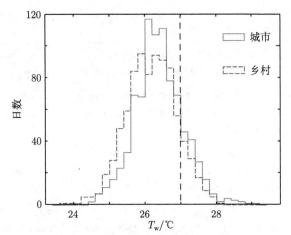

图 12.12　2009~2019 年夏季泰国城市站点 (曼谷) 和相邻农村站点 (Nankon)
白天湿球温度直方图
垂直虚线表示热胁迫阈值

12.16 瑞士巴塞尔 23:00 城市站点和农村站点的可利用能量 $(R_n + Q_A - Q_s - G)$ 分别为 17 W·m^{-2} 和 -14 W·m^{-2}(图 12.1)，湿球温度为 10℃，地表和掺混高度之间的扩散阻力 (R_a) 为 100 s·m^{-1}。请估算热力机制对城市湿球热岛的贡献。该机制会削弱还是加强城市湿球热岛的强度？为什么？

12.17 ①试证明湿球热岛效应的湿度组分 $\Delta e_v/\gamma$ 的单位为 K。②试证明公式 (12.16) 右侧的单位为 K。

12.18 中国南京城市夜间边界层中 CO_2 摩尔混合比的水平梯度为 $0.44\ \text{ppm} \cdot \text{km}^{-1}$ (Gao et al., 2018)。若风速为 $2.2\ \text{m} \cdot \text{s}^{-1}$，边界层厚度为 230 m，请用箱式法反算地表 CO_2 通量。

12.19 若夹卷速率为 $0.02\ \text{m} \cdot \text{s}^{-1}$，地表 CO_2 摩尔通量为 $0.66\ \mu\text{mol} \cdot \text{mol}^{-1} \cdot \text{m} \cdot \text{s}^{-1}$，自由大气 CO_2 摩尔混合比为 366 ppm，请估算城市边界层内 CO_2 摩尔混合比的最大可能值。

12.20 据估计，美国一个城市大气边界层中氮氧化合物 (NO_x) 排放速率和风速在白天为 $3\ \text{kg} \cdot \text{km}^{-2} \cdot \text{h}^{-1}$ 和 $3\ \text{m} \cdot \text{s}^{-1}$，夜间为 $2\ \text{kg} \cdot \text{km}^{-2} \cdot \text{h}^{-1}$ 和 $1.5\ \text{m} \cdot \text{s}^{-1}$。城市上风方 NO_x 浓度为 $40\ \mu\text{g} \cdot \text{m}^{-3}$，与自由大气浓度相同。白天混合层深度和夹卷速率分布为 1200 m 和 $0.02\ \text{m} \cdot \text{s}^{-1}$，夜间为 200 m 和 $0\ \text{m} \cdot \text{s}^{-1}$。请估算白夜和夜间下风方向距离城市边界 40 km 处的 NO_x 浓度。

参 考 文 献

Allen L, Lindberg F, Grimmond C S B. 2011. Global to city scale urban anthropogenic heat flux: model and variability. International Journal of Climatology, 31(13): 1990-2005.

Arnfield A J. 2003. Two decades of urban climate research: a review of turbulence, exchanges of energy and water, and the urban heat island. International Journal of Climatology, 23(1): 1-26.

Bassett R, Cai X, Chapman L, et al. 2016. Observations of urban heat island advection from a high-density monitoring network. Quarterly Journal of the Royal Meteorological Society, 142(699): 2434-2441.

Bergeron O, Strachan I B. 2012. Wintertime radiation and energy budget along an urbanization gradient in Montreal, Canada. International Journal of Climatology, 32(1): 137-152.

Blanken P D, Black T A, Yang P C, et al. 1997. Energy balance and canopy conductance of a boreal aspen forest: Partitioning overstory and understory components. Journal of Geophysical Research: Atmospheres, 102(D24): 28915-28927.

Chakraborty T C, Lee X. 2019. A simplified urban-extent algorithm to characterize surface urban heat islands on a global scale and examine vegetation control on their spatiotemporal variability. International Journal of Applied Earth Observation and Geoinformation, 74: 269-280.

Chakraborty T C, Lee X, Lawrence D M. 2021. Strong local evaporative cooling over land due to atmospheric aerosols. Journal of Advances in Modeling Earth Systems, 13(5): e2021MS002491.

Christen A, Vogt R. 2004. Energy and radiation balance of a central European city. International Journal of Climatology, 24(1): 1395-1421.

Clinton N, Gong P. 2013. MODIS detected surface urban heat islands and sinks: global locations and controls. Remote Sensing of Environment, 134: 294-304.

Crawford B, Christen A, McKendry I. 2016. Diurnal course of carbon dioxide mixing ratios in the urban boundary layer in response to surface emissions. Journal of Applied Meteorology and Climatology, 55(3): 507-529.

Driscoll D M. 1985. Human health. In: Houghton D D. Handbook of Applied Meteorology, New York: John Wiley and Sons: 778-814.

Droste A M, Steeneveld G J, Holtslag A M. 2018. Introducing the urban wind island effect. Environmental Research Letters, 13(9): 094007.

Ferreira M J, de Oliveira A P, Soares J. 2011. Anthropogenic heat in the city of São Paulo, Brazil. Theoretical and Applied Climatology, 104(1): 43-56.

Fischer E M, Knutti R. 2012. Robust projections of combined humidity and temperature extremes. Nature Climate Change, 3: 126-130.

Gao Y, Lee X, Liu S, et al. 2018. Spatiotemporal variability of the near-surface CO_2 concentration across an industrial-urban-rural transect, Nanjing, China. Science of the Total Environment, 631/632: 1192-1200.

Guo W, Wang X, Sun J, et al. 2016. Comparison of land–atmosphere interaction at different surface types in the mid- to lower reaches of the Yangtze River valley. Atmospheric Chemistry and Physics, 16(15): 9875-9890.

Houghton J. 2015. Global Warming: The Complete Briefing (Fifth Edition). Cambridge: Cambridge University Press.

Iamarino M, Beevers S, Grimmond C S B. 2012. High-resolution (space, time) anthropogenic heat emissions: London 1970–2025. International Journal of Climatology, 32(1): 1754-1767.

Imhoff M L, Zhang P, Wolfe R E, et al. 2010. Remote sensing of the urban heat island effect across biomes in the continental USA. Remote Sensing of Environment, 114(3): 504-513.

Kotthaus S, Grimmond C S B. 2014. Energy exchange in a dense urban environment-Part I: Temporal variability of long-term observations in central London. Urban Climate, 10: 261-280.

Kusaka H, Kondo H, Kikegawa Y, et al. 2001. A simple single-layer urban canopy model for atmospheric models: comparison with multi-layer and slab models. Boundary-Layer Meteorology, 101(3): 329-358.

Li D, Stucky B J, Deck J, et al. 2019. The effect of urbanization on plant phenology depends on regional temperature. Nature Ecology & Evolution, 3: 1661-1667.

Li H, Meier F, Lee X, et al. 2018. Interaction between urban heat island and urban pollution island during summer in Berlin. Science of the Total Environment, 636: 818-828.

Li X, Zhou Y, Asrar G R, et al. 2017. Response of vegetation phenology to urbanization in the conterminous United States. Global Change Biology, 23(7): 2818-2830.

Masson V. 2000. A physically-based scheme for the urban energy budget in atmospheric models. Boundary-Layer Meteorology, 94(3): 357-397.

Masson V, Grimond C S B, Oke T R. 2002. Evaluation of the town energy balance (TEB) scheme with direct measurements from dry districts in two cities. Journal of Applied Meteorology, 41(10): 1011-1026.

Meng L, Mao J, Zhou Y, et al. 2020. Urban warming advances spring phenology but reduces the response of phenology to temperature in the conterminous United States. Proceedings of the National Academy of Sciences of the United States of America, 117(8): 4228-4233.

Mora C, Dousset B, Caldwell I R, et al. 2017. Global risk of deadly heat. Nature Climate Change, 7: 501-506.

Oke T R. 1987. Boundary Layer Climates. London: Routledge.

Oleson K W, Bonan G B, Feddema J, et al. 2008. An urban parameterization for a global climate model. Part I: formulation and evaluation for two cities. Journal of Applied Meteorology and Climatology, 47(4): 1038-1060.

Peng S, Piao S, Ciais P, et al. 2012. Surface urban heat island across 419 global big cities. Environmental Science & Technology, 46(2): 696-703.

Quah A K L, Roth M. 2012. Diurnal and weekly variation of anthropogenic heat emissions in a tropical city, Singapore. Atmospheric Environment, 46: 92-103.

Sherwood S C, Huber M. 2010. An adaptability limit to climate change due to heat stress. Proceedings of the National Academy of Sciences of the United States of America, 107(21): 9552-9555.

Smoliak B V, Snyder P K, Twine T E, et al. 2015. Dense network observations of the Twin Cities canopy-layer urban heat island. Journal of Applied Meteorology and Climatology, 54(9): 1899-1917.

Stewart I D. 2011. A systematic review and scientific critique of methodology in modern urban heat island literature. International Journal of Climatology, 31(2): 200-217.

Sugawara H, Takamura T. 2014. Surface albedo in cities: case study in Sapporo and Tokyo, Japan. Boundary-Layer Meteorology, 153(3): 539-553.

Trenberth K E, Fasullo J T, Kiehl J. 2009. Earth's global energy budget. Bulletin of the American Meteorological Society, 90: 311-324.

Venter Z S, Brousse O, Esau I, et al. 2020. Hyperlocal mapping of urban air temperature using remote sensing and crowdsourced weather data. Remote Sensing of Environment, 242: 111791.

Voogt J A, Grimmond C S B. 2000. Modeling surface sensible heat flux using surface radiative temperatures in a simple urban area. Journal of Applied Meteorology, 39(10): 1679-1699.

Wang L, Gao Z, Miao S, et al. 2015. Contrasting characteristics of the surface energy balance between the urban and rural areas of Beijing. Advances in Atmospheric Sciences, 32(4): 505-514.

Wang X, Guo W, Qiu B, et al. 2017. Quantifying the contribution of land use change to surface temperature in the lower reaches of the Yangtze River. Atmospheric Chemistry and Physics, 17(8): 4989-4996.

White J M, Eaton F D, Auer A H Jr. 1978. The net radiation budget of the St Louis metropolitan area. Journal of Applied Meteorology, 17(5): 593-599.

Zhao L, Lee X, Smith R B, et al. 2014. Strong contributions of local background climate to urban heat islands. Nature, 511(7508): 216-219.

Zhang K, Cao C, Chu H, et al. 2023. Increased heat risk in wet climate induced by urban humid heat. Nature, 617: 738-742.

第 13 章 污染边界层

13.1 大气辐射传输基础

本章的目标是量化气溶胶污染对边界层特性的影响，并探讨这些变化的机理。在边界层中，气溶胶影响的直接结果是改变太阳辐射在大气中的传输过程，但是这一过程在第 11 章边界层热量收支分析中被忽略。地表的湍流通量会随着到达地面的太阳辐射减少以及散射光与直射光比例的变化而发生改变。本章关注的重点有两方面：①边界层的状态变量对湍流通量的变化和太阳辐射吸收的响应；②气溶胶、大气边界层发展过程及地表湍流通量之间的相互反馈作用。

令 $\mathrm{d}s$ 为一薄大气层的光路，I 是进入该大气层的辐射强度，$I + \mathrm{d}I$ 是从该大气层出射的辐射强度 (图 13.1)。I 的变化是由该层大气中粒子 (气溶胶和气体) 对辐射的吸收、散射和发射引起的，可以表示为

$$\mathrm{d}I = \mathrm{d}I_{\mathrm{ext}} + \mathrm{d}I_{\mathrm{emit}} + \mathrm{d}I_{\mathrm{scat}} \tag{13.1}$$

其中，$\mathrm{d}I_{\mathrm{ext}}$ 是由吸收和散射所引起的辐射强度的降低；$\mathrm{d}I_{\mathrm{emit}}$ 是由于粒子发射所导致的辐射增加量；$\mathrm{d}I_{\mathrm{scat}}$ 是光路内外由粒子散射所引起的辐射增加量。辐射吸收、散射、发射过程与波长有关。

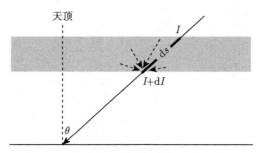

图 13.1　天顶角为 θ 时的直接辐射 (实线箭头) 和散射辐射 (虚线箭头)

公式 (13.1) 中的第一个分量项可以表示为

$$\mathrm{d}I_{\mathrm{ext}} = -\beta_{\mathrm{e}} I \, \mathrm{d}s, \qquad \beta_{\mathrm{e}} = \beta_{\mathrm{a}} + \beta_{\mathrm{s}} \tag{13.2}$$

式中，β_{e}、β_{a} 和 β_{s} 分别表示体积消光系数、体积吸收系数和体积散射系数，单位为 m^{-1}、km^{-1} 或 Mm^{-1}，其中 $1\ \mathrm{km}^{-1} = 1 \times 10^{-3}\ \mathrm{m}^{-1}$ 和 $1\ \mathrm{Mm}^{-1} = 1 \times$

10^{-6} m^{-1}。这些系数与气溶胶浓度有关，

$$\beta_e = \alpha_e c, \qquad \beta_s = \alpha_s c, \qquad \beta_a = \alpha_a c \tag{13.3}$$

式中，c 是气溶胶质量浓度，即每单位体积空气中气溶胶的质量；α_e、α_s 和 α_a 分别是质量消光系数、质量散射系数和质量吸收系数，单位为 m$^2 \cdot$g^{-1}。对于大气中一些基本的气溶胶成分，可见光的质量散射系数为 2.5~4.5 m$^2 \cdot$g^{-1}（表 13.1）。相比之下，烟尘颗粒的质量吸收系数要大得多，在可见光波段，α_a 为 11~21 m$^2 \cdot$g^{-1} (Zuidema et al., 2018)。β_e、β_a 和 β_s 是浓度、化学成分、波长和颗粒物大小分布的函数。表 13.2 总结了四种气溶胶类型在波长 0.55 μm（蓝光）下的典型 β_s 和 β_a 值。

表 13.1　干细颗粒物 (直径 < 2.5 μm) 在可见光波段的质量散射系数 α_s

成分	硫酸铵	硝酸铵	有机物	灰尘	海盐
$\alpha_s/(\text{m}^2 \cdot \text{g}^{-1})$	2.5±0.6	2.7±0.5	3.9±1.5	3.3±0.6	4.5±0.9

数据来源于 Hand 和 Malm (2007)

表 13.2　四种气溶胶在波长 0.55 μm 的光学特性

气溶胶类型	β_s/mm^{-1}	β_a/mm^{-1}	ω
城市	$30 \sim 300$	$25 \sim 120$	$0.50 \sim 0.85$
大陆	$10 \sim 100$	$1 \sim 10$	$0.80 \sim 0.95$
海洋	$10 \sim 50$	$1 \sim 5$	$0.90 \sim 1.00$
极地	$0.2 \sim 2.0$	$0.1 \sim 2.0$	$0.90 \sim 1.00$

数据来源于 Bergin (2010)

气溶胶光学厚度 (AOD) 是衡量大气中气溶胶污染的综合指标，它与气溶胶的消光系数有关，如

$$\tau = \int_0^\infty \beta_e \mathrm{d}s \tag{13.4}$$

其中，积分方向为垂直方向 (天顶角为零)，范围跨越整个大气层。与 β_e 一样，τ 取决于波长。在波长为 0.55 μm 下，印度上空的年平均 AOD 为 0.35，全球海洋上空约为 0.13，后者可作为清洁空气的参考值 (Remer et al., 2008)。在重度污染的华北平原，波长 0.55 μm 的月 AOD 可高达 1.2 (Luo et al., 2014)。根据中国的观测记录，边界层内的气溶胶对整层大气总 AOD 的贡献率为 60%~80% (Li et al., 2017)。

公式 (13.1) 中的发射项由下式给出

$$\mathrm{d}I_{\text{emit}} = \beta_a B(T)\mathrm{d}s \tag{13.5}$$

其中，B 描述的是黑体发射的 Planck 函数，T 是大气温度。公式 (13.5) 使用了 Kirchhoff 定律，该定律指出，物体在给定波长下的发射率等于其在相同波长下的吸收率。发射项在短波波段 ($< 4~\mu m$) 可以忽略不计，因为 B 在大气温度下基本上为零，但对于长波来说，气溶胶的吸收系数不为零，因此发射项在长波波段 ($> 4~\mu m$) 不可忽略。对长波而言，粒度很重要。在长波辐射交换中可以忽略亚微米粒子，比如硫酸盐气溶胶。但是，粗颗粒的矿物尘埃可以散射、吸收和发射大量的长波辐射。对于半径为 3 μm 的尘埃颗粒，在波长 10 μm 处的消光系数比波长 0.5 μm 处高 30% (Dufresne et al., 2002)。

虽然消光会降低辐射强度 ($dI_{ext} < 0$)，但散射却刚好相反 ($dI_{scat} > 0$)。dI_{scat} 项是通过对所有辐射方向上的散射贡献量求和得到，包括向下辐射的前向散射和向上辐射的反向散射。在数学上，求和操作相当于在 4π 立体角上对散射贡献进行球面积分。

在辐射传输模型中，将辐射传输过程描述为光学厚度的函数而非距离的函数更为方便。在这个坐标系中，消光系数相对于光学厚度的变化率是

$$dI_{ext}/d\tau' = I \tag{13.6}$$

其中，$d\tau' = -\beta_e ds$ 是图 13.1中天顶角 θ 处大气层光学厚度的变化量。散射光的变化率 $dI_{scat}/d\tau'$ 与单次散射反照率(single-scattering albedo, SSA; 例如 Liou, 2002) 成正比，后者的定义为

$$\omega = \frac{\beta_s}{\beta_e} \tag{13.7}$$

当 ω 接近 1 时，光的削弱以散射为主。如果 ω 小于 0.9，则在辐射传输中不能忽略吸收项。在短波范围内，硫酸盐气溶胶是一种近乎完美的散射剂。相比之下，烟尘颗粒的 ω 非常低，表明它们在辐射交换中的作用主要是吸收 (图 13.2)。除了单次散射反照率之外，散射辐射的准确计算还需要给定不对称因子 g，该光学参数为 $-1 \sim 1$。若 g 为 0，表示各向同性散射，即散射辐射的强度在所有方向上都是均匀的，与入射辐射的角度无关。若 g 为正，表示前向辐射（即入射方向 $\pm 90°$ 角度范围内）比后向辐射更多。如果 g 为负，则后向散射比前向散射多。

大气中的气溶胶是多种基本成分组成的混合物，包括硫酸盐、煤烟、矿物粉尘等，每种成分都有自己的粒径分布和与波长相关的光学特性。为了提高计算效率，辐射传输模型通常将这些混合物划分为几个标准类型，这些类型的成分比例彼此不同。Santa Barbara DISORT 大气辐射传输模型 (SBDART) 将大气气溶胶划分为农村、城市和海洋三种标准类型 (Ricchiazzi et al., 1998)，图 13.3 给

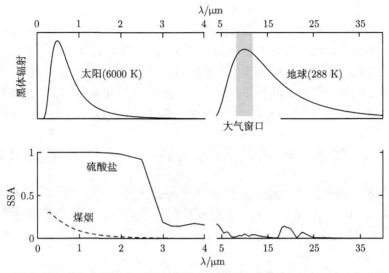

图 13.2 黑体辐射与太阳和地球表面温度的关系 (上图; 垂直尺度任意) 以及硫酸盐和烟尘粒子的单次散射反照率 [下图; 数据来源于 Hess 等 (1998)]

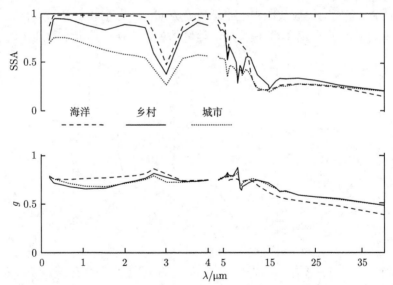

图 13.3 辐射传输模型 SBDART 使用的三种气溶胶类型的单次散射反照率 (上图) 和不对称因子 (下图)

数据来源于 Ricchiazzi 等 (1998)

出了它们的整体单次散射反照率和不对称因子, 计算这两个参数所用的相对湿度为 77%。气溶胶和云的光学性质 (OPAC) 模型有 10 种默认类型 (Hess et al., 1998)。MODIS 卫星反演 AOD 用了多种气溶胶类型, 这些类型来自于全球气溶胶观测网络中收集的数据进行聚类分析的结果 (Remer et al., 2005)。在一些辐射传输模型中，标准类型的基本成分保留了其原始化学性质，或者换句话说，标准类型所含的各个基本成分处于外部混合状态。在这种外部混合状态下，混合物的整体性质按其质量浓度加权计算组分性质的平均值 (Hess et al., 1998)。一些复杂的辐射传输模型允许外部混合和内部混合。如果启用内部混合状态，则遵循一系列混合规则由多种基本组分混合形成新的气溶胶 (例如 Lesins et al., 2002)。

13.2　气溶胶对地表能量、CO_2 和 H_2O 通量的影响

地表入射的短波辐射包括直接辐射和散射辐射。在地表能量平衡中，公式 (13.2) 和式 (13.4) 可用于预测地面的直接辐射通量 $K_{\downarrow,b}$。若忽略分子消光效应并假设所有气溶胶都被限制在边界层中，可以将 $K_{\downarrow,b}$ 近似为

$$K_{\downarrow,b} \simeq K_{\downarrow,b,i} \exp\left(-\frac{\tau}{\cos\theta}\right) \tag{13.8}$$

其中，$K_{\downarrow,b,i}$ 是边界层上方的直接辐射通量；τ 是短波 AOD。向下散射辐射 $K_{\downarrow,d}$ 不能直接计算，需要对短波波段内上半球所有方向上的散射辐射分量进行数值积分。

图 13.4 显示了 SBDART 模拟的气溶胶污染边界层中短波辐射通量的廓线图。

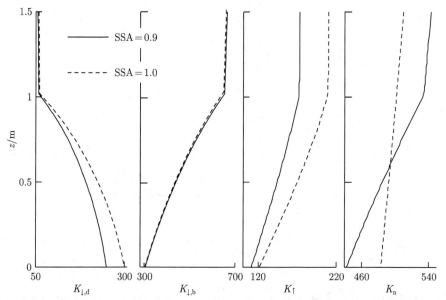

图 13.4　向下散射辐射 ($K_{\downarrow,d}$)、向下直接辐射 ($K_{\downarrow,b}$)、向上短波辐射 ($K_\uparrow$) 和短波净辐射 ($K_n = K_{\downarrow,d} + K_{\downarrow,b} - K_\uparrow$) 廓线图

纬度为 $32.2°N$，时间为 1 月 24 日当地时间 12:00 时。通量单位为 $W\cdot m^{-2}$

计算是在 32.2°N、1 月 24 日当地时间 12:00 进行的，太阳天顶角为 52°，模型用的可见光 AOD 为 0.6，气溶胶类型为城市气溶胶，大气状态为标准冬季大气，计算的通量包含了分子散射和吸收 (Liu et al., 2019)。使用了两个 SSA 值。在其中一种情况下，SSA 为 1 代表理想化的状况，它假设气溶胶短波消光效应完全是由散射引起的。在这种条件下，地表散射辐射 $K_{\downarrow,d}$ 达到 300 $W \cdot m^{-2}$，约为边界层上方的 5 倍。

在另一种情况下，SSA 设置为 0.9，与中国东部的实际观测值接近。在这种情况下，$K_{\downarrow,b}$ 从边界层顶部 650 $W \cdot m^{-2}$ 减小到地表 303 $W \cdot m^{-2}$，$K_{\downarrow,d}$ 从 57 $W \cdot m^{-2}$ 增加到 251 $W \cdot m^{-2}$，$K_\downarrow (= K_{\downarrow,b} + K_{\downarrow,d})$ 从 707 减小到 554 $W \cdot m^{-2}$。散射比例 ($K_{\downarrow,d}/K_\downarrow$) 在边界层上方为 0.08，这是清洁干燥大气的典型值。地表的散射比例要高得多，达到 0.45。由于地表反射的太阳辐射的前向散射和入射太阳辐射的后向散射，向上的短波辐射通量 $K_\uparrow$ 随着高度的增加而增加。将地表 $K_\downarrow$ 对 AOD 的敏感度定义为每增加 1 个单位的 AOD 的 $K_\downarrow$ 变化百分比，在本例中，敏感度为 -36%。

图 13.5 是观测到的地表散射辐射 $K_{\downarrow,d}$ 和直接辐射 $K_{\downarrow,b}$ 对 AOD 依赖性示例。该数据来源于中国上海附近，每个数据点代表无云条件下辐射通量的 24 小时平均值。AOD 值 (0.55 μm) 是两颗 MODIS 卫星 Aqua 和 Terra 在同一天观测的平均值。此处，$K_{\downarrow,d}$ 和 $K_{\downarrow,b}$ 与 AOD 呈线性相关，并且斜率的符号相反。因为 $K_{\downarrow,b}$ 对 AOD 比 $K_{\downarrow,d}$ 更敏感，所以入射短波辐射 $K_\downarrow$ 与 AOD 呈负相关。在夏季，观察到的 24 小时地表平均 $K_\downarrow$ 在无污染条件下约为 350 $W \cdot m^{-2}$，在 AOD 为 2 时为 140 $W \cdot m^{-2}$，对 AOD 的敏感度约为 -30%。全天候条件下 $K_\downarrow$ 对 AOD 的敏感度量级更低 (Yue and Unger, 2017)。

气溶胶对地表长波辐射的影响取决于气溶胶的类型和大小。使用与图 13.4 相同的冬季标准大气，在相同纬度条件下，SBDART 预测无污染边界层中的地表 $L_\downarrow$ 为 221 $W \cdot m^{-2}$，如果其他条件相同但边界层被城市气溶胶污染（可见光波段的 AOD 为 0.6；图 13.6），$L_\downarrow$ 为 226 $W \cdot m^{-2}$。在此，每增加一个单位的 AOD，$L_\downarrow$ 的增量为 8.3 $W \cdot m^{-2}$，$L_\downarrow$ 对 AOD 的敏感度为 3.7%。用同一模型计算有效半径为 0.5 μm 的矿物尘埃对 $L_\downarrow$ 的影响，发现每增加 1 单位 AOD，$L_\downarrow$ 的增量为 10 $W \cdot m^{-2}$，其 AOD 的敏感度与城市气溶胶类别相似；但如果尘埃粒子的半径增加到 5 μm，则敏感度要大得多，每增加 1 单位 AOD，$L_\downarrow$ 的增量为 50 $W \cdot m^{-2}$ (Dufresne et al., 2002)。粗尘粒比细尘粒和城市气溶胶更能增强 $L_\downarrow$，由于它们在大气窗口或约 8~12 μm 的波长范围内能更有效地吸收和散射长波辐射。在这个波长范围内，水汽和其他主要温室气体的吸收率接近于零。同时，这也是地球表面长波辐射的峰值出现的波段（图 13.2），因此这些波长的光学特性对地球的长波辐射收支非常重要。粒径与大气窗口波长范围相当的颗粒物是良好的长波辐射发射剂和散射剂, 一些发射和散射的长波辐射可以到达地表, 从而增强地表辐射平衡中的向下长波分量。

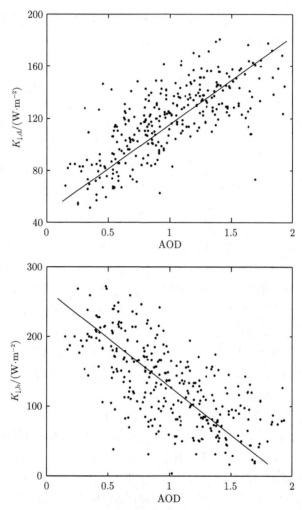

图 13.5　向下散射辐射 $K_{\downarrow,d}$ (上图)、地表直接辐射 $K_{\downarrow,b}$ (下图) 的 24 小时平均值与气溶胶光学厚度 (AOD) 的关系

观测时段为 2000~2012 年夏季, 观测地点为中国上海, 实线表示回归拟合线

　　气溶胶对植物光合作用的影响是双重的。首先, 在其他条件相同的情况下, 地表 $K_{\downarrow}$ 的降低——这个现象被称为全球变暗——会导致光合速率降低。这种响应不是线性的。对于 C3 植物而言, 在低光照条件下, 叶片通过光合作用对 CO_2 的吸收会随 $K_{\downarrow}$ 的增加成比例地增加, 但在高光照条件下则趋于平稳或饱和。在高强度的直接辐射下, 冠层光合作用也会发生饱和, 这是因为冠层顶部的叶片完全

暴露在阳光中，接受了过多的辐射，但大部分叶片处于上层冠层的阴影中，没有足够的辐射进行光合作用。因此，光合作用在弱光条件下的全球变暗效应比强光条件下更为敏感。其次，太阳辐射成分的变化，即散射辐射比例的增加，可以增强光合作用。在散射辐射下光合作用增强的现象被称为散射施肥效应。散射辐射在冠层上层和下层之间的分布比直接辐射更均匀，因此阳叶和阴叶都可以在更优的光照条件下进行光合作用。

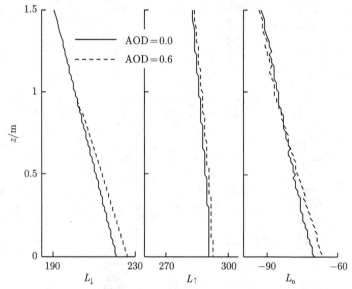

图 13.6   向下长波辐射 ($L_\downarrow$)、向上长波辐射 ($L_\uparrow$) 和净长波辐射通量
($L_n = L_\downarrow - L_\uparrow$) 的廓线图

纬度为 $32.2°N$，时间为 1 月 24 日当地时间 12:00。通量的单位为 $W \cdot m^{-2}$

　　散射施肥效应最初是在多云条件下涡度相关观测实验中发现的，之后又被污染条件下 CO_2 通量的观测和模型研究所证实。在多云散射光占比高的条件下，针叶林的总光合作用比在晴朗无云条件下更高 (Goulden et al., 1997)。在夏季 $K_\downarrow$ 为 500 $W \cdot m^{-2}$ 时，落叶林和针叶林在完全阴天和完全晴天之间的差异约为 10 $\mu mol \cdot m^{-2} \cdot s^{-1}$ (Mercado et al., 2009)。在无云条件下，Pinatubo 火山喷发产生的气溶胶将落叶林中午的总光合作用增加了约 5 $\mu mol \cdot m^{-2} \cdot s^{-1}$ (Gu et al., 2003)。一项模型研究显示 (Chakraborty et al., 2021)，与理想的无气溶胶大气相比，当前大气中的气溶胶负荷使全球表面 $K_\downarrow$ 减少了 4.5%，$K_{\downarrow,d}$ 增加了 20.7%。同一模拟研究还显示，散射效应大于变暗效应，导致全球初级生产力净增加 0.5%。

　　由于光合作用吸收的 CO_2 和蒸腾作用排放的 H_2O 分子都要经过气孔，气溶胶污染产生的散射辐射可能会增加地表水分通量。值得关注的问题是散射效应是否足够大以抵消变暗效应，这里的变暗效应是指输入到生态系统的短波辐射能量减少而导致的水分通量的减少。中纬度森林的观测表明，在夏季中午，污染条件下 (AOD > 0.5) 的潜热通量比清洁条件下 (AOD < 0.3) 低 40 W·m⁻² (Steiner et al., 2013)，这意味着变暗效应比散射效应强。在全球范围内，根据双叶模型的结果，大气气溶胶造成的潜热通量减少量约为 0.5 W·m⁻² (图 13.7)。在这个双叶模型中 (图 10.12)，阴叶蒸腾由散射效应引起的增强幅度要大于由变暗效应导致的减少量。但变暗效应主导了蒸散其他组分的响应，因此整体上，气溶胶效应导致了地表水分通量的减少。

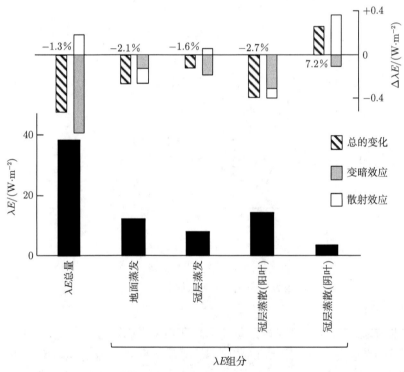

图 13.7　全球陆地无气溶胶大气中潜热通量及其组分 (下图) 以及气溶胶引起的潜热通量及其组分的变化 (上图)

每个变化项被分解为全球变暗效应的贡献 (灰柱) 和散射施肥效应的贡献 (白柱)；百分比值是相对变化；数据来源于 Chakraborty 等 (2021)

大气气溶胶通常会降低地表显热通量。在全球范围内，这种减少量约为 4 W·m⁻² (Chakraborty et al., 2021)。模拟研究表明，显热通量的减少量相对要大于潜热通量 (Yu et al., 2002; Barbaro et al., 2014; Liu et al., 2014; Chakraborty et al., 2021)。换句话说，在污染条件下 Bowen 比值会低于无污染状况，该模型研究的结果也得到了一些观测数据的支持 (Wang et al., 2008)。

13.3　平 板 近 似

在两个附加约束条件的帮助下，无污染对流边界层的平板模型（参见第 11 章）可以扩展到污染边界层。首先，假定气溶胶丰度和光学特性已知，并不随湿度或化学反应而变化。这个约束条件意味着气溶胶可以影响边界层的物理状态，但物理状态不影响气溶胶丰度或其垂直分布。其次，所有气溶胶都被限制在覆盖逆温层以下，并且在垂直方向上均匀分布。

在热量收支方程组中，热量平衡方程 [公式 (11.25)] 适用于无污染边界层，但忽略了辐射加热项，在此不再成立。它应该被修改为

$$z_i \frac{\partial \overline{\theta}_m}{\partial t} = (\overline{w'\theta'})_0 - (\overline{w'\theta'})_{z_i} + \frac{1}{\rho c_p}(R_{n,i} - R_{n,0}) \tag{13.9}$$

其中，$R_{n,i}$ 和 $R_{n,0}$ 分别是覆盖逆温层下方和地表的净辐射项 [图 13.8(a) 左图]。需要注意的是，这两个净辐射项遵守微气象学符号规则：如果总向下辐射大于总向上辐射，则净辐射为正，否则为负。

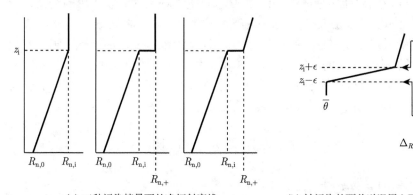

(a) 三种污染情景下的净辐射廓线　　　　(b) 被污染的覆盖逆温层上下边界处的通量

图 13.8　污染边界层辐射通量和覆盖逆温层结构示意图

图 (a) 左为污染发生在覆盖逆温层以下；中为污染发生在混合层和覆盖逆温层；右为混合层、覆盖逆温层和自由大气均有污染

公式 (13.9) 右侧的第三项是辐射通量的散度项，由短波的正贡献 (图 13.4) 和长波的负贡献 (图 13.6) 组成。短波贡献占主导地位，$R_{n,i} - R_{n,0}$ 通常为正值，这会导致温度升高。辐射加热速率由 $(R_{n,i} - R_{n,0})/(\rho c_p z_i)$ 给出，在 0.5 到 5 K·d^{-1} 之间变化 (Barbaro et al., 2013)。

第 11 章的热量收支方程组中其他控制方程适用于受污染的边界层，包括表面通量的参数化方案 [公式 (11.12)]，边界层高度 z_i 的预报方程 [公式 (11.21)]、

覆盖逆温强度 Δ_θ 的预报方程 [公式 (11.28)] 和夹卷热量通量 $(\overline{w'\theta'})_{z_i}$ 的参数化方程 [公式 (11.29)]。公式 (11.28) 是由自由大气的能量守恒方程 [公式 (11.4)] 推导出来的。在此，自由大气没有污染，因此公式 (11.28) 不受气溶胶的影响。同样，由于覆盖逆温层中没有气溶胶，逆温层的能量守恒方程 [公式 (11.8)] 和公式 (11.21) 的推导过程不需要修改。无污染边界层的夹卷率 A_T 为 0.2，根据大涡模拟研究 (Liu et al., 2019)，该夹卷率在轻度至中度污染条件下 (AOD < 0.9) 同样适用。

第 11 章给出了由热量的控制方程组推导得到的 z_i 三个近似解。其中两个解 [公式 (11.30) 和式 (11.32)] 只考虑了来自于地表的湍流加热和来自于自由大气的夹卷热量通量，但忽略了辐射对大气层的加热作用，它们会低估边界层的发展速度。目前还未找到适用于污染边界层的这两个解的改进版。第三个解 [公式 (11.34)] 是基于拟稳态近似，可以改进为 (Barbaro et al., 2013)

$$z_i = -\frac{1}{\gamma_\theta \overline{w}} \left[(1 + A_T)(\overline{w'\theta'})_0 + \frac{1}{\rho c_p}(R_{n,i} - R_{n,0}) \right] \tag{13.10}$$

该表达式包含了污染的辐射效应，其中方括号中的第一项表示地表湍流热通量和夹卷热通量对边界层发展的贡献，第二项是来自空气柱辐射吸收作用的贡献，两项都取正值。公式 (13.10) 表明，如果忽略污染辐射吸收，将低估 z_i。

第 11 章中所列 CO_2 收支的控制方程组不需要修改，可直接用于污染边界层，在此，污染的影响是间接的，被隐含在 z_i 和地表 CO_2 通量的变化中。同样，第 11 章水汽收支方程组也适用于污染边界层，前提条件是气溶胶的增长不会显著消耗水汽 (参见习题 13.14) 或触发边界层中云的形成。

13.4　边界层模型的改进

13.4.1　被污染的覆盖逆温层

在上述的平板模型中，气溶胶只出现在覆盖逆温层下方。逆温层中无气溶胶，夹卷过程仅由非辐射机理 (即湍流混合) 控制。如果逆温层被气溶胶污染，这种简化的处理方法就不再适用。化学反应是生成气溶胶的一个途径。与边界层下部相比，覆盖逆温层及边界层上部相对湿度较大而温度较低，有利于气相硝酸与氨气的化学反应，形成硝酸铵颗粒物 (Newman et al., 2003; Morgan et al., 2010)。

如果覆盖逆温层中存在气溶胶，辐射通量会发散 [图 13.8(a) 中间图]。令 $\Delta_{R_n} = R_{n,+} - R_{n,i}$ 为覆盖逆温层的辐射通量散度。边界层辐射通量的总散度为 $R_{n,+} - R_{n,0}$，由两个分量组成，第一个分量为逆温层的散度 Δ_{R_n}，第二个分量为混合层的散度 $R_{n,i} - R_{n,0}$。

覆盖逆温层完整的热量守恒方程为

$$\frac{\partial \overline{\theta}}{\partial t} + \overline{w}\frac{\partial \overline{\theta}}{\partial z} = -\frac{\partial \overline{w'\theta'}}{\partial z} + \frac{1}{\rho c_p}\frac{\partial R_n}{\partial z} \tag{13.11}$$

该方程的边界条件见图 13.8(b)。对公式 (13.11) 在 z 方向上积分，并利用 Leibniz 积分法则（参见第 11 章），可以得到新的边界层高度的预报方程

$$\frac{\partial z_i}{\partial t} = \overline{w} - \frac{1}{\Delta_\theta}\left[(\overline{w'\theta'})_{z_i} + \frac{1}{\rho c_p}\Delta_{R_n}\right] \tag{13.12}$$

夹卷速率的诊断关系被改为

$$w_e \equiv \frac{\partial z_i}{\partial t} - \overline{w}$$

$$= -\frac{1}{\Delta_\theta}\left[(\overline{w'\theta'})_{z_i} + \frac{1}{\rho c_p}\Delta_{R_n}\right] \tag{13.13}$$

如果覆盖逆温层出现空气污染，边界层的非绝热增长将受控于两个过程，第一个过程为湍流混合 (中括号内第一项)，第二个过程为辐射加热 (中括号内第二项)。

修正的平板模型由公式 (13.9)、式 (13.12)、式 (11.12)、式 (11.28) 和式 (11.29) 组成。

由公式 (13.12) 和式 (13.13) 可以推断，覆盖逆温层的空气污染会减小夹卷速率并抑制边界层的发展。这是因为在白天对流边界层中，夹卷湍流通量与辐射通量散度是相互抵消的，$(\overline{w'\theta'})_{z_i}$ 方向向下或为负值，但 Δ_{R_n} 为正值。这个推断已经在 Barbaro 等 (2013) 的大涡模拟研究中被证实，他们发现，如果混合层没有污染，气溶胶都悬浮在覆盖逆温层中，那么所有的辐射通量散度都发生在这一层，z_i 将比无污染情况下低 20%。与之相比，如果这些气溶胶分布在覆盖逆温层以下，z_i 将比无污染的 z_i 低 8%。

在云层覆盖的边界层中，辐射通量散度也起到重要的作用。云层顶部长波辐射交换要强于短波辐射交换，总辐射通量散度为负值，这一点不同于覆盖逆温层污染的情景。负的辐射通量散度会增强夹卷速率 (参见第 14 章)。

13.4.2 被污染的自由大气

边界层以上的气溶胶可以来自于非局地源。非洲西南部大草原生物质燃烧释放的烟尘颗粒会由西风输送到东南大西洋，产生气溶胶污染 (Das et al., 2017)。与之相似，冬季风期间由南亚输送而来的烟尘颗粒是北印度洋的空气污染源 (Wilcox et al., 2016)。这种区域的气溶胶烟流在垂直方向上扩散，会影响 3~4 km 高度的空气层。

陆地大气边界层日变化有两个主要特征（图 6.4），一是上午混合层增厚，二是傍晚混合层衰退。气溶胶在正午会扩散至边界层上部，这部分气溶胶将在混合层衰退之后存留在表面逆温层之上，基本不被稀释。在次日早晨当混合层又开始发展时，自由大气已经处于污染状态。在这种情况下，自由大气中的气溶胶是由局地源排放并经过多日积累造成的。

在上述的平板模型中，自由大气的位温是给定的已知量。如果自由大气受气溶胶污染，辐射通量将随着高度增加而增加 [图 13.8(a)，右图]，相应的辐射通量散度为正，是大气的能量源。自由大气的能量守恒方程 [公式 (11.4)] 需修正为

$$当 \ z > z_i \ 时, \ \frac{\partial \overline{\theta}}{\partial z} + \overline{w}\frac{\partial \overline{\theta}}{\partial z} = \frac{1}{\rho c_p}\frac{\partial R_n}{\partial z} \tag{13.14}$$

在此，自由大气位温 $\overline{\theta}$ 不再是已知量，而是可变参数，由预报方程 [公式 (13.14)] 计算获得。

13.4.3　气溶胶吸湿增长

湿度的作用不仅限于对化学反应的影响。在相对湿度为 50% 时，水溶性气溶胶 (包括硫酸盐、硝酸盐和可溶性有机物) 分别占城市和内陆气溶胶混合物的 50% 和 65% (Hess et al., 1998)。这些颗粒物具有吸湿能力，会吸收水汽分子，随着湿度增加而增大。气溶胶的吸湿性有赖于气溶胶中离子化合物的离解程度，但是气溶胶的吸湿性增长主要取决于气溶胶和其周围空气之间的水汽扩散，这可以认为是物理过程。平板模型的一个假设为边界层的物理相态不影响气溶胶的丰度，显然，吸湿性增长与该假设不符。为了提高模型性能，需要引入参数化方案，把气溶胶光学特性表达为湿度的函数。

气溶胶吸湿增长的一种体现方式是体积消光系数会随着相对湿度的增加而增加 (Day and Malm, 2001; Im et al., 2001; Randriamiarisoa et al., 2006; Zhang et al., 2015)。图 13.9 给出一个体积消光系数的例子，此处资料来自法国巴黎附近的边界层观测。当相对湿度 h 从标准化的参考值 0.5 增加到 0.9 时，消光系数 (图 13.9 的黑点) 增加了 5 倍。

第二个吸湿增长的例子见图 13.10，这组廓线图描绘的是中国南京附近粒子浓度 (c)、位温 (θ) 和相对湿度 (RH) 一天的时间变化。正午边界层高度约 400 m。100 m 高度上，在清晨以及向夜间过渡时段，湿度的影响明显。从当地时间 02:00 到 08:00，相对湿度从 44% 增加到 76%，c 从 110 $\mu g \cdot m^{-3}$ 增加到 210 $\mu g \cdot m^{-3}$。从 18:00 到 23:00，相对湿度从 66% 增加到 77%，c 从 260 $\mu g \cdot m^{-3}$ 增加到 340 $\mu g \cdot m^{-3}$。正午前后 RH 与 c 的相关性很弱，这可能与边界层增长和地面污染排放有关。

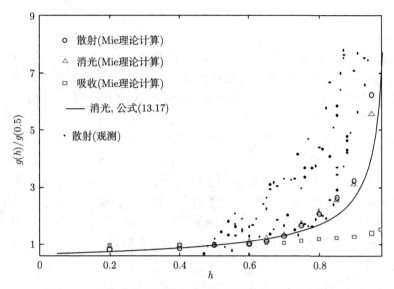

图 13.9 气溶胶散射、消光和吸收体积系数标准化增长因子

波长为 0.55 μm，标准化用的相对湿度为 $h = 0.5$。Mie 理论计算结果由 Hänel (1976) 给出，观测数据来自 Randriamiarisoa 等 (2006)

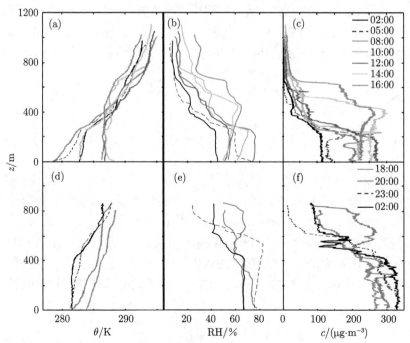

图 13.10 污染边界层中位温 (a) 和 (d)、相对湿度 (b) 和 (e)、颗粒物浓度（粒径 < 2.5 μm）(c) 和 (f) 廓线的时间变化

观测地点为中国南京附近，观测时段为 2017 年 12 月 23 日至 24 日，数据来源于 Liu 等 (2020)

　　液相颗粒是否可以增长以及增长的程度取决于平衡水汽压 $e_{v,e}$。这个参数表征的是围绕颗粒的薄层空气所具有的水汽分压。对于大粒径的纯水颗粒 (半径大于 5 μm)，平衡水汽压与 Clausius-Clapeyron 方程 [公式 (3.88)] 得到的饱和水汽压 e_v^* 相同。对于小颗粒，有两种机制会使 $e_{v,e}$ 偏离 e_v^*。由于颗粒凹凸表面的张力作用，颗粒中的水分子不能像大的水体表面的水分子那样很容易逃逸进入空气，这种情况下 $e_{v,e}$ 将大于 e_v^*。两者的差异被定义为 Kelvin 效应，会随着粒径的减小而增加。另一方面，因为颗粒含有溶质，其水活性比纯水要低，这种溶质效应会使 $e_{v,e}$ 小于 e_v^*。颗粒的平衡水汽压 $e_{v,e}$ 取决于 Kelvin 效应与溶质效应的相对强度。存在一个临界半径，如果颗粒的半径小于临界半径，$e_{v,e}$ 将随着粒径增加而增大 (Wallace and Hobbs, 1977)，对于这类小颗粒，如果初始 $e_{v,e}$ 低于环境水汽压 e_v，它们的粒径将会增大，$e_{v,e}$ 将增加，直到与 e_v 相等，即达到平衡态。

　　对于干燥状态下半径为 0.05~0.1 μm 的颗粒，溶质效应起主导作用，Kelvin 效应可以忽略 (Hänel, 1976; Tang, 1976)。在这个条件下，平衡水汽压小于饱和水汽压。根据 Raoult 定律，它们的比值为

$$\frac{e_{v,e}}{e_v^*} = \frac{n_w}{n_w + in_s} \tag{13.15}$$

式中，n_w 是水的摩尔数；n_s 是溶液中溶质的摩尔数；i 是 van't Hoff 因子。如果 $e_{v,e}$ 小于 e_v，空气中水汽分子将扩散进入颗粒，使 n_w 和 $e_{v,e}$ 都增加。该扩散过程将持续，直到颗粒达到与周围空气的平衡态，此时颗粒的 $e_{v,e}$ 与 e_v 相同，即 $e_{v,e}/e_v^* = e_v/e_v^* = h$，这里 h 为相对湿度。

　　从公式 (13.15) 可导出粒径增长因子的表达式 (Hänel, 1976)

$$g_r(h) = \frac{r}{r_0} \simeq \left(1 + \kappa \frac{h}{1-h}\right)^{1/3} \tag{13.16}$$

式中，r 和 r_0 分别是颗粒在平衡状态和干燥状态下的粒径，κ 是吸湿性参数。大气气溶胶的 κ 值一般落在 0.1 到 0.9 范围。吸湿性极强的颗粒物，如氯化钠，可以达到 κ 的上限 $\kappa \simeq 1.4$ (Petters and Kreidenweis, 2007)。

　　颗粒物光学特性的增长因子不能单独从 Raoult 定律导出。Hänel (1976) 以颗粒粒径增长因子为基础，利用观测的大气气溶胶混合物的化学特性进行了一系列的 Mie 理论计算，获得在波长 0.3~2.5 μm 范围内的消光系数增长因子的近似表达式，

$$g_e(h) = \frac{\beta_e(h)}{\beta_e(0)} \simeq \left(1 + \kappa \frac{h}{1-h}\right)^{2/3} \tag{13.17}$$

　　好奇的读者会问为什么公式 (13.17) 中指数为 2/3 而不是 1。颗粒物质量与

r^3 成比例, 颗粒物浓度增长因子为,

$$g_c(h) = \frac{c(h)}{c(0)} \simeq \left(1 + \kappa \frac{h}{1-h}\right) \tag{13.18}$$

根据公式 (13.3) 和式 (13.18), g_e 的表达式中的指数似乎应该是 1。然而, 光的衰弱主要受控于颗粒物几何截面积而非质量, 前者与 r^2 成正比 (Hänel 1976; Horvath 1993)。

图 13.9 中, 实线为城市气溶胶混合物消光增长因子, 所用的 κ 值为 0.7, 气溶胶模型为 V (Hänel, 1976), 波长为 0.55 μm。图 13.9还展现了吸收和散射系数增长因子, 吸收系数对湿度的敏感性比散射系数要弱。

散射系数增长因子也可参数化为

$$g_s(h) = \frac{\beta_s(h)}{\beta_s(0)} \simeq (1-h)^{-\gamma} \tag{13.19}$$

式中, γ 是经验系数。利用该方程拟合图 13.9中的观测数据, 得到 γ 在 0.47~1.35 (Randriamiarisoa et al., 2006), 这个值比 Zhang 等 (2015) 的 0.28 和 Im 等 (2001) 的 0.38, 都要高。

从能见度到气溶胶光学厚度

边界层内能见度受气溶胶污染影响强烈。世界气象组织 (WMO) 将能见度定义为"在白天以地平线的天空为背景, 能清楚地看到地面上黑色物体轮廓的最大距离"。如果一个物体能被肉眼识别, 它的对比度, 即亮度和背景之间的差别, 必须超过一个阈值。因为树的反照率低, 尤其是针叶树, 所以森林密布的小山是个理想的黑色物体。如图 13.11所示, 小山的对比度是由视线亮度 B_2 (路径 2) 以及无障碍物阻挡的地平线的亮度 B_1 (路径 1) 决定的。此处, 亮度等于路径辐射, 也就是观察者看到的大气散射光的强度。路径辐射就是为什么距离遥远的物体无法被肉眼辨认的原因。目标物越远, 视线上的路径辐射就越强, 它与地平线之间的对比度就越低。

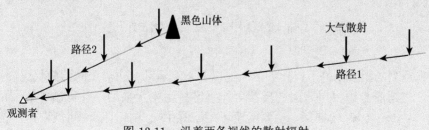

图 13.11 沿着两条视线的散射辐射

从路径 2 到达观测者的路径辐射强度可以表示为 (Horvath, 1981)

$$B_2 = B_1[1 - \exp(-\beta_e L)] \tag{13.20}$$

式中，L 为能见度，指观测者和小山之间的距离；β_e 为可见光波段的体积消光系数。对比度可以表示为相对于参考背景亮度

$$C = \frac{B_1 - B_2}{B_1} = \exp(-\beta_e L) \tag{13.21}$$

此处的参考背景为无遮挡的地平面。随着 L 增加，C 将逐渐接近于零。白天对比度的阈值约为 2%，低于该值，肉眼就分辨不出目标物，与该阈值相应的距离就是可视距离，即能见度。利用这个阈值，由公式 (13.21) 可以得到能见度的表达式：

$$L = 3.9/\beta_e \tag{13.22}$$

公式 (13.22) 表明，能见度与气溶胶消光系数成反比。对于航空业来说，WMO 建议阈值为 5%，这个阈值对应能见度表达式为

$$L = 3.0/\beta_e \tag{13.23}$$

能见度是气象站的常规观测气象要素。在缺少气溶胶浓度观测的时期及地区，可利用能见度资料，基于公式 (13.22) 或者公式 (13.23) 估算空气质量（Che et al., 2007; Mahewald et al., 2007; Singh et al., 2017）。

假设水平路径的消光系数与垂直路径是相同的，并且所有的气溶胶限定在边界层 1 km 厚度范围内，可以从公式 (13.4) 和式 (13.22) 推导，得到利用能见度数据估算气溶胶光学厚度 AOD 的公式，

$$\tau = 3900 \, [\text{m}]/L \tag{13.24}$$

式中，L 的单位为 m，这个估算的结果与基于地面和卫星观测的 AOD 有较好的一致性 (Wang et al., 2009)。

13.5   气溶胶对边界层特征的影响

在适当的天气条件下，比如低风速以及下沉运动，边界层的污染状况会持续数日。气溶胶与边界层之间的反馈可能是维持污染水平的一种机制（Yu et al., 2002; Petäjä et al., 2016）。主要反馈环路如图 13.12中粗体箭头所示。受气溶胶影响，地表入射太阳辐射下降，地表热量通量降低，对流湍流减弱，进一步导致

进入边界层的夹卷热量通量减小。由于热量通量的减小，边界层的发展受到抑制，边界层变薄。薄边界层意味着污染扩散的空气体积变小，气溶胶浓度增加，从而使边界层变得更薄。这是一个正反馈过程。

第二个反馈环路与湿度的变化有关，如图 13.12 中虚线箭头所示。需提醒一下，地表水汽通量及夹卷水汽通量都是向上传输水汽，前者会增加边界层湿度，后者会降低边界层湿度。在污染较重的边界层，两个通量在量级上都比无污染的边界层小。如果污染使夹卷通量下降幅度大于表面通量，则边界层湿度会增加。在这种情景下，气溶胶将吸湿增长，气溶胶质量浓度将增加，湿度反馈是正向的。

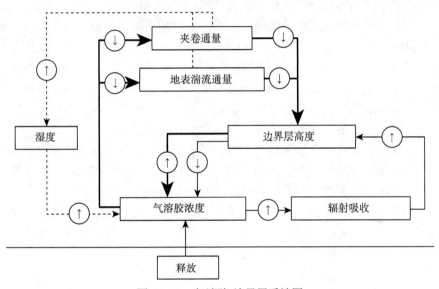

图 13.12 气溶胶-边界层反馈图

粗箭头和虚线箭头指气溶胶浓度的增加过程（正反馈），细箭头是减少气溶胶浓度的过程（负反馈）

如图 13.12 中的细箭头所示，部分抵消这些正反馈的是太阳辐射对边界层加热过程。这是个负反馈，它会阻止边界层不断变薄，并抑制气溶胶浓度不断增加。根据拟稳态边界层高度的表达式 [公式 (13.10)]，z_i 的下限为

$$z_i = -\frac{1}{\gamma_\theta \overline{w}} \left[\frac{1}{\rho c_p} (R_{n,i} - R_{n,0}) \right] \tag{13.25}$$

该下限值出现在地表和夹卷热量通量完全消失的情况下，边界层仅由辐射过程维持。换句话说，气溶胶的辐射加热过程本身就可以维持边界层的有限厚度。若下沉速度为 $-0.02 \ \mathrm{m \cdot s^{-1}}$，辐射通量散度 $R_{n,i} - R_{n,0}$ 为 $80 \ \mathrm{W \cdot m^{-2}}$，自由大气的位温梯度 γ_θ 为 $6 \times 10^{-3} \ \mathrm{K \cdot m^{-1}}$(参见习题 13.12)，则 z_i 下限为 560 m。

公式 (13.25) 表明气溶胶特征的重要性。气溶胶吸收太阳辐射的能力越强，辐射通量散度就越大，边界层就越厚，这和散射性气溶胶的作用不同 (图 13.4)。据一个一维边界层模型的模拟结果，在夏季典型受下沉气流控制的无雨地区，若边界层的气溶胶为纯散射型 (SSA = 1.0)，正午 z_i 为 1000 m；若气溶胶为吸收型 (SSA = 0.8)，则 z_i 为 1700 m (Yu et al., 2002)。在这个模拟研究中，吸收型气溶胶的加热作用极强，以至于 z_i 比无污染条件下的 z_i 还要大。

在上述讨论的情景中，气溶胶被限定在边界层内。如果吸光性气溶胶 (例如黑炭) 出现在边界层之上，边界层的增长则会受到抑制。产生该现象的潜在机制是边界层之上空气的辐射加热使覆盖逆温增强 (Yu et al., 2002; Ding et al., 2016)，导致进入边界层的夹卷热量通量降低。在北大西洋的观测发现，自由大气气溶胶污染严重的条件下（黑炭浓度大于 $0.6\ \mu g \cdot m^{-3}$），边界层厚度为 600 m；但是在自由大气相对清洁的条件下（黑炭浓度小于 $0.4\ \mu g \cdot m^{-3}$），厚度可达 800 m (Wilcox et al., 2016)。如果黑炭污染出现在边界层内，则会起到相反的作用，会使边界层增厚。模型模拟结果表明，如果黑炭颗粒同时出现在边界层内和自由大气层，总体影响为边界层变薄，尤其是在早上 (Gao et al., 2018)。

气溶胶污染的另一个结果是气温的改变。在白天，地表湍流热量通量和夹卷热量通量的下降会导致降温，而辐射吸收会导致升温 [公式 (13.9)]。需要强调的是气溶胶类型的重要性。如果气溶胶属纯散射型，中等程度的污染会使正午近地层气温下降 2 K (Yu et al., 2002)。如果气溶胶属吸光型，温度会增高 1~3 K (Yu et al., 2002; Ding et al., 2016)。在夜间，气溶胶污染会增强向下长波辐射，起到增温效应，近地层气温一般会高于无污染情况。

习　题

13.1 对于短波 (0.4~4 μm) 和长波波段 (> 4 μm) 辐射，硫酸盐气溶胶和黑炭气溶胶主要是散射型还是吸光型？

13.2 ①气溶胶的吸收率和发射率是什么关系？②不论气溶胶的短波发射率多大，气溶胶的短波辐射均可忽略不计，为什么？

13.3 若 SSA 为 1，哪一个垂直通量梯度 $\partial K_{\downarrow,b}/\partial z$、$\partial K_{\downarrow,d}/\partial z$、$\partial K_{\uparrow}/\partial z$ 或者 $\partial K_n/\partial z$ 将为零？你的答案与图 13.4 中的数据是否一致？为什么？

13.4 如果边界层顶的直接辐射通量为 650 $W \cdot m^{-2}$，太阳天顶角为 52°，短波 AOD 是 0.6，求解地表的向下直接辐射通量 $K_{\downarrow,b}$。与边界层之上的通量相比，$K_{\downarrow,b}$ 的下降比例是多少？在夏季每单位 AOD 导致 $K_{\downarrow,b}$ 下降的比例是否会比冬季更大？为什么？

13.5 据图 13.2 和图 13.3，是海洋性气溶胶还是城市型气溶胶类型含有更高的硫酸盐比例? 哪类气溶胶有更高的黑炭比例?

13.6 边界层厚度为 1 km, 气溶胶的短波 AOD 为 0.3, 估算体积散射系数。气溶胶的质量浓度大致是多少?

13.7 根据图 13.13, 在大气窗口矿物尘埃主要是吸收作用还是散射作用? 解释为什么边界层气溶胶对长波辐射的散射与吸收作用都会增加表面向下的长波辐射 $L_\downarrow$, 为什么粗颗粒比细颗粒物会增加更多的表面 $L_\downarrow$。

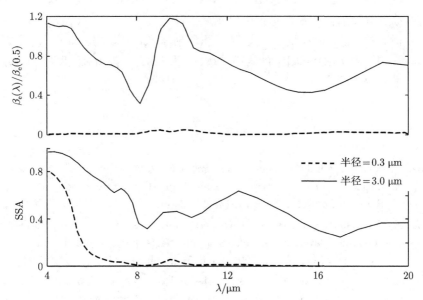

图 13.13　　两个有效半径矿物尘埃的标准化体积消光系数（上图）和单次散射反照率（下图）

数据源于 Dufresne 等 (2002)

13.8 SSA 如何影响地面的直接辐射通量以及散射辐射比例?

13.9 解释散射辐射的施肥效应。为什么这种效应对地表 CO_2 通量的作用强于水汽通量?

13.10 利用图 13.4 与图 13.6 中的数据, 估算① 晴空无污染条件下的长波冷却速率; ② AOD 为 0.6、SSA 为 1 的污染边界层中短波加热速率。

13.11 短波波段的 AOD 为 0.6, SSA 为 0.9, 地表 Bowen 比为 0.5, 土壤热通量可以忽略。①利用图 13.4 与图 13.6 展示的数据, 计算由气溶胶短波辐射效应、气溶胶长波辐射效应, 以及地表和夹卷热量通量引起的位温时间变化率; ②如果边界层无气溶胶, 其他条件不变, 位温变化率是多少?

13.12* 边界层处于拟稳态, 下沉速度 $\overline{w}$ 为 −0.02 m·s^{-1}, 自由大气位温梯度 γ_θ 为 6×10^{-3} K·m^{-1}, 土壤热通量为零。①边界层无污染, 边界层顶的净辐射 $R_{n,i}$ 为 460 W·m^{-2}, 地表净辐射 $R_{n,0}$ 近似等于 $R_{n,i}$, Bowen 比为

0.5，估算边界层的高度。② 边界层有污染，$R_{n,i}$ 为 460 W·m^{-2}，$R_{n,0}$ 为 380 W·m^{-2}，Bowen 比为 0.4，边界层的高度是多少？

13.13 覆盖逆温层有气溶胶污染，逆温强度 Δ_θ 为 0.2 K，地表热通量 $\overline{(w'\theta')}_0$ 为 0.08 K·m·s^{-1}，逆温层的辐射通量散度 Δ_{R_n} 为 5 W·m^{-2}。计算夹卷速率。

13.14 相对湿度为 50% 时，气溶胶质量浓度为 40 μg·m^{-3}，吸湿性参数为 0.4。如果相对湿度增为 95%，气溶胶吸湿增长后，气溶胶质量浓度为多少？单位体积空气中被气溶胶吸收的水汽是多少？对于边界层的水汽收支而言，被气溶胶消耗的水汽是否可以忽略不计？

13.15 相对湿度为 30% 时，气溶胶体积散射系数 β_s 是 40 mm^{-1}。根据公式 (13.19) 给出的增长因子 (经验参数 γ 为 0.38)，若相对湿度增为 90%，β_s 是多少？

参 考 文 献

Barbaro E, Vilà-Guerau de Arellano J, Krol M, et al. 2013. Impacts of aerosol shortwave radiation absorption on the dynamics of an idealized convective atmospheric boundary layer. Boundry-Layer Meteorology, 148(1): 31-49.

Barbaro E, Vilà-Guerau de Arellano J, Ouwersloot H G, et al. 2014.Aerosols in the convective boundary layer: Shortwave radiation effects on the coupled land-atmosphere system. Journal of Geophysical Research: Atmospheres, 119(10): 5845-5863.

Bergin M H .2000. Aerosol radiative properties and their impacts// Boutron C. Weather Forecasting to Exploring the Solar System. Paris: EDP Sciences: 51-65.

Chakraborty T C, Lee X, Lawrence D M. 2021. Strong local evaporative cooling over land due to atmospheric aerosols. Journal of Advances in Modeling Earth Systems, 13(5): e2021MS002491.

Che H, Zhang X, Li Y, et al. 2007. Horizontal visibility trends in China 1981—2005. Geophysical Research Letters, 34(24): L24706.

Das S, Harshvardhan H, Bian H, et al. 2017. Biomass burning aerosol transport and vertical distribution over the South African-Atlantic region. Journal of Geophysical Research: Atmospheres, 122(12): 6391-6415.

Day D E, Malm W C. 2001. Aerosol light scattering measurements as a function of relative humidity: a comparison between measurements made at three different sites. Atmospheric Environment, 35(30): 5169-5176.

Ding A J, Huang X, Nie W, et al. 2016. Enhanced haze pollution by black carbon in megacities in China. Geophysical Research Letters, 43(6): 2873-2879.

Dufresne J L, Gautier C, Ricchiazzi P, et al. 2002. Longwave scattering effects of mineral aerosols. Journal of the Atmospheric Sciences, 59(12): 1959-1966.

Gao J, Zhu B, Xiao H, et al. 2018. Effects of black carbon and boundary layer interaction on surface ozone in Nanjing, China. Atmospheric Chemistry and Physics, 18(10): 7081-7094.

Goulden M L, Daube B C, Fan S M, et al. 1997. Physiological responses of a black spruce forest to weather. Journal of Geophysical Research: Atmospheres, 102(D24): 28987-28996.

Gu L, Baldocchi D D, Wofsy S C, et al. 2003. Response of a deciduous forest to the Mount Pinatubo eruption: enhanced photosynthesis. Science, 299(5615): 2035-2038.

Hand J L, Malm W C. 2007. Review of aerosol mass scattering efficiencies from ground-based measurements since 1990. Journal of Geophysical Research: Atmospheres, 112(D16): D16203.

Hänel G. 1976. The properties of atmospheric aerosol particles as functions of the relative humidity at thermodynamic equilibrium with the surrounding moist air. In: Lansberg H E, van Mieghem J. Advances in Geophysics. New York: Acadmeic Press: 73-188.

Hess M, Koepke P, Schult I. 1998. Optical properties of aerosols and clouds: The software package OPAC. Bulletin of the American Meteorological Society, 79(5): 831-844.

Horvath H. 1981. Atmospheric visibility. Atmospheric Environment, 15(10/11): 1785-1796.

Horvath H. 1993. Atmospheric light absorption-a review. Atmospheric Environment Part A General Topics, 27(13): 293-317.

Im J S, Saxena V K, Wenny B N. 2001. An assessment of hygroscopic growth factors for aerosols in the surface boundary layer for computing direct radiative forcing. Journal of Geophysical Research: Atmospheres, 106(D17): 20213-20224.

Lesins G, Chylek P, Lohmann U. 2002. A study of internal and external mixing scenarios and its effect on aerosol optical properties and direct radiative forcing. Journal of Geophysical Research: Atmospheres, 107: D104094.

Li Z, Guo J, Ding A, et al. 2017. Aerosol and boundary-layer interactions and impact on air quality. National Science Review, 4: 810-833.

Liou K N. 2002. Introduction to Atmospheric Radiation 2nd Ed. San Diego: Academic Press.

Liu C, Fedorovich E, Huang J, et al. 2019. Impact of aerosol shortwave radiative heating on entrainment in the atmospheric convective boundary layer: a large-eddy simulation study. Journal of the Atmospheric Sciences, 76(3): 785-799.

Liu C, Huang J, Wang Y, et al. 2020. Vertical distribution of $PM_{2.5}$ and interactions with the atmospheric boundary layer during the development stage of a heavy haze pollution event. The Science of the Total Environment, 704: 135329.

Liu S, Chen M, Zhuang Q. 2014. Aerosol effects on global land surface energy fluxes during 2003-2010. Geophysical Research Letters, 41(22): 7875-7881.

Luo Y, Zheng X, Zhao T, et al. 2014. A climatology of aerosol optical depth over China from recent 10 years of MODIS remote sensing data. International Journal of Climatology, 34(3): 863-870.

Mahowald N M, Ballantine J A, Feddema J, et al. 2007. Global trends in visibility: implications for dust sources. Atmospheric Chemistry and Physics, 7(12): 3309-3339.

Mercado L M, Bellouin N, Sitch S, et al. 2009. Impact of changes in diffuse radiation on the global land carbon sink. Nature, 458: 1014-1017.

Morgan W T, Allan J D, Bower K N, et al. 2010. Enhancement of the aerosol direct radiative effect by semi-volatile aerosol components: airborne measurements in North-Western Europe. Atmospheric Chemistry and Physics, 10(17): 8151-8171.

Neuman J A, Nowak J B, Brock C A, et al. 2003. Variability in ammonium nitrate formation and nitric acid depletion with altitude and location over California. Journal of Geophysical Research: Atmospheres, 108: D174557.

Petäjä T, Järvi L, Kerminen V M, et al. 2016. Enhanced air pollution via aerosol-boundary layer feedback in China. Scientific Reports, 6: 18998.

Petters M D, Kreidenweis S M .2007. A single parameter representation of hygroscopic growth and cloud condensation nucleus activity. Atmospheric Chemistry and Physics, 7(8): 1961-1971.

Petty G W .2006. A First Course in Atmospheric Radiation (2nd Ed). Madison: Sundog Publishing.

Randriamiarisoa H, Chazette P, Couvert P, et al. 2006. Relative humidity impact on aerosol parameters in a Paris suburban area. Atmospheric Chemistry and Physics, 6(5): 1389-1407.

Remer L A, Kaufman Y J, Tanré D, et al. .2005. The MODIS aerosol algorithm, products, and validation. Journal of the Atmospheric Sciences, 62(4): 947-973.

Remer L A, Kleidman R G, Levy R C, et al. 2008. Global aerosol climatology from the MODIS satellite sensors. Journal of Geophysical Research: Atmospheres, 113: D14S07.

Ricchiazzi P, Yang S, Gautier C, et al. 1998. SBDART: A research and teaching software tool for plane-parallel radiative transfer in the Earth's atmosphere. Bulletin of the American Meteorological Society, 79(10): 2101-2114.

Singh A, Bloss, W J, Pope F D .2017. 60 years of UK visibility measurements: impact of meteorology and atmospheric pollutants on visibility. Atmospheric Chemistry and Physics, 17(3): 2085-2101.

Tang I N. 1976. Phase transformation and growth of aerosol particles composted of mixed salts. Journal of Aerosol Science, 7(5): 361-371.

Wallace J M, Hobbs P V. 1977. Atmospheric Science: An Introductory Survey. New York: Academic Press: 467.

Wang K, Dickinson R E, Liang S. 2008. Observational evidence on the effects of clouds and aerosols on net ecosystem exchange and evapotranspiration. Geophysical Research Letters, 35(10): L10401.

Wang K, Dickinson R E, Liang S. 2009. Clear sky visibility has decreased over land globally from 1973 to 2007. Science, 323(5920): 1468-1470.

Wilcox E M, Thomas R M, Praveen P S, et al. 2016. Black carbon solar absorption suppresses turbulence in the atmospheric boundary layer. Proceedings of the National Academy of Sciences of the United States of America, 113(42): 11794-11799.

Yu H, Liu S C, Dickinson R E. 2002. Radiative effects of aerosols on the evolution of the atmospheric boundary layer. Journal of Geophysical Research: Atmospheres, 107: D124142.

Yue X, Unger N. 2017. Aerosol optical depth thresholds as a tool to assess diffuse radiation fertilization of the land carbon uptake in China. Atmospheric Chemistry and Physics, 17: 1329-1342.

Zhang L, Sun J Y, Shen X J, et al. 2015. Observations of relative humidity effects on aerosol light scattering in the Yangtze River Delta of China. Atmospheric Chemistry and Physics, 15(14): 8439-8454.

Zuidema P, Sedlacek Ⅲ A J, Flynn C, et al. 2018. The Ascension Island boundary layer in the remote southeast Atlantic is often smoky. Geophysical Research Letters, 45(9): 4456-4465.

第 14 章　有云边界层

14.1　边界层中的云

本章将研究两种受云影响的大气边界层。第一种被水平延展、没有破碎的层积云 (Sc) 遮盖，云的位置正好在覆盖逆温层之下。第二种含有支离破碎、发展旺盛的积云 (Cu)，这些云块通常由混合层中的对流运动产生，出现在覆盖逆温层之上。有云边界层与前面章节所介绍的无云边界层的最主要区别是水的相态变化。当水汽凝结成液态云滴时，会释放潜热，导致温度升高，水汽混合比下降。换言之，凝结既是热源，又是水汽汇，在能量和质量守恒过程中必须加以考虑。如果云滴增长到足够大，就会从边界层中降落，形成降水，这将进一步降低大气湿度。与云相关的另一个过程是辐射交换，云滴会吸收短波辐射导致升温，也会释放长波辐射导致降温。

本章只讨论暖云，即没有冰晶颗粒的云。边界层中湿度足够高是成云的一个必要条件。在上升运动的绝热冷却过程中，部分气团的温度可以降至露点，在饱和态，水汽分子将在云凝结核表面聚集，形成液态云滴。云凝结核由尺度较小的吸湿性颗粒物组成，包括海盐、矿物尘埃和烟尘等。在云凝结核浓度很低的洁净环境中，凝结通常难以发生，除非大气处于过饱和状态。大气边界层中存在的云凝结核足够多，一般可以确保在饱和条件下发生凝结，即当 $e_v = e_v^*$ 时，就会出现云滴。

层云和积云在地球气候系统的能量平衡中扮演着重要角色。一方面，云能够吸收地表发射的长波辐射。另一方面，云能反射入射太阳辐射，减少到达地表的短波辐射。由于云的反照率效应强于云的长波效应，云的净辐射效应为负值，即冷却地球气候系统。科学界特别关注在未来气候变暖情景下云的演变过程，以及云的变化过程是否会放大气候变暖的信号。在局地尺度，云会影响大气边界层属性，如改变边界层扩散污染物的能力和将水汽输送至自由大气的能力。云的存在也会改变地表能量和碳水通量。

14.2　控制方程中的热力学变量

需要阐明湿绝热过程、干绝热过程与非绝热过程的区别。在干绝热过程中，气块与周围环境之间没有热量交换，没有分子从气块中逃脱，气块中也没有潜热释放和辐射能吸收等热源（第 2 章）。在湿绝热过程中，气块与环境之间虽然也没有热量和物质交换，但是会经历水的相变。在湿绝热过程中，气块的总含水量，即液态水加气态水保持不变。总比湿 q_t 定义为水的总质量与湿空气质量的比值，它在湿绝热过程中是保守量，而水汽混合比和水汽比湿却不是。水汽凝结会释放潜热，液态水蒸发会消耗潜热，位温在湿绝热过程中也不是保守量。非绝热过程包括气块与周围环境之间的动力混合、降水、辐射交换等，这些过程会改变气块的热力性质。

表 14.1 总结了研究有云边界层常用的热力学变量。其中少部分变量是通过控制方程直接得到的预测变量，其他是通过诊断关系才能得到的诊断变量。

表 14.1　热力学变量及其与温度和湿度的关系

名称	表达式
位温	$\theta = T \left(\dfrac{p}{p_0} \right)^{-R_d/c_{p,d}}$
总比湿	$\boldsymbol{q_t} = q_v + q_1$
虚位温	$\theta_v = \theta(1 + 0.61 q_t - 1.61 q_1)$
相当位温	$\boldsymbol{\theta_e} \simeq \theta + \dfrac{\lambda\theta}{c_{p,d}T} q_v$
液态水位温	$\boldsymbol{\theta_1} \simeq \theta - \dfrac{\lambda\theta}{c_{p,d}T} q_1$
湿静力能	$\boldsymbol{h} = c_p T + gz + \lambda q_v$
液态水静力能	$\boldsymbol{h_1} = c_p T + gz - \lambda q_1$

T 是气温; q_1 是液态水比湿; q_v 是水汽比湿。粗体变量在湿绝热过程中是保守的

根据预测变量的选择不同，模型研究可分为两类。一类模型研究继续使用位温和水汽混合比作为预测变量 (Bott et al., 1996)，在它们的模型中，除了位温和水汽混合比的控制方程外 [公式 (3.27) 和式 (3.28)]，还需要增加参数化方案，来描述云滴的凝结和蒸发过程。另一类大气边界层模型研究则选择在湿绝热过程中保守的变量为预测变量，这就避免了云微物理参数化方案。在第二类研究中，用 q_t 描述水含量，用湿静力能 h 预测热量的变化 (表 14.1)。两类模型研究策略都需要对形成降水的过程进行参数化。

现证明湿静力能 h 在湿绝热过程是保守量，证明过程需要联立质量守恒方程和能量守恒方程。湿静力能指气块绝热抬升至大气层顶时所具有的内能。根据质量守恒原则，云滴蒸发速率为

$$E_c = \rho \frac{dq_v}{dt} \tag{14.1}$$

云滴蒸发所吸收的潜热为

$$S_T = -\frac{\lambda}{\rho c_p} E_c = -\frac{\lambda}{c_p} \frac{dq_v}{dt} \tag{14.2}$$

联立公式 (14.2) 和能量守恒方程 (2.23), 考虑到绝热交换过程中没有分子热交换, 则有

$$\rho c_p \frac{\mathrm{d}T}{\mathrm{d}t} = \frac{\mathrm{d}p}{\mathrm{d}t} - \rho\lambda\frac{\mathrm{d}q_v}{\mathrm{d}t} \tag{14.3}$$

上式中, 气压对时间的全导数为

$$\frac{\mathrm{d}p}{\mathrm{d}t} = \frac{\partial p}{\partial t} + u\frac{\partial p}{\partial x} + v\frac{\partial p}{\partial y} + w\frac{\partial p}{\partial z} \tag{14.4}$$

流体静力平衡方程为

$$\frac{\partial p}{\partial z} = -\rho g \tag{14.5}$$

与 p 的垂直平流相比, p 对时间的局地导数和 p 的水平平流都很小, 可以忽略不计 (Ma, 2015), 则有

$$\frac{\mathrm{d}p}{\mathrm{d}t} = -w\rho g \tag{14.6}$$

将公式 (14.5) 和式 (14.6) 代入公式 (14.3), 并利用垂直速度的定义:

$$w \equiv \frac{\mathrm{d}z}{\mathrm{d}t} \tag{14.7}$$

则有

$$\frac{\mathrm{d}h}{\mathrm{d}t} = \frac{\mathrm{d}}{\mathrm{d}t}(c_p T + gz + \lambda q_v) = 0 \tag{14.8}$$

上式表明, h 的确是保守量, 在湿绝热过程中不随时间变化。

　　有些学者倾向于选择液态水静力能 h_l 作为预测变量。与 q_t 和 h 相同, h_l 在湿绝热过程中也是保守量。这三个变量中, 只有两个是相互独立。比如, 如果能够预测得到 h_l 和 q_t, 就可以从 $h = h_l + \lambda q_t$ 关系式得到 h。

　　也可以选择相当位温 θ_e 作为预测变量。相当位温指把气块假绝热抬升, 直至气块内所有水汽凝结并以降水形式脱落, 然后绝热下降至海平面处所对应的温度。根据定义可知, 相当位温 θ_e 在湿绝热过程中是保守的。θ_e 的完整表达式较为复杂 (Bolton, 1980)。与整层大气相比, 边界层是一个薄层, 可以采用浅层近似来研究相当位温, 获得表 14.1 中的线性表达式 (Deardorff, 1980)。

　　与 θ_e 相关的另一个热力学变量为液态水位温 θ_l, 在表 14.1 中也给出了其线性表达式 (Betts, 1973)。在 θ_e、θ_l 和 q_t 这三个保守量中, 只有两个是相互独立的 (参见习题 14.6)。

　　接下来, 将选择 θ_l 和 q_t 作为预测变量。选择 θ_l 而非 h_l 或 h 的原因在于, 若气块中无液态水, θ_l 与我们熟知的位温 θ 相等, 这样就能与之前章节所获得的无

云边界层的知识联系起来。但是需要注意的是，表 14.1 中 θ_l 的表达式采用了浅层近似。如果关注的对象是边界层与对流层上层大气之间的耦合作用 (Betts, 1988)，则需要使用 h，这是因为 h 在浅对流和深对流中都是保守量。

预测变量 θ_l 和 q_t 的雷诺平均方程为

$$\frac{\partial \overline{\theta}_l}{\partial t} + \overline{u}\frac{\partial \overline{\theta}_l}{\partial x} + \overline{v}\frac{\partial \overline{\theta}_l}{\partial y} + \overline{w}\frac{\partial \overline{\theta}_l}{\partial z}$$

$$= \frac{1}{\rho c_p}\frac{\partial R_n}{\partial z} - \left(\frac{\partial \overline{u'\theta_l'}}{\partial x} + \frac{\partial \overline{v'\theta_l'}}{\partial y} + \frac{\partial \overline{w'\theta_l'}}{\partial z}\right) \tag{14.9}$$

$$\frac{\partial \overline{q}_t}{\partial t} + \overline{u}\frac{\partial \overline{q}_t}{\partial x} + \overline{v}\frac{\partial \overline{q}_t}{\partial y} + \overline{w}\frac{\partial \overline{q}_t}{\partial z}$$

$$= -\frac{P}{\rho} - \left(\frac{\partial \overline{u'q_t'}}{\partial x} + \frac{\partial \overline{v'q_t'}}{\partial y} + \frac{\partial \overline{w'q_t'}}{\partial z}\right) \tag{14.10}$$

式中，P 是降水速率，单位为 kg·m^{-3}·s^{-1}。公式 (14.9) 和式 (14.10) 右边描述了先前提及的三个非绝热过程，即湍流混合、辐射交换和降水。$(\partial R_n/\partial z)/(\rho c_p)$ 表示由辐射引起的温度随时间的变化率，单位为 K·s^{-1}。与 θ 和 s_v 的守恒方程 [公式 (3.27) 和式 (3.28)] 相比，公式 (14.9) 和式 (14.10) 中没有出现与水相变有关的源汇项，这是因为 θ_l 和 q_t 在相变过程中是保守的。

想要完整地模拟大气边界层，在公式 (14.9) 和式 (14.10) 的基础上还需要额外增加两套公式。首先，需要在公式 (14.9) 和式 (14.10) 中对湍流通量进行参数化。为此，可将第 3 章讨论的闭合方案应用于 θ_l 和 q_t 的通量，比如，利用局地一阶闭合方案，θ_l 的垂直通量可以表示为

$$\overline{w'\theta_l'} = -K_l\frac{\partial \overline{\theta}_l}{\partial z} \tag{14.11}$$

式中，K_l 是 θ_l 的湍流扩散率。

第二套公式为一系列的诊断关系，通过 θ_l 和 q_t 计算 θ_v、T、q_l 和 q_v 等状态变量。诊断方程是基于基本原理建立的，通常表达的是同一时间的状态变量和过程变量之间的数学关系，模式每积分一步，就计算一次。与预测方程不同，诊断方程不能预测变量的未来变化。由于大气静力稳定度是由 θ 而非 θ_l 决定的，因此需要计算 θ 的垂直廓线，作为动量方程的输入项。在高湿边界层内，与 θ 相比，虚位温 θ_v 能够更准确地诊断大气静力稳定度。气温 T 被用于诊断分析模型网格是否处于饱和状态。q_l 和 q_v 为辐射传输模型的输入参数，被用于计算净辐射 R_n。有些变量还有其他应用价值，比如用 T 和 q_v 计算的湿球温度分析热胁迫 (参见第 12 章)。

若 q_t 大于饱和比湿 q_v^*，则空气处于饱和态。在饱和状态下，q_v 与 q_v^* 相等，多余的水（$q_t - q_v^*$）全部变成液态水。如果格点是非饱和的，则 q_v 等于 q_t，格点内全无液态水。这种全有-全无的成云方案可以通过以下数学关系来表达，

$$q_l = xH(x), \qquad q_v = q_t - q_l, \qquad x = q_t - q_v^*(T, p) \qquad (14.12)$$

式中，H 是 Heaviside 阶梯函数，

$$H(x) = \begin{cases} 1, & x > 0 \\ 0, & x \leqslant 0 \end{cases} \qquad (14.13)$$

饱和比湿是气温和气压的函数，

$$q_v^*(T, p) = \frac{0.622\, e_v^*(T)}{p - 0.378\, e_v^*(T)} \qquad (14.14)$$

式中，e_v^* 是饱和水汽压 [公式 (3.88)]。公式 (14.14) 中出现了两个常数，与干空气和水汽的分子量有关，可从理想气体定律导出 (参见习题 14.2)。在这个诊断计算过程中，温度 T 为 θ_l、q_t 和 p 的隐函数，可以进行数值求解 (参见习题 14.8)，或用解析方法求解 (Sommeria and Deardorff, 1977)。

图 14.1展示了一个诊断计算的实例。在该例中，θ_l 和 q_t 的廓线来自东北太平洋海洋边界层的实测数据 (Stevens et al., 2003a)，其他变量由诊断公式 (14.12) 和表 14.1中的关系式计算得到。假设海平面气压等于标准大气压 (1013 hPa)。通过诊断计算获得云底高度 z_b，也就是 q_l 首次超过 0 的高度。计算得到的 q_l 随高度线性增加，在大气边界层顶 ($z = z_i$) 达到最大值，这一线性关系是层积云被熟知的一个特征。

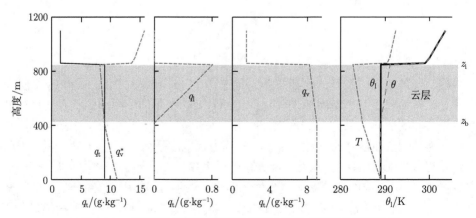

图 14.1　被层积云覆盖的海洋边界层内的热力学变量廓线特征

总比湿 q_t 和液态水位温 θ_l 廓线来自于观测数据 (Stevens et al., 2003a)，其他变量皆由诊断公式计算得到

14.3 被云覆盖的边界层

14.3.1 基本特征

云为层积云 (Sc) 时,大气边界层由两层组成,即上部的云层和地表与云底之间的云下层 (图 14.2)。层积云的厚度为 200~400 m,在水平方向上可以绵延几百千米。受到强覆盖逆温的阻碍,层积云云顶平坦;受湍流运动的影响,云底凹凸不平。层积云形成的有利条件包括:对流层低层大气的强稳定性、大尺度的下沉运动和地表水汽的持续供应。较强的稳定度和下沉运动抑制云垂直向上发展,使其难以越过大气边界层顶。地表的水汽供应对于云的维持十分关键,如果没有地表水汽供应,从自由大气夹卷进入边界层的干空气会促使云消散。上述有利于层积云形成的条件在热带和亚热带较冷的海洋区域上很常见。

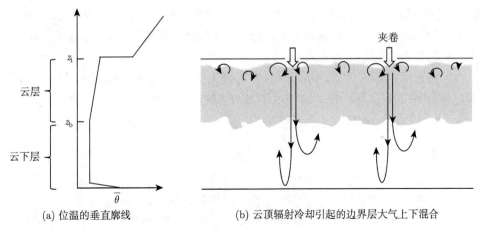

(a) 位温的垂直廓线　　(b) 云顶辐射冷却引起的边界层大气上下混合

图 14.2　被层积云覆盖的大气边界层

当有层积云存在时,夹卷过程是由自上而下的垂直混合机制维持的。此时,由于天空被云层遮蔽,地表感热通量很小,量级约为 10 $W \cdot m^{-2}$,无法激发对流湍涡。云顶附近反而是湍流运动的主要来源。云滴能够有效地吸收和发射长波辐射,但在云层最顶部的 10~30 m,云滴对长波辐射的发射强于吸收,净长波辐射为负,产生长波辐射冷却效应,使得云顶温度低于云层中下部,从而激发静力不稳定状态,发生对流翻转。这种对流运动发生在覆盖逆温层附近,因此湍流运动可以断断续续地把自由大气中的干而暖的空气卷入云层内。云内的饱和湿空气与干暖空气混合后,一些云滴蒸发,带走潜热,进一步加强局地冷却。某些气块温度降至一定程度后,密度会大于周围空气,受到负浮力的作用,向下运动直至地面 (图 14.2)。

对流翻转在夜间最为明显。在白天，云层吸收太阳辐射，可以部分补偿长波辐射冷却效应，削弱向下的热量传输。因此，被云覆盖的大气边界层白天比夜晚浅薄，不过这种昼夜变化要比陆地上无云边界层的日变化小得多。

根据野外观测和大涡模拟 (LES) 研究结果，只要大气边界层不是特别深厚 ($z_i <\sim 800$ m)，自上而下的对流运动就足以使云层与云下层充分混合 (Wood, 2012)。尽管 CO_2 等气体的混合比在大气边界层内不随高度变化，但是位温 $\bar{\theta}$ 和水汽比湿 $\bar{q}_v$ 仅在云下层维持不变。在云层内，由于存在水相变和辐射冷却，$\bar{\theta}$ 和 $\bar{q}_v$ 都不是保守量。不过如前面所述，总比湿 $\bar{q}_t$ 和液态水位温 $\bar{\theta}_l$ 是保守量。

14.3.2 云的辐射特性

层积云的云滴半径约为 10 μm (Slingo et al., 1982; Nicholls and Leighton, 1986)。在可见光和近红外波段，该尺寸云滴对辐射的吸收可以忽略，单次散射反照率 (SSA) 接近 100% (Hess et al., 1998)。在中红外波段，云滴可以吸收辐射，SSA 低于 100%。云滴对 3 μm 左右的中红外辐射吸收最强，吸收率为 15%~30%。但是该谱段的吸收对大气的影响可以忽略，这是因为在波长大于 2 μm 的波段，太阳辐射强度本身十分微弱 (图 13.2)。

云的液态水路径与云的辐射效应密切相关。令 z_t 和 z_b 分别为云顶和云底高度，液态水路径 (LWP) 是云底到云顶之间气柱中液态水的总量，

$$W = \int_{z_b}^{z_t} \rho q_l \mathrm{d}z \tag{14.15}$$

云光学厚度是无量纲化的物理量。与气溶胶光学厚度表征气溶胶总的消光特征类似 (参见第 13 章)，云光学厚度表征的是云滴总的消光特征。在可见光波段，当 W 为 20 g·m^{-2} 时，云光学厚度为 10；当 W 为 70~200 g·m^{-2} 时，云光学厚度增至 70 (Stephens, 1978b)。若云的光学厚度大于 10，从地面就无法看见日盘。由于层积云的 LWP 通常在 40~200 g·m^{-2} 之间变化 (Kawai and Teixeira, 2010)，因此当天空被层积云覆盖时，太阳光束无法穿透云层到达地面，即直接辐射为零。

图 14.3 (左图) 描绘的是 LWP 对云的三个短波波段辐射特性的影响，包括云顶反照率、云层透过率和云的总吸收率。如果云层的 W 为 120 g·m^{-2}，云顶的入射太阳辐射强度为 100 W·m^{-2}，根据图 14.3，可以算得 66 W·m^{-2} 的太阳辐射会被云反射，22 W·m^{-2} 的太阳辐射以散射辐射形式穿过云层，其余都被云层吸收。

云在长波波段的有效发射率也依赖于 LWP (图 14.3 右图)，两者之间的关系可以用以下参数化方案表示 (Stephens, 1978b)

$$\epsilon_\downarrow = 1 - \exp\left(-0.158\,W\right) \qquad \text{向下长波辐射} \tag{14.16}$$

$$\epsilon_\uparrow = 1 - \exp\left(-0.130\,W\right) \qquad \text{向上长波辐射} \qquad (14.17)$$

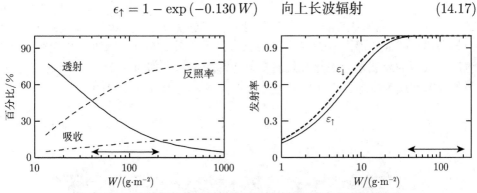

图 14.3 二流模型计算得到的暖云辐射特性随液态水路径的变化

太阳天顶角为 37°，箭头表示层积云中典型的液态水路径变化范围 (Stephens, 1978b; Kawai and Teixeira, 2010)

考虑到向上长波辐射和向下长波辐射在光谱组成上存在差异，这里需要对它们分别进行参数化。公式 (14.16) 和式 (14.17) 中参数的单位为 $\mathrm{m^2 \cdot g^{-1}}$，代表云在长波波段的质量吸收系数。层积云对长波辐射的发射率通常大于 0.99，因此由层积云组成的云层对于长波辐射来说近似为黑体。

如果云顶向下的长波辐射 ($L_{\downarrow,\mathrm{t}}$) 和云底向上的长波辐射 ($L_{\uparrow,\mathrm{b}}$) 已知，则云底向下的长波辐射 ($L_{\downarrow,\mathrm{b}}$) 和云顶向上的长波辐射 ($L_{\uparrow,\mathrm{t}}$) 可以利用以下关系进行计算，

$$L_{\downarrow,\mathrm{b}} = L_{\downarrow,\mathrm{t}}(1 - \epsilon_\downarrow) + \epsilon_\downarrow \sigma T_\mathrm{b}^4 \qquad (14.18)$$

$$L_{\uparrow,\mathrm{t}} = L_{\uparrow,\mathrm{b}}(1 - \epsilon_\uparrow) + \epsilon_\uparrow \sigma T_\mathrm{t}^4 \qquad (14.19)$$

式中，T_t 和 T_b 分别是云顶和云底的温度。上述公式中忽略了云对长波辐射的反射。由第 13 章描述的 Kirchhoff 定律可知，物体在某一波长辐射的发射率等于在该波长辐射的吸收率。因此，上述两个公式右手边的第一项表示辐射透射项。

上面讨论的是云对辐射的总体特性。现在来研究云层中辐射的垂直分布特征。图 14.4 展示的是在北大西洋 Santa Maria 岛附近夜晚观测得到的净长波辐射 $L_\mathrm{n} = L_\downarrow - L_\uparrow$ 的垂直变化 (Duynkerke et al., 1995)。云层总的长波辐射损失约为 $60\ \mathrm{W \cdot m^{-2}}$，$L_\mathrm{n}$ 垂直变化速率最快的位置是在云顶，此处液态水比湿最高。在这个位置，长波辐射引起的温度随时间的变化率 $(\partial L_\mathrm{n}/\partial z)/(\rho c_p)$ 约为 $-7\ \mathrm{K \cdot h^{-1}}$，负号表示长波辐射冷却。在云底，$L_\mathrm{n}$ 的垂直梯度与云顶符号相反，此处云以 $0.1\ \mathrm{K \cdot h^{-1}}$ 的速率微弱升温。受温暖海面向上的强烈长波辐射加热作用，云的下部会变暖。云顶变冷，云底变暖，这种冷暖反差会促进云层内的垂直对流。

云层中的短波辐射存在很强的空间异质性 (Slingo et al., 1982)，难以准确测量短波辐射的垂直廓线。云上和云下的飞机观测显示，在正午时刻，整个云层对短

波辐射的吸收与长波辐射损失量相当 (Slingo et al., 1982; Nicholls and Leighton, 1986)。与长波辐射损失相比，短波辐射吸收在垂直方向上分布更为均匀，因此云顶的净辐射的垂直梯度 $(\partial R_n / \partial z)$ 依然为负，导致冷却效应。例如，在苏格兰西北海岸，云顶的短波辐射加热和长波辐射冷却的速率分别为 $2 \ \mathrm{K \cdot h^{-1}}$ 和 $8 \ \mathrm{K \cdot h^{-1}}$，净的辐射效应为冷却，冷却速率为 $6 \ \mathrm{K \cdot h^{-1}}$ (Slingo et al., 1982)。

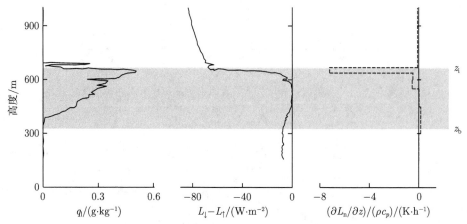

图 14.4　观测得到的液态水比湿垂直廓线（左）、净长波辐射垂直廓线（中）和计算得到的净长波辐射加热率的垂直廓线（右，$L_n = L_\downarrow - L_\uparrow$）

数据来源于 Duynkerke 等 (1995)

为了体现云顶附近长波辐射冷却的重要性，一些模型研究将 L_n 垂直廓线用以下简单的参数化方案表示：

$$L_n(z) = L_{n,t} \exp\left(-\alpha_R \int_z^{z_t} \rho q_l \mathrm{d}z'\right) \tag{14.20}$$

式中，z_t 是云顶高度；$L_{n,t}$ 是 z_t 处的净长波辐射；α_R 是表观质量吸收系数 (Moeng, 2000)。系数 α_R 的典型数值为 $0.13 \ \mathrm{m^2 \cdot g^{-1}}$，这与长波辐射发射率参数化方案的结果一致 [公式 (14.17)]。根据公式 (14.20)，最大长波辐射冷却速率出现在 $z = z_t$ 处，且冷却速率与 $q_l(z_t)$ 成正比。更为复杂的辐射传输机理模型 (Stephens, 1978a) 也证实了这两个辐射特性。值得注意的是，公式 (14.20) 没有捕捉到云底的加热效应。

可以对之前介绍的双流模型 [公式 (14.16)～式 (14.19)] 进行修改，以改善长波辐射的计算，特别是对云底加热的模拟。此时，研究对象不是整个云盖，而是云中特定高度 z，目的是获取此高度上的 $L_\downarrow$ 和 $L_\uparrow$。首先，对云底至高度 z 的液态水密度进行积分；其次，根据各自的边界条件，确定 z 处的 $L_\downarrow$ 和 $L_\uparrow$ (参见习题 14.13)。这个方法可以同时模拟云顶冷却和云底加热这两个过程。

14.3.3 平板近似

平板模型对层积云覆盖的大气边界层应用效果较好，这是因为 $\overline{\theta}_1$ 和 $\overline{q}_t$ 是上下均匀的，在白天 (Slingo et al., 1982) 和夜晚 (Duynkerke et al., 1995)，两者的垂直变化都很小，这种充分混合特征是由对流翻转带来的较强湍流造成的。它们的廓线符合典型的平板模型特征 (图 14.5)。图 14.5 给出的是理想化的 R_n 廓线，云边界处的 R_n 散度不为零，意味着云底加热和云顶冷却，但在云层内和云层下 R_n 均匀分布，不存在净辐射散度。这种理想化的情况在夜晚更符合实际。在白天，虽然云顶冷却依然显著，但是短波辐射会加热整个云层。精细地描述短波辐射的垂直分布对于一些夹卷参数化方案或许有用，但在此处的能量收支分析中是不需要的。能量收支中更值得关注的是 R_n 的逆温跳跃和 R_n 在边界层的总散度。

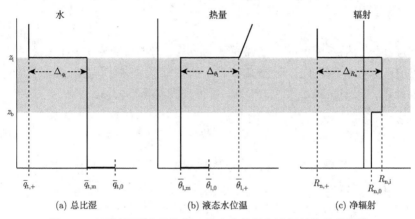

图 14.5 平板模型中总比湿、液态水位温和净辐射的垂直廓线

这个简单的一维模型也被称为零阶模型，模型的所有变量都是水平面上的平均值。以下标 0 表示地表数值，以下标 m 表示柱平均值 [公式 (11.1)]，下标 + 表示覆盖逆温层顶的自由大气中的数值，穿越覆盖逆温层的 θ_1、q_t 和 R_n 逆温跳跃定义为

$$\Delta_{\theta_1} = \overline{\theta}_{1,+} - \overline{\theta}_{1,m}, \quad \Delta_{q_t} = \overline{q}_{t,+} - \overline{q}_{t,m}, \quad \Delta_{R_n} = R_{n,+} - R_{n,i} \tag{14.21}$$

此处，$R_{n,i}$ 为覆盖逆温层下方的净辐射。

平板模型包含三个预测变量：边界层高度 z_i、柱平均的液态水位温 $\overline{\theta}_{1,m}$ 和柱平均比湿 $\overline{q}_{t,m}$ (Stevens, 2006)。由空气质量守恒原理可得

$$\frac{\partial z_i}{\partial t} = \overline{w} + w_e \tag{14.22}$$

能量守恒方程表示为

$$z_i \frac{\partial \overline{\theta}_{l,m}}{\partial t} = (\overline{w'\theta_l'})_0 - (\overline{w'\theta_l'})_{z_i} + \frac{1}{\rho c_p}(R_{n,i} - R_{n,0}) \tag{14.23}$$

式中, $(\overline{w'\theta_l'})_0$ 和 $(\overline{w'\theta_l'})_{z_i}$ 分别是 θ_l 在地表和边界层顶的湍流通量。与此类似，水汽的质量守恒方程可以写为

$$z_i \frac{\partial \overline{q}_{t,m}}{\partial t} = (\overline{w'q_t'})_0 - (\overline{w'q_t'})_{z_i} \tag{14.24}$$

式中, $(\overline{w'q_t'})_0$ 和 $(\overline{w'q_t'})_{z_i}$ 分别是 q_t 在地表和边界层顶的湍流通量。

现讨论计算这三个守恒方程右侧各项的方法。能量守恒方程中的净辐射项要么事先给定，要么由耦合云 LWP 的辐射传输模型计算。

下沉运动速率 $\overline{w}$ 是外部参数，根据连续方程可知，它与大尺度的辐散速率 D (< 0) 的关系为

$$\overline{w} = Dz_i \tag{14.25}$$

在层积云的平板模型中，夹卷通量 $(\overline{w'\theta_l'})_{z_i}$ 与夹卷速率 w_e 和 z_i 处的逆温跳跃条件有关。在逆温层内，对公式 (14.9) 的一维形式进行积分，参照无云边界层相同的处理方式 (图 11.2 和图 13.8)，可得到夹卷速率的诊断公式：

$$w_e = -\frac{1}{\Delta_{\theta_l}} \left[(\overline{w'\theta_l'})_{z_i} + \frac{1}{\rho c_p} \Delta_{R_n} \right] \tag{14.26}$$

公式 (14.26) 与污染边界层的夹卷速率表达式 [公式 (13.13)] 相同，只不过式 (14.26) 用的是液态水位温，而公式 (13.13) 用的是位温。联立公式 (14.21)、式 (14.23) 和式 (14.26)，从公式 (14.23) 中消除 $(\overline{w'\theta_l'})_{z_i}$，可得

$$z_i \frac{\partial \overline{\theta}_{l,m}}{\partial t} = (\overline{w'\theta_l'})_0 + w_e \Delta_{\theta_l} + \frac{1}{\rho c_p}(R_{n,+} - R_{n,0}) \tag{14.27}$$

该式右边第三项是整个边界层的净辐射散度，注意不要与公式 (14.23) 中覆盖逆温层下的净辐射散度混淆。

用类似的推导方法，利用 w_e 的表达式，可以将水汽夹卷通量 $(\overline{w'q_t'})_{z_i}$ 表示为

$$(\overline{w'q_t'})_{z_i} = -w_e \Delta_{q_t} \tag{14.28}$$

公式 (14.24) 变为

$$z_i \frac{\partial \overline{q}_{t,m}}{\partial t} = (\overline{w'q_t'})_0 + w_e \Delta_{q_t} \tag{14.29}$$

由于地表与大气之间没有液态水交换，地表 θ_l 和 q_t 的通量就分别等同于地表位温和比湿的通量。由于近地层大气中没有液态水，θ_l 和 q_t 分别等同于 θ 和 q_v。依据以上特征, 类比于 Ohm 定律 [图 3.7; 公式 (3.80) 和式 (3.81)]，可得 θ_l 和 q_t 地表通量的计算式：

$$(\overline{w'\theta_l'})_0 = C_H \overline{u}(\overline{\theta}_{l,0} - \overline{\theta}_{l,m}), \quad \overline{w'q_t'} = C_E \overline{u}(\overline{q}_{t,0} - \overline{q}_{t,m}) \tag{14.30}$$

式中，下标 0 代表地表数值；$\overline{u}$ 为地表风速。若地表为海面或大型湖泊，其气压为海平面气压 p_0，$\overline{\theta}_{l,0}$ 与地表温度 T_0 相同，$\overline{q}_{t,0}$ 为饱和比湿 $q_v^*(T_0, p_0)$。公式 (14.30) 不允许有降水发生。

综上可知，平板近似模型旨在用公式 (14.25)、式 (14.27) 和式 (14.29) 预测 z_i、$\overline{\theta}_{l,m}$ 和 $\overline{q}_{t,m}$。D、T_0、$\overline{u}$、$\overline{\theta}_{l,+}$ 和 $\overline{q}_{t,+}$ 是预先给定的外部参数。净辐射散度要么预先给定，要么由辐射传输模型计算得到。夹卷速率由参数化方案计算得到。

云顶高度为 z_i。其他云的属性未在控制方程中出现，它们由诊断方程计算得到。为了获得云底高度 z_b 的诊断关系，首先要注意在云下层，θ_l 和 q_t 分别与 θ 和 q_v 相同 (图 14.1)。在云底，空气刚好呈饱和状态，满足：

$$\overline{q}_{t,m} = q_v^*(\overline{T}(z_b), p(z_b)) \tag{14.31}$$

为了从公式 (14.31) 解得 z_b，需要气温和气压随高度变化的表达式。再次假设地表气压为海平面气压，则地表气温等于 $\overline{\theta}_{l,m}$。高度 z_b 处的气温可以近似为

$$\overline{T}(z_b) = \overline{\theta}_{l,m} - \Gamma z_b \tag{14.32}$$

式中，Γ ($= 9.8 \times 10^{-3}$ K·m^{-1}) 是大气边界层中的干绝热温度直减率。气压由下式计算得到

$$p(z) = p_0 \exp(-z/H) \tag{14.33}$$

式中，H 为气压标高，相当于气压变化 e 倍的高度范围。边界层中气压标高 H 的标准值为 8.5×10^3 m (Wallace and Hobbs, 1977)。为了更容易得到计算结果，将公式 (14.33) 进行线性化：

$$p(z_b) \simeq p_0(1 - z_b/H) \tag{14.34}$$

对公式 (14.14)、式 (14.31)、式 (14.32) 和式 (14.34) 进行多个步骤的处理，可以得到

$$z_b = \frac{q_v^*(\overline{\theta}_{l,m}, p_0) - \overline{q}_{t,m}}{0.622\,\Gamma\Delta/p_0 - \overline{q}_{t,m}/H} \tag{14.35}$$

式中，Δ 是饱和水汽压 [公式 (3.88)] 随温度变化的斜率。与公式 (10.6) 类似，上述推导过程使用了饱和水汽压的线性近似形式，描述在地表温度和 z_b 高度处气温变化范围内水汽压的变化。

公式 (14.35) 对标高 H 不敏感，但对如何计算 Δ 较为敏感。如果利用 $\overline{\theta}_{l,m}$ 对应的 Δ，会低估云底高度。由于云下平均温度比地表气温低 2 K 左右 (图 14.1; Duynkerke et al., 1995)，建议在 $\overline{\theta}_{l,m} - 2$ K 处计算 Δ。

云的另一个重要属性是云顶液态水比湿 $\bar{q}_1(z_i)$，它可以通过诊断公式 (14.12)
获得。该公式需要用 z_i 高度处的气压和温度作为输入量，气压来自公式 (14.33)，温
度可以从公式 (14.62) 求数值解，或解析解获得 (Sommeria and Deardorff, 1977)。

云的 LWP 由公式 (14.15) 计算得到。其中，液态水比湿随高度线性增加，在
云底为 0，在云顶为 $\bar{q}_1(z_i)$。

14.3.4 平衡边界层

层积云可以维持数天而不破碎 (Wood, 2012)，这种相对稳定的特性激发了平
衡边界层理论的发展。如果稳态持续超过 24 h，就可以认为大气边界层处于平
衡状态 (Betts, 1989)。海洋上，最有利于形成平衡状态的区域为 Hardley 环流和
Walker 环流的下沉支流所处海域。在这些海域，大气边界层向自由大气输送水汽，
为这两个环流中的上升支流区域的降水云系提供水汽来源。

要达到平衡状态，需要同时满足以下几点条件。根据空气质量守恒定律，平均
夹卷速率要与大尺度下沉速率相平衡，以保证大气边界层高度不随时间变化。地
表蒸发提供的水汽与大气边界层顶夹卷移除的水汽相当。大气边界层中可以存在
水的相变，但没有降水。从能量平衡角度来看，地表热通量、边界层顶夹卷热通
量、辐射冷却相平衡，因此柱平均的液态水位温不随时间变化。

平板模型是一个合理的理论框架，适用于研究平衡边界层。由于所有的时间
变化项都可以忽略，平板模型方程可以简化为海洋温度、边界层状态变量和对流
层状况的代数表达式，但需要一个夹卷速率的参数化方案使方程闭合。由于夹卷
主要受云顶辐射冷却控制，选择以下参数化方案是合理的：

$$w_e = -\frac{\alpha}{\Delta_{\theta_1}} \times \frac{R_{n,+} - R_{n,0}}{\rho c_p} \tag{14.36}$$

式中，α 是经验系数 (Stevens, 2006)。该参数化方案与公式 (14.26) 相似，但受到
湍流的作用，即公式 (14.26) 方括号内的第一项，被隐含在系数 α 中。公式 (14.36)
表明，夹卷速率随着净辐射散度的量级增加而线性增加，随着逆温增强而减弱。研
究发现，当 α 的数值为 0.85 时，平衡边界层理论计算结果与观测到的层积云气
候态较吻合 (Stevens, 2006)。

将公式 (14.22)、式 (14.27) 和式 (14.29) 中的时间变化项设为 0，假设公式
(14.30) 中的两个传输系数 C_H 和 C_E 相等，结合公式 (14.36)，则获得平衡边界
层的解：

$$z_i = -\frac{\alpha C_H \bar{u}}{|D|} \times \frac{R_{n,+} - R_{n,0}}{C_H \bar{u} \rho c_p (\bar{\theta}_{1,+} - \bar{\theta}_{1,0}) + (\alpha - 1)(R_{n,+} - R_{n,0})} \tag{14.37}$$

$$\bar{\theta}_{1,m} = \bar{\theta}_{1,0} - \frac{\alpha - 1}{C_H \bar{u}} \times \frac{R_{n,+} - R_{n,0}}{\rho c_p} \tag{14.38}$$

$$\overline{q}_{t,m} = \overline{q}_{t,0} - \alpha(\overline{q}_{t,+} - \overline{q}_{t,0}) \times \frac{R_{n,+} - R_{n,0}}{C_H \overline{u} \rho c_p (\overline{\theta}_{1,+} - \overline{\theta}_{1,0}) - (R_{n,+} - R_{n,0})} \tag{14.39}$$

请注意净辐射散度 $(R_{n,+} - R_{n,0})$ 为负值 (图 14.5)，这有助于理解上述表达式。由公式 (14.37)~ 式 (14.39) 可知，平衡边界层受辐射冷却、地表状态 (地表温度 $\overline{\theta}_{1,0}$ 和地表风速 $\overline{u}$)、自由大气状态 ($\overline{\theta}_{1,+}$ 和 $\overline{q}_{t,+}$) 和大尺度气流运动 (水平气流辐散 D) 的共同控制。

大气边界层的湿度和温度对气流辐散 D 并不敏感，仅有边界层高度才受 D 的影响。其他条件不变时，气流辐散速率越快，边界层高度就越低。

从上述公式中无法直接看出除 D 以外的其他外部参数对大气边界层的影响，因此需要借助于数值计算挖掘它们的含义。首先研究大气边界层对云辐射冷却或净辐射通量散度 $(R_{n,+} - R_{n,0})$ 的响应特征。上述三个方程中都含有该参数。如图 14.6 所示，层积云的属性对辐射冷却较为敏感，z_i 和 z_b 随着辐射冷却

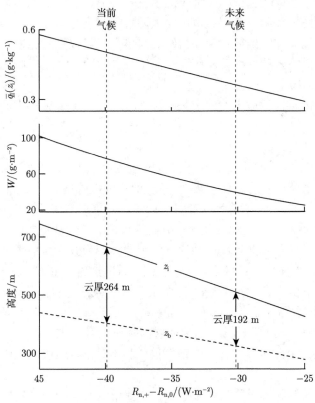

图 14.6 平衡边界层理论预测的云顶液态水比湿 (上)、云液态水路径 (中) 和云顶、云底的高度 (下)

竖线代表当前和未来的气候

速率降低 (即净辐射散度数值下降) 而下降。由于 z_i 的下降速率快于 z_b，随着辐射冷却变弱，云层会变薄，云中液态水含量也随之降低。该敏感性数值试验所用的参数来自于太平洋东北部的观测结果 (Stevens, 2006)：$\alpha = 0.85$、$C_H = 0.001$、$\overline{\theta}_{1,0} = 290$ K、$\overline{u} = 8$ m·s^{-1}、$\overline{\theta}_{1,+} = 300$ K、$\overline{q}_{t,+} = 1.5$ g·kg^{-1} 和 $D = -4 \times 10^{-6}$ s^{-1}。

另一个在这三个方程中都出现的外部参数是近地面风速 $\overline{u}$。地表蒸发随着 $\overline{u}$ 减小而降低。当风速降到一定数值时，地表蒸发所提供的水汽就无法弥补大气夹卷带走的水汽，边界层就会失去平衡态，云层无法在覆盖逆温层之下存在 (Betts, 1989；参见习题 14.15)。

未来气候变暖情景下层积云将如何变化？

未来气候变暖情景下层积云（Sc）的命运深受气候学家的担忧。层积云覆盖着广袤的热带和亚热带海域，其反照率约为 0.6，是海面反照率（0.06）的 10 倍。在未来气候情景下，如果层积云变薄或者破碎，原本被云覆盖的海洋将会直接暴露在阳光之下，海洋对太阳辐射的吸收增强，进而放大变暖效应，这一过程被称为低云正反馈机制。在多个气候模型对比中，低云的正反馈越强，模拟的云的特性就越符合观测结果，说明了这一反馈机制的真实性 (Qu et al., 2015)。

气候变化与到达地表的向下长波辐射 $L_\downarrow$ 的关系是有规律可循的。随着气候变暖，$L_\downarrow$ 会增强，其中 $L_\downarrow$ 一半的变化来自于大气中水汽浓度增加，另一半来自于气温升高。随着气候变暖，海面温度会上升，向上长波辐射 $L_\uparrow$ 也会增强，但 $L_\downarrow$ 的增幅超过 $L_\uparrow$，导致净长波辐射 $L_n = L_\downarrow - L_\uparrow$ 随着温度上升而增加。模型模拟和观测研究表明，L_n 的温度敏感性约为 2.3 W·m^{-2}·K^{-1} (Wang et al., 2021)。随着气候变暖，云的长波辐射冷却效应将减弱。

图 14.6 展示的是层积云几个重要属性对辐射冷却变化的响应。图中结果是基于平衡边界层模型计算得到的，所用的模型参数为太平洋东北部边界层的典型值。在当前气候条件下，净辐射通量散度约为 -40 W·m^{-2}，预计在 4 K 温升情景下会变为 -31 W·m^{-2}。在该情景下，云层将变薄，云的 LWP 将从 75 g·m^{-2} 降至 35 g·m^{-2}。云变薄后亮度会下降，LWP 下降所对应的反照率下降幅度约为 0.15 (图 14.3)。云顶入射的短波辐射为 470 W·m^{-2} (Schneider et al., 2019)，由此可以估计，在该气候变暖情景下，吸收的太阳辐射会增加 70 W·m^{-2}。

上述结果与低云正反馈机制一致，但要慎重对待。它是模型单因子扰动产生的结果，模型中的辐射冷却量是预先给定的，不随云特征的变化而变化。

在真实大气中，LWP 越低，长波辐射冷却和夹卷过程就越弱 (Moeng, 2000)，而长波辐射冷却和夹卷过程越弱，LWP 就越低。此外，LWP 低时，对应的云顶反照率较低，吸收的太阳辐射较强，进而补偿长波辐射冷却。

气候变暖也会带来一系列其他方面的变化，增加层积云预测的难度 (Bretherton, 2015)：

(1) 低层大气的稳定性。低层大气将会变得更加稳定，覆盖逆温会变强，夹卷过程会减弱。大气边界层发展将变慢，云底高度下降，云层可能会变厚。

(2) 海面温度。随着海面温度升高，海洋 Bowen 比将下降，更多的辐射能量将分配给潜热蒸发。随着蒸发增强，覆盖逆温层的湿度跳跃将加大，云层可能会变薄。

(3) 下沉运动。预计下沉运动将减弱，大气边界层变得深厚，云层可能会变厚。

与简单的单因子扰动试验相比，诊断层积云变化更好的方式是用气候模式生成的大气数据作为外部参数，驱动平衡模型。但是这个方法依然无法克服平衡模型的缺陷，即它不能预测层积云是否会破裂以及如何破裂。另一个更好的方法是将大涡模拟（LES）模型嵌入气候模式生成的气候场中进行大涡模拟。一个大涡模拟研究显示，当大气 CO_2 浓度升至 1600 ppm 时，层积云会破裂，变成零碎的积云 (Schneider et al., 2019; 图 14.7)。该 LES 中模型用直接求解法描绘云的生消过程，并包含了精细的云微物理和辐射传输方案，其中辐射传输随着云的 LWP 变化而变化。

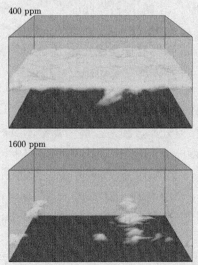

图 14.7　高 CO_2 浓度情景下层积云破碎为零散的积云的示意图

图来源于 Schneider 等 (2019)，经作者许可采用

14.4　含浅积云的边界层

浅积云 (Cu) 是陆地边界层和信风海域大气边界层中常见的一种云。浅积云云量较低，只覆盖天空部分区域，向上隆起呈花椰菜形状，云顶不平整，但云底平坦均匀。有浅积云存在的大气边界层结构见图 14.8，云下为均匀混合层，云上和云下被一个弱的逆温层所分隔。地表对流使得下层大气充分混合；在云层中，云与云之间的湍流交换较弱，基本无水平混合。

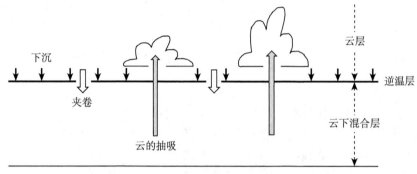

图 14.8　含浅积云的边界层结构示意图

浅积云一般在相对湿度超过 70%~80% 的晴天条件下形成，主要由活跃对流热气团的绝热冷却产生。当热气团垂直上升时，温度以干绝热递减率（$9.8\ \mathrm{K\cdot km^{-1}}$）下降，直至饱和，发生凝结，出现蓬松隆起的云朵。抬升凝结高度是指水汽开始凝结的高度，一般位于无云的混合层以上。凝结过程中释放的潜热会增大热气团的浮力，使之继续上升。潜热释放也是成云热气团能够穿过逆温层进入自由大气的原因之一，而干的热气团却无法穿越逆温层。这类积云可以将混合层中的空气输送到边界层以上 (图 14.8; Stull, 1988)，被称为活跃积云。

对浅积云的认识大多来源于大涡模拟（LES）研究。LES 模型利用几十米尺度大小的格点来捕获引起积云形成和演变的湍涡动力过程。LES 模拟结果表明，混合层厚度约为 500~1000 m，云能够延伸至地面以上 2500 m 高度处 (Brown et al., 2002; Siebesma et al., 2003)。云层平均 q_1 一般小于 $0.02\ \mathrm{g\cdot kg^{-1}}$，$q_1$ 最大值出现在云下层 (Cuijpers and Duynkerke, 1993; Siebesma et al., 2003)。云内 LWP 一般处于 10~50 $\mathrm{g\cdot m^{-2}}$ 之间 (Neggers et al., 2003; Lohou and Patton, 2014)，在这个 LWP 阈值上界，云在太阳光波段几乎不透明，在长波波段近似为黑体。需要说明的是，由于计算成本过高，LES 不太适用于生态学研究，也不常用于大尺度模型中陆面与大气的耦合模拟研究。

与 LES 相比，一维的柱模型计算成本低得多。在一维模型中，格点为薄层，在垂直方向上逐层累加，在水平方向上覆盖整个流场。需要解决的难题是，某个格点内可能有云存在，但云块很小，只占格点体积的一小部分，格点平均的湿度总是低于格点平均气温所对应的饱和湿度。如果使用"全有-全无"的诊断关系 [公式 (14.12)] 的话，将诊断不出任何云。因此需要引入次网格尺度的云参数化方案，替代"全有-全无"的诊断关系。

一些云的属性无法从预报方程和诊断方程直接计算获得，云参数化的目的就是建立云的属性与这些方程计算得到的格点平均物理量之间的关系。早期的云参数化方案假设 θ_1 和 q_t 在湍流尺度上的变化符合高斯分布 (Sommeria and Deardorff, 1977)。新的参数化方案都基于大涡模拟结果，避免了 Gauss 分布的假设 (Cuijpers and Bechtold, 1995)。格点平均的 q_t 可以低于饱和比湿，但一些湍涡会偏离平均态达到饱和，对应的云量等于达到饱和阈值的湍涡的累计概率。云量是一个重要的云属性，它控制着从云下层到云层的质量传输。

气块的饱和比湿差定义为

$$s = q_t - q_v^*\tag{14.40}$$

令 σ_s 为湍涡脉动产生的 s 标准差。图 14.9展示的是一个常用的云量参数化方案，表达式为

$$c = 0.5 + 0.36\arctan(1.55\,Q)\tag{14.41}$$

式中，Q 是归一化的饱和比湿差，为

$$Q = \frac{\overline{s}}{\sigma_s} = \frac{\overline{q_t} - \overline{q_v^*}}{\sigma_s}\tag{14.42}$$

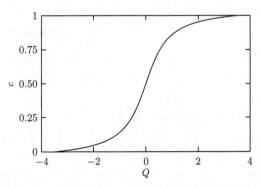

图 14.9　云核占比随归一化饱和比湿差的变化特征

此处，上划线表示格点平均 (Cuijpers and Bechtold, 1995)。公式 (14.41) 中 c 代表云核所占的面积比，云核由正浮力的成云热气团组成。总云量既包括活跃云，

也包括非活跃云，约是 c 原始数值的 2 倍 (Siebesma et al., 2003; van Stratum et al., 2014)。

公式 (14.41) 所描述的云量与饱和比湿差的关系比较直观。在边界层中任意高度，格点平均的总比湿 $\bar{q}_t$ 通常小于饱和值。$\bar{q}_t$ 离饱和值越近，Q 越趋向于 0 值，c 就越大。若饱和比湿差为定值，σ_s 越大，Q 就越接近于 0，c 就越大。也就是说如果湿度在湍流尺度上的脉动越剧烈，越多的热气团就会超过饱和阈值。$Q = 0$ 的情况很特殊，此时平均湿度处于饱和，由公式 (14.41) 可知，c 等于 0.5，总云量等于 1，表明流场内全部被云覆盖。如果发生这种情形，云应该被重新分类为层积云。公式 (14.41) 是为云量较小的情形设计的，它是否适用于诊断云类型的变化还存在很大的争议 (Sikma and Ouwersloot, 2015)。

混合层内物理属性均匀，是平板模型很好的研究对象，可以用来预测该层的时间演变过程。这类平板模型可以理解为简单的一维模型。混合层中没有液态水，因此液态水位温和总比湿分别等于位温和水汽比湿。以标量 ϕ 代表位温、比湿或痕量气体混合比，Δ_ϕ 为 ϕ 的逆温跳跃，w_c (> 0) 是云核中的垂直速度，z_i 为混合层深度。基于质量和能量守恒原理，z_i 和 ϕ 的控制方程可以表示为 (van Stratum et al., 2014)：

$$\frac{\partial z_i}{\partial t} = \overline{w} + w_e - c\,w_c \tag{14.43}$$

$$z_i \frac{\partial \overline{\phi}_m}{\partial t} = (\overline{w'\phi'})_0 + w_e \Delta_\phi - M_\phi \tag{14.44}$$

按照惯例，下标 m 代表地表与 z_i 高度之间的柱平均。

公式 (14.43) 和式 (14.44) 与第 11 章所介绍的无云边界层的平板模型不同，它们考虑了云的抽吸作用。公式 (14.43) 的最后一项表示抽吸作用从混合层输出的空气物质通量，抽吸作用会抑制混合层的发展，部分抵消夹卷过程的贡献。标量 ϕ 的物质通量由下式给出

$$M_\phi = c\,w_c(\overline{\phi}_c - \overline{\phi}_m) \tag{14.45}$$

式中，$\overline{\phi}_c$ 是云核中 ϕ 的平均值 (van Stratum et al., 2014)。对于水汽而言，这一项的作用是使混合层变干。在平板模型中，这些物质通量取云底值。

表 14.2 总结了 c、w_c 和 M_ϕ 的参数化方案及中间变量，它们的输入变量为地表通量和柱平均值。云核中的垂直速度是个中间变量，被参数化为与对流速率 w_* 成正比，后者的表达式为

$$w_* = \left[\frac{g z_i (\overline{w'\theta'})_0}{\overline{\theta}_m} \right]^{1/3} \tag{14.46}$$

这些参数化方案中的系数是用 LES 模拟得到的 (Neggers et al., 2006; van Stratum et al., 2014)。

表 14.2　含浅积云的边界层的参数化方案 (Neggers et al., 2006;
van Stratum et al., 2014)

变量名	参数化方案
逆温层厚度	$\Delta z = 100 \sim 200$ m
云核中的垂直速度	$w_c = 0.84\, w_*$
夹卷速率	$w_e = 0.2\, \dfrac{\overline{(w'\theta')}_0}{\Delta_\theta}$
z_i 高度处的 q_v 标准差	$\sigma_{q_v} = \left[-\dfrac{\overline{(w'q_v')}_0}{w_*}\, \dfrac{z_i}{\Delta z}\, \Delta_{q_v} \right]^{0.5}$
归一化的饱和比湿差	$Q = \dfrac{\overline{q}_{v,m} - q_v^*|_{z_i}}{\sigma_{q_v}}$
z_i 高度处的饱和比湿	$q_v^*|_{z_i} = q_v^*(\overline{T}(z_i), p(z_i))$
云量	$c = 0.5 + 0.36\arctan(1.55\,Q)$
能量的物质通量	$M_\theta = 0$
水的物质通量	$M_{q_v} = 0.51\, c\, w_c\, \sigma_{q_v}$

位温的逆温跳跃 (Δ_θ) 和比湿的逆温跳跃 (Δ_{q_v}) 是平板模型中控制方程和参数化方程的中间变量。信风海域的边界层容易进入平衡态，在平衡态下，可以认为 Δ_θ 和 Δ_{q_v} 与地表与自由大气之间的温度差和湿度差成正比，比例系数小于 1 (Neggers et al., 2006)。观测研究表明，夹卷进入混合层的空气依然会保留其源地的特征，上述比例关系体现了该观测事实。陆地大气边界层会随着时间发生变化，在这种情况下，建议用第 11 章介绍的 Δ_θ 和 Δ_{q_v} 预报方程，结合预先给定的混合层以上的 θ 和 q_v 梯度，计算 Δ_θ 和 Δ_{q_v} (参见习题 14.19)。该方法隐含着一个假设，即云的形成不会改变这些变量在混合层以上的垂直梯度。

该平板模型最不确定的一点就是云量的参数化 (Sikma and Ouwersloot, 2015)。在公式 (14.41) 中，归一化的饱和比湿差 Q 是局地变量，由云底状态所控制。出于方程闭合的需要，在该模型中，Q 是用地表的水汽通量和云层以下的柱平均比湿估算得到，不再是局地变量 (表 14.2)。在找到更好的参数化方案之前，用云量观测值取代 c，或许能够改善平板模型的表现。需要注意的是，由于非活跃云的存在和风速切变导致云体倾斜，地表观测的云量会大于 c。当地转风等于 9 m·s^{-1}，地面观测的云量约是云底高度处云量的 2 倍 (Brown, 1999)，约是云核面积的 4 倍。因此，建议先把观测得到的云量适当调低，再用于模型。

积云的形成给陆地大气边界层提供了动力约束条件 (Stull, 1988)。积云存在的根本原因是激烈的对流运动，而强对流运动只能在地面太阳辐射强的条件下发生。为了维持对流运动，天空就不能存在太多的云，否则地表无法获得足够强的太阳辐射以支持旺盛的热气团。如果热气团变少变弱，夹卷过程就会变慢，积云会从混合层中抽吸空气，使混合层变薄。但是如果混合层变得太薄，上升的热气团就没有足够的时间达到饱和，产生云的可能性就会降低。这些负反馈机制会迫使边界层进入一个拟稳态。当没有大尺度气流辐散时，从混合层输送至云层的物质通量与夹卷进入混合层的通量相平衡，混合层暂停发展。从公式 (14.43) 可得

$$\frac{\partial z_i}{\partial t} = 0, \qquad w_c = \frac{1}{c} w_e \tag{14.47}$$

在一些大涡模拟过程中，云的形成、地表能量通量、水汽通量之间存在相互作用，读者可以从这些模型的研究中找到支持上述动力约束条件和拟稳态的证据 (Lohou and Patton, 2014; Horn et al., 2015)。

积云可以通过多种途径影响地表能量、水汽和 CO_2 通量，这些影响是有规律可循的。由于后向散射和云滴吸收，积云会削弱地表入射短波辐射 $K_\downarrow$；由于长波发射率较高，积云会增强入射长波辐射 $L_\downarrow$。根据地球系统模式的模拟 (Wang et al., 2021) 和柱辐射传输模型的计算结果 (Pendergrass and Hartmann, 2014)，低云对入射短波 $K_\downarrow$ 的削弱程度约是对入射长波 $L_\downarrow$ 增强程度的 2 倍，净作用是地表接收的总的入射辐射降低，地表的感热和潜热通量也会较晴空时更低。一些大涡模拟研究显示，感热通量的相对降低程度大于潜热通量 (Lohou and Patton, 2014; Sikma et al., 2018)。入射短波辐射 $K_\downarrow$ 下降导致光合作用吸收的 CO_2 通量降低，但积云会增强散射辐射，带来的散射辐射施肥效应能在一定程度上补偿 $K_\downarrow$ 下降的作用。在上述两个过程中，有薄积云存在时，散射辐射的施肥效应更强；而有厚积云存在时，短波辐射的削弱作用更强 (Sikma et al., 2018)。这些地表对云的响应机制与第 13 章讨论的污染边界层的机制基本相同。

14.5　夹卷速率的观测与参数化

14.5.1　观测

夹卷过程在大气边界层结构变化、层积云的动力过程、大气边界层的热量、水分和痕量气体收支中起着重要作用，是自由大气与边界层交流的渠道。有三种方法可以用观测数据计算夹卷速率。在此提醒读者，大气边界层的增长速率由两部分组成，分别为大尺度气流辐散和夹卷 [公式 (11.24)]。如果在一天之中对边界层高度进行多次观测，且气流辐散率已知，夹卷速率就等于边界层增长速率 ($\partial z_i / \partial t$) 与边界层顶下沉速率 ($\overline{w}$) 之差：

$$w_e = \frac{\partial z_i}{\partial t} - \overline{w} \tag{14.48}$$

下沉速率通过天气尺度上水平气流辐散率获得 [公式 (14.25)]。与大气边界层增长速率相比，观测气流辐散率的难度更大。

这种"差值法"适用于陆地边界层，比海洋边界层的计算效果更好。在陆地上，大气边界层增长速率远远大于下沉速率，因此夹卷速率 w_e 的计算对下沉速率的误差不敏感。以第 11 章的习题 11.11 为例，将 $\overline{w}$ 从 0 变为 -0.5 cm·s^{-1}，陆地边界层在午后的厚度仅仅降低 4%，说明下沉速率 $\overline{w}$ 的相对贡献很小。在海洋上，公式 (14.48) 中的大气边界层增长速率与下沉速率的量级相当，天气背景场很小的局地扰动就会造成较大的 $\overline{w}$ 误差，进而大大降低 w_e 的计算准确度 (Gerber et al., 2013)。

公式 (14.48) 没有考虑云的抽吸作用，若天空出现浅积云，它的计算结果会偏低。更为完整的方程为

$$w_e = \frac{\partial z_i}{\partial t} - \overline{w} + c\, w_c \tag{14.49}$$

可以通过云量观测和 w_c 的参数化方案 (表 14.2) 获得云核占比 (c) 和云核中的垂直速度 (w_c)。公式 (14.49) 并没有经过实际观测验证，因此尚不清楚它的精度如何。

第二种方法是基于保守标量 ϕ 的边界层收支方程来确定 w_e。如果一个标量为"保守标量"，它在逆温层和混合层中既没有源也没有汇，该标量随时间变化仅由地表通量和夹卷通量这两个过程控制。总比湿和惰性化学成分（如 CO_2 和 SF_6 等）是典型的保守标量。如果大气边界层中无云也无污染物的话，位温也可以视为保守标量。若边界层中有云或受到气溶胶污染，由于辐射过程和水汽相变过程会引起能量收支变化，位温不再是保守标量。

第 11 章讨论了如何利用边界层收支方程诊断区域尺度的地表水汽和 CO_2 通量。如果有方法（比如涡度相关法）能够准确观测 ϕ 的地表通量，且 ϕ 的时间变化和逆温跳跃 Δ_ϕ 也已知（比如通过探空气球），就可以通过这些观测值计算出 w_e。习题 14.21 是该方法的应用个例，目的是基于海洋边界层观测的水汽收支项估算 w_e。

第三种计算 w_e 的方法需要飞机观测，获得覆盖逆温下方的 ϕ 通量数据。w_e 的观测方程为

$$w_e = -\frac{\overline{(w'\phi')}_{z_i}}{\Delta_\phi} \tag{14.50}$$

该方程对于任何一个保守标量都成立。该观测方案可以视为夹卷相似性的具体应用，根据夹卷相似性原理，一个标量的夹卷通量与逆温跳跃成正比，比例系数为 w_e，且同样的比例系数对其他保守标量都成立。

14.5.2　参数化

地表通量参数化方案是基于 Ohm 定律 [公式 (14.30)] 建立的, 为混合层模型提供下边界条件。夹卷参数化方案则为混合层模型提供上边界条件。一旦通过参数化方案获得夹卷速率, 诊断公式 (14.26) 和式 (14.28) 就可提供热量和水汽的夹卷通量。

为了建立夹卷速率的参数化, 先介绍夹卷过程涉及的能量传输 (图 14.10)。从自由大气夹卷来的气块密度小于边界层大气, 它们必须克服向上的浮力做功才能进入边界层, 这一过程会消耗机械能。机械能主要来源为大气边界层中的湍流动能 (TKE)。如果边界层被云覆盖, 则还有一个辅助的机械能来源, 与夹卷气块冷却有关, 即势能。云顶的辐射冷却使气块降温, 密度增大, 进而增加气块的势能。气块内部的云滴蒸发冷却也会增加气块的势能。当气块进入大气边界层后, 无论是气柱提供的湍流动能, 还是气块自身剩余的势能, 都不会转化为内能, 而是转化为气柱的势能。换言之, 夹卷过程会增加气柱的势能。当暖空气被夹卷进入下方较冷的边界层内, 气柱的质量中心会上升, 气柱势能会增加。

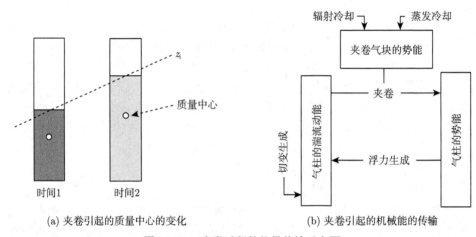

(a) 夹卷引起的质量中心的变化 　　　　(b) 夹卷引起的机械能的传输

图 14.10　夹卷过程的能量传输示意图

至于有多少 TKE 通过夹卷转换为势能, 至今还未达成共识。在 Deardorff (1976a) 提出的经典的参数化方案中, 假定大气边界层的 TKE 全部由浮力产生, 并且一半的 TKE 被夹卷所消耗。柱平均的 TKE 生成速率为 $(g/\overline{\theta})I$, 其中 I 为柱平均的热量通量,

$$I = \frac{1}{z_i} \int_0^{z_i} \overline{w'\theta'_v}\, dz \tag{14.51}$$

夹卷的热量通量 $\left(\overline{w'\theta'_v}\right)_{z_i}$ 为负值。据第 4 章的阐述, 如果湍流热量通量为负值, 湍涡就会将 TKE 转化为势能 (图 4.4)。因此, 用 $-(g/\overline{\theta})(\overline{w'\theta'_v})_{z_i}$ 表示夹卷消耗

TKE 的速率是合理的。Deardorff 闭合假设可以用以下的数学公式表达:

$$(\overline{w'\theta'_{\rm v}})_{z_{\rm i}} = -\frac{1}{2}I = -\frac{1}{2z_{\rm i}}\int_0^{z_{\rm i}}\overline{w'\theta'_{\rm v}}\,{\rm d}z \tag{14.52}$$

如果大气边界层无云也无污染物, 公式 (14.52) 可将夹卷热量通量直接与地表热量通量联系起来。在稳态条件下, 热量通量与高度呈线性关系 [图 14.11(a)], 柱平均通量就等于地表通量和夹卷通量的平均值。

$$I = \frac{1}{2}[(\overline{w'\theta'_{\rm v}})_0 + (\overline{w'\theta'_{\rm v}})_{z_{\rm i}}] \tag{14.53}$$

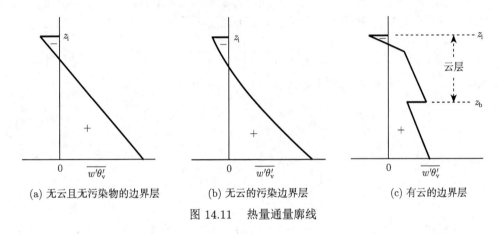

(a) 无云且无污染物的边界层　　(b) 无云的污染边界层　　(c) 有云的边界层

图 14.11　热量通量廓线

联立公式 (14.53) 和式 (14.52) 能够得到

$$(\overline{w'\theta'_{\rm v}})_{z_{\rm i}} = -0.2\,(\overline{w'\theta'_{\rm v}})_0 \tag{14.54}$$

这就是我们在第 11 章用过的大家熟知的闭合方案 [公式 (11.29)], 只不过公式 (14.54) 的热力学变量为虚位温。在无云条件下, 公式 (14.26) 可以简化为

$$w_{\rm e} = -\frac{1}{\Delta_{\theta_{\rm v}}}(\overline{w'\theta'_{\rm v}})_{z_{\rm i}} \tag{14.55}$$

从公式 (14.54) 和式 (14.55), 可得无云边界层 $w_{\rm e}$ 的参数化公式,

$$w_{\rm e} = 0.2\frac{(\overline{w'\theta'_{\rm v}})_0}{\Delta_{\theta_{\rm v}}} \tag{14.56}$$

观测数据和 LES 实验证实了公式 (14.56) 在上午和午后的适用性 (参见第 11 章的附加阅读材料)。但公式 (14.56) 存在几点不足。第一, 它没有考虑风切变产

生的 TKE，早晨的结果可能不准确，这是因为早晨边界层薄，近地层的风切变对夹卷的影响无法忽略 (Driedonks, 1982)。第二，当温度跳跃 Δ_{θ_v} 接近于 0 时，w_e 会变得异常大。第三，如果覆盖逆温层存在强烈的风切变，公式 (14.56) 的结果偏低。Tennekes 和 Driedonks (1981) 与 Conzemius 和 Fedorovich (2016) 讨论了弥补这些缺陷的方法。

公式 (14.56) 可以用于含浅积云的边界层 (表 14.2)。在污染边界层中，由于太阳加热边界层大气，热量通量的廓线会发生轻微弯曲 [图 14.11(b)]，严格来说，柱平均的热通量并不等于地表热通量和夹卷热通量的算术平均值。若 AOD 小于 0.9，这种弯曲效应对 w_e 的影响并不明显 (Liu et al., 2019)。

与无云边界层相比，在有层积云的边界层中应用公式 (14.52) 更为复杂，主要原因是虚位温热通量不是预测变量，必须通过以下诊断公式从 θ_1、q_t 的协方差计算得到

$$\overline{w'\theta_v'} = a_1\overline{w'\theta_1'} + a_2\overline{\theta}\,\overline{w'q_t'} \tag{14.57}$$

式中，系数 a_1 和 a_2 取值如下 (Cuijpers and Duynkerke, 1993)：

$$a_1 \simeq \begin{cases} 1 & \text{非饱和} \\ 0.5 & \text{饱和} \end{cases} \tag{14.58}$$

$$a_2 = \begin{cases} 0.61 & \text{非饱和} \\ \dfrac{a_1}{\overline{T}} \times \dfrac{\lambda}{c_{p,d}} - 1 & \text{饱和} \end{cases} \tag{14.59}$$

有云边界层中虚位温热通量的廓线如图 14.11(c) 所示。虽然 $\overline{w'q_t'}$ 仍随高度线性变化，但是由于云的辐射效应，$\overline{w'\theta_1'}$ 与高度不是线性关系，这就是有云边界层复杂性的根源之一。若辐射通量散度集中在云层内部而非云顶，这种非线性就会更强。在云下层到云层的过渡区，由于云凝结释放潜热，虚位温热通量会出现突变。

下一步要通过公式 (14.52) 和式 (14.57) 推导出 w_e 的表达式。当 $z = z_i$ 时，用公式 (14.28) 替换式 (14.57) 中的 $\overline{w'q_t'}$，联立公式 (14.26)，可得

$$(\overline{w'\theta_v'})_{z_i} = -w_e(a_1\Delta_{\theta_1} + a_2\overline{\theta}\Delta_{q_t}) - \frac{a_1}{\rho c_p}\Delta_{R_n} \tag{14.60}$$

由公式 (14.52) 和式 (14.60) 可得

$$w_e = \frac{1}{a_1\Delta_{\theta_1} + a_2\overline{\theta}\Delta_{q_t}}\left[\frac{1}{2z_i}\int_0^{z_i}\overline{w'\theta_v'}\,\mathrm{d}z - \frac{a_1}{\rho c_p}\Delta_{R_n}\right] \tag{14.61}$$

这就是层积云覆盖的边界层中夹卷速率的参数化公式。该公式中，系数 a_1 和 a_2 取饱和数值。

公式 (14.61) 使用起来并不容易，这是因为等式右边的积分项依赖于 w_e。有一个特殊情况，即预先给定辐射通量廓线。在这种特殊情况下，公式 (14.61) 可以转变为其他预报变量的显性函数 (Deardorff 1976a)。即便如此，这个方案依然"笨重不灵"。文献中报道了一些更为简单的替代方案，每个方案都有关于 TKE 的分配特征或者云辐射冷却的前提假设 (VanZanten et al., 1999; Stevens, 2002, Mellado, 2017)。公式 (14.36) 就是替代方案之一。迄今为止，还没有一个被公认的夹卷速率参数化方案，相关研究还需继续加强。

习　题

14.1 以一个诊断边界层变量的数学方程为例，阐述①诊断方程与预报变量的控制方程的主要区别是什么；②诊断方程与参数化公式的主要区别是什么。

14.2 利用第 2 章所学的理想气体定律推导公式 (14.14)。

14.3 气温为 281 K，气压为 1013 hPa，用公式 (3.88) 计算饱和水汽压。对应的饱和比湿是多少？

14.4 气温 $T = 291$ K，水汽比湿 $q_v = 10$ g·kg^{-1}，液态水比湿 $q_l = 0.3$ g·kg^{-1}，气压 $p = 920$ hPa。计算总比湿 q_t、虚位温 θ_v 和液态水位温 θ_l。

14.5 证明在湿绝热过程中，线性化的相当位温 θ_e 和液态水位温 θ_l (表 14.1) 是保守量，即

$$\frac{\mathrm{d}\theta_e}{\mathrm{d}t} = 0, \quad \frac{\mathrm{d}\theta_l}{\mathrm{d}t} = 0$$

在推导过程中，可以认为 $\lambda\theta/(c_{p,d}T)$ 为常数，这是因为在薄云中，即使 q_l 的变化超过 100% km^{-1}，$\lambda\theta/(c_{p,d}T)$ 的变化也仅为 4% km^{-1} 左右 (Deardorff, 1976b)。

14.6 某个边界层模型可以预测液态水位温 θ_l 和总比湿 q_t。如何通过 θ_l 和 q_t 计算相当位温 θ_e？

14.7 证明公式 (14.9) 中的 $\dfrac{1}{\bar{\rho}c_p}\dfrac{\partial R_n}{\partial z}$ 单位为 K·s^{-1}。

14.8 根据表 14.1中的表达式可得

$$\theta_l = T\left(\frac{p}{p_0}\right)^{-R_d/c_{p,d}}\left[1 - \frac{\lambda x}{c_{p,d}T}H(x)\right] \tag{14.62}$$

式中，x 由公式 (14.12) 给出。该公式中，温度 T 是液态水位温 θ_l、总比湿 q_t 和气压 p 的隐函数。若 θ_l 为 289.5 K，层积云中 963 hPa 高度处的 q_t 为 9.8 g·kg^{-1}，该高度处的气温 T 是多少？对应的液态水比湿是多少？

14.9* 含层积云的边界层从地表延伸至 908 hPa 高度，其液态水位温 θ_l 和总比湿 q_t 分别为 288.0 K 和 8.0 g·kg^{-1}（数值试验 2, Moeng, 2000）。从地表（$p = 1013$ hPa）到边界层顶，以 0.1 hPa 为间隔，计算以下变量：气温 T、位温 θ、液态水比湿 q_l 和水汽比湿 q_v，以廓线图的方式展示结果。分别以 hPa 和 m 为单位，确定云底高度。

14.10 用公式 (14.35) 和习题 14.9 提供的信息，估算云底高度。

14.11 层积云的液态水路径为 120 g·m^{-2}，云厚为 300 m，云顶处的入射太阳辐射为 800 W·m^{-2}，忽略地表对太阳辐射的反射。有多少太阳辐射被云层所吸收？相应的短波辐射加热率为多少？

14.12 云盖顶部的向下长波辐射为 315 W·m^{-2}，云盖底部的向上长波辐射为 385 W·m^{-2}，云顶和云底的温度分别为 286 K 和 287 K，云的液态水路径为 80 g·m^{-2}。估算云顶和云底的净长波辐射，总的长波辐射散度为多少？长波辐射散度会加热还是会冷却该云层？

14.13* 图 14.12 展示了 320 m 厚的云盖顶部和底部的液态水密度 (ρ_l) 和温度 (T)，以及云顶处的向下长波辐射 ($L_{\downarrow,t}$) 和云底处的向上长波辐射 ($L_{\uparrow,b}$)。ρ_l 和 T 都随高度线性变化。① 利用以下公式计算向下和向上长波辐射的廓线，

$$L_\downarrow(z) = L_{\downarrow,t}[1 - \varepsilon_\downarrow(z)] + \epsilon_\downarrow(z)\sigma[T(z)]^4 \tag{14.63}$$

$$L_\uparrow(z) = L_{\uparrow,b}[1 - \varepsilon_\uparrow(z)] + \epsilon_\uparrow(z)\sigma[T(z)]^4 \tag{14.64}$$

根据公式 (14.16) 和式 (14.17)，z 高度处的向下和向上的发射率分别为

$$\epsilon_\downarrow(z) = 1 - \exp\left(-0.158 \int_z^{z_t} \rho_l(z')\mathrm{d}z'\right) \tag{14.65}$$

$$\epsilon_\uparrow(z) = 1 - \exp\left(-0.130 \int_{z_b}^z \rho_l(z')\mathrm{d}z'\right) \tag{14.66}$$

z_b 和 z_t 分别代表云底和云顶高度。② 计算净长波辐射的廓线以及由净长波辐射散度引起的冷却率。最大冷却率为多少？③ 如果 ρ_l 在 $z = z_b$ 处不变，在 $z = z_t$ 处翻倍，最大冷却率又是多少？

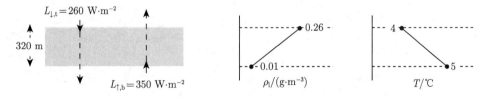

图 14.12　层积云的特性

数据来源：Stephens 等 (1978)

14.14 基于地表热量与水汽通量的物质传输方程 [公式 (14.30)]，可以得到地表 Bowen 比的计算式：

$$\beta = \frac{c_p}{\lambda} \cdot \frac{\overline{\theta}_{1,0} - \overline{\theta}_{1,m}}{\overline{q}_{t,0} - \overline{q}_{t,m}} \tag{14.67}$$

基于平衡边界层中柱平均液态水位温 $\overline{\theta}_{1,m}$ 和柱平均总比湿 $\overline{q}_{t,m}$ 的解，推导 Bowen 比 β 的表达式。哪些外部参数会影响 β？

14.15 利用公式 (14.35) 和被层积云覆盖的平衡边界层的解，计算边界层高度 z_i 和云底高度 z_b 随地面风速的变化。地面风速的变化范围为 $3 \sim 12$ m·s^{-1}，外部参数为：$\alpha = 0.85$、$C_H = 0.001$、$\overline{\theta}_{1,0} = 290$ K、$(R_{n,+} - R_{n,0}) = -40$ W·m^{-2}、$\overline{\theta}_{1,+} = 300$ K、$\overline{q}_{t,+} = 1.5$ g·kg^{-1}、$D = -4 \times 10^{-6}$ s^{-1}。当风速小于多少时，z_b 会大于 z_i？z_b 大于 z_i 的含义是什么？

14.16 请解释在一维柱模型中，为何"全有-全无"的方法可以合理预测层积云，但却无法预测浅积云。

14.17 大气边界层处于准稳态，云核占比为 0.04，夹卷速率为 0.02 m·s^{-1}，无大尺度下沉运动。估算积云中的垂直速率。

14.18 含浅积云的边界层中，地表热量通量 $(\overline{w'\theta'})_0$ 为 0.31 K·m·s^{-1}，逆温跳跃 Δ_θ 为 1.5 K，混合层高度 z_i 为 950 m，柱平均位温为 300 K，大尺度下沉运动可以忽略不计，且边界层处于准稳态。计算云核占比 c。

14.19* 含浅积云的边界层中，地表热量通量由公式 (11.53) 决定，初始时刻的混合层高度 z_i 为 200 m，Δ_θ 的初始值为 2.3 K，云核占比 c 为常数 0.05，混合层以上的温度直减率 γ_θ 为 3.3 K·km^{-1}，大尺度平均垂直速率 $\overline{w}$ 为 0。通过数值方法计算 $t = 1$ 至 10 h 时 z_i 和逆温强度 Δ_θ。与无云边界层得到的结果相比 (参见习题 11.10)，浅积云是如何影响边界层增长的？

14.20 被层积云覆盖的海洋边界层中臭氧的夹卷通量为 -8.1 ppb·cm·s^{-1}，穿越覆盖逆温层的臭氧浓度跳跃约为 15 ppb (Faloona et al., 2005)，夹卷速率为多少？

14.21* 以下数据由飞机在被层积云覆盖的海洋边界层中观测得到：地表潜热通量为 115 W·m^{-2}，边界层高度为 840 m，总比湿 q_t 的逆温跳跃为 -7.5 g·kg^{-1}，大气边界层柱平均 q_t 随时间的增加率为 0.056 g·kg^{-1}·h^{-1} (Stevens et al., 2003b)。夹卷速率为多少？

参 考 文 献

Betts A K. 1973. Non-precipitating cumulus convection and its parameterization. Quarterly Journal of the Royal Meteorological Society, 99(419): 178-196.

Betts A K, Ridgway W. 1988. Coupling of the radiative, convective, and surface fluxes over the equatorial Pacific. Journal of the Atmospheric Sciences, 45(3): 522-536.

Betts A K, Ridgway W. 1989. Climatic equilibrium of the atmospheric convective boundary layer over a tropical ocean. Journal of the Atmospheric Sciences, 46(17): 2621-2641.

Bolton D. 1980. The computation of equivalent potential temperature. Monthly Weather Review, 108(7): 1046-1053.

Bott A, Trautmann T, Zdunkowski W. 1996. A numerical model of the cloud-topped planetary boundary-layer: radiation, turbulence and spectral microphysics in marine stratus. Quarterly Journal of the Royal Meteorological Society, 122(531): 635-667.

Bretherton C S. 2015. Insights into low-latitude cloud feedbacks from high-resolution models. Philosophical Transactions Series A, Mathematical, Physical, and Engineering Sciences, 373(2054): 20140415.

Brown A R. 1999. Large-eddy simulation and parametrization of the effects of shear on shallow cumulus convection. Boundary-Layer Meteorology, 91(1): 65-80.

Brown A R, Cederwall R T, Chlond A, et al. 2002. Large-eddy simulation of the diurnal cycle of shallow cumulus convection over land. Quarterly Journal of the Royal Meteorological Society, 128(582): 1075-1093.

Conzemius R J, Fedorovich E. 2006. Dynamics of sheared convective boundary layer entrainment. Part II: Evaluation of bulk model predictions of entrainment flux. Journal of the Atmospheric Sciences, 63(4): 1179-1199.

Cuijpers J W M, Duynkerke P G. 1993. Large eddy simulation of trade wind cumulus clouds. Journal of the Atmospheric Sciences, 50(23): 3894-3908.

Cuijpers J W M, Bechtold P. 1995. A simple parameterization of cloud water related variables for use in boundary layer models. Journal of the Atmospheric Sciences, 52(13): 2486-2490.

Deardorff J W. 1976a. On the entrainment rate of a stratocumulus-topped mixed layer. Quarterly Journal of the Royal Meteorological Society, 102(433): 563-582.

Deardorff J W. 1976b. Usefulness of liquid water potential temperature in a shallow-cloud model. Journal of Applied Meteorology, 15(1): 98-102.

Deardorff J W. 1980. Cloudtop entrainment instability. Journal of the Atmospheric Sciences, 37(1): 131-147.

Driedonks A G M. 1982. Models and observations of the growth of the atmospheric boundary layer. Boundary-Layer Meteorology, 23(3): 283-306.

Duynkerke P G, Zhang H, Jonker P J. 1995. Microphysical and turbulent structure of nocturnal stratocumulus as observed during ASTEX. Journal of the Atmospheric Sciences, 52(16): 2763-2777.

Faloona I, Lenschow D H, Campos T, et al. 2005. Observations of entrainment in Eastern Pacific marine stratocumulus using three conserved scalars. Journal of the Atmospheric Sciences, 62(9): 3268-3285.

Gerber H, Frick G, Malinowski S P, et al. 2013. Entrainment rates and microphysics in POST stratocumulus. Journal of Geophysical Research: Atmospheres, 118(21): 12094-12109.

Hess M, Koepke P, Schult I. 1998. Optical properties of aerosols and clouds: The software package OPAC. Bulletin of the American Meteorological Society, 79(5): 831-844.

Horn G L, Ouwersloot H G, Vilà-Guerau de Arellano J, et al. 2015. Cloud shading effects on characteristic boundary-layer length scales. Boundary-Layer Meteorology, 157(2): 237-263.

Kawai H, Teixeira J. 2010. Probability density functions of liquid water path and cloud amount of marine boundary layer clouds: geographical and seasonal variations and controlling meteorological factors. Journal of Climate, 23(8): 2079-2092.

Liu C, Fedorovich E, Huang J, et al. 2019. Impact of aerosol shortwave radiative heating on entrainment in the atmospheric convective boundary layer: a large-eddy simulation study. Journal of the Atmospheric Sciences, 76(3): 785-799.

Lohou F, Patton E G. 2014. Surface energy balance and buoyancy response to shallow cumulus shading. Journal of the Atmospheric Sciences, 71(2): 665-682.

Ma Z, Fei J, Huang X, et al. 2015. A potential problem with the application of moist static energy in tropical cyclone studies. Journal of the Atmospheric Sciences, 72(8): 3009-3019.

Mellado J P. 2017. Cloud-top entrainment in stratocumulus clouds. Annual Review of Fluid Mechanics, 49: 145-169.

Moeng C H. 2000. Entrainment rate, cloud fraction, and liquid water path of PBL stratocumulus clouds. Journal of the Atmospheric Sciences, 57(21): 3627-3643.

Neggers R A J, Stevens B, Neelin J D. 2006. A simple equilibrium model for shallow-cumulus-topped mixed layers. Theoretical and Computational Fluid Dynamics, 20(5): 305-322.

Neggers R A J, Duynkerke P G, Rodts S M A. 2013. Shallow cumulus convection: a validation of large-eddy simulation against aircraft and Landsat observations. Quarterly Journal of the Royal Meteorological Society, 129(593): 2671-2696.

Nicholls S, Leighton J. 1986. An observational study of the structure of stratiform cloud sheets: part I. Structure. Quarterly Journal of the Royal Meteorological Society, 112(472): 431-460.

Pendergrass A G, Hartmann D L. 2014. The atmospheric energy constraint on global-mean precipitation change. Journal of Climate, 27(2): 757-768.

Qu X, Hall A, Klein S A, et al. 2015. Positive tropical marine low-cloud cover feedback inferred from cloud-controlling factors. Geophysical Research Letters, 42(18): 7767-7775.

Schneider T, Kaul C M, Pressel K G. 2019. Possible climate transitions from breakup of stratocumulus decks under greenhouse warming. Nature Geoscience, 12: 163-167.

Siebesma A P, Bretherton C S, Brown A, et al. 2003. A large eddy simulation intercomparison study of shallow cumulus convection. Journal of the Atmospheric Sciences, 60(10): 1201-1219.

Sikma M, Ouwersloot H G. 2015. Parameterizations for convective transport in various cloud-topped boundary layers. Atmospheric Chemistry and Physics, 15(18): 10399-10410.

Sikma M, Ouwersloot H G, Pedruzo-Bagazgoitia X, et al. 2018. Interactions between vegetation, atmospheric turbulence and clouds under a wide range of background wind conditions. Agricultural and Forest Meteorology, 255: 31-43.

Slingo A, Nicholls S, Schmetz J. 1982. Aircraft observations of marine stratocumulus during JASIN. Quarterly Journal of the Royal Meteorological Society, 108(458): 833-856.

Sommeria G, Deardorff J W. 1977. Subgrid-scale condensation in models of nonprecipitating clouds. Journal of the Atmospheric Sciences, 34(2): 344-355.

Stephens G L. 1978a. Radiation profiles in extended water clouds. I: theory. Journal of the Atmospheric Sciences, 35(11): 2111-2122.

Stephens G L. 1978b. Radiation profiles in extended water clouds. II: parameterization schemes. Journal of the Atmospheric Sciences, 35(11): 2123-2132.

Stephens G L, Paltridge G W, Platt C M R. 1978. Radiation profiles in extended water clouds. III: observations. Journal of the Atmospheric Sciences, 35(11): 2133-2141.

Stevens B. 2002. Entrainment in stratocumulus-topped mixed layers. Quarterly Journal of the Royal Meteorological Society, 128(586): 2663-2690.

Stevens B. 2006. Bulk boundary-layer concepts for simplified models of tropical dynamics. Theoretical and Computational Fluid Dynamics, 20(5): 279-304.

Stevens B, Lenschow D H, Faloona I, et al. 2003a. On entrainment rates in nocturnal marine stratocumulus. Quarterly Journal of the Royal Meteorological Society, 129(595): 3469-3493.

Stevens B, Lenschow D H, Vali G, et al. 2003b. Dynamics and chemistry of marine stratocumulus -DYCOMS-II. Bulletin of the American Meteorological Society, 84(5): 579-593.

Stull R H. 1988. An Introduction to Boundary Layer Meteorology. Kluwer: Academic Publishers: 666.

Tennekes H, Driedonks A G M. 1981. Basic entrainment equations for the atmospheric boundary layer. Boundary-Layer Meteorology, 20(4): 515-531.

Wallace J M, Hobbs P V. 1977. Atmospheric Science: An Introductory Survey. New York: Academic Press: 467.

Wang W, Chakraborty T C, Xiao W, et al. 2021. Ocean surface energy balance allows a constraint on the sensitivity of precipitation to global warming. Nature Communications, 12(1): 2115.

Wood R. 2012. Statocumulus clouds. Monthly Weather Review, 140(8): 2373-2423.

van Stratum B J H, Vilà-Guerau de Arellano J , van Heerwaarden C C, et al. 2014. Subcloud-layer feedbacks driven by the mass flux of shallow cumulus convection over land. Journal of the Atmospheric Sciences, 71(3): 881-895.

VanZanten M C, Duynkerke P G, Cuijpers J W M. 1999. Entrainment parameterization in convective boundary layers. Journal of the Atmospheric Sciences, 56(6): 813-828.

缩写、符号与常数

AOD：气溶胶光学厚度

ITCZ：热带辐合带

LAI：叶面积指数

LES：大涡模拟

LLJs：低空急流

LWP：液态水路径

MKE：平均动能

MODIS：中分辨率成像光谱仪

NEE：生态系统净交换

OPAC：optical proerties of aerosols and clouds 辐射传输模型

SBDART：Santa Barbara DISORT 大气辐射传输模型

SSA：单次散射反照率

TKE：湍流动能

UHI：城市热岛

WPL：Webb, Pearman and Leuning

−：雷诺平均

′：偏离雷诺平均的脉动量

[ ]：冠层体积平均

″：偏离体积平均的脉动量

∇^2：Laplace 算子

∇：梯度算子

∇_H：水平梯度算子

Δ：空间差异算子

A_i：植被要素 i 的表面积

A_T：感热通量的夹卷比率（量纲一）

a：植被面积密度（$m^2 \cdot m^{-3}$）

a_H：水平平流的贡献率（量纲一）

C_D：动量交换系数或拖曳系数（量纲一）

C_H：感热交换系数或 Stanton 数（量纲一）

C_E：水汽交换系数或 Dalton 系数（量纲一）

C_d：冠层拖曳系数（量纲一）

C_h：冠层热量交换系数（量纲一）

C_l：叶片热量交换系数 $(\mathrm{m \cdot s^{-1/2}})$

c：痕量气体或气溶胶的质量密度 $(\mathrm{kg \cdot m^{-3}})$

c：云核占比（量纲一）

c_1：单位线源释放的示踪物浓度 $(\mathrm{s \cdot m^{-2}})$

c_p：空气定压比热容 $(\mathrm{J \cdot kg^{-1} \cdot K^{-1}})$

$c_{p,d}$：干空气定压比热容 $(= 1004\ \mathrm{J \cdot kg^{-1} \cdot K^{-1}})$

c_V：空气定容比热容 $(\mathrm{J \cdot kg^{-1} \cdot K^{-1}})$

$c_{V,d}$：干空气定容比热容 $(= 718\ \mathrm{J \cdot kg^{-1} \cdot K^{-1}})$

c_r：波速 $(\mathrm{m \cdot s^{-1}})$

D：饱和水汽压差 (hPa)

D：大尺度气流辐散速率 $(\mathrm{s^{-1}})$

d：零平面位移高度 (m)

d_l：叶片尺度 (m)

E：水汽通量或蒸发速率 $(\mathrm{g \cdot m^{-2} \cdot s^{-1}};\ \mathrm{mmol \cdot m^{-2} \cdot s^{-1}})$

E_0：地表处的水汽通量 $(\mathrm{g \cdot m^{-2} \cdot s^{-1}};\ \mathrm{mmol \cdot m^{-2} \cdot s^{-1}})$

E_c：植被冠层的水汽通量 $(\mathrm{g \cdot m^{-2} \cdot s^{-1}};\ \mathrm{mmol \cdot m^{-2} \cdot s^{-1}})$

E_g：土壤蒸发或生态系统地表的水汽通量 $(\mathrm{g \cdot m^{-2} \cdot s^{-1}};\ \mathrm{mmol \cdot m^{-2} \cdot s^{-1}})$

E_l：叶片表面的水汽通量 $(\mathrm{g \cdot m^{-2} \cdot s^{-1}};\ \mathrm{mmol \cdot m^{-2} \cdot s^{-1}})$

E_c：云水蒸发的速率 $(\mathrm{g \cdot m^{-3} \cdot s^{-1}})$

$\overline{E}$：平均动能 $(\mathrm{m^2 \cdot s^{-2}})$

E_T：总动能 $(\mathrm{m^2 \cdot s^{-2}})$

e：湍流动能 $(\mathrm{m^2 \cdot s^{-2}})$

e_v：水汽压 (hPa)

e_v^*：饱和水汽压 (hPa)

$e_{v,e}$ 平衡水汽压 (hPa)

F_c：CO_2 湍流通量 $(\mathrm{mg \cdot m^{-2} \cdot s^{-1}};\ \mathrm{\mu mol \cdot m^{-2} \cdot s^{-1}})$

F_h：感热湍流通量 $(\mathrm{W \cdot m^{-2}})$

F_m：动量湍流通量 $(\mathrm{m^2 \cdot s^{-2}})$

F_v：水汽湍流通量 $(\mathrm{g \cdot m^{-2} \cdot s^{-1}};\ \mathrm{mmol \cdot m^{-2} \cdot s^{-1}})$

f：能量再分配系数（量纲一）

f：Coriolis 参数 (北半球中纬度数值 $\simeq 1 \times 10^{-4}$ s^{-1})

f_1：一维的通量贡献源区函数 (m^{-1})

f_2：二维的通量贡献源区函数 (m^{-2})

G：土壤热通量 $(W \cdot m^{-2})$

G_0：地表土壤热通量 $(W \cdot m^{-2})$

g：重力加速度 (海平面处数值为 9.81 $m \cdot s^{-2}$)

g：不对称因子（量纲一）

g_c, g_e, g_s, g_r：颗粒物浓度、消光系数、散射系数、粒径的湿度增长因子（量纲一）

H：感热通量 $(W \cdot m^{-2})$

H：气压标高 (m)

H_0：地表感热通量 $(W \cdot m^{-2})$

H_c：植被冠层感热通量 $(W \cdot m^{-2})$

H_g：生态系统土壤表面的感热通量 $(W \cdot m^{-2})$

H_l：叶片表面的感热通量 $(W \cdot m^{-2})$

h：植被冠层高度 (m)

h：街谷高度 (m)

h：以比例系数表示的相对湿度（量纲一）

h：湿静力能 $(J \cdot kg^{-1})$

h_l：液态水静力能 $(J \cdot kg^{-1})$

I：太阳辐射强度 $(W \cdot m^{-2})$

I：柱平均的虚位温热量通量 $(K \cdot m \cdot s^{-1})$

$K_{\downarrow}$：入射短波辐射 $(W \cdot m^{-2})$

$K_{\downarrow,b}$：直接辐射 $(W \cdot m^{-2})$

$K_{\downarrow,d}$：散射辐射 $(W \cdot m^{-2})$

$K_{\uparrow}$：反射短波辐射 $(W \cdot m^{-2})$

K_n：净短波辐射 $(W \cdot m^{-2})$

K_c, K_h, K_m, K_v：CO_2、热量、动量和水汽的湍流扩散系数 $(m^2 \cdot s^{-1})$

K_x, K_y, K_z：被动示踪物在 x、y 和 z 方向上的湍流扩散系数 $(m^2 \cdot s^{-1})$

k：von Karman 常数 $(= 0.4)$

k：波数 $(rad \cdot m^{-1})$

L：Obukhov 长度 (m)

L：植被面积指数；叶面积指数（量纲一）

L：能见度 (m)

$L_\downarrow$：入射长波辐射 $(W \cdot m^{-2})$

$L_\uparrow$：出射长波辐射 $(W \cdot m^{-2})$

L_n：净长波辐射 $(W \cdot m^{-2})$

l：Prandtl 混合长度 (m)

M_d：干空气摩尔质量 $(= 0.029\ kg \cdot mol^{-1})$

M_c：CO_2 摩尔质量 $(= 0.044\ kg \cdot mol^{-1})$

M_v：水汽摩尔质量 $(= 0.018\ kg \cdot mol^{-1})$

M_ϕ：云中 ϕ 的物质通量

m：风速廓线的幂指数（量纲一）

n：湍流扩散系数廓线的幂指数（量纲一）

n_x, n_y, n_z：植被要素表面单位法向量在 x、y 和 z 方向上的分量

n_w, n_s：水和溶质的摩尔数

p：粒子的数浓度 (m^{-3})

p：气压 (Pa)

p_x, p_y, p_z：在 x、y 和 z 方向上的颗粒物概率分布 (m^{-1})

p_c, p_d, p_v：CO_2、干空气和水汽的分压 (Pa)

p_0：背景气压 (Pa)

p_0：海平面气压 $(= 1013\ hPa)$

$\tilde{p}$：气压脉动 (Pa)

Q：冠层平均体积 (m^3)

Q：源强（瞬时点源单位为 kg，连续点源单位为 $kg \cdot s^{-1}$，连续线源单位为 $kg \cdot m^{-1} \cdot s^{-1}$，面源单位为 $kg \cdot m^{-2} \cdot s^{-1}$）

Q：归一化的饱和比湿差（量纲一）

Q_A：人为热通量 $(W \cdot m^{-2})$

Q_s：热储量 $(W \cdot m^{-2})$

q_l：液态水比湿 $(g \cdot kg^{-1})$

q_t：总比湿 $(g \cdot kg^{-1})$

$\bar{q}_{t,m}$：柱平均比湿 $(g \cdot kg^{-1})$

$\bar{q}_{t,+}$：自由大气底部的总比湿 $(g \cdot kg^{-1})$

$\bar{q}_{t,0}$：水界面处的总比湿 $(g \cdot kg^{-1})$

q_v：比湿 $(g \cdot kg^{-1})$

$q_{v,b}$：掺混高度处的比湿 $(g \cdot kg^{-1})$

q_v^*：饱和比湿 $(g \cdot kg^{-1})$

R：普适气体常数 $(= 8.314\ J \cdot mol^{-1} \cdot K^{-1})$

R_c：CO_2 气体常数 $(= 189 \ \mathrm{J \cdot kg^{-1} \cdot K^{-1}})$

R_d：干空气气体常数 $(= 287 \ \mathrm{J \cdot kg^{-1} \cdot K^{-1}})$

R_m：湿空气气体常数 $(\mathrm{J \cdot kg^{-1} \cdot K^{-1}})$

R_v：水汽气体常数 $(= 461 \ \mathrm{J \cdot kg^{-1} \cdot K^{-1}})$

R_a：地表与掺混高度之间的扩散阻力 $(\mathrm{s \cdot m^{-1}})$

R_f：通量 Richardson 数（量纲一）

R_i：梯度 Richardson 数（量纲一）

R_L：拉格朗日自相关

R_n：净辐射 $(\mathrm{W \cdot m^{-2}})$

$R_{n,c}$：植被冠层净辐射 $(\mathrm{W \cdot m^{-2}})$

$R_{n,g}$：生态系统土壤表面净辐射 $(\mathrm{W \cdot m^{-2}})$

$R_{n,l}$：叶片表面净辐射 $(\mathrm{W \cdot m^{-2}})$

$R_{n,0}$：地表净辐射 $(\mathrm{W \cdot m^{-2}})$

$R_{n,i}$：覆盖逆温层下方的净辐射 $(\mathrm{W \cdot m^{-2}})$

$R_{n,+}$：覆盖逆温层上方的净辐射 $(\mathrm{W \cdot m^{-2}})$

R_n^*：表观净辐射 $(\mathrm{W \cdot m^{-2}})$

r：扩散率的形状系数、风速廓线的形状系数（量纲一）

r：屋顶宽度 (m)

$r_a, r_{a,h}$：热量传输的空气动力学阻力 $(\mathrm{s \cdot m^{-1}})$

$r_{a,m}$：动量传输的空气动力学阻力 $(\mathrm{s \cdot m^{-1}})$

$r_{a,v}$：水汽传输的空气动力学阻力 $(\mathrm{s \cdot m^{-1}})$

r_c：水汽传输的冠层阻力 $(\mathrm{s \cdot m^{-1}})$

r_e：热量传输的过量阻力 $(\mathrm{s \cdot m^{-1}})$

r_g：水汽传输的地表或土壤表面阻力 $(\mathrm{s \cdot m^{-1}})$

r_m：热量传输的辐射阻力 $(\mathrm{s \cdot m^{-1}})$

r_T：热量传输的总阻力 $(\mathrm{s \cdot m^{-1}})$

r_b：热量传输的叶片边界层阻力 $(\mathrm{s \cdot m^{-1}})$

r_s：水汽传输的叶片气孔阻力 $(\mathrm{s \cdot m^{-1}})$

r, r_0：颗粒在平衡状态和干燥状态下的粒径 (m)

S_c：无障碍物大气中的 CO_2 源 $(\mathrm{mg \cdot m^{-3} \cdot s^{-1}})$

S_T：无障碍物大气中的热源 $(\mathrm{K \cdot s^{-1}})$

S_θ：无障碍物大气中的热源 $(\mathrm{K \cdot s^{-1}})$

S_v：无障碍物大气中的水汽源 $(\mathrm{g \cdot m^{-3} \cdot s^{-1}})$

$S_{c,p}$：植被冠层的 CO_2 源 $(\mathrm{mg \cdot m^{-3} \cdot s^{-1}})$

$S_{T,p}$：植被冠层的热源 $(K \cdot s^{-1})$

$S_{v,p}$：植被冠层的水汽源 $(g \cdot m^{-3} \cdot s^{-1})$

s：扩散率的形状系数、风速廓线的形状系数（量纲一）

s：饱和比湿差 $(g \cdot kg^{-1})$

s_c：CO_2 质量混合比 $(\mu g \cdot g^{-1}, mg \cdot kg^{-1})$

s_v：水汽质量混合比 $(g \cdot kg^{-1})$

$\bar{s}_{c,m}$：大气边界层中 CO_2 的柱平均质量混合比 $(\mu g \cdot g^{-1}, mg \cdot kg^{-1})$

$\bar{s}_{v,m}$：大气边界层中水汽的柱平均质量混合比 $(g \cdot kg^{-1})$

$\bar{s}_{c,+}$：自由大气底部的 CO_2 质量混合比 $(\mu g \cdot g^{-1}, mg \cdot kg^{-1})$

$\bar{s}_{v,+}$：自由大气底部的水汽质量混合比 $(g \cdot kg^{-1})$

$\bar{s}_{c,r}$：城市上风边界 CO_2 质量混合比 $(\mu g \cdot g^{-1}, mg \cdot kg^{-1})$

$\langle \bar{s}_c \rangle$：涡度相关系统高度以下的柱平均 CO_2 质量混合比 $(\mu g \cdot g^{-1}; mg \cdot kg^{-1})$

$\langle \bar{s}_v \rangle$：涡度相关系统以下的柱平均水汽质量混合比 $(g \cdot kg^{-1})$

T：温度 $(K, ℃)$

T：平均时长 (s)

T：波的周期 (s)

T_a：气温 $(K, ℃)$

T_b：掺混高度处气温 $(K, ℃)$

T_g：地表或土壤温度 $(K, ℃)$

T_l：叶面温度 $(K, ℃)$

T_q：相当温度 $(K, ℃)$

T_s：冠层或生态系统表面温度 $(K, ℃)$

T_v：虚温 (K)

T_w：湿球温度 $(K, ℃)$

$\langle \overline{T} \rangle$：涡度相关系统高度以下的柱平均温度 $(K, ℃)$

T_E：欧拉积分时间尺度 (s)

T_L：拉格朗日积分时间尺度 (s)

t：时间 (s)

t_f：采样间隔 (s)

u, v, w：x、y 和 z 方向上的速度分量 $(m \cdot s^{-1})$

u_L, v_L, w_L：x、y 和 z 方向上的拉格朗日粒子速度 $(m \cdot s^{-1})$

u_0, w_0：线性不稳定分析中，背景水平风速和垂直风速 $(m \cdot s^{-1})$

u_0, v_0：惯性振荡建立之前，x 和 y 方向上的初始风速 $(m \cdot s^{-1})$

u_e, v_e：夜间新平衡态条件下，x 和 y 方向上的风速分量 $(m \cdot s^{-1})$

u_g, v_g：地转风在 x 和 y 方向上的分量 $(\text{m}\cdot\text{s}^{-1})$

u_l：叶片边界层之外的风速 $(\text{m}\cdot\text{s}^{-1})$

$\bar{u}_m, \bar{v}_m$：柱平均风速 $(\text{m}\cdot\text{s}^{-1})$

u_p：平均烟流速度 $(\text{m}\cdot\text{s}^{-1})$

u_*：摩擦风速 $(\text{m}\cdot\text{s}^{-1})$

$\tilde{u}, \tilde{w}$：水平和垂直风速的扰动量 $(\text{m}\cdot\text{s}^{-1})$

$\boldsymbol{V}$：速度矢量

V：速度矢量的数值 $(\text{m}\cdot\text{s}^{-1})$

V_g：地转风速 $(\text{m}\cdot\text{s}^{-1})$

W：液态水路径 $(\text{g}\cdot\text{m}^{-2})$

w：街道宽度 (m)

w_c：云核中的垂直速度 $(\text{m}\cdot\text{s}^{-1})$

w_e：夹卷速率 $(\text{m}\cdot\text{s}^{-1})$

w_*：对流速度尺度 $(\text{m}\cdot\text{s}^{-1})$

X, Y, Z：拉格朗日粒子所处的位置 (m)

x, y, z：笛卡儿坐标系 (m)

x_m, y_m, z_m：通量观测设备的位置坐标 (m)

z_1：示踪物的源高度 (m)

z_1：风速和湍流扩散系数的参考高度 (m)

z_b：云底高度 (m)

z_g：几何平均高度 (m)

z_i：大气边界层高度 (m)

z_o：动量粗糙度 (m)

$z_{o,h}$：热量粗糙度 (m)

z_u：贡献源区模型的高度尺度 (m)

α：反照率（量纲一）

α：Priestley-Taylor 常数 $(\simeq 1.26)$

α：夹卷参数化方案中的经验系数（量纲一）

$\alpha_a, \alpha_e, \alpha_s$：质量吸收、消光和散射系数 $(\text{m}^2\cdot\text{g}^{-1})$

α_1, α_2：冠层风廓线模型中的经验系数（量纲一）

α_u, α_v：摩擦系数 (s^{-1})

β：穿过表层水的太阳辐射的比率（量纲一）

β：Bowen 比（量纲一）

β：边界层风矢量与地转风矢量之间的夹角（°）

$\beta_a, \beta_e, \beta_s$：体积吸收、消光和散射系数 (m^{-1})

Γ：干绝热温度直减率 $(= 9.8 \times 10^{-3} \ K \cdot m^{-1})$

γ：干湿表常数（海平面处为 $0.66 \ hPa \cdot K^{-1}$）

γ_c：自由大气中 CO_2 质量混合比的垂直梯度 $(\mu g \cdot g^{-1} \cdot m^{-1})$

γ_v：自由大气中水汽质量混合比的垂直梯度 $(g \cdot kg^{-1} \cdot m^{-1})$

γ_θ：自由大气中位温的垂直梯度 $(K \cdot m^{-1})$

γ_m：动量传输的非局地闭合校正系数 (s^{-1})

Δ：饱和水汽压随温度变化曲线的斜率 $(hPa \cdot K^{-1})$

Δ_c：覆盖逆温层 CO_2 质量混合比的跳跃 $(\mu g \cdot g^{-1})$

Δ_{q_t}：覆盖逆温层总比湿的跳跃 $(g \cdot kg^{-1})$

Δ_{q_v}：覆盖逆温层比湿的跳跃 $(g \cdot kg^{-1})$

Δ_{R_n}：覆盖逆温层净辐射的跳跃 $(W \cdot m^{-2})$

Δ_{s_v}：覆盖逆温层水汽质量混合比的跳跃 $(g \cdot kg^{-1})$

Δ_w：湿球温度处饱和水汽压随温度变化曲线的斜率 $(hPa \cdot K^{-1})$

Δ_θ：覆盖逆温层位温跳跃 (K)

Δ_{θ_l}：覆盖逆温层液态水位温的跳跃 (K)

Δ_{θ_v}：覆盖逆温层虚位温的跳跃 (K)

ϵ：发射率或比辐射率（量纲一）

ϵ：湍流动能的黏滞耗散系数 $(m^2 \cdot s^{-3})$

ζ：Monin-Obukhov 稳定度参数（量纲一）

θ：天顶角（rad）

θ：位温 (K)

θ_o：$z_{o,h}$ 高度处的位温 (K)

θ_0：位温背景值 (K)

$\overline{\theta}_+$：自由大气底部的位温 (K)

$\overline{\theta}_m$：大气边界层内柱平均位温 (K)

$\tilde{\theta}$：位温扰动量 (K)

θ_*：位温尺度 (K)

θ_e：相当位温 (K)

θ_l：液态水位温 (K)

$\overline{\theta}_{l,m}$：柱平均的液态水位温 (K)

$\overline{\theta}_{l,+}$：自由大气底部的液态水位温 (K)

$\overline{\theta}_{l,0}$：界面（如水表面）处的液态水位温 (K)

θ_v：虚位温 (K)

κ：吸湿性参数（量纲一）

κ_c：大气中 CO_2 的分子扩散系数（$15^\circ C$ 时为 1.53×10^{-5} $m^2 \cdot s^{-1}$）

κ_T：大气中分子热扩散系数（$15^\circ C$ 时为 2.09×10^{-5} $m^2 \cdot s^{-1}$）

κ_v：大气中水汽的分子扩散系数（$15^\circ C$ 时为 2.49×10^{-5} $m^2 \cdot s^{-1}$）

λ：汽化潜热（$15^\circ C$ 时为 $= 2466$ $J \cdot g^{-1}$）

λ：波长 (m)

λ_0：局地气候敏感度 $(K \cdot W^{-1} \cdot m^{-2})$

μ：干空气与水汽的分子量之比 $(= 1.61)$

ν：运动黏滞系数（$15^\circ C$ 时为 1.48×10^{-5} $m^2 \cdot s^{-1}$）

ρ：空气质量密度 $(kg \cdot m^{-3})$

ρ_d：干空气质量密度 $(kg \cdot m^{-3})$

ρ_c：CO_2 质量密度 $(mg \cdot m^{-3})$

ρ_v：水汽质量密度 $(g \cdot m^{-3})$

σ：Stefan-Boltzmann 常数 $(= 5.67 \times 10^{-8}$ $W \cdot m^{-2} \cdot K^{-4})$

$\sigma(= \sigma_r + i\sigma_i)$：复波角频率 $(rad \cdot s^{-1})$

$\sigma_x, \sigma_y, \sigma_z$：颗粒物位置的标准差，即扩散参数 (m)

σ_w：垂直风速的标准差 $(m \cdot s^{-1})$

τ：递归滤波器时间常数 (s)

τ：气溶胶光学厚度（量纲一）

ϕ_e：无量纲化的湍流动能（量纲一）

ϕ_h：热量的稳定度函数（量纲一）

ϕ_m：动量的稳定度函数（量纲一）

ϕ_ϵ：无量纲化的湍流动能耗散速率（量纲一）

χ_c：CO_2 的摩尔混合比 $(\mu mol \cdot mol^{-1}$, ppm)

χ_v：水汽的摩尔混合比 $(mmol \cdot mol^{-1})$

Ψ_h：感热的积分稳定度函数（量纲一）

Ψ_m：动量的积分稳定度函数（量纲一）

Ψ_{x-y}：x 对 y 的可视因子（量纲一）

Ω：地球自转角速度 $(= 7.27 \times 10^{-5}$ $s^{-1})$

ω：单次散射反照率（量纲一）

索　引